U0263672

国防科技大学研究生数学公共课程系列教材

靶场测量数据融合处理理论与方法

周海银　王炯琦　孟庆海　周萱影　何章鸣　著

科学出版社

北京

内 容 简 介

数据建模和数据融合处理是提高数据处理性能的有效途径. 本书主要讨论靶场测量数据建模与融合处理的理论、方法和应用技术. 全书共5章, 包括数据处理的精度与融合处理思想、测量误差与目标轨迹建模、靶场测量数据事后融合处理方法、靶场测量数据实时融合处理方法、数据融合处理的精度评估.

本书结合了作者多年从事相关教学及应用科研工作的成果, 理论联系实际, 应用性较强, 针对靶场飞行目标跟踪与状态估计中所涉及的工程问题, 用数学建模和数据融合思想统揽全局, 设计相应的数据融合模型、算法与方法, 提高目标跟踪数据处理的性能.

本书可作为高等学校应用数学、信息处理、导航、控制工程、系统分析等相关专业的高年级本科生、硕士研究生的教材或教学参考书, 同时对从事数据处理与优化的技术或管理人员, 以及卫星/导弹测控及相关试验系统的研制单位、鉴定部门、应用单位的工程技术人员具有一定的参考价值.

图书在版编目(CIP)数据

靶场测量数据融合处理理论与方法/周海银等著. —北京: 科学出版社, 2019.3

ISBN 978-7-03-058023-8

I. ①靶… II. ①周… III. ①靶场测量-数据处理 IV. ①TJ06

中国版本图书馆 CIP 数据核字(2018)第 131553 号

责任编辑: 李 欣 李香叶 / 责任校对: 彭珍珍

责任印制: 张 伟 / 封面设计: 耕者设计工作室

科学出版社 出版

北京东黄城根北街 16 号

邮政编码: 100717

http: //www.sciencep.com

北京中石油彩色印刷有限责任公司 印刷

科学出版社发行 各地新华书店经销

*

2019 年 3 月第 一 版 开本: 720 × 1000 1/16

2019 年 3 月第一次印刷 印张: 16

字数: 315 000

定价: 98.00 元

(如有印装质量问题, 我社负责调换)

前　言

靶场试验数据处理是武器系统定型与鉴定的关键环节，是靶场测控体系设计与评估的重要基础，是靶场试验安全控制与指挥显示的重要保证，也是靶场测控装备管理与控制的基本依据. 随着导弹、炮弹、卫星等空间目标技术的发展，不同用途和类型的靶场试验越来越多，试验要求也越来越高，主要体现在：空间目标类型多样化，给试验任务弹道测量和处理带来了严重挑战；测控体系和测量手段多元化，给试验测控数据处理带来了挑战；处理要求越来越高，给弹道解算的精度、实时性、可靠性等方面提出了更高要求. 靶场原有的数据处理技术在数据层上未能充分利用多源观测数据的互补性和冗余性，在模型层上未能充分考虑观测模型和空间目标状态模型的准确性与适用性，在算法层上未能充分考虑系统的非线性、不确定性和多元数据融合对处理性能的影响，限制了靶场试验数据处理性能的提高.

数据处理的主要工作就是给出被测量值尽可能精确可靠的估计值，给出测量误差的大小和特征的估计. 为此，需要研究被测量目标的特点，建立描述被测量目标特性的精确模型；掌握测量设备、测量过程、处理环境等特点，建立描述各类误差特性的精确模型；研究相关估计理论、方法与算法.

本书是作者多年来从事靶场弹道跟踪数据处理工作的研究成果的系统总结，围绕我国各基地试验靶场进行各种战略、战术导弹，炮弹以及卫星等空间目标高精度测控数据处理问题开展研究，以系统科学理论与技术、应用数学理论与方法为基础，以数学建模方法、数据融合及状态估计理论的创新为突破口，以提高测控数据处理精度和性能为目标，解决测量数据和目标轨迹的高精度参数建模、靶场测量数据的事后融合处理、靶场测量数据的实时融合处理以及融合处理精度评估等实际应用问题. 本书的研究成果可以直接应用于靶场测量系统分析和数据处理.

本书的读者对象主要是应用数学、信息处理、导航、控制工程、系统工程、系统分析等专业的高年级本科生、研究生，同时也适合其他相关领域从事信息处理与优化的技术或管理人员，以及卫星/导弹测控及相关试验系统的研制单位、鉴定部门、应用单位的工程技术人员参考. 本书要求读者具有线性代数、概率论与数理统计、数值分析、回归分析、最优化方法等基本知识.

全书共 5 章.

第 1 章数据处理的精度与融合处理思想，对测量数据精度、数据处理精度指标以及数据融合思想等作扼要的分析，并简要介绍了数据融合的主要方法.

第 2 章测量误差与目标轨迹建模, 讨论了测量数据和目标轨迹的建模方法, 主要介绍了信号的时域/频域及自适应表示, 粗大误差、系统误差和随机误差的建模方法, 空间目标轨迹的动力学/运动学建模方法.

第 3 章靶场测量数据事后融合处理方法, 讨论了靶场空间目标的多站、多类弹道测量数据的事后融合处理问题, 研究线性模型、非线性模型的参数融合估计理论、方法与算法, 并结合靶场典型任务, 给出相关案例的处理结果.

第 4 章靶场测量数据实时融合处理方法, 针对靶场弹道跟踪设备的测量模型, 讨论了高精度的测量数据实时融合处理方案设计、数据实时检择方法和相应的弹道目标状态及弹道落点预报方法.

第 5 章数据融合处理的精度评估, 从弹道参数的精度评估、模型误差分析及对弹道参数估计精度评估、误差分析与评估, 以及数据处理结果评价等方面给出了一套靶场测量数据融合处理的精度评估方案、方法.

本书 1.1~1.3 节、3.2 节和 3.3 节由周海银执笔，1.4 节、第 2 章、4.2 节和 4.3 节、5.1 节和 5.2 节由王炯琦执笔, 3.1 节和 5.4 节由周萱影执笔, 4.1 节和 5.3 节由孟庆海执笔, 3.4 节由王炯琦、孟庆海、何章鸣共同执笔，4.4 节由何章鸣、周萱影共同执笔.

全书由周海银统稿和定稿.

本书引用了许多学者的工作(见每章参考文献), 在此, 特别对有关作者和出版单位表示衷心感谢. 为使本书内容丰富, 书中引用了作者在有关期刊上发表的一些文章, 作者特别对这些刊物及其出版单位表示诚挚的谢意.

本书的出版得到了国防科技大学研究生一流课程体系建设项目、国家自然科学基金项目（No. 61773201, No. 61573367）和湖南省自然科学基金杰出青年科学基金项目(No. 2019JJ20018)的资助. 本书撰写过程中, 得到了海军试训基地张跃奎副司令员, 海军第二试训区孙翱副司令员、曾科军所长、方建勋高工, 海军第一试训区高冰高工, 原总装测通所郭军海研究员, 原总装 23 基地李晓勇高工, 32 基地高勇民高工, 空军试验训练基地姚尚高工、胡长城高工, 北京控制工程研究所王大轶研究员, 国防科技大学王正明教授、吴翊教授、易东云教授、朱炬波教授、段晓君教授、潘晓刚副教授、刘吉英副教授、矫媛媛讲师等专家的关心和帮助, 课题组的研究生李书兴、尹晨、侯博文、孙博文、徐淑卿等认真阅读了书稿, 并参加了本书的校对和修改工作. 在此, 作者一并向他们表示衷心的感谢.

由于作者水平有限以及研究工作的局限性, 疏漏、不当之处在所难免, 恳请读者批评指正.

作　者

2019 年 3 月于长沙

目　　录

第 1 章　数据处理的精度与融合处理思想

误差存在于一切加工和测量过程中[1-2]. 因此任何测量数据都有误差, 其大小与性态由测量设备和测量过程共同决定. 数据处理的主要工作就是给出被测量值尽可能精确的估计值, 给出测量误差的大小和特征的估计. 为此, 需要研究被测量目标的特点, 建立描述被测目标特性的精确模型; 掌握测量设备、测量过程、处理环境等特点, 建立描述各类误差特性的精确模型; 研究相关估计理论、方法与算法.

1.1　两 个 例 子

例 1.1.1 (选手评分问题)　现有 n 个评委, 对选手评分. 假设评委的公正度、水平是一致的, 选手的水平为 μ, 且评委的打分 y_i 满足 $y_i \overset{\text{i.i.d}}{\sim} (\mu,\sigma^2)$. 由此可得到该选手的得分为

$$x = \frac{1}{n}\sum_{i=1}^{n} y_i \tag{1.1.1}$$

它为真值 μ 的方差一致最小的无偏估计 ("最优"), 其方差为

$$\tilde{\sigma}_x = \frac{\sigma}{\sqrt{n}} \tag{1.1.2}$$

注释 1.1.1　(1.1.2)式说明当增加评委个数(观测采样数据量)时, 会提高估计的 "精度" .

注释 1.1.2　如果评委(测量设备)的公正度(系统偏差)和水平(随机误差方差)不一致, 则上述估计 x 就不是方差一致最小的无偏估计. 若各测量数据无系统偏差, $y_i \overset{\text{i.i.d}}{\sim} (\mu,\sigma_i^2)$, 则 μ 的方差一致最小的无偏估计 ("最优") 为

$$x = \frac{1}{\sum_{i=1}^{n}\sigma_i^{-2}}\sum_{i=1}^{n}\sigma_i^{-2} y_i \tag{1.1.3}$$

估计的方差为

$$\tilde{\sigma}_x = \frac{1}{\sqrt{\sum_{i=1}^{n} \sigma_i^{-2}}} < \min_{1 \leqslant i \leqslant n} \sigma_i \tag{1.1.4}$$

(1.1.4)式说明当σ_i已知，即各测量数据的精度已知时，“最优”估计的精度$\tilde{\sigma}_x$比由精度最高的测量数据所作的估计的精度$\min\limits_{1 \leqslant i \leqslant n} \sigma_i$要高(**空间融合**). 特别地，当$\sigma_1 \to 0$时，即事先知道第一个评委/测量设备 1 的数据是准确时，估计的方差$\tilde{\sigma}_x \to 0$，即估计也是准确的；当$\sigma_n \to +\infty$，即事先知道第n个评委/测量设备n的数据是不可用时，估计的方差$\tilde{\sigma}_x \to \frac{1}{\sqrt{\sum_{i=1}^{n-1} \sigma_i^{-2}}}$，即相当于只用了测量数据中的前$n-1$个，这就是说在知道测量数据的精度时，“质量差”的数据参与估计，并不会使估计结果变坏.

注释 1.1.3　一般情况下，评委的系统偏差和方差事先是不知道的，这时μ的方差一致最小的无偏估计$x = \frac{1}{\sum_{i=1}^{n} \sigma_i^{-2}} \sum_{i=1}^{n} \sigma_i^{-2} y_i$无法给出. 如何给出$\mu$的尽可能精确的估计，就是我们要研究的问题. 它涉及模型、方法和算法. 如果仍用(1.1.1)式作为估计，当$\sigma_1 \to 0$时，$\tilde{\sigma}_x \to \frac{\sqrt{\sum_{i=2}^{n} \sigma_i^2}}{n}$，即这时的估计不是准确的；当$\sigma_n \to +\infty$时，即第$n$个评委/观测设备$n$的数据不可用时，估计的方差$\tilde{\sigma}_x \to +\infty$，这就是说，如果存在“质量差”的数据参与估计，估计结果就会显著变坏. 这就是融合估计与非融合估计的本质区别.

注释 1.1.4　对于观测不是对被估计量(状态量)的直接采样时，估计问题就复杂得多. 尤其是观测量是状态量的非线性函数时，估计结果的性态不仅与观测数据的样本大小、精度有关，还与观测量与状态量的几何关系、物理关系有关(**空间和/或时间融合**).

例 1.1.2(百发百中问题)[3]　一个人打靶n次，命中r次，考虑该人打靶命中概率θ的估计问题.

1. 经典频率学派

经典频率学派的观点认为命中概率θ的估计$\hat{\theta} = r/n$. 例如，当$n = r = 1$时，θ的估计$\hat{\theta} = 1$，而当$n = r = 100$时，仍然有$\hat{\theta} = 1$. 从直觉上讲，打100次每次都命中比仅打1次命中1次的射击水平要高(即θ要大). 那么，依据什么信息、模型和方

法给出 θ 的估计才是科学、合理的?

2. Bayes 估计结果

从概率论的独立试验序列知道, 已知某人打靶命中概率是 θ, 则打靶 n 次命中恰为 r 次的概率为 $C_n^r\theta^r(1-\theta)^{n-r}$. 该概率为当 θ 已知时命中恰为 r 次的条件概率, 记 $g(r|\theta)=C_n^r\theta^r(1-\theta)^{n-r}$.

如果已知 θ 的边缘概率密度 $q(\theta)$ (先验信息, 与试验结果无关), 则由 Bayes 公式可求出 θ 对 r 的条件密度为

$$f(\theta|r)=\frac{q(\theta)g(r|\theta)}{\int_0^1 q(\theta)g(r|\theta)\mathrm{d}\theta} \tag{1.1.5}$$

(1.1.5) 式中 $f(\theta|r)$ 为后验分布密度函数, 综合了先验信息 $q(\theta)$、样本信息 $g(r|\theta)$. 因此, $f(\theta|r)$ 是得到样本信息 $g(r|\theta)$ 后对先验信息 $q(\theta)$ 关于认知的一种修正(**融合了先验信息和样本信息的结果**).

通常假定对打靶者不了解, θ 在 $[0,1]$ 中取哪个值是等可能的, 即 $q(\theta)$ 为 $[0,1]$ 上的均匀分布:

$$q(\theta)=U[0,1]=\begin{cases}1, & \theta\in[0,1]\\ 0, & \theta\notin[0,1]\end{cases} \tag{1.1.6}$$

把 (1.1.6) 式中的 $q(\theta)$ 代入 (1.1.5), 就得到

$$f_1(\theta|r)=\frac{\theta^r(1-\theta)^{n-r}}{\int_0^1\theta^r(1-\theta)^{n-r}\mathrm{d}\theta},\qquad 0\leqslant\theta\leqslant 1 \tag{1.1.7}$$

如用后验分布的条件期望 $E(\theta|r)$ 作为 θ 的估计, 得到

$$\hat{\theta}=E\{\theta|r\}=\frac{1}{\mathrm{B}(r+1,n-r+1)}\int_0^1\theta\cdot\theta^r(1-\theta)^{n-r}\mathrm{d}\theta=\frac{r+1}{n+2} \tag{1.1.8}$$

因此, 当 $n=r=1$ 时, $\hat{\theta}=2/3$, 当 $n=r=100$ 时, $\hat{\theta}=101/102$.

进一步, 如果对打靶者有一定了解, 例如, 已知其命中概率在 $[a,b]$ $(0\leqslant a<b\leqslant 1)$ 上, 设其先验分布为 $[a,b]$ 上的均匀分布:

$$q(\theta)=U[a,b]=\begin{cases}1/(b-a), & \theta\in[a,b]\\ 0, & \theta\notin[a,b]\end{cases} \tag{1.1.9}$$

此时

$$f_2(\theta \mid r)=\frac{\theta^r(1-\theta)^{n-r}}{\int_a^b \theta^r(1-\theta)^{n-r}\,\mathrm{d}\theta},\qquad 0\leqslant\theta\leqslant 1 \tag{1.1.10}$$

从而

$$\hat{\theta}=E\{\theta\mid r\}=\int_a^b \theta f_2(\theta|r)\mathrm{d}\theta=\frac{\int_a^b \theta^{r+1}(1-\theta)^{n-r}\,\mathrm{d}\theta}{\int_a^b \theta^r(1-\theta)^{n-r}\,\mathrm{d}\theta} \tag{1.1.11a}$$

当 $n=r$ 时, 有

$$\hat{\theta}=E\{\theta\mid r\}=\int_a^b \theta f_2(\theta|r)\mathrm{d}\theta=\frac{r+1}{r+2}\frac{b^{r+2}-a^{r+2}}{b^{r+2}-a^{r+1}} \tag{1.1.11b}$$

3. 估计的精度

1) 频率学派方法

(1) 若 $n=100,\ r=80$，则命中概率估计值为 $\hat{p}=0.8$，估计的方差为

$$D\hat{p}=\frac{p(1-p)}{n}=0.0016$$

(2) 若 $n=r$, 则命中概率估计值为 $\hat{p}=1$，估计的方差为 $D\hat{p}=0$ (无论 $n=r$ 为多大).

2) Bayes 方法

(1) 若 $\theta\sim U[0,1]$, 则估计的方差为

$$D\hat{\theta}=\int_0^1(\theta-\hat{\theta})^2 f_1(\theta|r)\mathrm{d}\theta=\frac{(r+1)(r+2)}{(n+2)(n+3)}-\frac{(r+1)^2}{(n+2)^2} \tag{1.1.12}$$

若 $n=100,\ r=80$, 则命中概率估计值为 $\hat{\theta}=81/102$，估计的方差为 $D\hat{\theta}=0.001587$，与经典方法下的结果基本一致.

(2) 若 $\theta\sim U[0.8,1]$，当 $n=r$ 时, 则估计的方差为

$$D\hat{\theta}=\frac{r+1}{r+3}\left(\frac{1-0.8^{r+3}}{1-0.8^{r+1}}\right)-\frac{(r+1)^2}{(r+2)^2}\left(\frac{1-0.8^{r+2}}{1-0.8^{r+1}}\right)^2 \tag{1.1.13}$$

因此, 当 $n=r=1$ 时, $D\hat{\theta}=0.0033$；当 $n=r=100$ 时, $D\hat{\theta}=0.9425\times10^{-4}$. 其方差值会随样本量的增大而迅速减小并趋于 0.

注释 1.1.5　本例说明, 不同的估计方法, 会导致不同的估计结果和估计精度.

注释 1.1.6　对于 Bayes 估计, 不同的先验信息会导致不同的估计结果及估计精度(**空间与先验信息的融合**). 如何开发和评价可靠的、精确描述被估计量的先验信息, 对于给出高精度的估计是十分重要的, 也是数据处理工作的难点.

因此, 数据处理模型和方法对于处理结果具有重要影响.

1.2　测量数据的精度与数据处理的精度

测量数据与被测状态量客观真值的差异称为测量误差. 测量数据的获得, 一般包含如下环节: 在一定工作环境下测量设备对被测状态量的采样与处理、测量信息的传输与记录、信息的转换与量纲恢复、测量数据的物理修正与统一(时间、观测点位)等[4]. 测量的每一个环节都会产生误差: 设备不精确产生误差、工作环境描述不准确产生误差、测量原理与方法产生误差、预处理产生误差等. 对测量数据进行分析与处理时, 必须对误差源及其表现形式与影响机理进行研究.

1.2.1　测量数据的精度

1. *测量误差*

按照影响机理与数学处理的不同, 测量误差可以分为粗大误差(Gross Error)、系统误差(System Error)、随机误差(Random Error).

粗大误差也称为过失误差, 是由某种突发性的异常因素造成的(如设备故障), 含过失误差的测量数据称为异常值或野值, 它严重偏离真值. 离散的异常值较易识别, 处理方式是剔除或重构, 连续出现的异常值数学方法较难处理, 一般根据工程物理背景进行识别. 粗大误差的处理一般属于预处理.

系统误差的表现形式呈明显的规律性, 它对测量结果具有显著的影响, 表现为测量值与真值的偏离程度. 系统误差产生的原因主要是测量原理与方法、测量设备、测量数据预处理等. 其处理方式一般是通过误差源的分析, 由物理和数学推导、实验确定其规律与模型, 进行调校、估计与修正. 一般分为预处理和事后处理.

随机误差的大小、符号事先不知道, 但随着测量次数的增加, 它遵循一定的统计规律性, 表现为多次测量时测量值与真值的散布程度. 随机误差主要是由工作环境、判读等多种微小、复杂因素等引起的. 其处理方式一般为通过平滑进行抑制, 利用残差进行统计特性的估计. 它是不能修正的.

2. *测量数据的精度*

测量误差的大小反映了测量数据的精度. 精度一般分为

(1) 准确度(Accuracy)，表示测量值与真值的接近程度;

(2) 正确度(Correctness)，表示测量值中系统误差的大小程度;

(3) 精密度(Precision)，表示测量值中随机误差的大小程度.

测量数据的精度，通常是指随机误差和系统误差综合的一种度量. 如果测量数据中不含粗大误差，精度就是准确度. 由于系统误差对测量数据的影响大，需要建模、估计、修正/补偿，因此，测量数据中除了不能建模、估计、修正/补偿后的系统误差残差外，主要误差为随机误差，所以，通常意义下，测量数据的精度就是精密度.

在实际测量过程中，由于真值是不知道的，测量数据的精度就只能是估计值，通常由两种方法给出：一是由测量设备的精度指标给出的；二是通过数据处理方法，得到被测量真值的估计，再得到测量数据的精度. 因此无论是哪一种方法给出的精度，都是统计意义上的，都有其置信区间和置信概率的问题. 这又涉及测量随机误差的分布.

1.2.2 测量数据的精度指标

1. 随机误差的数字特征

高斯(Gauss)误差定律

(1) 有界性：在一定测量条件下，随机误差的绝对值不超过某一界限;

(2) 单峰性：绝对值小的随机误差比绝对值大的随机误差出现的机会多;

(3) 对称性：测量次数较大时，绝对值相等、符号相反的随机误差出现的机会相同.

对随机误差的研究一般归结为随机误差的分布函数及其主要数字特征(统计特性)的研究. 而数字特征主要有数学期望和(根)方差等.

2. 统计特性的估计及其性能

设某测量随机误差的样本 $\varepsilon_1,\varepsilon_2,\cdots,\varepsilon_n$ 满足

$$\varepsilon_i \overset{\text{i.i.d}}{\sim} N(\mu,\sigma^2) \tag{1.2.1}$$

则其期望和方差的估计为

$$\hat{\mu} = \frac{1}{n}\sum_{i=1}^{n}\varepsilon_i, \qquad \hat{\sigma}^2 = \frac{1}{n-1}\sum_{i=1}^{n}(\varepsilon_i - \hat{\mu})^2 \tag{1.2.2}$$

在假设(1.2.1)下，期望和方差的估计有如下性质:

(1) $\hat{\mu} \sim N\left(\mu, \frac{1}{n}\sigma^2\right)$，从而

$$E\hat{\mu} = \mu, \quad D\hat{\mu} = \frac{1}{n}\sigma^2 \tag{1.2.3}$$

(2) $(n-1)\hat{\sigma}^2\sigma^{-2} \sim \chi^2(n-1)$，从而

$$E\hat{\sigma}^2 = \sigma^2, \quad D\hat{\sigma}^2 = \frac{2}{n-1}\sigma^4 \tag{1.2.4}$$

3. 测量数据的精度指标与物理意义

下面假设测量数据中不含粗大误差和系统误差，考虑测量随机误差对测量精度的影响.

设

$$y_i = \mu + \varepsilon_i, \quad \varepsilon_i \overset{\text{i.i.d}}{\sim} N(0, \sigma^2), \ i = 1, \cdots, n \tag{1.2.5}$$

记

$$\hat{\mu} = \frac{1}{n}\sum_{i=1}^{n} y_i, \quad \hat{\sigma}^2 = \frac{1}{n-1}\sum_{i=1}^{n}(y_i - \hat{\mu})^2 \tag{1.2.6}$$

则

$$\omega_i = \sqrt{\frac{n}{n-1}}\frac{y_i - \hat{\mu}}{\sigma} \overset{\text{i.i.d}}{\sim} N(0,1), \ i = 1, \cdots, n \tag{1.2.7}$$

对于给定的 α（称为显著度），令 $P_\alpha = 1 - \alpha$（称为置信概率或置信度），t_α 满足 $\frac{2}{\sqrt{2\pi}}\int_0^{t_\alpha} \exp\left(-\frac{x^2}{2}\right) \mathrm{d}x = P_\alpha$，$t_\alpha^* = \sqrt{\frac{n-1}{n}}t_\alpha$，则由 (1.2.7) 可知

$$P\{\hat{\mu} - t_\alpha^*\sigma \leqslant y_i \leqslant \hat{\mu} + t_\alpha^*\sigma\} = P_\alpha = 1 - \alpha \tag{1.2.8}$$

通常将 $\pm t_\alpha^*\sigma$ 称为测量数据 y_i 的**精度指标或误差限**，也称为测量值 y_i 的**测量不确定度**，它由置信概率 P_α 和随机误差的根方差 σ 共同确定. 当给定置信概率 P_α 后，测量数据的精度指标就由 σ 确定. 这也是将 σ 称为测量精度的原因. 评估测量数据的精度指标一般是 σ 或 3σ .

注释 1.2.1　对于测量而言，σ 一般是不知道的，通常用其估计 $\hat{\sigma}$ 代替，因此认为

$$P\{\hat{\mu} - 3\hat{\sigma} \leqslant y_i \leqslant \hat{\mu} + 3\hat{\sigma}\} = 0.9973 \tag{1.2.9}$$

1.2.3 数据处理的精度与评定

1. 直接测量数据处理的精度与评定

对于静态目标测量，通常假设其测量模型为(1.2.5)，目标 μ 的估计由(1.2.6)给出.

由于

$$\frac{\sqrt{n}(\hat{\mu}-\mu)}{\hat{\sigma}} \sim t(n-1) \tag{1.2.10}$$

因此

$$P\left\{\mu-\frac{t_\alpha\hat{\sigma}}{\sqrt{n}} \leqslant \hat{\mu} \leqslant \mu+\frac{t_\alpha\hat{\sigma}}{\sqrt{n}}\right\}=P_\alpha=1-\alpha \tag{1.2.11}$$

对于给定的置信概率 P_α，由分布 $t(n-1)$ 可以得到 t_α，从而由(1.2.11)得到 $\hat{\mu}$ 的**精度指标(不确定度)** $t_\alpha\hat{\sigma}/\sqrt{n}$.

对于动态目标测量，目标的估计通常可以转化为如下线性回归模型

$$\boldsymbol{Y}_m=\boldsymbol{X}_{m\times n}\boldsymbol{\beta}_n+\boldsymbol{\varepsilon}_m,\quad \boldsymbol{\varepsilon}_m \sim N(\boldsymbol{0},\sigma^2\boldsymbol{I}_m) \tag{1.2.12}$$

记

$$\hat{\boldsymbol{\beta}}=(\boldsymbol{X}^{\mathrm{T}}\boldsymbol{X})^{-1}\boldsymbol{X}^{\mathrm{T}}\boldsymbol{Y},\quad \mathrm{RSS}=\left\|\boldsymbol{Y}-\boldsymbol{X}\hat{\boldsymbol{\beta}}\right\|,\quad \hat{\sigma}^2=\frac{\mathrm{RSS}}{m-n} \tag{1.2.13}$$

则有如下定理.

定理 1.2.1[5] 对于任意 $k\times n$ 矩阵 $\boldsymbol{A}$，$\mathrm{Rank}(\boldsymbol{A})=k$，在(1.2.12)假设下，有

$$\frac{m-n}{k}\frac{(\hat{\boldsymbol{\beta}}-\boldsymbol{\beta})^{\mathrm{T}}\boldsymbol{A}^{\mathrm{T}}(\boldsymbol{A}(\boldsymbol{X}^{\mathrm{T}}\boldsymbol{X})^{-1}\boldsymbol{A}^{\mathrm{T}})^{-1}\boldsymbol{A}(\hat{\boldsymbol{\beta}}-\boldsymbol{\beta})}{\mathrm{RSS}} \sim F_{k,m-n} \tag{1.2.14}$$

证明见文献[1]的定理 3.2.8.

由此在(1.2.12)假设下，可以得到如下性质.

性质 1.2.1 给定置信概率 P_α，则有

$$P\left\{\|\boldsymbol{X}\hat{\boldsymbol{\beta}}-\boldsymbol{X}\boldsymbol{\beta}\|^2 \leqslant n\hat{\sigma}^2F_{n,m-n}(\alpha)\right\}=P_\alpha=1-\alpha \tag{1.2.15}$$

这是关于目标整体状态估计值的置信概率与置信区间的关系，也即目标整体状态估计值的不确定度.

性质 1.2.2　给定置信概率 P_α，则对于任意 n 维行向量 $\boldsymbol{c}$，有

$$P\left\{|\boldsymbol{c}\hat{\boldsymbol{\beta}}-\boldsymbol{c}\boldsymbol{\beta}|^2\leqslant \boldsymbol{c}(\boldsymbol{X}^{\mathrm{T}}\boldsymbol{X})^{-1}\boldsymbol{c}^{\mathrm{T}}\hat{\sigma}^2F_{1,m-n}(\alpha)\right\}=P_\alpha=1-\alpha\beta_k \tag{1.2.16}$$

这是关于目标状态参数组合的估计值的置信概率与置信区间的关系. 特别地，当 $\boldsymbol{c}=[0,\cdots,0,1,0,\cdots,0]$ 时，就是第 k 个参数 β_k 的估计值的置信概率与置信区间的关系.

性质 1.2.3　给定置信概率 P_α，则有

$$P\left\{|\boldsymbol{X}_i\hat{\boldsymbol{\beta}}-\boldsymbol{X}_i\boldsymbol{\beta}|^2\leqslant h_{ii}\hat{\sigma}^2F_{1,m-n}(\alpha)\right\}=P_\alpha=1-\alpha \tag{1.2.17}$$

其中，$\boldsymbol{X}_i$ 为设计矩阵 $\boldsymbol{X}$ 的第 i 行，h_{ii} 为投影矩阵 $\boldsymbol{X}(\boldsymbol{X}^{\mathrm{T}}\boldsymbol{X})^{-1}\boldsymbol{X}^{\mathrm{T}}$ 的第 i 行第 i 列的元素.

这是在第 i 采样时刻目标状态的估计值的置信概率与置信区间的关系.

2. 间接测量数据处理的精度与评定

在给出测量数据和数据处理结果的同时，应给出其置信概率及对应的置信区间(不确定度). 然而，工程实践中测量和待估计的目标量之间，往往是复杂的非线性函数关系. 由测量误差特性推断估计量的误差特性是困难的. 因此数据处理结果的不确定度的估计只能是近似的.

设有间接测量 $y=f(x_1,x_2,\cdots,x_n)$，其中 $x_1,x_2,\cdots,x_n$ 为直接测量值，y 为间接测量值. 间接测量的测量值是直接测量所得到的一个或多个测量值的函数，因此，间接测量的误差也是各直接测量误差的函数，这种误差就是函数误差.

函数误差可分为函数系统误差和函数随机误差.

1) 函数系统误差

假设 f 是连续可微的 n 元函数，直接测量值的系统误差 $\Delta x_1,\Delta x_2,\cdots,\Delta x_n$，则间接测量值 y 的总系统误差近似为

$$\Delta\boldsymbol{y}=\Delta\boldsymbol{x}\nabla\boldsymbol{f}+\Delta\boldsymbol{x}\boldsymbol{H}\Delta\boldsymbol{x}^{\mathrm{T}}+\cdots$$

其中，$\nabla\boldsymbol{f}=\left[\dfrac{\partial f}{\partial x_1},\cdots,\dfrac{\partial f}{\partial x_n}\right]^{\mathrm{T}}$，$\boldsymbol{H}=\begin{bmatrix}\dfrac{\partial^2 f}{\partial x_1^2} & \cdots & \dfrac{\partial^2 f}{\partial x_1\partial x_n}\\ \vdots & & \vdots\\ \dfrac{\partial^2 f}{\partial x_1\partial x_n} & \cdots & \dfrac{\partial^2 f}{\partial x_n^2}\end{bmatrix}$，通常当测量系统误差较小，可以忽略高阶项时，间接测量值 y 的总系统误差近似为

$$\Delta \boldsymbol{y} \approx \Delta \boldsymbol{x} \nabla \boldsymbol{f} = \sum_{i=1}^{n} \frac{\partial f}{\partial x_i} \Delta x_i$$

2）函数随机误差

假设各直接测量值的随机误差为 $\delta x_i (i=1,2,\cdots,n)$，满足

$$E\delta x_i = 0, \quad E\delta x_i^2 = \sigma_{x_i}^2, \quad E\delta x_i \delta x_j = \rho_{ij} \sigma_{x_i} \sigma_{x_j} \quad (i,j=1,2,\cdots,n) \tag{1.2.18}$$

由于随机误差总是较小的，因此间接测量值的随机误差可近似为

$$\delta y = \sum_{i=1}^{n} \frac{\partial f}{\partial x_i} \delta x_i$$

从而

$$E\delta y = 0$$

$$\sigma_y^2 = E(\delta y)^2 = E\left(\sum_{i=1}^{n} \frac{\partial f}{\partial x_i} \delta x_i\right)^2 = \sum_{i=1}^{n} \left(\frac{\partial f}{\partial x_i}\right)^2 \sigma_{x_i}^2 + \sum_{1 \leqslant i \leqslant j \leqslant n} \frac{\partial f}{\partial x_i} \frac{\partial f}{\partial x_j} \rho_{ij} \sigma_{x_i} \sigma_{x_j} \tag{1.2.19}$$

特别地，若 $\rho_{ij} = 0 \, (i \neq j)$，则 $\sigma_y^2 = \sum_{i=1}^{n} \left(\frac{\partial f}{\partial x_i}\right)^2 \sigma_{x_i}^2$.

实际应用时，要先估计出各 σ_{x_i} 和 ρ_{ij} 的估计.

注释 1.2.2 通常，即使测量随机误差 $\delta x_i (i=1,2,\cdots,n)$ 的分布（统计特性）完全已知，要得到间接测量值 y 的分布（统计特性）几乎也是不可能的. 一般只能给出其一、二阶矩的近似估计，从而其精度指标和置信区间也只能是近似估计.

1.3 数据融合处理思想

1.3.1 靶场试验数据融合的例子

例 1.3.1 静态测量的融合（空间融合） 设有不等精度的两套设备对同一物理量进行测量，其测量模型分别为

$$y_i = \mu + \varepsilon_i, \quad \varepsilon_i \overset{\text{i.i.d}}{\sim} (0, \sigma_1^2), \quad i=1,\cdots,n \tag{1.3.1}$$

$$z_j = \mu + \eta_j, \quad \eta_j \overset{\text{i.i.d}}{\sim} (0, \sigma_2^2), \quad j=1,\cdots,m \tag{1.3.2}$$

且

$$E\varepsilon_i\eta_j = 0, \quad \forall i = 1,\cdots,n;\ j = 1,\cdots,m \tag{1.3.3}$$

则分别由模型(1.3.1), (1.3.2)得到 μ 的最优估计及估计的性能为

$$\hat{\mu}(1) = \frac{1}{n}\sum_{i=1}^{n} y_i, \quad \hat{\mu}(2) = \frac{1}{m}\sum_{j=1}^{m} z_j \tag{1.3.4}$$

$$E\hat{\mu}(1) = E\hat{\mu}(2) = \mu \tag{1.3.5}$$

$$E\left|\hat{\mu}(1) - \mu\right|^2 = \frac{1}{n}\sigma_1^2, \quad E\left|\hat{\mu}(2) - \mu\right|^2 = \frac{1}{m}\sigma_2^2 \tag{1.3.6}$$

若不知道两套设备的精度不等, 采用所有测量数据进行“联合”估计, 则其估计及估计的性能为

$$\hat{\mu}(1,2) = \frac{1}{m+n}\left(\sum_{i=1}^{n} y_i + \sum_{j=1}^{m} z_j\right) \tag{1.3.7}$$

$$E\hat{\mu}(1,2) = \mu, \quad E\left|\hat{\mu}(1,2) - \mu\right|^2 = \frac{n\sigma_1^2 + m\sigma_2^2}{(n+m)^2} \tag{1.3.8}$$

注释 1.3.1　假设 $\sigma_1 < \sigma_2$, 则有 $E\left|\hat{\mu}(1,2) - \mu\right|^2 < E\left|\hat{\mu}(2) - \mu\right|^2$, 这说明联合估计的精度比只用低精度观测数据的估计的精度高. 但有趣的是, 联合估计的精度不总是低于只用高精度观测数据的估计的精度. 当且仅当 $0 < n < \dfrac{m\sigma_1^2}{\sigma_2^2 - \sigma_1^2}$ 或 $\dfrac{m}{n} < \dfrac{\sigma_2^2}{\sigma_1^2} - 1$ 时, 联合估计的精度高于由高精度的观测数据给出的估计的精度. 这对于试验设计具有重要的指导意义.

若知道两台设备的测量精度 σ_1, σ_2, 则利用所有测量数据, 由(1.3.1)～(1.3.3)得到 μ 的最优估计及估计的性能分别为

$$\hat{\mu}_{\text{best}} = \left(\sum_{i=1}^{n} \sigma_1^{-2} y_i + \sum_{j=1}^{m} \sigma_2^{-2} z_j\right) \Big/ (n\sigma_1^{-2} + m\sigma_2^{-2}) \tag{1.3.9}$$

$$E\hat{\mu}_{\text{best}} = \mu, \quad E\left|\hat{\mu}_{\text{best}} - \mu\right|^2 = \frac{1}{n\sigma_1^{-2} + m\sigma_2^{-2}} \tag{1.3.10}$$

注释 1.3.2　由(1.3.10)可知, 无论 σ_1, σ_2 什么关系, n, m 什么关系, 总是有

$$E\left|\hat{\mu}_{\text{best}} - \mu\right|^2 \leqslant \min\{E\left|\hat{\mu}(1) - \mu\right|^2, E\left|\hat{\mu}(2) - \mu\right|^2, E\left|\hat{\mu}(1,2) - \mu\right|^2\} \tag{1.3.11}$$

这说明在知道各设备精度时，利用不等精度设备观测数据融合处理结果的精度高于由最高精度观测数据得到估计的精度，同时高于利用所有观测数据联合处理的精度.

(1.3.11)式的证明 不等式 $E\left|\hat{\mu}_{\text{best}}-\mu\right|^2 \leqslant \min\{E\left|\hat{\mu}(1)-\mu\right|^2, E\left|\hat{\mu}(2)-\mu\right|^2\}$ 显然成立. 又因为

$$E\left|\hat{\mu}_{\text{best}}-\mu\right|^2 - E\left|\hat{\mu}(1,2)-\mu\right|^2 = \frac{1}{n\sigma_1^{-2}+m\sigma_2^{-2}} - \frac{n\sigma_1^2+m\sigma_2^2}{(n+m)^2}$$

$$= \frac{-mn(\sigma_1^2+\sigma_2^2)^2}{(n+m)^2(n\sigma_2^2+m\sigma_1^2)} < 0$$

注释 1.3.3 由于在实际测量中 σ_1,σ_2 一般不知道(或只知道其先验值)，估计(1.3.9)式无法求得. 这时的做法是:

(1)利用先验值 $\tilde{\sigma}_1,\tilde{\sigma}_2$ 代替(1.3.9)式中的 σ_1,σ_2 得到估计 $\hat{\mu}$；

(2)利用该估计 $\hat{\mu}$，给出 σ_1,σ_2 的估计:

$$\hat{\sigma}_1^2 = \frac{1}{n-1}\sum_{i=1}^{n}(y_i-\hat{\mu})^2, \quad \hat{\sigma}_2^2 = \frac{1}{m-1}\sum_{j=1}^{m}(z_j-\hat{\mu})^2$$

(3)再以此 σ_1,σ_2 的估计，返回(1)进行迭代. 值得注意的是，这时的最优估计的精度和置信区间的计算就只能是近似的了.

注释 1.3.4 数值例子: 设信号 μ 真值为 10，随机产生 100 个高精度的观测数据(均方根误差为 1)，180 个低精度的观测数据(均方根误差为 4)，进行 100 次仿真. 得到的估计及均方根误差见表 1.3.1 (估计的均方根误差是通过对 100 次仿真数据进行统计得到的).

表 1.3.1 四种估计的比较

估计方法 / 估计结果	只用高精度数据	只用低精度数据	联合估计	融合估计
估计值	10.052	10.090	9.984	9.995
均方根误差	0.116	0.179	0.067	0.061

例 1.3.2 动态跟踪测量的融合(空间和时间的融合) 设有不等精度的两套设备对靶场空间飞行目标进行跟踪测量，其测量模型分别为

$$y_i = f(t_i)+\varepsilon_i, \quad \varepsilon_i \overset{\text{i.i.d}}{\sim} (0,\sigma_1^2), \quad i=1,\cdots,n \tag{1.3.12}$$

$$z_j = g(t_j) + \eta_j, \quad \eta_j \overset{\text{i.i.d}}{\sim} (0, \sigma_2^2), \quad j = 1, \cdots, m \tag{1.3.13}$$

且

$$E\varepsilon_i \eta_j = 0, \quad \forall i = 1, \cdots, n, \ j = 1, \cdots, m \tag{1.3.14}$$

如果采用逐点解算方法, 求解目标状态参数(无论测量值是目标参数的线性还是非线性函数), 则问题都可归结为静态目标测量的融合(空间融合)处理问题.

考虑到飞行目标的状态参数(如目标的位置、速度、姿态等)是连续变化的, 不同时刻之间的状态参数是有关联的. 这就可以转化为如下时间与空间的融合问题.

设待估计的目标状态参数为 $\boldsymbol{\beta} = [\beta_1, \beta_2, \cdots, \beta_N]^{\mathrm{T}}$, 测量方程关于状态参数表示为

$$f(t_i) = \sum_{k=1}^{N} x_{ik} \beta_k = \boldsymbol{X}_i \boldsymbol{\beta}, \quad g(t_j) = \sum_{k=1}^{N} h_{jk} \beta_k = \boldsymbol{H}_j \boldsymbol{\beta}$$

记

$$\boldsymbol{Y} = [y_1, y_2, \cdots, y_n]^{\mathrm{T}}, \quad \boldsymbol{Z} = [z_1, z_2, \cdots, z_m]^{\mathrm{T}}, \quad \boldsymbol{X} = [\boldsymbol{X}_1^{\mathrm{T}}, \boldsymbol{X}_2^{\mathrm{T}}, \cdots, \boldsymbol{X}_n^{\mathrm{T}}]^{\mathrm{T}}$$
$$\boldsymbol{H} = [\boldsymbol{H}_1^{\mathrm{T}}, \boldsymbol{H}_2^{\mathrm{T}}, \cdots, \boldsymbol{H}_m^{\mathrm{T}}]^{\mathrm{T}}, \quad \boldsymbol{\varepsilon} = [\varepsilon_1, \varepsilon_2, \cdots, \varepsilon_n]^{\mathrm{T}}, \quad \boldsymbol{\eta} = [\eta_1, \eta_2, \cdots, \eta_m]^{\mathrm{T}}$$

则(1.3.12)～(1.3.14)化为

$$\begin{cases} \boldsymbol{Y} = \boldsymbol{X\beta} + \boldsymbol{\varepsilon}, \quad \boldsymbol{\varepsilon} \sim (0, \sigma_1^2 \boldsymbol{I}_n) \\ \boldsymbol{Z} = \boldsymbol{H\beta} + \boldsymbol{\eta}, \quad \boldsymbol{\eta} \sim (0, \sigma_2^2 \boldsymbol{I}_m) \\ E\boldsymbol{\varepsilon\eta}^{\mathrm{T}} = \boldsymbol{O}_{n\times m} \end{cases} \tag{1.3.15}$$

模型(1.3.15)的融合估计及其精度的讨论, 参见 3.1 节. 可以明确的是, 类似于例 1.3.1, 融合处理能提高参数 $\boldsymbol{\beta}$, 信号 $f(t_i), g(t_j), \sum_{i=1}^{n} f^2(t_i), \sum_{j=1}^{m} g^2(t_j)$ 的估计精度.

1.3.2　数据融合定义及模型

数据融合是 20 世纪 70 年代随着对被测控目标的精度、容错性和鲁棒性等性能要求日益增加, 结合传感器技术和信息处理技术不断发展而诞生的一个新理论和方法. 其目的就是要从多传感器观测所提供的“多源数据”中得到被测控目标更精确、可靠的估计[6-8].

注释 1.3.5　例 1.3.1 的静态测量的融合处理, 从理论和仿真两方面证实了数据融合处理确实能提高数据处理的精度.

1. 数据融合常用定义

军事应用是数据融合的源泉，美国联合指挥实验室 JDL (Joint Directors of Laboratories) 从军事应用的角度给出了数据融合早期的定义[9].

数据融合是将来自多个传感器和信息源的数据加以关联 (Association)、相关 (Correlation) 和组合 (Combination)，以获得精确的位置估计 (Position Estimation) 和身份估计 (Identity Estimation)，以及对战场情况和威胁及其重要程度进行适时的完整评价 (Evaluation) 的一个过程. 这一定义基本上是对数据融合所期望达到的功能的描述，包括低层次上的位置和身份估计，以及高层次上的态势评估 (Situation Assessment) 和威胁评估 (Threat Assessment).

数据融合领域专家 James Llinas 和 Edward Waltz 在文献[10]中对上述定义进行了补充和修改，用状态估计代替位置估计，并加上了检测功能，从而给出如下定义：数据融合是一种多层次的、多方面的处理过程，这个过程是对多源数据进行检测、结合、相关、估计和组合以达到精确的状态估计和身份估计，以及完整、及时的态势评估和威胁评估.

JDL 当前的最新定义是[11]：数据融合是组合数据或信息以估计和预测实体状态的过程.

Li[12]和韩崇昭等给出的定义是：数据融合是为了某一目的对多个实体包含的数据或信息的组合.

综合考虑上述几个定义，所谓数据融合就是针对多传感器系统这一特定问题而展开的一种关于信息处理的研究，它利用多个传感器获得的多种数据信息，得出对对象特征全面、正确的认识. 这些工作多数是在实践中丰富、发展数据融合方法与技术，对数据融合的数学理论则很少探究.

注释 1.3.6 早期的融合方法或融合系统研究主要是针对数据处理的. 目前，这一数据融合概念不断扩展，要处理的对象不仅是数据，也包括图像、音频、符号等信息，于是形成了一种共识的概念，谓之“信息融合”.

2. 我们的认识

从数学分析者的角度看，任何有形的 (包括数据 (Data)、图像 (Image)、音频 (Video)、符号 (Symbol) 等) 或者无形的 (包括模型 (Model)、估计 (Estimation)、评价 (Evaluation) 及应用 (Application)) 等信息都可以归纳到以下三类表现形式：数据形式、模型形式和策略 (或者方法) 形式. 因此我们所研究的信息融合的外延更广，在数学描述上可以体现在基于数据层融合、基于模型层融合和基于策略层融合[6, 13-15].

(1) 在数据层上，可以是对被测控目标的各类测量数据，如在靶场测量数据融合处理中，包括同一测量体制的测量数据，不同测量体制的测量数据；同一传感器系统的多通道同质/异质测量数据、不同传感器测量体系的同质/异质测量数据和不同时段内传感器联合测量数据等；被测控目标状态以数据形式体现的先验信息和预测信息等.

(2) 在模型层上，可以是被测控目标及传感器设备本身所具有的物理模型、经验模型、数学表示(拟合)模型等，如在靶场测量过程中，包括对被测控目标的测量模型、系统状态模型、传感器设备工作过程与环境模型，以及各类误差模型等.

(3) 在信息处理策略(方法)层上，可以是各类信息分析和处理方法的综合，如在靶场测量数据处理中，包括数据检测、航迹关联、目标参数/状态估计、目标识别、传感器管理和数据库构建等.

此外，从信息融合内涵上来讲，从 JDL 的最新定义来看[11]，在多数场合，信息融合是估计和预测实体目标状态的过程. 因此，融合估计是信息在低层次上对于原始信息所进行的基本处理方式之一，它是信息在高层次上实现融合的基础.

注释 1.3.7　本书所讨论的主要是针对靶场试验信息，在数据融合的数学理论基础上，系统分析和研究靶场试验测量数据融合处理的理论与方法.

3. 数据融合模型

数据融合的关键问题之一是模型设计. 从数据融合过程出发，数据融合模型可以清晰描述数据融合包括哪些数据、哪些主要功能，以及进行数据融合时融合系统各组成部分之间的相互作用过程等. 在众多数据融合模型中，JDL 模型及其演化模型占有十分重要的地位，是目前数据融合领域使用最为广泛、认可度最高的一类模型，尤其在军事应用中具有其他模型不可替代的作用[7].

最初的 JDL 模型(1987～1997 年)中将数据融合划分为目标估计、态势估计、威胁估计和过程优化四个主要模块. 随着数据融合定义的完善，数据融合的模型也发生了变化. 1992 年的 JDL 修正模型中引入了数据源预处理模块，增加了系统信号检测和处理功能(图 1.3.1)[16].

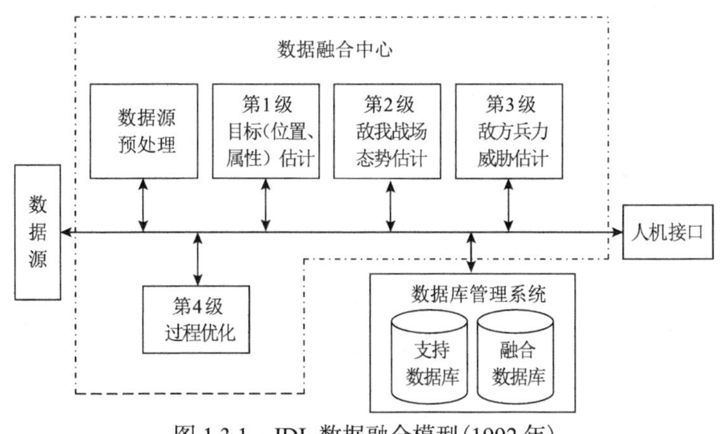

图 1.3.1　JDL 数据融合模型(1992 年)

1999 年, Steinberg 等提出了 JDL 数据融合修正模型(图 1.3.2)[17], 该数据融合模型将 1992 年模型中的“威胁估计”改为“影响估计”, 从而将 JDL 模型从原来以军事应用为主推广到民用领域, 并且为了考虑可测量目标状态的估计, 将“数据源预处理”改为“第 0 级”, 定义为次目标估计(Subobject Estimation). 其中, 第 0 级和第 1 级均为低级融合过程, 第 2~4 级为高级融合过程.

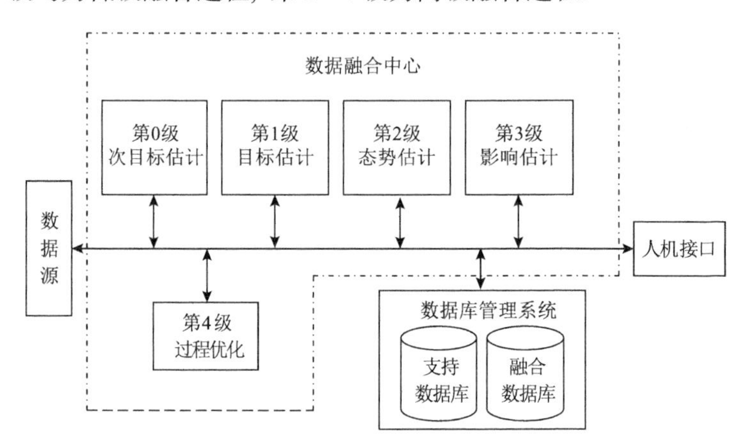

图 1.3.2　JDL 数据融合修正模型(1999 年)

以军事应用为例, 每一级的功能如下.

第 0 级次目标估计: 在数据关联和特征提取的基础上, 估计或预测信号和目标的可测状态. 如果数据源是文本形式, 则这个过程还包括信息压缩, 从而减少数据量, 为更高级别的信息融合保留更有效的信息.

第 1 级目标估计: 在测量与航迹关联的基础上, 使用第 0 级融合处理的结果, 估计和预测实体的状态, 包括连续状态(如位置、速度等运动参数)和离散状态(如目标身份或属性). 通常需要完成的处理过程有数据和时间配准、关联或相关、分组或聚类、状态融合与估计、属性融合、图像特征提取与融合. 最终的融合结果是实现目标分类与识别, 以及目标跟踪.

第 2 级态势估计: 估计和预测实体之间的关系, 包括兵力结构和兵力对抗关系、通信和侦察能力, 以及环境条件等. 这级融合的目的在于得到更高级的推论以及识别出有意义的事件和行动.

第 3 级影响估计: 对计划、估计或预测采取的行为所带来的影响进行估计和预测, 包括多方行动计划的相互关系. 例如, 在某方行为计划确定的前提下, 估计另一方可能受到的威胁程度和抵御威胁的能力.

第 4 级过程优化: 改进第 0～3 级数据融合过程. 通常这一级融合的目的是获得一种更有效的资源管理方法, 实现自适应的数据获取和处理, 支持系统任务目标的完成. 第 4 级可以认为是传感器管理的一部分, 在数据融合过程中起到反馈作用.

表 1.3.2 给出了 JDL 数据融合修正模型各级处理过程中关联过程、估计过程及相应的处理结果的对比.

表 1.3.2　JDL 数据融合修正模型各级特点比对

融合级别	关联过程	估计过程	估计实体
第 0 级次目标估计	分配	检测估计	信号
第 1 级目标估计	分配	属性估计	物理目标
第 2 级态势估计	聚集	关系估计	聚集(态势)
第 3 级影响估计	聚集	计划相互作用	影响(态势、给定计划)
第 4 级过程优化	规划	(控制)	(执行)

注释 1.3.8　JDL 数据融合修正模型中融合级别的划分主要是为了功能描述的方便, 而不能将其视为数据融合系统设计的规范, 也就是说并非一定要按照第 0～4 级的顺序依次工作, 实际的数据融合系统应该根据需求进行设计, 不同融合级别之间可以存在一定的交叉, 任何级融合都可以在给定自身输入的前提下正常工作.

注释 1.3.9　本书所讨论靶场测量数据融合问题, 重点是在第 0 级和第 1 级上的融合过程. 结合靶场飞行目标的多源跟踪测量数据, 通过数据源预处理(次目标估计)、数据关联等, 主要以提高精度和可靠性为目标, 实现目标分类、识别与目标跟踪, 并完成目标实体状态的估计和预测.

1.3.3 数据融合统一数学描述

数据融合问题的基本描述是对数据进行有效融合的前提, 这里利用集合空间理论给出数据融合的统一数学描述[6, 18].

1. 目标特征向量的数学表示

假定被测控目标有 N 类特征, 每类特征中又有 $n^{(i)}$ $(i=1,2,\cdots,N)$ 个子特征, 并假定各类特征间不相关, 此时基于集合空间理论, 将目标特征全体用集合 S 表示, 并且

$$S \subset H^{n\times 1},\quad n=\sum_{i=1}^{N} n^{(i)} \tag{1.3.16}$$

其中, $H^{n\times 1}$ 是一个由 n 维向量构成的 Hilbert 空间.

若记相应时刻第 i 类特征的全体子集 $S^{(i)} \subset H^{n^{(i)}\times 1}$, 那么对于子空间 $H^{n^{(i)}\times 1}$, 一定存在一组子基 $\{\boldsymbol{e}_1^{(i)},\boldsymbol{e}_2^{(i)},\cdots,\boldsymbol{e}_{n^{(i)}}^{(i)}\}$, 使得

$$S^{(i)} \subset H^{n^{(i)}\times 1} = \operatorname{span}\{\boldsymbol{e}_1^{(i)}, \boldsymbol{e}_2^{(i)}, \cdots, \boldsymbol{e}_{n^{(i)}}^{(i)}\} \tag{1.3.17}$$

其中，$\boldsymbol{e}_j^{(i)} = [0,\cdots,\underset{j\text{th}}{1},\cdots,0]^{\mathrm{T}}$，$j=1,2,\cdots,n^{(i)}$. 若要将 $H^{n^{(i)}\times 1}$ 扩维成 $H^{n\times 1}$ 的一个子空间，必须先对基向量 $\boldsymbol{e}_j^{(i)}$ 扩维. 在不引起混淆的情况下，仍记扩维后的基向量为 $\boldsymbol{e}_j^{(i)}$，则有

$$\boldsymbol{e}_j^{(i)} = [\underbrace{0,\cdots,0}_{n^{(1)}+\cdots+n^{(i-1)}},\overbrace{0,\cdots,0}^{j-1},\underset{\{n^{(1)}+\cdots+n^{(i-1)}+j\}\text{th}}{1},\overbrace{0,\cdots,0}^{n^{(i)}-j-1},\underbrace{0,\cdots,0}_{n^{(i+1)}+\cdots+n^{(N)}}]^{\mathrm{T}} \tag{1.3.18}$$

因此，以 $\{\boldsymbol{e}_1^{(i)}, \boldsymbol{e}_2^{(i)}, \cdots, \boldsymbol{e}_{n^{(i)}}^{(i)}\}$ 为基的空间就是扩维后的子空间，并仍将其记为 $H^{n^{(i)}\times 1}$. 相应地，若仍记扩维后的特征子集为 $S^{(i)}$，则有

$$S^{(i)} \subset H^{n^{(i)}\times 1} = \operatorname{span}\{\boldsymbol{e}_1^{(i)}, \boldsymbol{e}_2^{(i)}, \cdots, \boldsymbol{e}_{n^{(i)}}^{(i)}\}$$

若记某一时刻目标的第 i 类特征向量为 $\boldsymbol{x}^{(i)}$，且 $\boldsymbol{x}^{(i)} \in \boldsymbol{S}^{(i)}$，则其可表示为

$$\boldsymbol{x}^{(i)} = \sum_{j=1}^{n^{(i)}} x_j^{(i)} \boldsymbol{e}_j^{(i)} = [\underbrace{0,\cdots,0}_{n^{(1)}+\cdots+n^{(i-1)}}, x_1^{(i)}, x_2^{(i)}, \cdots, x_{n^{(i)}}^{(i)}, \underbrace{0,\cdots,0}_{n^{(i+1)}+\cdots+n^{(N)}}]^{\mathrm{T}} \tag{1.3.19}$$

在各个子空间不相交的假设下，有

$$\langle H^{n^{(i)}\times 1}, H^{n^{(j)}\times 1} \rangle = 0, \quad i \neq j \tag{1.3.20}$$

则空间 $H^{n\times 1}$ 可表示成 N 个正交子空间的直和

$$H^{n\times 1} = \bigoplus_{i=1}^{N} H^{n^{(i)}\times 1} \tag{1.3.21}$$

由 $S^{(i)} \subset H^{n^{(i)}\times 1}$ 可知，$S = \bigoplus_{i=1}^{N} S^{n^{(i)}}$，且

$$S \subset H^{n\times 1} = \operatorname{span}\{\boldsymbol{e}_1^{(1)}, \boldsymbol{e}_2^{(1)}, \cdots, \boldsymbol{e}_{n^{(1)}}^{(1)}, \boldsymbol{e}_1^{(2)}, \cdots, \boldsymbol{e}_{n^{(2)}}^{(2)}, \cdots, \boldsymbol{e}_1^{(N)}, \cdots, \boldsymbol{e}_{n^{(N)}}^{(N)}\} \tag{1.3.22}$$

因此，对某时刻目标总的特征向量 $\boldsymbol{x} \in S$，有唯一表示

$$\begin{aligned}
\boldsymbol{x} &= [x_1^{(1)}, x_2^{(1)}, \cdots, x_{n^{(1)}}^{(1)}, x_1^{(2)}, \cdots, x_{n^{(2)}}^{(2)}, \cdots, x_1^{(N)}, \cdots, x_{n^{(N)}}^{(N)}] \\
&\quad \times [(\boldsymbol{e}_1^{(1)})^{\mathrm{T}}, (\boldsymbol{e}_2^{(1)})^{\mathrm{T}}, \cdots, (\boldsymbol{e}_{n^{(1)}}^{(1)})^{\mathrm{T}}, (\boldsymbol{e}_1^{(2)})^{\mathrm{T}}, \cdots, (\boldsymbol{e}_{n^{(2)}}^{(2)})^{\mathrm{T}}, \cdots, (\boldsymbol{e}_1^{(N)})^{\mathrm{T}}, \cdots, (\boldsymbol{e}_{n^{(N)}}^{(N)})^{\mathrm{T}}]^{\mathrm{T}} \\
&= \sum_{i=1}^{N} \sum_{j=1}^{n^{(i)}} x_j^{(i)} \boldsymbol{e}_j^{(i)} = \sum_{i=1}^{N} \boldsymbol{x}^{(i)}
\end{aligned} \tag{1.3.23}$$

这就给出了待估目标特征向量的统一数学描述.

2. 多传感器观测数据的数学表示

在数据融合过程中, 目标的不同特征可用来自于不同类型的数据进行刻画, 如用位置、速度、加速度刻画目标的空间状态, 用滚动角、俯仰角、偏航角刻画目标的姿态, 用目标电磁波散射特性刻画目标的形状, 等等. 而这些数据包含声学、光学或化学等特性, 它们都是通过相应类型的传感器(如雷达、声呐、红外传感器、光学传感器等)采集到的.

数据融合系统的结构如图 1.3.3 所示. 整个系统由 M 类传感器组构成, 其中每组中含有 $r^{(i)}$ $(i=1,2,\cdots,M)$ 个同种类型的传感器, $\boldsymbol{z}^{(i)}$ $(i=1,2,\cdots,M)$ 为各组传感器的测量数据(原始数据或者经过相应数据处理后的局部融合结果), $\hat{\boldsymbol{x}}_g, \boldsymbol{P}_g$ 分别为关于目标特征的全局估计及其相应的估计协方差. 假设各类型的传感器数据经时间配准之后, 以相同采样率对目标进行观测, 并能及时地将采集到的相应类型的观测数据送到融合中心进行融合, 利用相应的数据融合方法就能得到对目标特征的基于全局数据的融合结果.

在图 1.3.3 描述的数据融合系统中, 每类传感器组通常只对同一组目标特征中的某一子类进行观测, 这一子类是对目标中相关特征的描述, 如位置、速度等表示目标运动状态的量, 但由于传感器自身性能的局限性和目标特征的复杂性, 整个系统中的 M 类传感器组通常无法对目标的 N 类特征的每一类都进行观测, 一般情况下有 $M \leqslant N$, 并且每一类传感器往往只能观测到目标特征某一子类中的部分特征, 即每个传感器获得观测的维数都小于或者等于相应特征子集所属的子空间的维数.

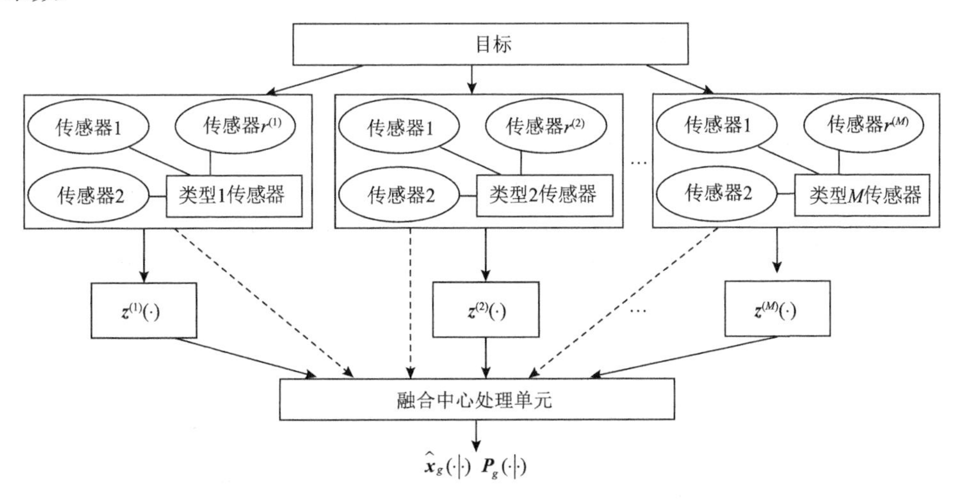

图 1.3.3　数据融合系统结构 $\hat{\boldsymbol{x}}_g(\cdot|\cdot)$ $\boldsymbol{P}_g(\cdot|\cdot)$

对于图 1.3.3 中第 i 类传感器组，假设其最多可对目标第 j 类特征中的 $n^{(i)}$ 个特征项进行观测，即 $n^{(i)} \leqslant m^{(j)}$，其中 $m^{(j)}$ 是第 j 类特征中的传感器的个数. 若记该组中第 j 个传感器得到观测向量为 $z^{(i,j)}$，则 $z^{(i,j)} = [z_1^{(i,j)}, z_2^{(i,j)}, \cdots, z_{n^{(i,j)}}^{(i,j)}]^{\mathrm{T}}$，且有 $n^{(i,j)} \leqslant n^{(i)}$，$z^{(i,j)} \in \mathbf{R}^{n^{(i,j)} \times 1}$，即每个传感器只能观测到 $n^{(i)}$ 个特征项中的一部分，并且不同的传感器观测的维数可能不同，但它们有可能对 $n^{(i)}$ 个特征项中的某些项同时进行观测.

3. 数据融合的映射机制表示

综上所述，数据融合的基本问题可以用如下简化的映射机制进行数学描述，如图 1.3.4 所示，即数据融合是把观测空间中的数据向量集 $\{z^{(i,j)}\}, i = 1,2,\cdots,N$；$j = 1,2,\cdots,m^{(j)}$ 映射到目标特征空间中的状态向量集 $\boldsymbol{x}$，其中 N 为数据源类型数，$m^{(j)}$ 表示为第 j 类数据源的数据量，而映射函数 F(可以为复合函数)即为数据融合方法[6].

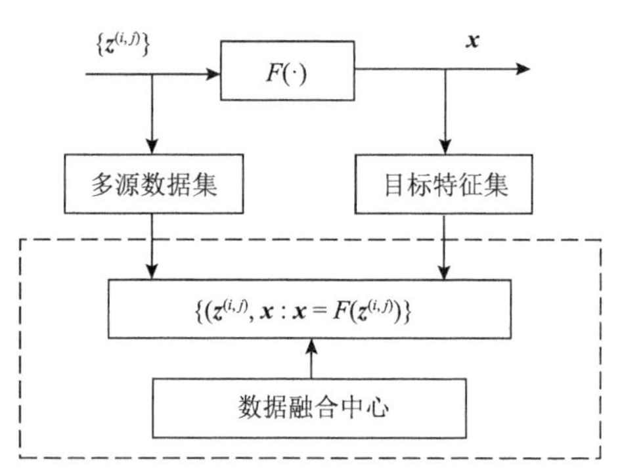

图 1.3.4　数据融合映射机制的数学描述

$$F: z^{(i,j)} \to \boldsymbol{x}, \quad i = 1,2,\cdots,N;\ j = 1,2,\cdots,m^j \tag{1.3.24}$$

注释 1.3.10　数据融合从数学层面上可以描述为：利用多传感器观测数据向量集合 $\{z^{(i,j)}\}$，选择相应的数据融合方法(F 函数)，得到关于目标的特征向量 $\boldsymbol{x}$ 的基于全局数据的融合结果. 映射函数是整个映射机制的核心，且在通常情况下，映射关系是未知的，具有一定的适用性. 在实际中，必须针对具体情况选择合理的数据融合方法.

1.4　数据融合的主要方法

数据融合作为对多传感器数据的综合处理过程，具有本质的复杂性. 它是一门跨学科的综合理论和方法，同时在不同的应用领域，数据融合有着不同的作用和研究方法. 因此, 数据融合的数学方法也非常广泛, 不少应用领域的研究人员根据各自的应用背景, 提出了许多比较成熟而有效的数据融合方法. 但是用于数据融合的基本数学方法必须具备两个功能:

(1) 能表述所有的表示数据(即(1.3.24)中的数据向量集合 $\{z^{(i,j)}\}$);

(2) 能将这些数据有机地融合起来, 且将这两步结合起来, 可以将各种不同类型的数据进行分解、融合.

传统的估计理论和识别算法为数据融合奠定了不可或缺的理论基础. 但同时也看到, 目前一些新的基于统计推断、人工智能以及信息论的新方法, 也成为推动数据融合发展的重要因素. 表 1.4.1 给出了一些常用的数据融合方法及其分类.

表 1.4.1　常用的数据融合方法及其分类

经典方法		现代方法	
参数/状态估计方法	统计推断法	人工智能法	信息论法
加权平均法	可信度方法	模糊逻辑	小波分析
极大似然估计	主观 Bayes 推理	神经网络	聚类分析
最小二乘估计	D-S 证据理论	遗传算法	熵论
Kalman 滤波	随机集理论	专家系统	模板法

1. 参数估计理论[19-20]

参数估计理论的应用领域非常广泛, 且所采用的技术比较成熟. 通过建立一定的优化指标, 借助最优化方法来获得参数的最优估计, 典型的最优化指标有极小化均方误差和极小化拟合误差, 基本的估计方法包括: 极大似然估计、最小二乘估计等.

1) 极大似然估计

设 $\boldsymbol{x}\in\mathbf{R}^{n\times1}$ 为被估计量, $z\in\mathbf{R}^{m\times1}$ 为其观测值. 为了估计 $\boldsymbol{x}$, 假设已对它进行了 k 次观测, 并得到了观测集 $\{z(i), i=1,2,\cdots,k\}$. 如果对观测的总体 $z=\{z(i), i=1,2,\cdots,k\}$, 考虑其概率密度函数 $P(z)$, 由于观测数据 z 是在被估计量 $\boldsymbol{x}=x$ 的条件下取得的, 因此概率密度函数 $P(z)$ 应该是一种条件概率密度函数, 即 $P(z)=P(z\mid\boldsymbol{x})$. 一般情况下, $P(z\mid\boldsymbol{x})$ 应该是 z 和 $\boldsymbol{x}$ 两者的函数, 但是对于具体的观测值 z 来说, $P(z\mid\boldsymbol{x})$ 就可以认为只是 $\boldsymbol{x}$ 的函数, 并称它为似然函数, 记为 $L=P(z\mid\boldsymbol{x})$. 因为 $P(z\mid\boldsymbol{x})$ 表示了 $\boldsymbol{x}=x$ 的条件下, z 的概率分布函数, 因此, 如果 $\boldsymbol{x}=x_1$ 时的 $P(z\mid\boldsymbol{x}_1)$ 要比 $\boldsymbol{x}=x_2$ 时的 $P(z\mid\boldsymbol{x}_2)$ 大, 则表明这时 x_1 为准确值的可能性就要比 x_2 为准确值的可能性大. 因此, 对所有可能的 $\boldsymbol{x}$ 的值, $P(z\mid\hat{\boldsymbol{x}})$ 是 $P(z\mid x)$ 的

最大值, 那么, $\hat{\boldsymbol{x}}$是准确值的可能性就最大, 这时就称$\hat{\boldsymbol{x}}$是$\boldsymbol{x}$的极大似然估计, 并记为$\hat{\boldsymbol{x}}_{\mathrm{ML}}(\boldsymbol{z})$. 因此, 极大似然估计$\hat{\boldsymbol{x}}_{\mathrm{ML}}(\boldsymbol{z})$是使似然函数$L=P(\boldsymbol{z}\mid\boldsymbol{x})$达到极大值的一种最优估计. 显然这里的最优估计准则是“使似然函数达到极大”, 为了得到极大似然估计, 需要知道似然函数$P(\boldsymbol{z}\mid\boldsymbol{x})$.

由极大似然估计的定义可知, 如果已经得到观测量$\boldsymbol{z}$, 应有

$$L=P(\boldsymbol{z}\mid\boldsymbol{x})\big|_{\boldsymbol{x}=\hat{\boldsymbol{x}}_{\mathrm{ML}}(\boldsymbol{z})}=\max \tag{1.4.1}$$

2) 最小二乘估计

极大似然估计需要知道$\boldsymbol{x}$和$\boldsymbol{z}$的条件概率$P(\boldsymbol{z}\mid\boldsymbol{x})$. 而在实际问题中, 概率函数往往无法知道, 此时若仍欲对$\boldsymbol{x}$进行估计, 可以采用最小二乘估计[21]. 考虑如下两类模型:

$$\begin{cases}\boldsymbol{z}=\boldsymbol{H}\boldsymbol{x}+\boldsymbol{\varepsilon}\\ E\{\boldsymbol{\varepsilon}\}=0,\ \operatorname{Var}\{\boldsymbol{\varepsilon}\}=\sigma^2\boldsymbol{I}\end{cases} \tag{1.4.2a}$$

$$\begin{cases}\boldsymbol{z}=\boldsymbol{H}\boldsymbol{x}+\boldsymbol{\varepsilon}\\ E\{\boldsymbol{\varepsilon}\}=0,\ \operatorname{Var}\{\boldsymbol{\varepsilon}\}=\boldsymbol{Q}\end{cases} \tag{1.4.2b}$$

其中, $\boldsymbol{z}=[\boldsymbol{z}_1^{\mathrm{T}},\boldsymbol{z}_2^{\mathrm{T}},\cdots,\boldsymbol{z}_p^{\mathrm{T}}]^{\mathrm{T}}$为$p$次观测得到的$m\times p$维观测量, $\boldsymbol{x}\in\mathbf{R}^{n\times1}$为被估计量, $\boldsymbol{H}=\left[\boldsymbol{H}_1^{\mathrm{T}},\boldsymbol{H}_2^{\mathrm{T}},\cdots,\boldsymbol{H}_p^{\mathrm{T}}\right]^{\mathrm{T}}$为$mp\times n$维观测矩阵, $\boldsymbol{\varepsilon}=\left[\boldsymbol{\varepsilon}_1^{\mathrm{T}},\boldsymbol{\varepsilon}_2^{\mathrm{T}},\cdots,\boldsymbol{\varepsilon}_p^{\mathrm{T}}\right]^{\mathrm{T}}$为观测误差. 每次观测$\boldsymbol{z}_i(i=1,2,\cdots,p)$的维数为$m$.

定义 1.4.1　若$\boldsymbol{x}$的估计量$\hat{\boldsymbol{x}}$满足

$$J(\hat{\boldsymbol{x}}_{\mathrm{LS}}(\boldsymbol{z}))=\min(\boldsymbol{z}-\boldsymbol{H}\hat{\boldsymbol{x}})^{\mathrm{T}}(\boldsymbol{z}-\boldsymbol{H}\hat{\boldsymbol{x}}) \tag{1.4.3a}$$

$$J_{\boldsymbol{W}}(\hat{\boldsymbol{x}}_{\mathrm{LSW}}(\boldsymbol{z}))=\min(\boldsymbol{z}-\boldsymbol{H}\hat{\boldsymbol{x}})^{\mathrm{T}}\boldsymbol{W}(\boldsymbol{z}-\boldsymbol{H}\hat{\boldsymbol{x}}) \tag{1.4.3b}$$

则称$\hat{\boldsymbol{x}}_{\mathrm{LS}}(\boldsymbol{z})$为$\boldsymbol{x}$的最小二乘估计, $\hat{\boldsymbol{x}}_{\mathrm{LSW}}(\boldsymbol{z})$为$\boldsymbol{x}$的加权最小二乘估计, $\boldsymbol{W}\in\mathbf{R}^{mp\times mp}$是一个对称正定加权矩阵.

当$\boldsymbol{H}$为列满秩矩阵, $\boldsymbol{Q}$为正定矩阵时, 经过计算可知

$$\hat{\boldsymbol{x}}_{\mathrm{LS}}=\left(\boldsymbol{H}^{\mathrm{T}}\boldsymbol{H}\right)^{-1}\boldsymbol{H}^{\mathrm{T}}\boldsymbol{z} \tag{1.4.4a}$$

$$\hat{\boldsymbol{x}}_{\mathrm{LSW}}=\left(\boldsymbol{H}^{\mathrm{T}}\boldsymbol{Q}^{-1}\boldsymbol{H}\right)^{-1}\boldsymbol{H}^{\mathrm{T}}\boldsymbol{Q}^{-1}\boldsymbol{z} \tag{1.4.4b}$$

2. Kalman 滤波

Kalman 滤波及其各种扩展或改进为数据融合中应用最普遍的方法之一, 主要

用于实时融合动态多传感器冗余数据. 基于各种数据融合方法, 结合 Kalman 滤波可以构成多种算法, 而 Kalman 滤波在多传感器数据融合中的作用, 已不仅仅局限于是一种算法, 而是一种系统的思想, 是一种行之有效的、系统的解决方案. 许多的实时估计方法均是在此理论基础上(改进)获得的.

考虑简单的离散时间线性系统:

$$\boldsymbol{x}(k+1)=\boldsymbol{\Phi}(k+1|k)\boldsymbol{x}(k)+\boldsymbol{G}(k+1|k)\boldsymbol{u}(k)+\boldsymbol{\Gamma}(k+1|k)\boldsymbol{w}(k) \tag{1.4.5}$$

式中, $\boldsymbol{x}(k)\in\mathbf{R}^{n\times1}$ 为系统待估状态向量, $\boldsymbol{\Phi}(k+1|k)\in\mathbf{R}^{n\times n}$ 为系统状态转移矩阵, $\boldsymbol{G}(k+1|k)\in\mathbf{R}^{n\times r}$ 为系统输入矩阵, $\boldsymbol{u}(k)\in\mathbf{R}^{r\times1}$ 为系统非随机控制向量, $\boldsymbol{\Gamma}(k+1|k)\in\mathbf{R}^{n\times p}$ 为系统干扰矩阵, $\boldsymbol{w}(k)\in\mathbf{R}^{p\times1}$ 为系统过程 Gauss 噪声.

动态系统的测量方程为

$$\boldsymbol{z}(k)=\boldsymbol{H}(k)\boldsymbol{x}(k)+\boldsymbol{c}(k)+\boldsymbol{v}(k) \tag{1.4.6}$$

式中, $\boldsymbol{z}(k)\in\mathbf{R}^{m\times1}$ 为观测量, $\boldsymbol{H}(k)\in\mathbf{R}^{m\times n}$ 为观测矩阵, $\boldsymbol{c}(k)\in\mathbf{R}^{m\times1}$ 为观测系统误差, 一般可结合测量传感器的工作原理进行参数化建模确定, $\boldsymbol{v}(k)\in\mathbf{R}^{m\times1}$ 为观测噪声向量. 此外, $\boldsymbol{w}(k)$, $\boldsymbol{v}(k)$ 均是均值为零的白噪声向量, 且对所有的 k,j, 有

$$\begin{cases}E\{\boldsymbol{w}(k)\boldsymbol{w}^{\mathrm{T}}(j)\}=\boldsymbol{Q}(k)\delta_{k,j}\\E\{\boldsymbol{v}(k)\boldsymbol{v}^{\mathrm{T}}(j)\}=\boldsymbol{R}(k)\delta_{k,j}\\E\{\boldsymbol{w}(k)\boldsymbol{v}^{\mathrm{T}}(j)\}=0\end{cases} \tag{1.4.7}$$

其中, $\delta_{k,j}$ 是狄拉克函数, $\boldsymbol{Q}(k)$ 是对称的非负定矩阵, $\boldsymbol{R}(k)$ 是对称的正定矩阵. 并假定初始状态有下列统计特性:

$$E\{\boldsymbol{x}(0)\}=\hat{\boldsymbol{x}}(0|0),\quad \mathrm{Var}\{\boldsymbol{x}(0)\}=\boldsymbol{P}(0|0),\quad E\{\boldsymbol{x}(0)\boldsymbol{w}^{\mathrm{T}}(k)\}=0,\quad E\{\boldsymbol{x}(0)\boldsymbol{v}^{\mathrm{T}}(k)\}=0$$

所谓最优滤波问题, 指的是已知观测序列 $\{\boldsymbol{z}(0),\boldsymbol{z}(1),\cdots,\boldsymbol{z}(k+1)\}$, 要求找出 $\boldsymbol{x}(k+1)$ 的线性无偏估计

$$\hat{\boldsymbol{x}}(k+1|k+1)=\hat{\boldsymbol{x}}(\boldsymbol{z}(0),\boldsymbol{z}(1),\cdots,\boldsymbol{z}(k+1)) \tag{1.4.8}$$

使得估计误差 $\tilde{\boldsymbol{x}}(k+1|k+1)=\boldsymbol{x}(k+1)-\hat{\boldsymbol{x}}(k+1|k+1)$ 的期望为最小, 即

$$E\{\tilde{\boldsymbol{x}}(k+1|k+1)^{\mathrm{T}}\tilde{\boldsymbol{x}}(k+1|k+1)\}=\min \tag{1.4.9}$$

Kalman 滤波主要步骤和基本方程如下.

(1) 一步线性预测方程

$$\hat{\boldsymbol{x}}(k+1|k)=\boldsymbol{\Phi}(k+1|k)\hat{\boldsymbol{x}}(k|k)+\boldsymbol{G}(k+1|k)\boldsymbol{u}(k) \tag{1.4.10}$$

(2) 一步线性预测测量方程

$$\hat{z}(k+1|k)=\boldsymbol{H}(k+1)\hat{\boldsymbol{x}}(k+1|k)+\boldsymbol{c}(k+1) \tag{1.4.11}$$

(3) $z(k+1)$ 的新息方程

$$\tilde{z}(k+1|k)=z(k+1)-\hat{z}(k+1|k) \tag{1.4.12}$$

(4) $\boldsymbol{x}(k+1)$ 的状态更新方程

$$\hat{\boldsymbol{x}}(k+1|k+1)=\hat{\boldsymbol{x}}(k+1|k)+\boldsymbol{K}(k+1)\tilde{z}(k+1|k) \tag{1.4.13}$$

(5) 滤波增益方程

$$\boldsymbol{K}(k+1)=\boldsymbol{P}(k+1|k)\boldsymbol{H}^{\mathrm{T}}(k+1)[\boldsymbol{H}(k+1)\boldsymbol{P}(k+1|k)\boldsymbol{H}^{\mathrm{T}}(k+1)+\boldsymbol{R}(k+1)]^{-1} \tag{1.4.14}$$

(6) 一步预测协方差方程

$$\boldsymbol{P}(k+1|k)=\boldsymbol{\Phi}(k+1|k)\boldsymbol{P}(k|k)\boldsymbol{\Phi}^{\mathrm{T}}(k+1|k)+\boldsymbol{\Gamma}(k+1|k)\boldsymbol{Q}(k)\boldsymbol{\Gamma}^{\mathrm{T}}(k+1|k) \tag{1.4.15}$$

(7) 协方差更新方程

$$\begin{aligned}\boldsymbol{P}(k+1|k+1)=\boldsymbol{P}(k+1|k)-\boldsymbol{P}(k+1|k)\boldsymbol{H}^{\mathrm{T}}(k+1)\\ \cdot[\boldsymbol{H}(k+1)\boldsymbol{P}(k+1|k)\boldsymbol{H}^{\mathrm{T}}(k+1)+\boldsymbol{R}(k+1)]^{-1}\\ \cdot\boldsymbol{H}(k+1)\boldsymbol{P}(k+1|k)\end{aligned} \tag{1.4.16}$$

注释 1.4.1 在 Kalman 滤波基本方程的推导过程中, 状态滤波值 $\hat{\boldsymbol{x}}(k|k)$ 是基于测量 $z(1),z(2),\cdots,z(k)$ 对状态 $\boldsymbol{x}(k)$ 所作的线性最小方差无偏估计, 而滤波误差方阵 $\boldsymbol{P}(k|k)$ 是所有线性无偏估计中最小均方误差阵. 若动态系统过程噪声 $\boldsymbol{w}(k)$、测量噪声 $\boldsymbol{v}(k)$ 及初始状态 $\boldsymbol{x}(0)$ 是多元正态分布的, 则 $\hat{\boldsymbol{x}}(k|k)$ 是所有估计中的最小均方误差估计, $\boldsymbol{P}(k|k)$ 是最小均方误差阵.

应用 Kalman 滤波器对 n 个传感器的测量数据进行融合后, 既可以获得系统的当前状态估计, 又可以预报系统的未来状态.

基于数据融合的 Kalman 滤波主要有两种方法: 一种是先融合后滤波, 即集中式 Kalman 滤波. 这种方法虽然数据量充分, 但滤波器的阶次较高, 计算量大, 不利于实时应用, 而且它不具有容错性. 另一种是先滤波后融合, 即分布式(或分散式) Kalman 滤波[22-23], 目前应用较为广泛的算法有两种, 即 Bierman 的分散滤波和 Carlson 联合滤波, 其中 Carlson 联合滤波由于计算量小, 实现简单, 信息分配方式灵活, 具有良好的容错结构, 受到许多研究者的关注[24]. 正是由于这些特殊的特点, 美国空军已将联合滤波器列为新一代目标跟踪系统通用的滤波器. 此外将基本的集中式滤波和分散式滤波结合可形成多种融合结构，如混合式和多级式融合结构. 无论是在集中式、分散式，还是混合式信息融合结构中，显然 Kalman 滤波算法都是各种结构的基础，Kalman 滤波算法在数据融合领域中的应用既是系统结构上的，也是具体方法上的.

3. 主观 Bayes 推理[25]

主观Bayes推理法是最早用于处理不精确推理的模型，它是以概率论中Bayes公式为基础的一种基于数值推理的不确定性推理方法，是融合静态环境中多传感器底层数据的常用方法. 它使传感器数据依据概率原则进行组合，测量不确定性用条件概率表示，为数据融合提供了一种强有力的手段.

1) 知识的不确定性表示

设有规则 $E \to H$，每当证据 E 的概率被修正，新值就传播给假设 H，即 E 为真时，H 的先验概率 $P(H)$ 被更新为 H 的后验概率 $P(H \mid E)$. 由 Bayes 公式

$$P(H \mid E) = \frac{P(E \mid H)P(H)}{P(E)} \tag{1.4.17}$$

$$P(\bar{H} \mid E) = \frac{P(E \mid \bar{H})P(\bar{H})}{P(E)} \tag{1.4.18}$$

于是，可得

$$\frac{P(H \mid E)}{P(\bar{H} \mid E)} = \frac{P(E \mid H)}{P(E \mid \bar{H})} \cdot \frac{P(H)}{P(\bar{H})} = \frac{P(E \mid H)}{P(E \mid \bar{H})} \cdot \frac{P(H)}{1 - P(H)} \tag{1.4.19}$$

事件 B 的先验概率函数或可能性函数(Odds)记为 $O(B)$，后验概率函数记为 $O(B \mid A)$，分别被定义为

$$O(B) = \frac{P(B)}{1 - P(B)} \tag{1.4.20}$$

$$O(B \mid A) = \frac{P(B \mid A)}{P(\bar{B} \mid A)} \tag{1.4.21}$$

$P(B)$ 和 $O(B)$ 一一对应，$P(B)$ 大，$O(B)$ 也大，从 $[0,1]$ 映射到 $[0,\infty]$，$O(B)$ 代表 B 的出现概率与不出现概率之比.

若令

$$\mathrm{LS} = \frac{P(E \mid H)}{P(E \mid \bar{H})} \tag{1.4.22}$$

则得

$$O(H \mid E)=\frac{P(E \mid H)}{P(E \mid \bar{H})} \cdot O(H)=\mathrm{LS} \cdot O(H) \tag{1.4.23}$$

称 LS 为“充分性因子”，表示当 E 为真时，对 H 的影响程度. 因此，它实际上描述了规则 $E \to H$ 的强度，亦即描述了知识的不确定性.

类似地，若令

$$\mathrm{LN}=\frac{P(\bar{E} \mid H)}{P(\bar{E} \mid \bar{H})} \tag{1.4.24}$$

则同样可得到证据 E 为假时 H 的后验概率或可能性为

$$O(H \mid \bar{E})=\frac{P(\bar{E} \mid H)}{P(\bar{E} \mid \bar{H})} \cdot O(H)=\mathrm{LN} \cdot O(H) \tag{1.4.25}$$

其中, LN 被称为“必要性因子”，即证据为假时对结论 H 的影响程度.

2）证据的不确定性表示

证据的不确定性采用概率 P 的等价形式（可能性函数）来描述，即

$$O(E)=\frac{P(E)}{1-P(E)} \tag{1.4.26}$$

3）多个证据的组合推理

前面讨论了单个规则的更新假设问题，但是，由于规则中的前提和结论有时是一些复合命题，而且命题的复合方式也不一样，故需要解决证据的逻辑组合问题. 如有若干个相同假设的形式 $E_1 \to H, \cdots, E_n \to H$ 的规则，则对多个证据应采用如下的更新假设 H 的规则：

（1）若 $E=E_1 \cap E_2 \cap \cdots \cap E_n$，则定义

$$O(E \mid E')=\min_i\left\{O(E_1 \mid E'), O(E_2 \mid E'), \cdots, O(E_n \mid E')\right\} \tag{1.4.27}$$

（2）若 $E=E_1 \cup E_2 \cup \cdots \cup E_n$，则定义

$$O(E \mid E')=\max_i\left\{O(E_1 \mid E'), O(E_2 \mid E'), \cdots, O(E_n \mid E')\right\} \tag{1.4.28}$$

（3）若 $E=\bar{E}_1$，则定义

$$O(E \mid E')=O(\bar{E}_1 \mid E')=\frac{1}{O(E_1 \mid E')} \tag{1.4.29}$$

注释 1.4.2　主观 Bayes 推理方法采用两种不同的度量描述命题的不确定性和知识的不确定性，即用可能性函数 $O(H)$ 描述命题的不确定性，用充分性度量和必要性度量描述规则的不确定性. 采用主观 Bayes 推理的过程是：领域专家为每条规则提供充分性度量 LS 和必要性度量 LN，同时提供每个命题的先验可能性，即命题的单位元. 原始证据的不确定性值由用户结合实际应用背景，在系统运行时提供，然后按上述的算法求出其他所有命题的不确定性值.

4. D-S 证据理论[26]

证据理论是由 Dempster 于 1967 年提出的，后由 Shafer 加以扩充和发展，所以证据理论又称为 D-S 证据理论. D-S 证据理论可处理由不知道所引起的不确定性. 它采用信任函数而不是概率作为度量，通过一些事件的概率加以约束以建立信任函数而不必说明精确的难以获得的概率，当约束限制为严格的概率时，它就进而成为概率论. D-S 证据理论是主观 Bayes 推理方法的扩展，它利用概率区间和不确定区间来确定多证据下假设的似然函数，在目标识别、身份/属性融合方面有应用潜力.

1) D-S 证据理论的基本概率

设 U 表示 X 所有可能取值的一个论域集合，且所有在 U 内的元素间是互不相容的，则称 U 为 X 的识别框架.

定义 1.4.2[26]　设 U 为一识别框架，则函数 $m:2^U\to[0,1]$ 满足下列条件：

(1) $m(\varnothing)=0$；(2) $\sum\limits_{A\subset U}m(A)=1$ 时，称 $m(A)$ 为 A 的基本概率赋值.

$m(A)$ 表示对命题 A 的精确信任程度，表示对 A 的直接支持.

定义 1.4.3[26]　设 U 为一识别框架，函数 $m:2^U\to[0,1]$ 为 U 上的基本概率赋值，定义函数 $\mathrm{BEL}:2^U\to[0,1]$，有

$$\mathrm{BEL}(A)=\sum_{B\subset A}m(B)\quad(\forall A\subset U)$$

称该函数是 U 上的信任函数(Belief Function).

$\mathrm{BEL}(A)=\sum\limits_{B\subset A}m(B)$ 表示 A 的所有子集的可能性度量之和，即表示对 A 的总信任，从而可知

$$\mathrm{BEL}(\varnothing)=0,\quad \mathrm{BEL}(U)=1 \tag{1.4.30}$$

若识别框架 U 的一子集为 A，且有 $m(A)>0$，则称 A 为信任函数 BEL 的焦元(Focal Element)，所有焦元的并称为核(Core).

对于 A 的不知道信息可用 $\overline{A}$ 的信任度来度量.

定义 1.4.4 设 U 是一识别框架，定义 PL：$2^U \to [0,1]$ 为

$$\mathrm{PL}(A) = 1 - \mathrm{BEL}(\overline{A}) = \sum_{B \cap A \neq \varnothing} m(B) \tag{1.4.31}$$

PL 称为似真度函数(Plausibility Function).

PL(A)表示不否定 A 的信任度，是所有与 A 相交的集合的基本概率赋值之和，且有 $\mathrm{BEL}(A) \leqslant \mathrm{PL}(A)$，并以 $\mathrm{PL}(A) - \mathrm{BEL}(A)$ 表示对 A 不知道的信息. 规定的信任区间 $(\mathrm{BEL}(A), \mathrm{PL}(A))$ 描述 A 的不确定性.

定义 $[\mathrm{BEL}(A), \mathrm{PL}(A)]$ 称为焦元 A 的信任度区间.

$\mathrm{PL}(A) - \mathrm{BEL}(A)$ 描述了 A 的不确定性，称为焦元 A 的不确定度(Uncertainty). PL(A)对应于 Dempster 定义的上概率度量, BEL(A)对应于下概率度量.

2) D-S 证据理论的组合规则

证据理论中的组合规则提供了组合两个证据的规则. 设 m_1 和 m_2 是 2^U 上的两个相互独立的基本概率赋值，现在的问题是如何确定组合后的基本概率赋值：$m = m_1 \oplus m_2$.

设 BEL_1 和 BEL_2 是同一识别框架 U 上的两个信任函数，m_1 和 m_2 分别是其对应的基本概率赋值，焦元分别为 $A_1, A_2, \cdots, A_k$ 和 $B_1, B_2, \cdots, B_r$，又设

$$K_1 = \sum_{\substack{i,j \\ A_i \cap B_j = \varnothing}} m_1(A_i) m_2(B_j) < 1 \tag{1.4.32}$$

则

$$m(C) = \begin{cases} \dfrac{\sum\limits_{\substack{i,j \\ A_i \cap B_j = C}} m_1(A_i) m_2(B_j)}{1 - K_1}, & \forall C \subset U,\ C \neq \varnothing \\ 0, & C = \varnothing \end{cases} \tag{1.4.33}$$

式中，若 $K_1 \neq 1$，则 m 确定一个基本概率赋值；若 $K_1 = 1$，则认为 m_1 和 m_2 矛盾，不能对基本概率赋值进行组合.

由如上定义所给出的证据组合规则称为 Dempster 组合规则. 对于多个证据的组合，可以采用定义的 Dempster 组合规则对证据进行两两综合.

设 $A, B \subseteq U$，A, B 的证据间隔分别为

$$\mathrm{EI}_1(A) = [\mathrm{BEL}_1(A), \mathrm{PL}_1(A)],\quad \mathrm{EI}_2(B) = [\mathrm{BEL}_2(B), \mathrm{PL}_2(B)] \tag{1.4.34}$$

则组合后的证据间隔为

$$\mathrm{EI}_1(A)\oplus\mathrm{EI}_2(B)=[1-K_2(1-\mathrm{BEL}_1(A))(1-\mathrm{BEL}_2(B)),K_2\mathrm{PL}_1(A)\,\mathrm{PL}_2(B)] \quad (1.4.35)$$

其中，$K_2=\{1-[\mathrm{BEL}_1(A)\mathrm{BEL}_2(\bar{B})\mathrm{BEL}_1(\bar{A})\mathrm{BEL}_2(B)]\}^{-1}$.

3) 基于证据理论的决策推理

用证据理论组合证据后如何进行决策是与应用密切相关的问题. 设 U 是识别框架, m 是基于 Dempster 组合规则得到的组合后的基本概率赋值, 则可采用以下几种决策方法之一.

(1) 基于信任函数的决策.

基于信任函数的决策也用如下两种常用的方案.

(i) 根据组合后得到的 m, 求出信任函数 BEL, 则该信任函数就是我们的判决结果, 这实际上是一种软判决.

(ii) 若希望缩小真值的范围, 或找出真值, 则可以采用"最小点"原则求出真值. 所谓 "最小点"原则, 是指对于集合 A, 信任函数为 $\mathrm{BEL}(A)$. 若在集合 A 中, 去掉某个元素后的集合设为 B_1, 信任函数为 $\mathrm{BEL}(B_1)$, 且 $|\mathrm{BEL}(A)-\mathrm{BEL}(B_1)|<\varepsilon$, 则认为可去掉该元素, 其中, ε 为预先设定的一个阈值. 重复这个过程, 直到某个子集 B_k 不能再按"最小点"原则去掉元素为止, 则 B_k 即为判决结果.

(2) 基于基本概率赋值的决策.

设 $\exists A_1,A_2\subset U$, 满足

$$\begin{aligned}&m(A_1)=\max\{m(A_i),A_i\subset U\}\\&m(A_2)=\max\{m(A_i),A_i\subset U\ \text{且}\ A_i\neq A_1\}\end{aligned} \quad (1.4.36)$$

若有

$$\begin{cases}m(A_1)-m(A_2)>\varepsilon_1\\m(U)<\varepsilon_2\\m(A_1)>m(U)\end{cases} \quad (1.4.37)$$

则 A_1 即为判决结果, 其中 $\varepsilon_1,\varepsilon_2$ 为预先设定的门限.

(3) 基于最小风险的决策.

设有状态集 $S=\{x_1,x_2,\cdots,x_q\}$, 决策集 $\wp=\{a_1,a_2,\cdots,a_p\}$, 在状态为 x_l 时作出决策 a_i 的风险函数 $r(a_i,x_l),i=1,2,\cdots,p,\ l=1,2,\cdots,q$, 又设有一批证据 E 在 S 上产生了一个基本概率赋值, 焦元为 $A_1,A_2,\cdots,A_n$, 基本概率赋值函数为 $m(A_1),m(A_2),\cdots,m(A_n)$, 令

$$\bar{r}(a_i,A_j)=\frac{1}{|A_j|}\sum_{x_k\in A_j}r(a_i,x_k),\quad i=1,2,\cdots,p;\ j=1,2,\cdots,n \quad (1.4.38)$$

$$R(a_i)=\sum_{j=1}^{n}\overline{r}(a_i,A_j)m(A_j) \tag{1.4.39}$$

若 $\exists a_k \in \wp$ 使得 $a_k=\arg\min\{R(a_1),\cdots,R(a_p)\}$，则 a_k 即为所求的最优决策.

注释 1.4.3 D-S 证据推理在数据融合中的应用过程基本如下：首先计算各个证据的概率赋值函数、信任度函数和似真度函数，然后用 D-S 组合规则计算所有证据联合的基本概率赋值函数、信任度函数和似真度函数，最后根据一定的决策规则，选择联合作用下支持度最大的假设.

5. 模糊逻辑

模糊逻辑应用于数据融合中属于一种基于认识模型的数据融合方法. 模糊集合理论对于数据融合的实际价值在于它外延到模糊逻辑. 模糊集合是带有隶属度的元素集合，设 U 是论域，U 上的一个模糊集合 A 由隶属函数 μ_A 表征，即 μ_A：$U\to[0,1]$，则称 $\mu_A(x)$ 为 x 关于模糊集 A 的隶属度. 模糊关系是普通集合论中关系的推广，一个有限论域上的二元模糊关系可以表示成隶属矩阵的形式.

通过模糊命题的表示，用综合规则建立起演绎逻辑，并在推理中使用模糊概率，从而方便地建立起模糊逻辑. 模糊推理是以模糊判断为前提，使用模糊推理规则，以模糊判断为结论的推理. 模糊推理有多种模式，在专家系统中，常用的基本模式有：①基于模糊(因果)关系的合成推理模式；②基于条件推理模式. 模糊逻辑是一种多值逻辑，隶属程度可视为一个数据真值的不精确表示. 因此数据融合过程中存在的不确定性可以直接用模糊逻辑表示，然后用多值逻辑推理，根据模糊演算对各种命题(各传感器提供的数据)进行合并，从而实现信息融合. 以两个模糊关系函数的融合为例，考虑模糊关系函数 $\mu(x,y)$ 和 $\eta(x,y)$，融合结果将是两个输入的函数，即 $f(\mu(x,y),\eta(x,y))=\varphi(x,y)$，若采用 Zadeh 的 max-min 模糊逻辑[27]，则模糊集上的融合运算为

$$\varphi(x,y)=(\mu\wedge\eta)(x,y)=\min\{\mu(x,y),\eta(x,y)\}$$

$$\varphi(x,y)=(\mu\vee\eta)(x,y)=\max\{\mu(x,y),\eta(x,y)\}$$

$$\varphi(x,y)=\mu^c(x,y)=1-\mu(x,y)$$

6. 随机集理论与条件事件代数理论

随机集理论为数据融合诸多方面的统一提供了一种有效的工具. 它不仅为推广经典传感器单目标的点变量统计学到多传感器多目标统计学提供了一种手段，而且为不同专家系统对不确定性的处理给出了一种通用的理论框架.

定义 1.4.5[28]　设 (Ω, B, P) 是一个概率空间，其中 Ω 是样本空间，B 是 Ω 上的 σ 代数，P 是 Σ 上的概率测度. 又设 (X, A) 是一个可测空间，其中 A 是 X 上的 σ 代数，给出映射：ξ：$\Omega \to X$，若 ξ 满足以下条件，即对于任意 A，总有

$$\xi^{-1}(A) = \{\omega \in \Omega: \ \xi(\omega) \in A\} \in \Sigma$$

其中，ξ 是在 X 中取值的随机映射. 以 $P_0(X)$ 为基本空间，在 $P_0(X)$ 上取定一个 σ 代数 Σ，那么一个取值 $P_0(X)$ 的随机映射：ξ：$\Omega \to P_0(X)$ 就称为 Ω 到 X 的随机集.

显然，随机向量是集合到点的映射，也就是事件映射到 n 维空间中的点；随机过程也是集合到点的映射，是事件映射时间函数；而随机集是集值随机变量.

条件事件代数(CEA)理论是数据融合研究的一个深入而发展的研究分支，主要用于处理和融合多传感器系统中存在的大量"if a then b"形式的经验性信息，即对规则(表示成 $a \to b$)的有效性或可信度进行评估. 而经典概率论仅仅涉及了条件概率，而并非触及条件问题的实体——条件事件(也即数据融合系统中的经验性知识)，也就更谈不上进行条件推理了. 条件事件代数就是为了解决上述问题而发展起来的逻辑代数系统，其特点是在条件事件代数空间中合理地表示条件事件，并用经典概率中的条件概率对条件事件进行测度，此外在条件事件代数中，表示并度量条件事件的是逻辑运算.

7. 神经网络[29-31]

近年来，神经网络在数据处理方面的应用越来越引起人们的关注. 神经网络本身具有非线性逼近性能，通过学习和训练可以有效地逼近输入输出的未知关系. 在数据融合方法中，主要是应用于特征级融合和决策级融合和判断.

神经网络是一个以有向图为拓扑结构的动态系统，它通过对连续或离散形式的输入作状态响应而进行信息处理，是由大量人工神经元广泛互连而成的网络. 神经网络是在现代神经生物学和认识科学对人类信息处理研究的基础上提出来的，反映人脑功能的基本特征，但又不是人脑的真实描写，它是一种抽象结构，是一种可以用微分方程描述的计算模型，具有很强的自适应学习能力、非线性映射能力、鲁棒性、容错能力和并行处理能力.

决定神经网络整体性能的要素包括三部分，即神经元(信息处理单元)的特性、神经元之间相互连接的形式——拓扑结构以及为适应环境而改善性能的学习规则，其中神经网络的学习和识别取决于各神经元连接权系数的动态演化过程.

神经元是神经网络的基本处理单元，它是生物神经元的简化和模拟，一般是一个多输入/单输出的非线性器件. 神经元结构模型如图 1.4.1 所示，其中

$\{x_1, x_2, \cdots, x_n\}$为从其他神经元传来的 n 个输入信号；$\{\omega_{j1}, \omega_{j2}, \cdots, \omega_{jn}\}$为其他 n 个神经元与神经元 j 的连接权值；$\{\omega_{ji}\}$可以为正，也可以为负，分别表示激励性连接和抑制性连接；θ_j 为阈值；s_j 为神经元 j 的求和输出；y_j 为输出；$f(\cdot)$ 称为激活函数，决定神经元的输出，常见的激活函数包括符号型函数、Sigmoid 函数、双曲正切型函数和线性型函数[30]等.

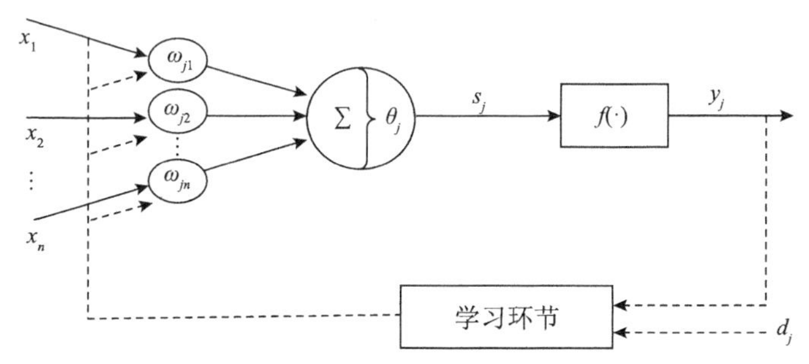

图 1.4.1　神经元结构模型示意图

神经元结构模型中各部分的输入与输出关系可以由下式进行描述

$$s_j = \sum_{i=1}^{n} \omega_{ji} x_i - \theta_j \tag{1.4.40}$$

$$y_j = f(s_j) \tag{1.4.41}$$

同时若令 $\boldsymbol{X} = (-1, x_1, x_2, \cdots, x_n)^{\mathrm{T}}$，$\boldsymbol{\omega}_j = (\theta_j, \omega_{j1}, \omega_{j2}, \cdots, \omega_{jn})^{\mathrm{T}}$，则

$$y_j = f(\boldsymbol{\omega}_j^{\mathrm{T}} \cdot \boldsymbol{X}) \tag{1.4.42}$$

神经元结构模型中的学习环节，反映了神经元的学习特性，它对应于某种学习规则，神经元的学习与其自身的参数和所处的状态有关，一般可以描述为

$$\omega_{ji}(t+1) = k\omega_{ji}(t) + a\delta X \tag{1.4.43}$$

其中，k, a 表示学习效率系数，δ 表示学习信号，其选取对应于不同的学习方法. 当 $\delta = y_i$ 时，称为 Hebb 学习规则，此时神经网络调整连接权值 ω_{ji} 的原则为：如果第 i 个与第 j 个神经元同时处于兴奋状态，则它们之间的连接权重就要被加强，即 ω_{ji} 将增大.

当 $\delta = d_j - y_j$ 时，把神经元外得到的信息，看作神经元的导师信号 δ，这就是 Delta 学习规则，通过改变神经元间的连接权重来使系统输出尽量地接近信号 d_j，亦称最小均方差规则或者误差纠正学习规则.

神经网络的神经元可分为三种类型：输入神经元、隐含神经元和输出神经元. 输入神经元从外界环境接收信息，输出神经元则给出神经网络系统对外界环境的作用. 这两种神经元与外界都有直接的联系. 隐含神经元则处于网络之中，不与外部环境直接联系. 它从网络内部接收输入信息，所产生的输出则只作用于神经网络系统中的其他神经元. 神经网络的主要拓扑结构有：前馈网络(Feed-forward Net)、反馈网络(Feedback Net)和自组织网络(Self-organizing Net)等. 其中应用最广泛的一类是多层前馈网络中的 BP 神经网络[31].

近年来，神经网络已经成功地应用于数据融合中的状态估计问题. 利用神经网络的高速并行运算能力，可以实时实现最优信号处理算法. 利用神经网络分布式信息存储和并行处理的特点，可以避开模式识别方法中建模和特征提取的过程，从而消除由于模型不符和特征选择不当带来的影响，并实现实时识别，以提高识别系统的性能. 此外，为了获取概率、可能性或证据分布数据，将神经网络与其他方法相结合进行数据融合方法的研究效果显著，已经成为一种趋势.

8. 聚类分析

聚类分析算法是一组启发式算法，在模式类数目不是很精确知道的标识性应用中，这类算法很有用，在数据融合中，聚类分析主要用于目标识别和分类.

聚类分析又称群分析，它是研究(样品或指标)分类问题的一种多元统计方法，聚类(Clustering)是一个将数据集划分为若干组(Class)或类(Cluster)的过程，并使得同一个组内的数据对象具有较高的相似度，而不同组中的数据对象则是不相似的. 相似或不相似的度量是基于数据对象描述的取值来确定的. 通常就是利用(各对象间)距离来进行描述.

将一群(Set)物理的或抽象的对象，根据它们之间的相似程度，分为若干组(Group)，其中相似的对象构成一组，这一过程就称为聚类过程. 一个聚类，又称簇，就是由彼此相似的一组对象所构成的集合，不同聚类中对象通常是不相似的. 聚类分析就是从给定的数据集中搜索数据对象之间所存在的有价值联系. 而在许多应用中，一个聚类中所有对象常常被当作一个对象来进行处理或分析.

在实际应用聚类分析中，根据有无领域知识参与将整个过程分解为三个环节，每个环节都有其明确的任务，这样对于整个聚类分析的过程就会有更清晰的认识[32]，详见图 1.4.2.

第一步是特征抽取. 它的输入是原始样本，由领域专家决定使用哪些特征来深刻地刻画样本的本质性质和结构. 特征抽取的结果是输出一个矩阵，每一行是一个样本，每一列是一个特征指标变量.

选取特征的优劣将直接影响以后的分析和决策. 合理的特征选取方案应当使得同类样本在特征空间中相距较近，异类样本则相距较远. 在有些应用场合还需要将得到的样本矩阵进行一些后处理工作. 比如为了统一量纲就对变量进行标准化处理, 这样采用不同量纲的变量才具有可比性; 在有些场合可能选择的特征变量太多, 不利于以后的分析和决策, 这时可以先进行降维处理: 仅凭经验和领域知识选择的特征变量有可能是相关的, 进行主成分分析就可以消除变量间的相关性, 从而得到一些相互独立的特征变量.

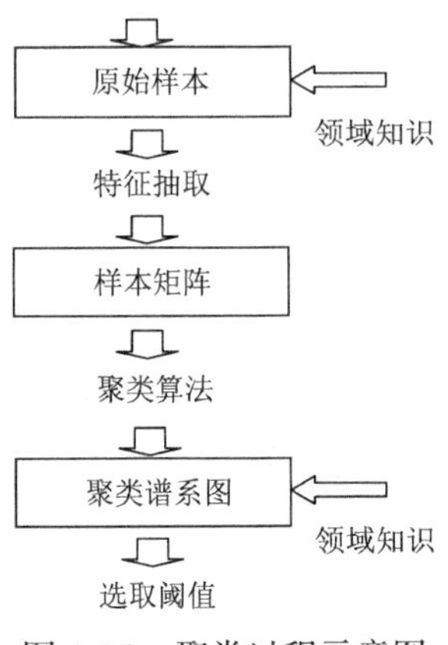

图 1.4.2　聚类过程示意图

第二步是执行聚类算法, 获得聚类谱系图. 聚类的输入是一个样本矩阵, 它把一个样本想象成特征变量空间中的一个点. 聚类算法的目的就是获得能够反映 N 维空间中这些样本点之间的最本质的“聚类”性质. 这一步没有领域专家的参与, 它除了几何知识外不考虑任何的领域知识, 不考虑特征变量在其领域中的特定含义, 仅仅认为它是特征空间中一维而已.

聚类算法的输出一般是一个聚类谱系图, 由粗到细地反映了所有的分类情况; 或者直接给出具体的分类方案, 包括总共分成几类, 每类具体包含哪些样本点等.

第三步是选取合适的分类阈值. 在得到了聚类谱系图之后, 领域专家凭借经验和领域知识, 根据具体的应用场合, 决定阈值的选取. 选定阈值之后, 就能够从聚类谱系图上直接看出分类方案. 没有领域专家的参与, 不考虑具体的应用背景, 而仅仅依赖于从聚类谱系图出发寻找聚类指数突变点, 或者求最小生成树的长边等, 往往不会得到满意的结果. 领域专家还可以对聚类结果结合领域知识进行进一步的分析, 从而加深样本点和特征变量的认识.

总之, 实际应用聚类分析是一个需要多方参与的过程, 它无法脱离领域专家的参与, 聚类算法仅仅是整个聚类流程中的一环而已, 光依靠聚类算法一般不会得到满意的效果.

9. 其他方法

在数据融合研究中还有许多不同的方法, 代表性的有以下几种.

(1)熵论: 应用 Kullback-Leibler 熵作为代价, 对多传感器多目标跟踪进行资源分配. 对于二元探测网络最优化问题, 应用基于熵规范的方法; 对处理突发事件, 或是关于那些先验概率不确定的事件, 具有非常好的鲁棒性.

(2)类论: 用于捕获目标之间的共性和关系. 这个特征使得类论成为描述信息融合系统和信息融合本身过程极具潜力的方法, 可以将类论应用于基于小波的多传感器目标识别系统和基于特征的自动多传感器目标识别系统(Automatic Multi-sensor Target Recognition System, AMTRS)等.

(3) Choquet 积分法: 可以融合数字信息. 它根据模糊测量的数据值, 具有处理多余信息源或补充的信息源情况的潜能. 由于利用了层次化的可分解模糊测量, 因此该方法的优点是降低了处理复杂性、简化了过程优化, 以及模块化等.

(4) HyM 法: 是一种混合方法, 用于研究大范围和复杂的综合智能信息系统. 这类系统结合了传统信息系统研究方法和基于知识系统的研究方法. 在对传统的信息系统、基于知识的系统、复杂的联合运作和智能信息大系统等进行拓展的过程中, 都可以应用这种方法.

注释 1.4.4　显然数据融合方法有其各自的适用性和有效性, 在选择数据融合方法时, 要明白并不存在完美的技术和方法, 应该根据可以获得的先验数据来分析和选择适当的鲁棒和精确的方法. 这就带来了数据融合方法对先验信息的依赖问题, 在实际问题中, 可以考虑多算法的自适应混合途径来解决问题. 如对于实际应用中存在的训练数据不足情况, 可以考虑混合模式识别技术; 另外, 如果把模式分类器与一个自动推理环节相结合, 根据具体任务或实际环境来解释得到的结果, 也有可能克服由于缺乏训练数据带来的问题. 此外, 对于算法实时性问题, 各种实际应用中的计算量和快速性要求是不一样的. 例如, 相对于地面系统, 星载或机载系统具有实时性要求高的特点. 同时, 算法的鲁棒性与精度之间存在着矛盾, 实际上鲁棒的操作比最优的操作精度要差一些. 因此, 应该根据实际问题, 对算法的实时性、精确性和鲁棒性作合理的折中选择, 这是数据融合方法选择的重要准则.

注释 1.4.5　实现数据融合算法的一个困难就是如何量化系统的效用. 为了发展支持实际应用的有效的数据融合算法, 需要建立算法性能和效能度量的指标体系. 但对于实际数据融合系统而言, 要完成整个系统的评估, 还应建立从系统设计—实施—使用效果的全过程评估, 要建立实用的评估体系, 包括指标体系和算法体系, 这就要依赖于具体问题的要求和相应的系统评估方法.

注释 1.4.6　本节罗列了数据融合的一些基本方法, 目的是让读者了解数据融合各种方法的基本思想、基本原则及其适合的处理层次和应用场合; 另一方面, 也反映了数据融合的多样性和应用的广泛性.

鉴于本书重点讨论的是靶场测量数据的融合处理问题, 根据靶场多种测量数据, 结合靶场被测目标特性的精确模型, 以及测量设备、测量过程、处理环境等特点, 给出飞行目标的融合估计以及各设备的误差大小和特征的估计, 因此, 本书后续章节主要讨论数据融合理论与方法是参数或状态的估计方法, 包括最小二乘估计、Kalman 滤波及其各种改进算法等.

参考文献

[1] 王正明, 易东云, 周海银, 等. 弹道跟踪数据的校准与评估. 长沙: 国防科技大学出版社, 1999.

[2] 周海银, 王炯琦, 潘晓刚, 郑媛媛. 卫星状态融合估计理论与方法. 北京: 科学出版社, 2013.

[3] 王正明, 卢芳云, 段晓君, 等. 导弹试验的设计与评估. 北京: 科学出版社, 2010.

[4] 李德仁, 袁修孝. 误差处理与可靠性理论. 武汉: 武汉大学出版社, 2002.

[5] 王正明, 易东云. 测量数据建模与参数估计. 长沙: 国防科技大学出版社, 1997.

[6] 王炯琦. 信息融合估计理论及其在卫星状态估计中的应用. 国防科技大学博士学位论文, 2008.

[7] White F E. A Model for data fusion. Proceedings of the 1st National Symposium on Sensor Fusion, 1988, (2): 5-8.

[8] Hall L D, Llinas J. Handbook of Multisensor Data Fusion. New York: Bcoa Raton, 2001.

[9] White F E. Data Fusion Lexicon. Technical Panel for C3, San Diego, Calif, USA, Code 420, 1991.

[10] Llinas J, Waltz E. Multi-sensor Data Fusion. Norwood: Artech House, 1990.

[11] Liggins M E, Hall D L, Llinas J. Handbook of Multisensor Data Fusion: Theory and Practice. 2nd ed. Boca Raton, Florida: CRC Press, 2009.

[12] Li X R. Information Fusion for Estimation and Decision. International Workshop on Data Fusion in 2002, Beijing, China.

[13] Zhu Y M. Multisensor Decision and Estimation Fusion. Boston: Kluwer Academic Publisher, 2003.

[14] Liu J, Zhou H Y. Optimal multi information fusion system for satellite precise orbit determination. Journal of Fuzzy Mathematics and Systems, 2007, 21(A): 1-9.

[15] Mori S, Barker W H, Chong C Y, et al. Track association and tracking fusion with non-deterministic target dynamics. IEEE Transactions on Aerospace and Electronics Systems, 2002, 38(2): 659-668.

[16] Waltz E. Information Warfare: Principles and Operations. Norwood, Massachusetts: Artech House, 1998.

[17] Steinberg A, Bowman C, White F. Revisions to the JDL data fusion model. Proceedings of

AeroSense Conference, SPIE, 1999, 3719: 430-441.
[18] 徐晓滨, 陈丽, 文成林. 一种基于多源异类信息统一表示的多传感器数据融合算法. 河南大学学报(自然科学版), 2005, 35(3): 67-71.
[19] 刘胜, 张红梅. 最优估计理论. 北京: 科学出版社, 2011.
[20] 王炯琦, 周海银, 吴翊. 基于最优估计的数据融合理论. 应用数学, 2007, 20(2): 392-399.
[21] 魏木生. 广义最小二乘问题的理论和计算. 北京: 科学出版社, 2006.
[22] Gan Q, Harris C J. Comparison of two measurement fusion methods for Kalman-filter-based multisensor data fusion. IEEE Transaction on Aerospace and Electronic Systems, 2001, 37(1): 273-280.
[23] Harris C J, Gan Q. State estimation and multisensor data fusion using data-based neurofuzzy local linearization process models. Information Fusion, 2001, (2): 17-29.
[24] Kerr T. Decentralized filtering and redundancy management for multisensor navigation. IEEE Trans., 1987, 23(1): 83-119 .
[25] Zhuang Y M, Ji Q. Active and dynamic information fusion for multisensor systems with dynamic Bayesian networks. IEEE Transaction on System, Man and Cybernetics-Part B: Cybernetics, 2006, 36(2): 467-472.
[26] Yang H Y, Park K, Lee J G. A Rotating sonar and a differential encoder data fusion for map-based dynamic positioning. IEEE Journal of Robotics and Automations, 2000, 29(15): 211-232.
[27] 权太范. 信息融合: 神经网络-模糊推理理论与应用. 北京: 国防工业出版社, 2002.
[28] Goodman L R, Mahler R P, Bguyen H T, et al. Mathematics of data fusion. Kluwer Academic Publishers, 1997, 37(1): 137-153.
[29] Brooks A, Williams S B. Tracking people with networks of heterogeneous sensors. In Proceedings of the Australasian Conference on Robotics and Automation, Citeseer, 2003: 1-7.
[30] Wu Y F, He J Y, Man Y, et al. Neural network fusion strategies for identifying breast masses. Proceedings of IEEE International Joint Conference on Neural Network, 2004, 3: 2437-2442.
[31] Schubert J. Managing inconsistent intelligence. Proceedings of 2000 International Conference on Information Fusion, Paris, France, 2000: 389-395.
[32] 孙即祥. 现代模式识别. 2 版. 北京: 高等教育出版社, 2008.

第 2 章　测量误差与目标轨迹建模

测量数据融合处理的主要目的在于提高测量数据的精度，建立合适的数学处理模型，给出高效可靠的融合算法. 而建立既能够适合数学处理，又能够体现物理过程、工程特征的融合处理模型是关键. 这里的模型，包括测量数据的模型和目标轨迹模型，而测量数据建模又包括测量误差建模与测量目标真实信号建模.

2.1　信号表示与重构

测量数据处理过程中，对测量目标真实信号进行建模和有效表示是决定数据处理结果的关键因素之一[1]. 而根据原始信号处理领域不同，可以将信号表示方法分为时域表示方法和频域表示方法. 时域表示方法是直接利用信号的时间变化规律，对各个时刻的信号值进行参数表示[2-3]；频域表示方法则是应用各种频率变换技术将原始信号表示为各个频率成分和.

信号的时间变化是基本的，但研究信号的不同表示，如时/频域综合表示、自适应表示等，对信号的处理具有重要意义[4]. 从数学观点来看，选择不同的完备基函数，就可以实现信号的不同表示. 但问题在于，如何选择合适的基函数，用何种表示可以更好(有效、准确)地理解和分析信号的特征.

2.1.1　信号的时域表示

基本的物理量，如靶场试验的许多遥测信号以及目标弹道等，都是随时间变化的，也就是时间信号. 在时域表示范畴内，将待估的未知信号用少参数的已知函数表示，主要有以下四种途径:

(1) 应用代数多项式或三角多项式;

(2) 应用代数多项式样条或三角多项式样条;

(3) 应用待估函数满足的(已知)微分方程和(待估)初值;

(4) 应用经验公式.

本节主要介绍的是信号时域表示中常用的样条函数表示方法. 由于样条函数既具有多项式的性质，又可通过样条节点描述信号的跳跃变化，在实际中具有广泛的应用.

1. 样条函数基本概念

定义 2.1.1　给定时域区间$[a, b]$上的一个划分

$$\pi : a = t_0 < t_1 < \cdots < t_N = b \tag{2.1.1}$$

若函数 $S(t)$ 满足:

(1) $S(t)$ 在区间$[a, b]$上具有 $k-1$ 阶连续导数, 即 $S(t) \in C^{k-1}[a,b]$;

(2) $S(t)$ 在每个区间 $[t_{i-1}, t_i]$ $(i = 1, 2, \cdots, N)$ 上是 k 次多项式,

则称 $S(t)$ 为 k 次样条函数, 记 $S(\pi, k)$ 为划分 π 上的全体 k 次样条函数组成的集合.

注释 2.1.1　k 次样条函数实际上就是分段 k 次多项式, 在分段点处具有 $k-1$ 次光滑性.

注释 2.1.2　由于物理、工程实际, 导弹飞行过程中, 主动段其推力的变化是分段均匀的, 因而其加速度的变化率是分段常数, 即位移函数为分段三次多项式, 且在分段点是二阶连续的. 因此下面我们以三次样条函数为例来讨论.

引入记号 $t_+ = \max\{0, t\}$, 由定义 2.1.1 可以把三次样条函数表示为

$$S(t) = P_3(t) + \sum_{k=1}^{N-1} \alpha_k \left(t - t_k\right)_+^3 \tag{2.1.2}$$

其中, $P_3(t)$ 为三次多项式, 写为参数形式, 则三次样条函数表示为

$$S(t) = a_{-1} + a_0 t + a_1 t^2 + a_2 t^3 + \sum_{k=1}^{N-1} \alpha_{k+2} \left(t - t_k\right)_+^3 \tag{2.1.3}$$

由上述表达式可以看出, 给定划分 π, 函数系

$$\{1, t, t^2, t^3, (t - t_1)_+^3, \cdots, (t - t_{N-1})_+^3\} \tag{2.1.4}$$

构成三次样条函数的一组基函数.

信号的三次样条函数表示问题可以描述为: 给定区间$[a, b]$上的一个划分 π: $a = t_0 < t_1 < \cdots < t_N = b$ 及$[a, b]$内信号值 $f(t_0), f(t_1), \cdots, f(t_N)$, 构造三次样条函数 $S(t)$, 使其满足

$$S(t_k) = f(t_k), \quad k = 0, 1, \cdots, N \tag{2.1.5}$$

对于问题(2.1.5), 还需要补充两个边界条件:

(1)
$$S'(t_0) = f'(t_0), \quad S'(t_N) = f'(t_N) \tag{2.1.6}$$

(2)
$$S''(t_0) = S''(t_N) = 0 \tag{2.1.7}$$

此时可以证明信号表示的样条函数是唯一存在的，并可通过三弯矩法求得样条表示函数 $S(t)$ [5].

2. 样条函数信号表示的性质

对于(2.1.1)的一个划分，设 $\Lambda=\{t_0,t_1,\cdots,t_N\}$. 下面给出用三次样条函数 $S(t)$ 表示未知信号 $f(t)$ 的逼近(拟合)精度.

定理 2.1.1[5] 设待表示信号 $f(t)\in C^2[a,b]\cap C^4\{[a,b]\setminus\Lambda\}$，$f^{(4)}(t_{i-1}^{+})$ 和 $f^{(4)}(t_i^{-})$ ($i=1,2,\cdots,N$)存在，$S(t)$ 是满足(2.1.6)和(2.1.7)的三次样条函数，记

$$m_i=\max\{i-1,0\},\quad M_i=\max\{i+1,N\},\quad H_i=\max_{m_i\leqslant j\leqslant M_i}h_j$$

$$d_i^*=\sup_{t_{i-1}<t<t_i}\left|f^{(4)}(t)\right|,\quad D_i=\max_{m_i\leqslant j\leqslant M_i}d_j^*,\quad i=1,2,\cdots,N$$

则对 $t\in[t_{i-1},t_i]$ $(i=1,2,\cdots,N)$，有

$$\left|f(t)-S(t)\right|\leqslant\left(\frac{4}{384}H_i^3D_i+\frac{1}{384}(\max_{1\leqslant j\leqslant N}h_j)^3\max_{1\leqslant j\leqslant N}d_j^*\right)h_i \tag{2.1.8}$$

$$\left|f'(t)-S'(t)\right|\leqslant\frac{H_i^3D_i}{30}+\frac{(\max\limits_{1\leqslant j\leqslant N}h_j)^3\max\limits_{1\leqslant j\leqslant N}d_j^*}{120} \tag{2.1.9}$$

注释 2.1.3 该定理表明，用 $S(t)$，$S'(t)$ 可以同时逼近 $f(t)$ 和 $f'(t)$；该定理还表明，t 处的逼近效果与 $f^{(4)}(t)$ 在包含 t 的子区间 $[t_{i-1},t_i]$ 上的大小有关，与 h_i 的大小也有关；此外，在对 $[a,b]$ 上的 $f(t)$ 进行逼近时，要注意节点(划分点)及节点距的选取，一般来讲:

(1) $f(t)$ 的三、四阶导数不存在的点应取为样条节点(划分点)；

(2) 节点(划分点)的选取视 $f^{(4)}(t)$ 的大小而定，$|f^{(4)}(t)|$ 较小时，节点距可以大一些，否则节点距应小一些.

定理 2.1.2 设 $f(t)\in C^4[a,b]$，若划分 π 为等距的(节点距为 h)，$S_f(t)\in S(\pi,3)$ 为信号表示问题的解，则

$$\left\|f^{(\alpha)}(t)-S_f^{(\alpha)}(t)\right\|_\infty\leqslant C_\alpha\left\|f^{(4)}(t)\right\|_\infty h^{4-\alpha} \tag{2.1.10}$$

其中，$\alpha=0,1,2,3$, $C_0=5/384$，$C_1=1/24$，$C_2=3/8$，$C_3=1$，并且 C_0 与 C_1 是最佳的.

注释 2.1.4 该定理指出，当 $f(t)\in C^4[a,b]$ 时，其样条表示函数能同时很好地逼近 $f(t)$ 及其前若干阶导数.

定义 2.1.2[5]　对于给定的节点序列

$$\cdots < t_{-n} < \cdots < t_0 < \cdots < t_N < \cdots < t_{N+n} < \cdots$$

记 $\omega_{i,n+1}(t) = (t - t_i)(t - t_{i+1})\cdots(t - t_{i+n+1})$，则称

$$B_{i,n+1}(t) = (t_{i+n+1} - t_i)\sum_{k=i}^{i+n+1} \frac{(t_k - t)_+^n}{\omega'_{i,n+1}(t_k)} \tag{2.1.11}$$

为第 i 个 n+1 阶规范 B 样条函数.

注释 2.1.5　由于任何一个样条函数均可以表示成 B 样条的线性组合. 而 B 样条具有许多良好的性质, 如 B 样条及其导函数的递推性、局部最小正支撑性等, 使得其在样条函数的理论、实际应用中具有非常重要的意义.

注释 2.1.6　在靶场弹道数据处理时, 弹道特别是战略导弹的弹道一般可利用三次 B 样条表示, 而遥测数据可利用二次 B 样条函数表示; 对于含有一些特征点的弹道, 利用自由节点样条模型也可很好地逼近弹道.

3. 信号样条表示例子

例 2.1.1　仿真生成 0～50s 的弹道观测数据 $y(t)$，$y(t)=[f(t)]$，$f(t)$ 为真实信号，$y(t)$ 为信号 $f(t)$ 的一种观测采样数据. 采样间隔为 0.5s, 利用等距节点三次 B 样条模型得到信号的重构(估计)值为 $\hat{f}_1(t)$；自由节点三次 B 样条模型得到信号的重构(估计)值为 $\hat{f}_2(t)$. 得到的信号表示与重构误差曲线如图 2.1.1 所示.

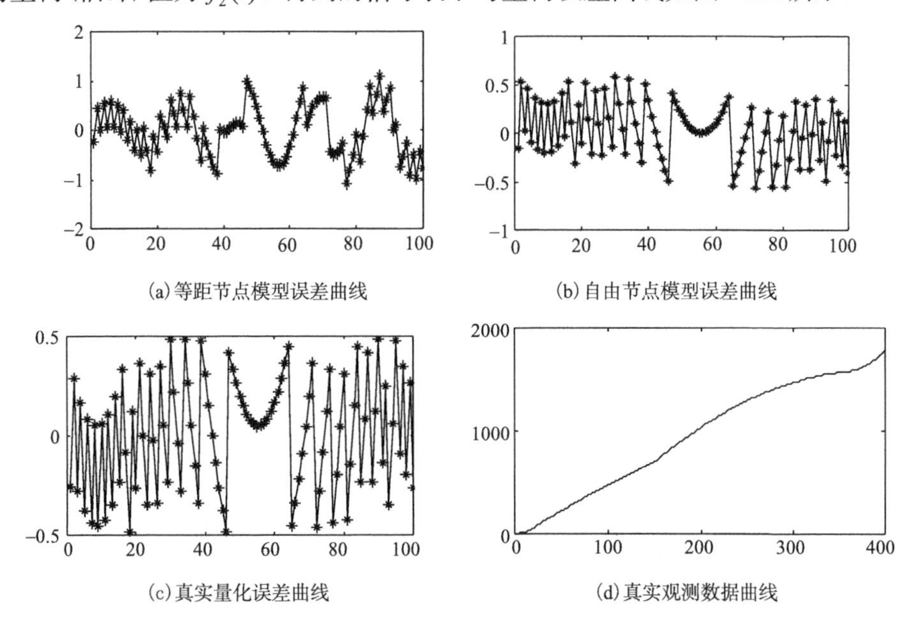

(a) 等距节点模型误差曲线　(b) 自由节点模型误差曲线

(c) 真实量化误差曲线　(d) 真实观测数据曲线

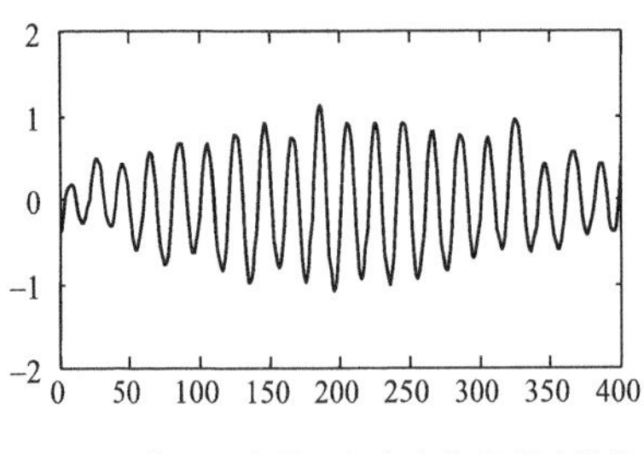

(e) 等距节点模型与真实信号误差曲线

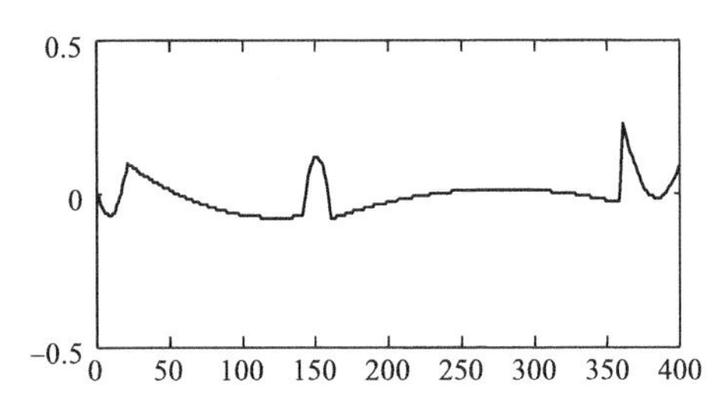

(f) 自由节点模型与真实信号误差曲线

图 2.1.1　不同样条模型下的信号表示误差

在该仿真算例中, 真实量化误差残差为 0.292, 运用自由节点模型重构信号得到的方差估计为 0.289, 等距节点模型重构信号得到的方差估计为 0.592; 图 2.1.1(a), (b), (c) 分别为 $y(t)-\hat{f}_1(t)$, $y(t)-\hat{f}_2(t)$ 和 $y(t)-f(t)$ 的曲线, 图 2.1.1(e) 和 (f) 分别为 $f(t)-\hat{f}_1(t)$, $f(t)-\hat{f}_2(t)$.

注释 2.1.7　误差曲线 (b) 和 (c) 说明自由节点模型的误差曲线与真实误差曲线很相似, 误差曲线 (f) 说明利用自由节点模型, 可抑制量化噪声的影响, $\hat{f}_2(t)$ 的信号重构精度要高于 $y(t)$. 由此可认为, 若能得到观测数据的较精确的信号表示模型, 通过节省参数建模方法, 可减弱量化误差的影响.

2.1.2　信号的时/频域表示

傅里叶 (Fourier) 变换作为信号在频域上的表示方法, 只能分析整体时间内的频域特性, 失去了时间分辨率, 而且其分析的信号要求是平稳的[6-7]. 信号的时频域联合分析方法既可以保持 Fourier 变换的优点, 又弥补其在信号表示上的不足之处, 得到了广泛的研究. 信号的频域表示和时频联合表示之间最重要区别在于: 频谱使得我们能够确定哪些频率存在, 而时频联合表示则使我们能够确定某一特定时间处哪些频率存在, 或者某一特定频率存在的时间范围, 从而可以获得时间 t 和频率 ω 的二维函数, 并以能量谱图的形式表达出来. 根据时/频二维谱图, 可以确定某一时/频所对应的能量分布, 进而还可以利用这种时频分布来讨论信号, 尤其是非平稳信号的时频变特性, 如瞬时带宽、瞬时频率等, 这对于信号的高精度重构与表示有着积极的意义.

传统的信号时频联合分析方法包括: 短-时 Fourier 变换、Wigner-Ville (魏格纳) 变换、Cohen 类时频变换以及小波变换[8-12]. 其中短-时 Fourier 变换的时窗选择直接影响时频分析效果; 小波变换中小波基的选择以及分解层数直接影响小波时频分析效果; Wigner-Ville 时/频变换中会产生二次交叉干扰项影响; Cohen 类时频变换是在 Wigner-Ville 变换的基础上添加了核函数, 可抑制二次交叉干扰项, 但同时以牺牲一定的时频分辨率为代价, 此外, 不同的核函数也会直接影响时频分析效果.

本节主要介绍信号时频联合表示中最常用的小波分析/变换信号表示方法. 小波分析由于其在时频两域具有表征信号局部的特征能力, 在信号估计、检测、分类、压缩、合成以及信号去噪和特征提取等领域, 有着广泛的应用.

1. 小波变换

定义 2.1.3　凡满足下列条件

$$C_\psi = \int_0^\infty \frac{|\hat{\psi}(\omega)|^2}{\omega} \mathrm{d}\omega < \infty \tag{2.1.12}$$

的函数 $\psi(t)$ 称为母小波函数(Mother Wavelet Function), 其中 $\hat{\psi}(\omega)$ 为 $\psi(t)$ 的 Fourier 变换. 将母小波函数 $\psi(t)$ 作伸缩平移, 得

$$\psi_{a,b}(t) = |a|^{-1/2} \psi\left(\frac{t-b}{a}\right) \tag{2.1.13}$$

其中, $b \in \mathbf{R}$, $a \in \mathbf{R} - \{0\}$, $\psi_{a,b}(t)$ 称为小波函数, 简称小波.

定义 2.1.4[13]　连续小波变换: 设信号 $f \in L^2(\mathbf{R})$, 则信号小波变换定义为

$$W_f(a,b) = \langle f, \psi_{a,b} \rangle = |a|^{-1/2} \int f(t) \overline{\psi\left(\frac{t-b}{a}\right)} \mathrm{d}t \tag{2.1.14}$$

而信号重构公式为

$$f(t) = \frac{1}{C_\psi} \int_0^\infty \left[\int_0^\infty W_f(a,b) \psi_{a,b}(t) \right] \frac{\mathrm{d}b\mathrm{d}a}{a^2} \tag{2.1.15}$$

从上面可以看出, 如同 Fourier 变换一样, 信号可用 Fourier 变换表示, 也可用小波变换表示. 但小波变换和 Fourier 变换的区别在于: 小波变换是二重变换, 而 Fourier 变换是一重变换; 小波变换的基函数是不固定的, 但是 Fourier 变换却是固定的, 即为指数函数幂的形式[14]; 小波变换具有刻画局部信号的能力, 是一种时频分析方法, 而 Fourier 变换仅为一种频域分析方法. 因而, 小波变换比 Fourier 变换具有更好地逼近信号的能力. 类似地, 可定义离散小波变换及信号重构方法.

定义 2.1.5　设信号 $f(t)$ 取离散值 $f(k), k \in \mathbf{Z}$, $f(k) \in l^2(\mathbf{Z})$, 即 $\sum |f(k)|^2 < +\infty$, $\psi(t)$ 为母小波函数, $\psi_{m,n}(t) = 2^{-m/2}\psi(2^{-m}t - n)$, 则 $\psi_{m,n}(t)$ 的离散形式

$$\psi_{m,n}(k) = 2^{-m/2}\psi(2^{-m}k - n), \quad m,n,k \in \mathbf{Z} \tag{2.1.16}$$

则 $f(k)$ 的离散小波变换为

$$DWTf=DWT(m,n)=2^{-m/2}\sum_{k}f(k)\,\psi(2^{-m}k-n) \tag{2.1.17}$$

同样地, 又对应于(2.1.15)的重构公式, 即逆离散小波变换

$$f(k)=\sum_{m}\sum_{n}DWT(m,n)\,\psi_{m,n}(k)$$

2. 信号特征的小波提取算法

对于一维信号 $f(t)\in L^2(\mathbf{R})$，确定低频尺度函数 $\varphi(t)$ 和高频小波函数 $\psi(t)$，令

$$\begin{aligned}V_j&=\mathrm{span}\{2^{j/2}\varphi(2^j t-k)\}=\mathrm{span}\{\varphi_{j,k}\}\\W_j&=\mathrm{span}\{2^{j/2}\psi(2^j t-k)\}=\mathrm{span}\{\psi_{j,k}\}\end{aligned} \tag{2.1.18}$$

对于任意的 $j\in\mathbf{Z}$，有 $V_{j+1}=V_j\oplus W_j$，从而对于 $f_{j+1}\in V_{j+1}$，$f_j\in V_j$ 和 $g_j\in W_j$，有 f_{j+1} 唯一的分解

$$f_{j+1}(t)=f_j(t)+g_j(t) \tag{2.1.19}$$

构造方程

$$\begin{cases}\varphi(t)=\sqrt{2}\sum_{n}h_n\varphi(2t-n)\\\psi(t)=\sqrt{2}\sum_{n}g_n\psi(2t-n)\end{cases} \tag{2.1.20}$$

其中

$$\begin{aligned}h_n&=\left\langle\varphi,\sqrt{2}\varphi(2t-n)\right\rangle\\g_n&=\left\langle\psi,\sqrt{2}\psi(2t-n)\right\rangle\end{aligned} \tag{2.1.21}$$

分别为小波变换的低频系数和高频系数. 令

$$\begin{cases}f_{j+1}(t)=\sum_{n}c_{j+1,n}\varphi_{j+1,n}(t)\\f_j(t)=\sum_{n}c_{j,n}\varphi_{j,n}(t)\\g_j(t)=\sum_{n}d_{j,n}\psi_{j,n}(t)\end{cases} \tag{2.1.22}$$

由(2.1.20)，即

$$\sum_n c_{j+1,n}\varphi_{j+1,n}(t)=\sum_n c_{j,n}\varphi_{j,n}(t)+\sum_n d_{j,n}\psi_{j,n}(t) \tag{2.1.23}$$

根据小波基的正交性，结合(2.1.21)，对(2.1.23)整理，求得系数

$$\begin{aligned} c_{j,l} &= \sum_n c_{j+1,n}\overline{h}_{n-2l} \\ d_{j,l} &= \sum_n \overline{g}_{n-2l}c_{j+1,n} \end{aligned} \tag{2.1.24}$$

将求得的系数代入(2.1.22)，得到信号 $f_{i+1}(t)$ 的趋势项 $f_i(t)$ 和细节项 $g_i(t)$.

给定一个信号 $f_{i+1}(t)$，利用确定的尺度函数和小波函数，重复上述过程，就可以在不同尺度下对信号进行分解. 因此，只要确定了 $\varphi(t)$ 和 $\psi(t)$，就能得到信号在不同尺度下的趋势项和细节项，从而可以更好地表征信号在不同尺度上的特性.

3. 实例：含噪信号的估计

利用时频小波变换来进行信号的估计，其成功得益于小波变换具有的如下特点[15-17]：低熵性，小波系数的稀疏分布，使得变换后信号的熵降低，从而易于特征提取；多分辨特性，小波变换的多分辨特性可以非常好地刻画信号的非平稳特征，如尖峰、断点等，可根据不同分辨率下信号特征进行信号的估计；去相关性，小波变换可对信号去相关，从而提取的信号特征不相关；小波基选择的灵活性，可根据原始信号特点灵活选择各种小波基，如多带小波、小波包、平移不变小波等.

对于一维实信号来说，小波时频信号特征提取方法是一种实现简单、效果不错的信号估计方法. 其基本思路就是：对小波分解后的除最低频以外的各层系数按照模大于和小于某阈值 T 分别处理，然后对处理后的小波系数再反变换重构信号，从而得到信号估计(信号的特征).

阈值的选择可根据 Donoho 于 1995 年提出的 VisuShrink 方法进行[18]，该方法是针对多维独立正态变量联合分布在维数趋向于无穷时得出的结论，是基于极小极大估计得出的最优阈值. 阈值 T 选取为

$$T=\sigma_n\sqrt{2\ln N} \tag{2.1.25}$$

其中，σ_n 是信号噪声的标准方差，N 是信号的长度. Donoho 证明了这种估计在信号属于 Besov 集时，在大量风险函数下获得了近似理想的信号估计效果.

例 2.1.2　采用某理论弹道数据及雷达站址坐标，产生四组雷达“真实”测速信号，采样时间间隔 50ms，添加随机噪声，仿真产生雷达外测观测信号. 分别采用 21 点中心平滑法[5](原始方法)和小波时频方法(小波方法)对观测信号进行估计，信号估计结果见图 2.1.2.

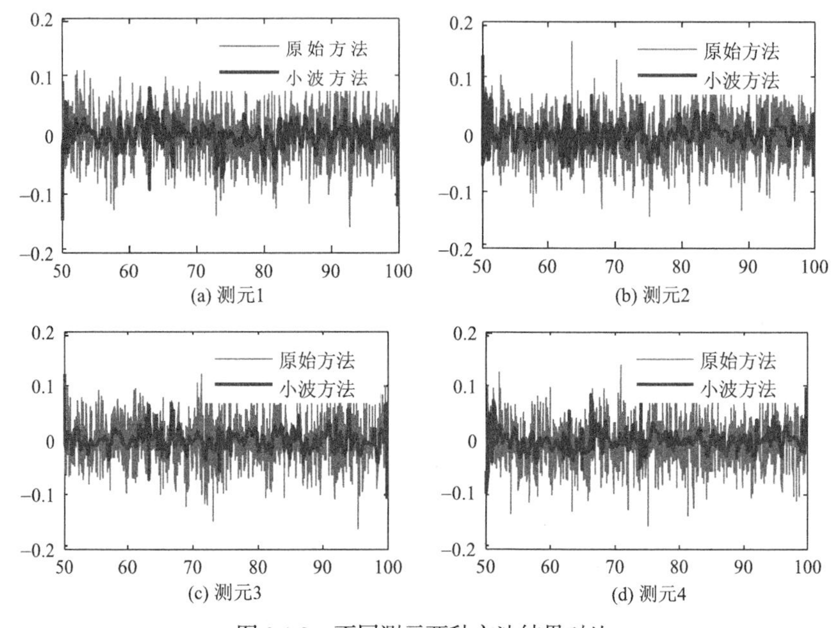

图 2.1.2　不同测元两种方法结果对比

从图 2.1.2 中可以看出，小波方法相对于中心平滑的随机误差有了明显的降低. 计算并比较两种方法处理后的标准差，从表 2.1.1 中可以看出，小波方法相比原始方法处理后信号估计残差的标准差有了明显降低. 而 db8, sym7, coif 3 小波函数相对于其他小波函数滤波效果更好. 另外以 db8 小波函数为例，选择不同的分解层数，由表 2.1.2 可以看出，分解到 12 层效果最优.

通过对测元进行仿真计算可以看出：①相对于原始方法，使用小波方法对原始数据进行处理，信号估计效果有较大提高；②db8, sym7 与 coif3 等小波函数对信号表示效果较好，标准差可以下降到直接平均方法的 50%左右；③小波分解层数过低达不到信号过滤效果，而层数过高则会出现过拟合现象.

表 2.1.1　不同小波函数相对于原始方法残差标准差比重

小波函数	测元 1	测元 2	测元 3	测元 4
db7	0.3911	0.4716	0.3866	0.5388
db8	0.3697	0.5015	0.3779	0.5195

续表

小波函数	测元 1	测元 2	测元 3	测元 4
db9	0.3906	0.5293	0.3906	0.5793
sym6	0.4076	0.4644	0.3836	0.5176
sym7	0.3683	0.4668	0.3813	0.5107
sym8	0.4038	0.4811	0.3885	0.5144
coif3	0.3735	0.4673	0.3913	0.5056
coif4	0.3971	0.4680	0.3734	0.5165
coif5	0.3908	0.5089	0.3933	0.5138

表 2.1.2　不同分解层数相对于原始方法残差标准差比重

分解层数	测元 1	测元 2	测元 3	测元 4
11	0.4215	0.4870	0.5392	0.5003
12	0.2371	0.5164	0.4618	0.3033
13	0.5708	0.4286	0.4671	0.4722

注释 2.1.8　前面中指出的 db7, db8, db9, sym6, sym7, sym8, coif3, coif4, coif5 等为不同的小波函数，其具体形式可参见相关文献. 小波方法中小波基选择是一个主要问题. 期望的小波基应具有紧支撑、对称性、正交性等性质，但一个小波基同时兼有这些性质是不现实的，通常是根据具体问题要求选择相应的小波基进行处理，且小波分解层数也直接影响着信号表示效果，所以从某种意义上说小波方法缺乏自适应性.

2.1.3　信号的经验模态分解

时频变换方法，可以分析非平稳信号. 然而，这些分析方法基本上都是在一个短的时间或频率窗口中分析信号，并近似地认为信号在局部窗口中可以用平稳的信号来逼近，但是现实中的信号并不能保证这一点，而且即使信号是分段平稳的，也很难保证所采用的窗口尺度与信号分段平稳尺度的一致性. 因此，信号时频分析方法在局部性和自适应性等方面都存在一定的缺陷. 寻求自适应的具有局部性的基函数来分析非平稳信号成了非平稳信号时频分析的迫切需求. 针对这一需求，Huang 等学者于 1998 年提出了信号的经验模态分解(Empirical Mode Decomposition, EMD)方法[19].

1. EMD 基本概念

1）瞬时频率

瞬时频率是寓意最直观的一种物理概念，但瞬时频率的精确数学描述，仍是一个有争议的问题. 在接受瞬时频率的概念等问题上，存在着两个主要的困难：一是源于Fourier分析理论. 在传统的Fourier分析中，频率的表现形式是在整个数据长度中具有恒定幅度的正弦函数或余弦函数. 作为这一定义的扩展，瞬时频率的概念也必须与正弦函数或余弦函数等相关. 根据这个逻辑，短于一个完整周期的信号将无法计算瞬时频率，而对于频率在时刻改变的非平稳信号来说，这样的定义是完全没有意义的. 二是瞬时频率定义的非唯一性，但是通过 Hilbert 变换将信号变为解析信号，这个困难已经不再突出了.

设 $f(t)$ 是一个随机信号，其 Hilbert 变换定义为

$$H(f(t))=\frac{1}{\pi}P\int_{-\infty}^{+\infty}\frac{f(\tau)}{t-\tau}\mathrm{d}\tau \tag{2.1.26}$$

其中，P 是柯西主值（Cauchy Principal Value），由此，可得到解析信号 $Z(t)$：

$$Z(t)=f(t)+\mathrm{i}H(f(t))=A(t)\mathrm{e}^{\mathrm{i}\varphi(t)} \tag{2.1.27}$$

其中，瞬时振幅

$$A(t)=\sqrt{f^2(t)+H(f(t))^2} \tag{2.1.28}$$

瞬时相位

$$\varphi(t)=\arctan\left(\frac{H(f(t))}{f(t)}\right) \tag{2.1.29}$$

本质上，Hilbert 变换定义为 $f(t)$ 与 $1/t$ 的卷积，因而经过 Hilbert 变换得到的解析信号 $Z(t)$ 更强调原始信号 $f(t)$ 的局部特性；而其极坐标表达式则进一步表明了这种特性，即它是幅度和相位等信号特性最好的局部描述，因为此时 $A(t)$ 和 $\varphi(t)$ 都是时间的函数.

根据（2.1.29），瞬时频率定义为

$$h(t)=\frac{1}{2\pi}\frac{\mathrm{d}\varphi(t)}{\mathrm{d}t} \tag{2.1.30}$$

由（2.1.30）可知，瞬时频率是时间 t 的单值函数，即在任意时间点上只有唯一的一个频率值相对应，这促使 Cohen 在 1989 年提出了“单分量信号”的概念[20]，即

(2.1.30) 只能表示一个单分量信号的频率. 然而, 由于缺乏单分量信号的确切定义, 无从判断一个信号是不是单分量的, 在很多情况下, 采用“窄带”的要求来约束信号使之满足瞬时频率的定义.

2) 本征模态函数

为了得到有意义的瞬时频率, 需要一种分解方法将信号分解为瞬时频率能够合理定义的单分量形式: 本征模态函数 (Intrinsic Mode Function, IMF).

Huang 定义的每个 IMF 必须要满足如下两个条件:

(1) 在整个信号上, IMF 的极值点数目和过零点数目至多相差 1;

(2) IMF 的每一点是局部平均对称的, 即 IMF 的各点处由局部极大值定义的上包络与局部极小值定义的下包络对应值之和为零.

第一个条件是显而易见的, 它类似于传统的平稳过程关于窄带的定义; 第二个条件是 Huang 提出的一个新的思想, 它将传统的对信号全局的描述改变为局部性条件. 第二个条件可以去除由于波形不对称而造成的瞬时频率的波动. 这种函数之所以用 IMF 命名主要是因为它表示信号内在的振动模式.

根据这一定义, 按照过零点定义的每一个周期内, 只包括一种振动模态, 就不存在复杂的叠加波. 但通常情况下, 实际信号都是复杂信号并不满足上述条件. 为此, Huang 还进行了以下假设[21, 22]:

(1) 任何信号都是由若干 IMF 组成的;

(2) 各个 IMF 既可是线性的, 也可是非线性的, 各 IMF 的局部零点数和极值点数相同, 同时上下包络关于时间轴局部对称;

(3) 在任何时候一个信号都可以包含若干 IMF, 若各模态函数之间相互混叠, 就组成了复合信号.

2. EMD 算法的基本原理

在定义了 IMF 之后, Huang 等提出了 EMD 算法[19]. 该方法完全由待分析的数据驱动, 分解过程也是自适应的, 因而对非平稳信号的分析具有特殊的优势. EMD 分解可以自适应地通过筛过程 (Sifting Process) 将数据分解为多个局部窄带的 IMF 与一个趋势项的和:

$$f(t)=\sum_{i=1}^{n}\mathrm{imf}_i(t)+r_n(t) \tag{2.1.31}$$

其中, $f(t)$ 表示原始信号, n 表示分解的层数, $\mathrm{imf}_i(t)$ 表示第 i 层 IMF, $r_n(t)$ 表示最后得到的趋势项. 各个 IMF 代表了数据局部的各个频率成分, 这样 IMF 就构成了一族用于表达非平稳信号的自适应框架. 与以往信号分解算法不同的是, EMD 算法不需要任何信号与分解基函数的先验知识, 因而避免了传统时频分析工具的很多缺陷.

记信号为 $f(t)$, $t=1,2,\cdots,m$, Huang 定义的筛选过程如下:

Step1 初始化, 令 $r_0(t)=f(t)$, $j=1$.

Step2 筛选抽取第 j 个 IMF.

(1) 初始化, 令 $h_0(t)=r_{i-1}(t)$, $i=1$.

(2) 提取 $h_{i-1}(t)$ 的上包络、下包络与包络均值.

(i) 提取 $h_{i-1}(t)$ 的局部极大值集, 通过对信号局部极大值序列插值得到信号的上包络函数 $m_{\text{up}}(t)$, 利用局部极小值序列得到下包络函数 $m_{\text{down}}(t)$;

(ii) 计算上包络函数与下包络函数的平均值, 得到均值包络, 即

$$m(t)=\frac{m_{\text{up}}(t)+m_{\text{down}}(t)}{2}$$

(3) 令 $h_i(t)=h_{i-1}(t)-m(t)$.

(4) 计算终止条件

$$\text{SD}=\sum_{t=1}^{m}\left[\frac{|h_{i-1}(t)-h_i(t)|^2}{h_{i-1}^2(t)}\right]$$

(5) 若 SD 小于给定的阈值 ε, 则令 $\text{imf}_i(t)=h_i(t)$, 否则, $i=i+1$, 转(2).

Step3 令 $r_j(t)=r_{j-1}(t)-\text{imf}_j(t)$.

Step4 若 $r_j(t)$ 的极点数目大于 2, 即 $r_j(t)$ 不是单调函数, 令 $j=j+1$, 转到 Step2.

Step5 最后得到一维信号的表示为: $f(t)=\sum_{i=1}^{n}\text{imf}_i(t)+r_n(t)$, 其中, $f(t)$ 为原始信号, n 为分解层数, $\text{imf}_i(t)$ 为第 i 层 IMF, $r_n(t)$ 为分解后的趋势项.

3. 实例

例 2.1.3 一维信号的 EMD 分解与重构 区间 [0,1] 内的信号 $f(t)$ 由三个分量(低频、高频和趋势项)组成

$$\begin{aligned}
&f_1(t)=\cos(10\times 2\pi t)\\
&f_2(t)=\cos(30\times 2\pi t)\\
&f_3(t)=-0.5+t\\
&f(t)=f_1(t)+f_2(t)+f_3(t)
\end{aligned}\tag{2.1.32}$$

信号的 3 个分量 $f_1(t)$, $f_2(t)$ 和 $f_3(t)$ 以及原始信号 $f(t)$ 如图 2.1.3 所示.

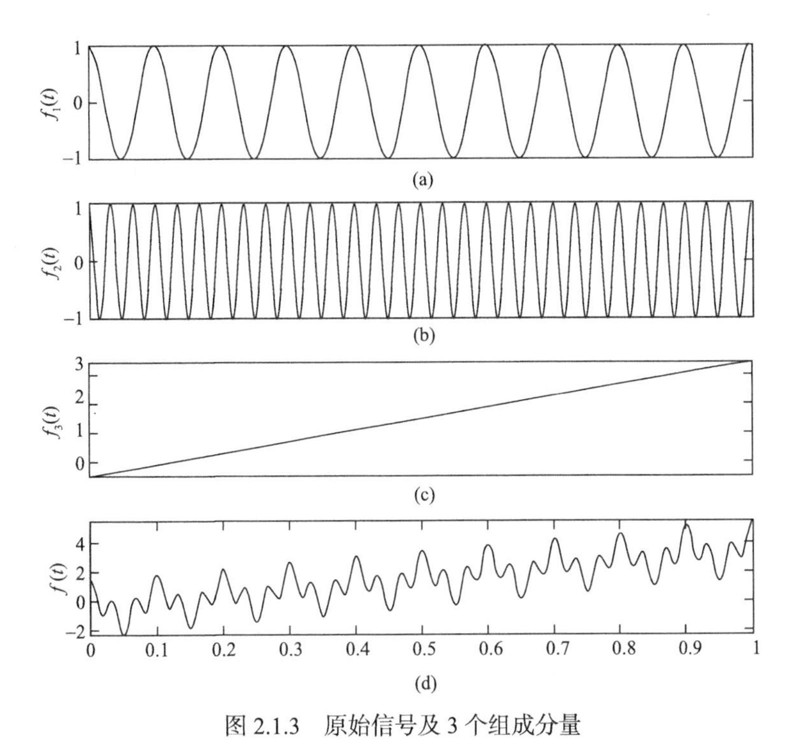

图 2.1.3　原始信号及 3 个组成分量

图 2.1.4 分别显示了第 1 次筛选过程迭代时得到的极值点、上包络、下包络和平均包络.

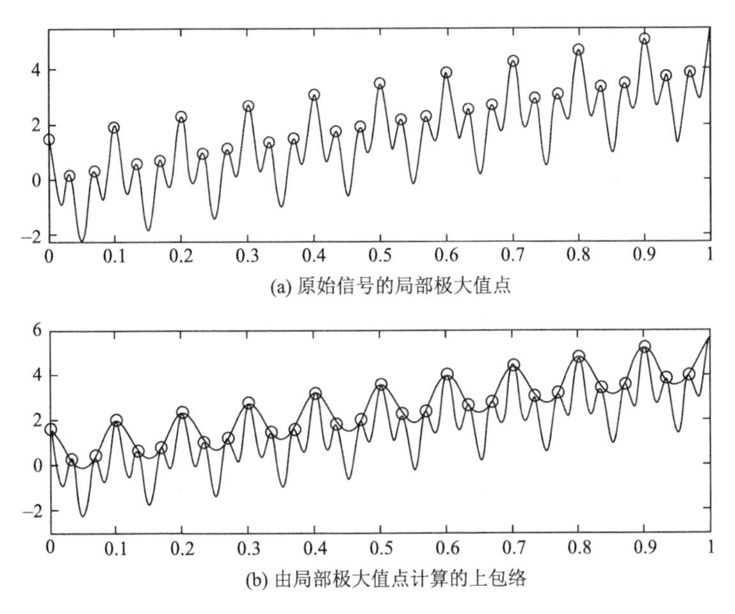

(a) 原始信号的局部极大值点

(b) 由局部极大值点计算的上包络

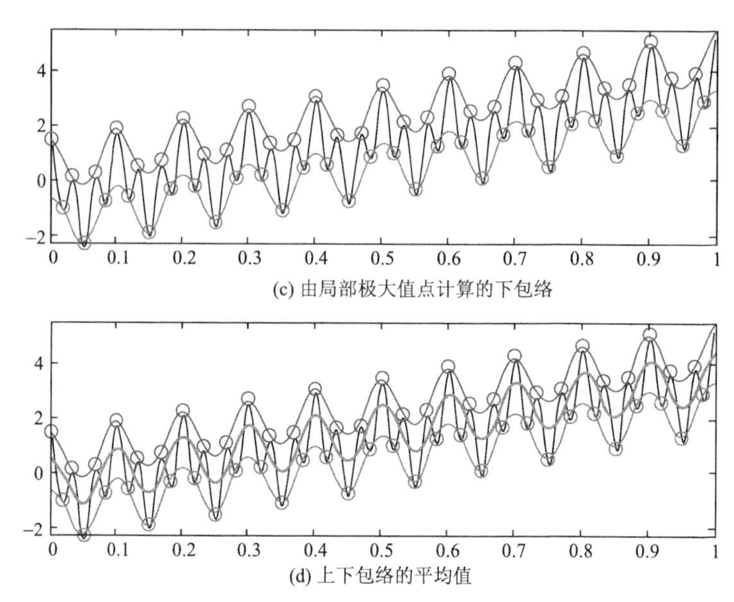

(c) 由局部极大值点计算的下包络

4
2
0
−2
0 0.1 0.2 0.3 0.4 0.5 0.6 0.7 0.8 0.9 1

(d) 上下包络的平均值

图 2.1.4　第 1 次迭代时得到的极值点、上包络、下包络和平均包络

图 2.1.5 显示第 1 次迭代时原始信号 $f(t)$ 减去平均包络后剩下的信号. 对 $f(t)$ 的 EMD 最终分解结果如图 2.1.6 所示.

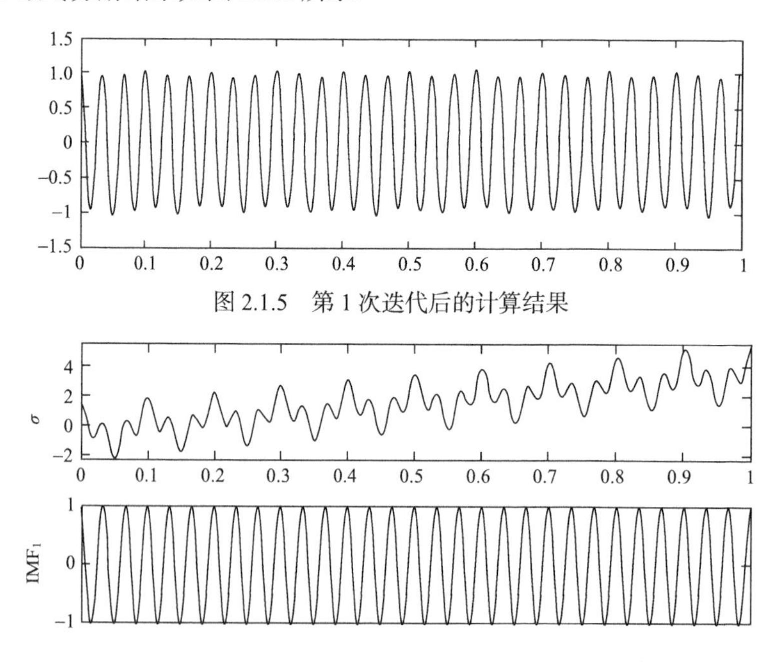

图 2.1.5　第 1 次迭代后的计算结果

σ
4
2
0
−2
0 0.1 0.2 0.3 0.4 0.5 0.6 0.7 0.8 0.9 1
IMF_1
1
0
−1

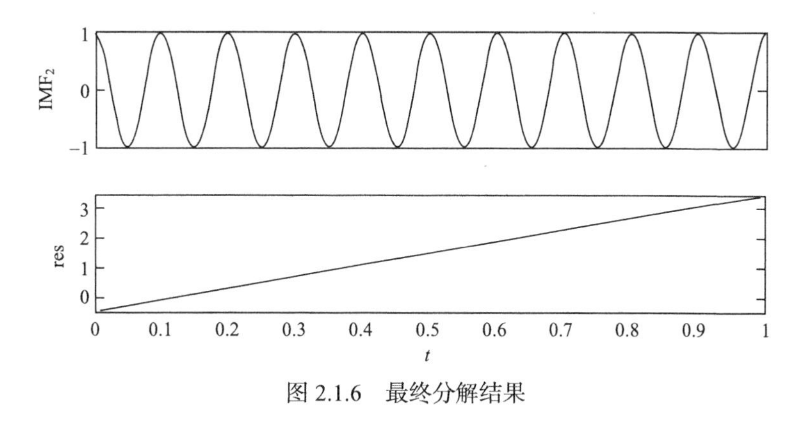

图 2.1.6　最终分解结果

注释 2.1.9　对比最终分解结果和原始信号的 3 个分量可知: 第一个本征模态函数 $\mathrm{IMF}_1(t)$ 对应高频组分 $f_2(t)$；而第二个本征模态函数 $\mathrm{IMF}_2(t)$ 对应高频组分 $f_1(t)$；第三个趋势项 $\mathrm{res}(t)$ 对应趋势项组分 $f_3(t)$.

例 2.1.4　含噪信号的 EMD 重构

信号的 EMD 算法可以把不同频率组分分解在不同的 IMF 分量上, 因此 EMD 具有时空滤波特性, 可以根据需要成为高通滤波器、低通滤波器或带通滤波器. Flandrin 基于 EMD 分解的滤波特性提出了构造滤波器组的方法. 对于 EMD 分解得到的若干个 IMF:

(1) 如果去掉后面若干个较低频率的 IMF 分量后, 由剩余的前几个 IMF 分量重构原信号, 则相当于高通滤波器;

(2) 如果去掉前面若干个较高频率的 IMF 分量后, 由剩余的后几个 IMF 分量重构原信号, 则相当于低通滤波器;

(3) 如果去掉前面若干个较高频率的 IMF 分量, 并同时去掉后面若干个较低频率的 IMF 分量, 由其余剩下的中间的几个 IMF 分量重构原信号, 则相当于带通滤波器;

(4) 如果去掉中间几个中频 IMF 分量, 而保留前后若干个较高和较低频率的 IMF 分量, 则相当于带阻滤波器.

这里我们结合靶场试验测量数据, 进行了含有噪声的外弹道测量数据的 EMD 重构数值仿真. 选取光测数据 A, E, 采样周期 0.01s, 采样时长 50s. 在方位角 A、俯仰角 E 中加入随机误差, 然后分别用多项式平滑、小波变换, 以及 EMD 信号重构方法进行信号估计. 图 2.1.7~图 2.1.9 分别是用 3 种方法的信号估计(方位角 A)与原数据进行比较的残差图. 表 2.1.3 为 3 种方法的信号估计的均方误差. 仿真结果表明, 基于 EMD 的信号重构与表示方法可以达到数据平滑的效果.

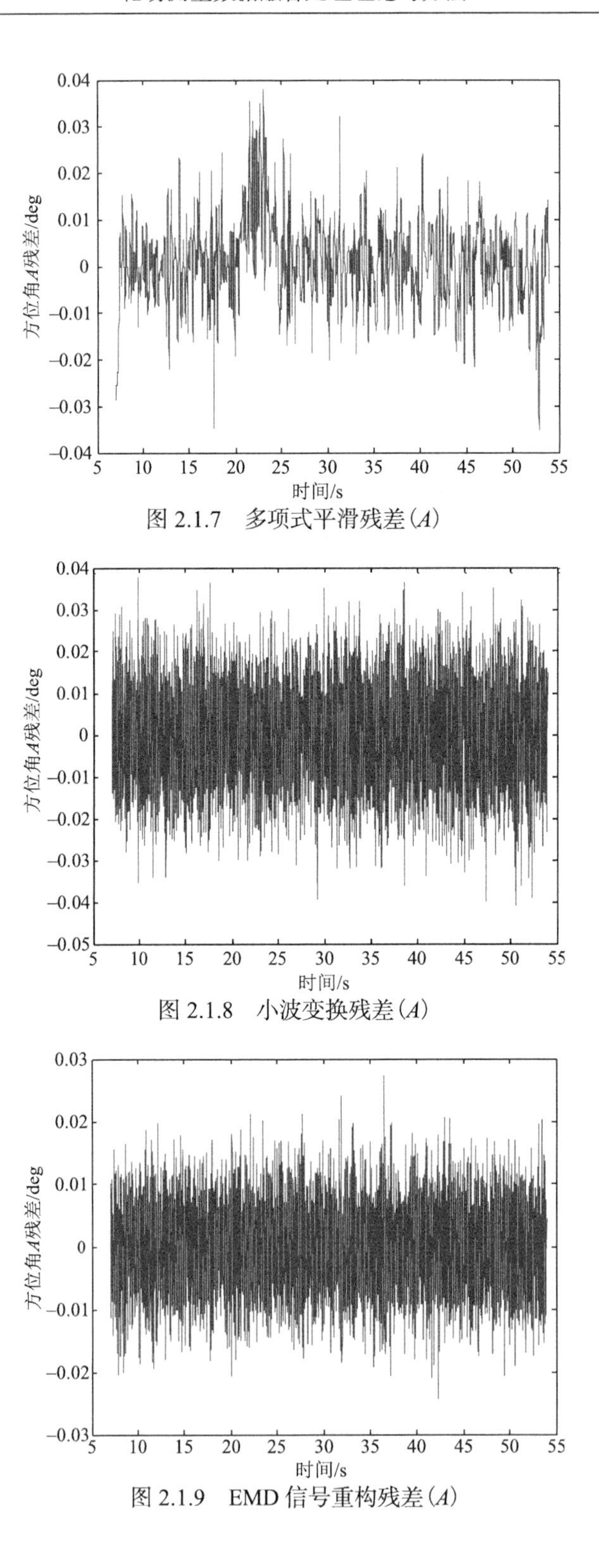

图 2.1.7　多项式平滑残差(A)

图 2.1.8　小波变换残差(A)

图 2.1.9　EMD 信号重构残差(A)

表 2.1.3　外测数据信号估计均方误差比对　（单位：角秒）

	多项式平滑方法	小波变换方法	EMD 信号重构方法
方位角 A	17.91	16.74	14.14
俯仰角 E	25.63	22.41	19.50

注释 2.1.10　上例各方法的参数设置如下：多项式平滑方法，采用了传统的 21 点三阶多项式中心平滑；小波变换方法，同例 2.1.2，选择了不同的小波基函数和不同的分解层数进行比对分析，最终选择了 db8 小波基函数、分解层数为 10.

注释 2.1.11　靶场外弹道测量数据处理中，数据所含有的误差性质复杂，且不同测元的数据时常存在相关性，为典型的非平稳相关时序信号. 利用数据本身的时频特性，分析数据的不同表示，尤其是数据的时/频域综合表示，以及数据的自适应表示，可为测量数据的精确建模及最终提高测量数据的处理精度提供重要基础.

注释 2.1.12　由于 EMD 方法的实质是基于数据的拟合方法，得到的本征模态没有物理意义，因此对于实际问题而言，就像小波分解一样，存在着分解的终止条件问题. 分解是过拟合还是欠拟合，从数据层面是难以判断的，需要工程、物理背景.

注释 2.1.13　正因为 EMD 方法是基于数据的分解（不是基于固定基函数的分解），所以无论需要表示的信号具有什么样的物理、工程背景，都有可能得到较好的结果.

2.2　测量误差建模

测量误差是测量数据与被测状态量客观真值之间的差异. 按影响机理与数学处理的不同，测量误差分为粗大误差、系统误差和随机误差[23]. 对测量误差的建模是测量数据处理中的一重要内容，决定着误差的后续估计、修正/补偿，从而对数据处理的精度有着直接的影响.

2.2.1　粗大误差检测与剔除

测量系统（设备）往往带有偏差很大的粗大误差（含有粗大误差的测量值称为异常值）.

异常值的表现形式主要分为离散点（孤立点）异常值和成片型（斑点型）异常值[24-25]. 离散点异常值即在某个时刻采样得到的测量数据为异常值，但在该时刻的某个时段内没有异常值；斑点型异常值是因为相关性影响，在某个时刻出现异常值后, 连续若干个采样点绝大部分为异常值.

观测数据含有异常值, 使测量值严重失真, 势必严重影响数据处理的质量. 因此, 数据处理时, 必须首先对观测数据粗大误差进行检测与处理, 剔除粗大误差或者以合理、可信数据替代异常值.

观测数据的粗大误差检测有实时和事后两种情况, 下面主要讨论事后粗大误差检测与剔除方法, 重点介绍样条拟合、中心平滑等数据检测与剔除方法. 对于实时的粗大误差检测, 将在 4.2 节中进一步讨论.

1. 样条拟合法

考虑 $t_1, t_2, \cdots, t_m$ $(t_{j+1} = t_1 + hj,\ j = 1, 2, \cdots, m-1)$ 时刻的观测数据 $y(t_j)$, 其中 h 为采样间隔. t_j 时刻的样条拟合模型为

$$y(t_j) = \sum_{i=1}^{N} \beta_i \varphi_i(t_j) \tag{2.2.1}$$

其中, $\varphi_i(t)$ 为 2.1.1 节中介绍的一组等距节点的三次样条函数基, 则

$$\begin{bmatrix} y(t_1) \\ \vdots \\ y(t_m) \end{bmatrix} = \begin{bmatrix} \varphi_1(t_1) & \cdots & \varphi_N(t_1) \\ \vdots & & \vdots \\ \varphi_1(t_m) & \cdots & \varphi_N(t_m) \end{bmatrix} \begin{bmatrix} \beta_1 \\ \vdots \\ \beta_N \end{bmatrix} \tag{2.2.2}$$

简记为

$$\boldsymbol{Y} = \boldsymbol{X\beta} \tag{2.2.3}$$

根据 (2.2.3), 利用最小二乘求解样条模型参数 $\hat{\boldsymbol{\beta}}$ 及观测数据的拟合值 $\hat{y}(t_j) = \sum_{i=1}^{N} \hat{\beta}_i \varphi_i(t_j)$.

计算残差平方和

$$\mathrm{RSS} = \sum_{j=1}^{m} (\hat{y}(t_j) - y(t_j))^2 \tag{2.2.4}$$

计算门限 $\varsigma = k \times \sqrt{\mathrm{RSS}/(m-N+1)}$ (k 的取值为 3～5, 或由工程背景确定). 当 $|y(t_j) - \hat{y}(t_j)| > \varsigma$ 时, 则认为该时刻的数据为异常数据.

近代稳健统计学结果表明, 线性模型的最小二乘 (LS) 估计的影响函数是一个无界函数, 崩溃点为零[26]. 这意味着在应用 LS 估计时, 测量数据中不能含有异常值.

根据(2.2.3)，考虑测量数据线性模型

$$\boldsymbol{Y} = \boldsymbol{X}\boldsymbol{\beta} + \boldsymbol{\varepsilon}, \quad E\boldsymbol{\varepsilon} = 0 \tag{2.2.5}$$

记 $\boldsymbol{H} = \boldsymbol{X}(\boldsymbol{X}^{\mathrm{T}}\boldsymbol{X})\boldsymbol{X}^{-1}\boldsymbol{X}^{\mathrm{T}} = (h_{ij})$，$\boldsymbol{\delta} = (\boldsymbol{I} - \boldsymbol{H})\boldsymbol{Y} = (\delta_1, \cdots, \delta_m)^{\mathrm{T}}$，且

$$\varsigma_t = (1 - h_{tt})^{-1}\delta_t^2, \quad t = 1, \cdots, m$$

则可得到异常数据的识别与剔除的准则如下.

注释 2.2.1　设 $\boldsymbol{Y} = (y_1, \cdots, y_m)^{\mathrm{T}}$ 中有 n 个异常数据，$\boldsymbol{\beta} = (\beta_1, \cdots, \beta_N)^{\mathrm{T}}$，当 $\varsigma_i = \max\limits_{1 \leqslant t \leqslant m} \varsigma_t > \alpha \|\delta\|^2$ 时，y_i 为异常数据，应该剔除或重构为

$$\tilde{y}_i = \boldsymbol{X}_i(\boldsymbol{X}^{\mathrm{T}}\boldsymbol{X})^{-1}\boldsymbol{X}^{\mathrm{T}}\boldsymbol{Y}$$

这里 $\boldsymbol{X}_i$ 为 $\boldsymbol{X}$ 的第 i 行，α 由

$$\begin{aligned} &mI(m - 2n - p, \alpha) = 0.05, \\ &I(l, \alpha) = \left(\int_0^{\pi/2} \sin^{l-2} x\mathrm{d}x\right)^{-1} \left(\int_0^{\arcsin\sqrt{1-\alpha}} \sin^{l-2} x\mathrm{d}x\right) \end{aligned} \tag{2.2.6}$$

确定.

2. 中心平滑法

已知观测数据 $\{y(n)\}_{n=-N}^{N}$ (共 $2N$+1 点)，假设

$$\begin{aligned} &y(k) = a + b(kh) + c(kh)^2 + \varepsilon_k \\ &\varepsilon_k \sim N(0, \sigma^2), \quad k = -N, \cdots, 0, 1, \cdots, N \end{aligned} \tag{2.2.7}$$

h 为采样间隔(单位: s).

由 $\{y(n)\}_{n=-N}^{N}$ 得到 $y(0)$ 的中心平滑公式. 由(2.2.7)，知 $\hat{x}(0) = a$，可得

$$\hat{y}(0) = \frac{1}{(2N+1)q_2 - q_1^2}\left[q_2 \sum_{k=-N}^{N} y(k) - q_1 \sum_{k=-N}^{N} k^2 y(k)\right] \tag{2.2.8}$$

其中，$q_1 = \sum\limits_{k=-N}^{N} k^2 = \dfrac{2N^3 + 3N^2 + N}{3}, q_2 = \sum\limits_{k=-N}^{N} k^4$.

考虑 $t_1, t_2, \cdots, t_m$ 时刻的观测数据，计算残差平方和

$$\mathrm{RSS} = \sum_{j=1}^{m} (\hat{y}(t_j) - y(t_j))^2 \tag{2.2.9}$$

计算门限$\varsigma = k \times \sqrt{\mathrm{RSS}/m}$（$k$的取值为 3～5，或由工程背景确定）. 当$|y(0)-\hat{y}(0)| > \varsigma$时，则认为该时刻的数据异常.

注释 2.2.2 在数据特征点(如弹道关机点、点火点)附近进行异常点识别时，容易平滑掉特征点时刻的数据信息，而这些时刻的数据是符合客观实际的数据，不是异常点，不应修正. 因此在实际处理过程中，若已知特征点信息，在进行异常点附近判决时，应保留特征点附近的数据.

注释 2.2.3 光电经纬仪等观测设备在跟踪目标时，当飞行目标从第 I 象限进入到第 IV 象限或者反方向运动时(以该测站水平面内的天文北作为零度，顺时针方向旋转为正)，在零点附近，受光电经纬仪测量误差的影响，方位角的读数会在接近2π和接近 0 的数值之间发生跳变. 对于方位角测元A的这种情况，在进行异常点识别时应加以判断和区别.

3. 仿真计算实例

例 2.2.1 假设靶场目标在平面内做匀速直线运动，初始状态$x_0=[30,5]^{\mathrm{T}}$，用一台设备对目标进行观测，观测方程为

$$y_k = x_k + v_k \tag{2.2.10}$$

其中，v_k为互不相关的 Gauss 白噪声序列，方差为 1. 模拟产生 30s 跟踪数据，每秒 10 个采样点，h=0.1. 对设备跟踪数据的第 61 点、85 点、101 点、200 点、250 点和 285 点加上 10m 的偏移量，然后分别用样条拟合法和中心平滑法进行处理，仿真结果如图 2.2.1 和图 2.2.2 所示.

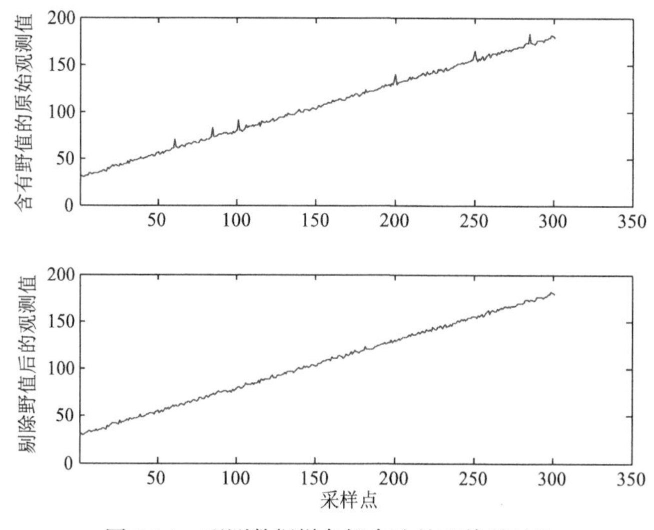

图 2.2.1 观测数据样条拟合法处理前后对比

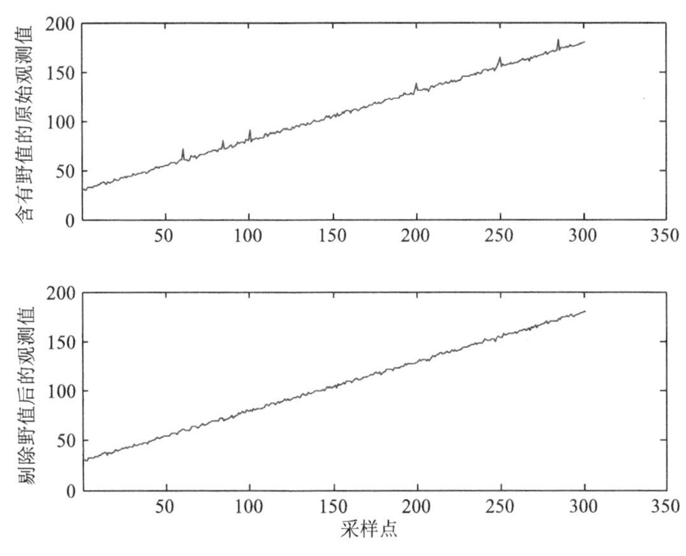

图 2.2.2　观测数据中心平滑法处理前后对比

2.2.2　系统误差建模与辨识

测量系统误差是按固定不变的或某一类确定规律变化的误差, 测量过程中常存在系统误差, 有时系统误差的值还较大. 由于系统误差与粗大误差的特点不一样, 不易发现, 因而分析、估计、修正系统误差很重要. 而系统误差的建模是系统误差估计和修正的前提.

系统误差的建模往往要从设备的测量机理着手, 不同类型的测量设备所获得的测量数据中所包含的系统误差性态一般是不同的, 因此需要对各测量设备的系统误差分别进行分析和建模, 然后对其进行辨识和修正.

1. 系统误差模型

系统误差是固定的或满足某一函数规律的误差, 在很多情况下, 这种函数关系可以设法知道. 引起测量设备系统误差的因素很多, 需要用一个合适的数学模型来描述其对测量数据的影响. 测量系统误差模型应是基本物理测量值的函数 (例如, 靶场雷达测量设备中的距离 R、方位角 A、高低角 E、时间 t 等).

下面介绍几种常见的函数规律[5, 27].

1) 不变 (常值) 系统误差

在测量过程中, 这种系统误差的大小、符号始终保持不变. 例如, 在使用设备测量同一物理量时, 因为设备调零常会引起常值系统误差.

2) 线性变化的系统误差

在整个测量过程中, 系统误差值随着测量值、时间、位置等因素成比例增大或减小；系统误差可以描述为通过原点的多元或一元线性函数，这种系统误差就称为线性变化的系统误差.

3) 周期变化的系统误差

误差按周期规律变化. 例如，仪表指针的回转中心与刻度盘中心有偏心值 e，则指针在任一转角 φ 引起的读数误差为

$$\Delta L = e\sin\varphi \tag{2.2.11}$$

4) 其他规律变化的系统误差

误差有一定变化规律，但这种变化规律比较复杂，不同于以上几种规律.

5) 不定系统误差

这种系统误差的大小、符号是未知的，但可以估计其范围，或估计其值. 这种系统误差的处理方法比较复杂，有时当成随机误差处理；另一方面，低频、相关随机误差有时也可以用估计系统误差的办法来处理.

在实际应用中，这五类不同的系统误差都是可能出现的. 例如，利用连续波雷达跟踪靶场飞行目标，测得距离、方位角和俯仰角. 这些测量元素中含有常值系统误差、线性系统误差（与时间成正比、与距离成正比的线性系统误差）、站址误差、时间不对齐误差、大气折射修正残差等.

以连续波雷达为例，其距离 R 的系统误差模型可通过下面的分析建立.

连续波雷达的距离 R 的测量是通过发射信号到接收信号的相位变化 $\varPhi$ 来得到的，即

$$R = \frac{1}{2}c\tau = \frac{1}{2}c\frac{\varPhi}{2\pi f} = \frac{c\varPhi}{4\pi f} \tag{2.2.12}$$

式中，R 为测站到目标的距离，c 为光速，f 为发射信号频率，$\varPhi$ 为由测站到目标、再由目标返回测站的电波信号的相位变化（相移）. 如果 (2.2.12) 中各参数含有误差，自然会引起距离 R 的测量误差. 对上式的每个参数求微分，得到

$$\mathrm{d}R = \frac{c}{4\pi f}\mathrm{d}\varPhi + \frac{\varPhi}{4\pi f}\mathrm{d}c - \frac{\varPhi}{4\pi f^2}\mathrm{d}f \tag{2.2.13}$$

将上式两边除以 R，整理后得

$$\frac{\mathrm{d}R}{R} = \frac{\mathrm{d}\varPhi}{\varPhi} + \frac{\mathrm{d}c}{c} - \frac{\mathrm{d}f}{f} \tag{2.2.14}$$

用有限增量 Δc，Δf 和 $\Delta\varPhi$ 代替对应的微分（误差），并且重新整理各项，则得到

ΔR 的如下表达式

$$\Delta R = R\left(\frac{\Delta c}{c} - \frac{\Delta f}{f}\right) + \frac{c}{4\pi f}\Delta \Phi \tag{2.2.15}$$

由此式可看出光速误差、频率误差和相位(测量)误差与测距系统误差的误差传播关系.

引起相位测量误差的物理因素(误差源)较多, 有设备本身调零残差、零值漂移、电波折射修正残差和时间误差等. 其中电波折射修正残差可近似地用一个常数与测站仰角的余割函数之积来表示, 因此, 其函数形式可表示为

$$\Delta \Phi_1 \approx k \csc E \tag{2.2.16}$$

时间误差的影响可用下列关系式表示

$$\Delta \Phi_2 = 2\pi f \Delta t \tag{2.2.17}$$

或

$$\Delta \Phi_2 = \dot{\Phi} \Delta t \tag{2.2.18}$$

因此, 时间误差引起的距离误差 ΔR 为距离变化率与时间误差之积, 即

$$\Delta R = \dot{R} \mathrm{d}t \tag{2.2.19}$$

综上所述, 可将时间、光速、频率、折射、设备调零和零值漂移引起的距离系统误差写成

$$\Delta R = a_0 + a_1 t + a_2 R + a_3 \dot{R} + a_4 \csc E \tag{2.2.20}$$

式中, a_0 为相位测量调零误差; a_1 为零值漂移(线性漂移); a_2 为光速和频率不准误差; a_3 为时间误差; a_4 为电波折射修正残差.

注释 2.2.4　系统误差模型是根据设备测量的物理机理分析建立的, 实际中引起测量设备系统误差的因素很多. 为提高数据处理精度, 还需要采用一定的数据处理手段辨识和建模其中可能存在的系统误差. 为实现系统误差模型辨识, 数据分析可以对数据进行任务实测, 也可以利用一定的先验信息, 如飞机校飞数据比对、跟踪目标运动模型的运用等. 辨识工作可以是设备各测量通道单独处理, 也可以利用目标运动先验信息, 通过多测元联合实现.

测量系统误差模型辨识, 可以采用图 2.2.3 所示的技术途径实现.

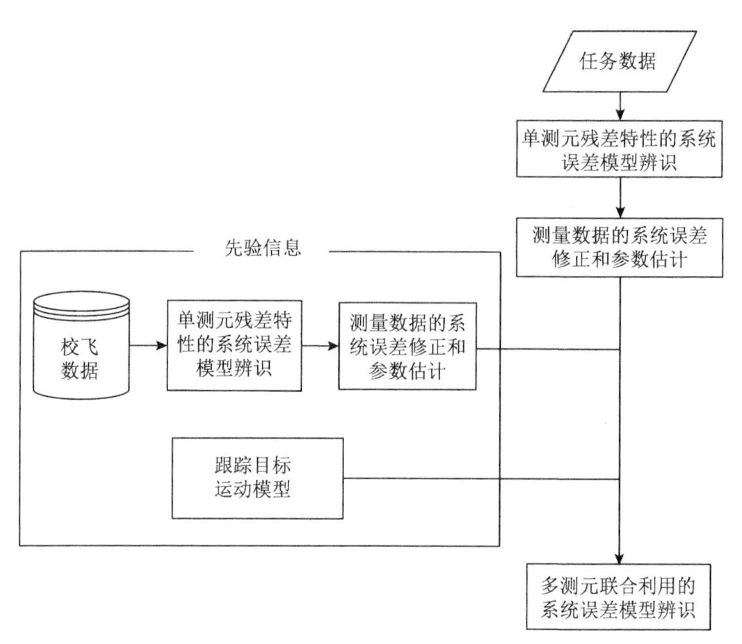

图 2.2.3　测量系统误差模型辨识的技术途径

2. *系统误差建模与辨识准则*

建立系统误差模型时，如果待估误差源过多，估计过程中则会引起系数矩阵病态，因此必须通过一定的评价标准辨识模型，压缩和筛选影响很小的误差项，合并相关性较强的项[28].

1) 模型有效性

模型有效性或者说拟合优度的主要评价标准是均方误差的大小. 模型拟合优度是评价所假设的误差模型是否恰当的关键判据之一. 一般情况下，拟合之后剩余均方误差越小，模型的拟合优度更好，模型会相对有效. 然而，也应该看到，在此考虑中，拟合优度是必要的判据而不是充分的判据. 只有当观测数据经充分变化且具有代表性，以致产生的误差系数精确到足以作为以后用于实际应用中跟踪数据的校飞数据时，观测数据的误差模型拟合优度才是误差模型有效性的适当判据.

2) 模型稳定性

误差模型是对实际的一种近似. 以单脉冲雷达的电波折射误差为例，其线性相位漂移项，实际上可能只代表周期正弦函数的一阶近似；而且，由于大气层并非静态的，故折射误差所确定的那些误差系数多半只具有短期有效性. 必须承认，有一些误差模型系数可能是不稳定的，不能用来修正实际应用中的跟踪数据. 因此，必须通过大量成功的试验，并且每次试验都能单独地、充分地、可靠地确定这些误差系数.

3) 模型紧致性

在假定的误差模型中，每个误差源对测量数据的影响各不相同，有的影响很小，有些误差之间存在相关性，很可能有一些误差项实际上完全是多余的. 在两种情况下可能会出现以上情况：一是由于这些误差项的系数实际上与零值相差甚微；二是由于两个或更多的误差项函数关系过分相近，以致实际上只需取其中一项就足以计算出合成的方差. 因此，必须对误差源进行筛选，使误差模型紧致.

3. 系统误差建模与辨识方法

系统误差的数值较大，而且不具有抵偿性，并且系统误差不像随机误差那样引起数据的跳动，潜伏性较大，不易发现. 系统误差模型的辨识方法一般有：单测元的系统误差辨识、匹配测元系统误差辨识以及基于多测元的系统误差辨识等. 下面分别对上述方法进行讨论.

1) 单测元的系统误差辨识

系统误差模型的辨识首先在单测量通道上展开，可以直接分析实测任务数据，也可以在校飞试验中分析高精度比对数据与该设备得到的数据残差比对. 如在外弹道测量中，用差分 GPS 与外测设备的测量数据进行残差比对. 常用辨识方法有基于校飞数据统计分析的方法、测元匹配方法、小波分析方法等.

(i) 基于校飞数据统计分析的系统误差模型辨识.

新研制或经改造的测试设备装备以后，还不能直接用来执行测控任务，因为其动态跟踪性能、与整个测试系统工作的协调性、测量元素达到的精度还没有得到验证.

对测控设备动态跟踪性能、工作协调性能、测量元素的精度进行鉴定，通常用校飞的方法进行. 校飞就是用携带合作目标(应答机、信标机、遥测信号源及发射机、激光反射体、光源、目标模拟器等)的飞机，在预定的航路上按一定的飞行工况飞行. 被鉴定的测控设备和作为比较标准的设备(如高精度的光学测量或机载 GPS 定位系统)同时跟踪飞机，事后通过对被鉴定设备跟踪参数的分析及测量元素的数据处理，评估测量设备的动态跟踪性能、测量精度和误差特性.

采用校飞的方法对测控设备性能和测量精度进行评估的优点是任务实现简单、可控性强，且可以通过多次执行获取足够的测试结果和测量数据，提高评估的可信性；缺点是受飞机飞行高度、速度和飞行距离的限制，对某些必需的鉴定参数和测量数据，不能提供足够大的动态范围；另一方面，由于校飞只能给出测控设备测元的残差数据，低频部分是各种系统误差的混合，高频部分是被鉴定设备和作为比较标准设备的随机误差的混合，鉴定结论的准确性存在争议.

(ii) 基于小波、EMD 等时频分析方法的系统误差模型辨识.

测量数据的真实信号和系统误差在时间上呈现缓变特性，在频域上表现为数据的低频分量. 通过信号的频谱分析, 可以有效地实现误差的分离和辨识. 这种方法既可直接针对测元数据进行, 也可针对测元残差数据进行.

信号的频谱分析中传统的 Fourier 分析方法仅能从整体上分析一个信号, 而在实际数据处理中, 所关心的是信号在局部时间范围的特性, 为此可以通过更精细的时频综合分析工具来解决该问题, 2.1 节中介绍的小波分析方法以及 EMD 方法等就是其中的典型代表.

其中小波函数具有多样性, 在工程应用中, 一个十分重要的问题就是小波基函数以及分解层数的选择, 因为用不同的小波基函数分析同一个问题会产生不同的结果. 目前主要是通过用小波分析方法处理信号的结果与理论结果的差异来判断小波基函数的好坏, 由此来选择小波基函数和分解尺度. 选择主要是平衡两种考虑:

(1) 宽度很小的小波基有时会在分析结果中引入人工痕迹;

(2) 小波基的长度大可以更好地反映时间序列特性, 但会导致更多的边界系数被影响, 以及离散小波变换的局部化等级减小和计算量增大.

除小波分析方法外, 测量数据的 EMD 分解等自适应时频分析方法也可以借鉴.

此外, 工程上常用等距或不等距节点的样条函数对单测元进行误差诊断, 可以分析其残差和初步识别测元的特征点, 但是单测元辨识是无法发现常值和线性等系统误差.

2) 匹配测元系统误差辨识

在靶场飞行目标跟踪数据中, 也可利用测元的匹配关系来进行系统误差的辨识. 例如, 在外弹道测量中, 测速元和测距元呈匹配关系, 即测速元的被测真实信号是测距元的被测真实信号的微分. 充分利用这一点可以识别不匹配误差, 通常有两种方法来进行匹配测元的误差检测.

(i) 匹配样条拟合.

假定, 已通过弹道表示理论确定了样条的阶次及样条节点. 令 $\varphi_i(t)$ ($i=1,2,\cdots,N$) 是一组 B 样条函数基, $\boldsymbol{\beta}=(\beta_1,\beta_2,\cdots,\beta_N)^{\mathrm{T}}$ 为样条模型系数, $x(t),\dot{x}(t)$ 分别为弹道位置与速度分量, 则有

$$x(t)=\sum_{i=1}^{N}\beta_i\varphi_i(t),\quad \dot{x}(t)=\sum_{i=1}^{N}\beta_i\dot{\varphi}_i(t) \tag{2.2.21}$$

匹配拟合的残差数据应该没有明显的趋势项, 否则, 在测元上存在不匹配的系统误差.

(ii) 积分测速数据.

在实测中, 测速数据所含的系统误差和随机误差均较小, 因此可考虑应用测速数据来诊断位置数据的系统误差.

记目标至测站真实距离为 $R(t)$，真实距离变化率为 $\dot{R}(t)$，而实际测量值分别为 $\tilde{R}(t), \tilde{\dot{R}}(t)$，则有

$$\begin{aligned}\Delta L(t) &= \tilde{R}(t) - \tilde{R}(t_0) - \int_{t_0}^{t} \tilde{\dot{R}}(\tau)\,\mathrm{d}\tau \\ &= [\tilde{R}(t) - R(t)] - [\tilde{R}(t_0) - R(t_0)] - \int_{t_0}^{t} [\tilde{\dot{R}}(\tau) - \dot{R}(\tau)]\,\mathrm{d}\tau \\ &= \Delta R(t) - \Delta R(t_0) - \int_{t_0}^{t} \Delta\dot{R}(\tau)\,\mathrm{d}\tau \end{aligned} \tag{2.2.22}$$

显然，$\Delta L(t)$ 是 t 时刻距离测量值与由变化率数据积分求出的距离之差，即不匹配误差，取决于三部分误差：t 时刻距离误差 $\Delta R(t)$；t_0 时刻距离误差 $\Delta R(t_0)$；t_0 至 t 时刻距离变化率误差 $\Delta\dot{R}(\tau)$，其系统误差一般呈现常值性和线性性，随积分时间的延长而使 $\Delta L(t)$ 迅速增加.

3）基于多测元的系统误差辨识

基于多测元的系统误差辨识方法主要包括两种：组合测元方法和误差模型最佳弹道自校准（Error Model Best Estimate of Trajectory, EMBET）技术[29].

组合测元系统误差辨识方法的基本思想是：当测元没有系统误差时，用无误差融合模型处理后的各测元残差应基本上都是随机误差. 但当各测元有系统误差时，用无误差融合模型处理后，测元的残差中将有明显的趋势项.

如果在某一测元上存在较大的系统误差，而在融合模型中不予考虑，会使其他较为精确的测元残差上引起明显的偏移. 如果用去掉该测元的融合模型进行估计，则由此估计得到的弹道反算该测元，其残差应有明显的误差. 因此依次在融合模型中去掉每个测元来估计弹道，则可以找到含系统误差的测元.

EMBET 方法预先设定模型系统误差函数形式，并将其中的参数与待估状态变量组成系统增广状态变量，然后联合多种测量信息，在解算弹道的同时实现系统误差的估计.

2.2.3　随机误差建模与统计特性估计

随机误差是一种高频误差，只存在统计规律性，所以无法单个估计，但具有可抵偿性，可以对随机误差进行抑制. 由于影响因素众多，彼此相互独立，单个因素的误差贡献较小（否则就是系统误差了），因此，通常可认为随机误差是零均值的随机变量，甚至常假设其服从正态分布.

随机误差的特性通过它的数字特征来反映，常用的有算术平均值和均方根误差，后者是对设备测量精度的直接反映. 随机误差特性可以从设备先验或标校信息获得，为了反映真实测量情况，也可从测量数据统计获得. 对随机误差的建模

可采用各种时间序列建模方法, 包括平稳时间序列模型和非平稳时间序列模型.

1. 平稳时间序列及参数估计

设有时间序列 $\{y_t, t=1,2,\cdots\}$, 定义

$$\mu_t = E(y_t),\quad r_{t,k} = \mathrm{Cov}(y_t, y_{t+k}),\quad \rho_{t,k} = r_{t,k} / r_{t,0}$$

$$\varphi_{t,kk} = \frac{E(y_t y_{t-k} | y_{t-1},\cdots,y_{t-k+1})}{\mathrm{Var}\,(y_t | y_{t-1},\cdots,y_{t-k+1})} \tag{2.2.23}$$

分别为其均值函数、自协方差函数、自相关函数、偏相关函数. 若 $\mu_t \equiv \mu$, $r_{t,k} \equiv r_k$ (即其均值、自协方差与统计起点无关), 则 $\{y_t, t=1,2,\cdots\}$ 称为(宽)平稳时间序列.

注释 2.2.5 一般观测数据是非平稳的, 但观测数据的残差数据通常是平稳的.

1) 自相关函数、偏相关函数和方差的估计

设有平稳时间序列 $\{y_t, t=1,2,\cdots\}$ 的一组观测数据 $y_1, y_2, \cdots, y_m$. 令

$$\hat{\mu} = \frac{\sum_{t=1}^{m} y_t}{m} \tag{2.2.24}$$

$$\hat{r}(k) = \frac{1}{m}\sum_{t=1}^{m-k}(y_t - \hat{\mu})(y_{t+k} - \hat{\mu}),\quad k = 0,1,\cdots,M \tag{2.2.25}$$

在确定 $\hat{r}(k)$ 后, 自相关函数的估计由(2.2.25)得到

$$\hat{\rho}(k) = \frac{\hat{r}(k)}{\hat{r}(0)},\quad k = 0,1,\cdots,M \tag{2.2.26}$$

偏相关函数的估计由递推公式得到

$$\hat{\varphi}_{kk} = \begin{cases} \hat{\rho}(1), & k=1 \\ \dfrac{\hat{\rho}(k) - \sum_{j=1}^{k-1}\hat{\varphi}_{k-1,j}\hat{\rho}(k-j)}{1 - \sum_{j=1}^{k-1}\hat{\varphi}_{k-1,j}\hat{\rho}(j)}, & k = 2,\cdots,M \end{cases} \tag{2.2.27}$$

$$\hat{\varphi}_{kj} = \begin{cases} \hat{\varphi}_{k-1,j} - \hat{\varphi}_{kk}\hat{\varphi}_{k-1,k-j}, & j = 1,2,\cdots,k-1 \\ \hat{\varphi}_{kk}, & j = k \end{cases} \tag{2.2.28}$$

对于这些估计, 下面的结论说明了估计的统计性质[5].

定理 2.2.1 (1) $\hat{\mu}$ 为 μ 的无偏估计; $\hat{r}(k)$ 为 $r(k)$ 的渐近无偏估计;

(2) $\operatorname{Cov}\left(\hat{r}(k),\hat{r}(k+v)\right)=\frac{1}{m}\sum_{l=-\infty}^{+\infty}\left(r(l)r(l+v)+r(l+k+v)r(l-k)\right)+o\left(\frac{1}{m}\right)$;

(3) $D\left(\hat{r}(k)\right)=\frac{1}{m}\sum_{l=-\infty}^{+\infty}\left(r^2(l)+r(l+k)r(l-k)\right)+o\left(\frac{1}{m}\right)$;

(4)

$$
\begin{aligned}
&\operatorname{Cov}(\hat{\rho}(k),\hat{\rho}(k+v))\\
&=\frac{1}{m}\sum_{l=-\infty}^{+\infty}\{\rho(l)\rho(l+v)+\rho(l+k+v)\rho(l-k)\\
&\quad+2\rho(k)\rho(k+v)\rho^2(l)-2\rho(k)\rho(l-k-v)-2\rho(k+v)\rho(l-k)\rho(l)\}+o\left(\frac{1}{m}\right)
\end{aligned}
$$

(5)

$$
\begin{aligned}
D\left(\hat{\rho}(k)\right)=\frac{1}{m}\sum_{l=-\infty}^{+\infty}\{&\rho^2(l)+\rho(l+k)\rho(l-k)+2\rho^2(l)\rho^2(k)\\
&-4\rho(l)\rho(k)\rho(l-k)\}+o\left(\frac{1}{m}\right)
\end{aligned}
$$

注释 2.2.6　在计算测元残差数据的自相关函数时，不应考虑其中由于融合计算或没有观测数据而被赋零的数据.

注释 2.2.7　实际工程中, M 通常取为 $\sqrt{m}$ 或 $m/10$.

注释 2.2.8　$\hat{r}^*(k)=\frac{1}{m-k}\sum_{t=1}^{m-k}(y_t-\hat{\mu})(y_{t+k}-\hat{\mu})$ 具有无偏性，但其协方差却具有非负定的性质. 因此，通常采用的是渐近无偏估计 $\hat{r}(k)$.

注释 2.2.9　若平稳测元残差数据不是相关的(自相关函数、偏相关函数均具有一阶截尾 $\hat{\rho}(k)=\hat{\varphi}_{kk}=0, k=1,\cdots,M$)，其统计特性由其均值和方差确定，否则，就应按如下三类模型来处理.

2) 自回归序列(AR)模型

对于偏相关函数均具有 p 阶截尾 $\hat{\varphi}_{kk}=0, k=p+1,\cdots,M$ 的数据 $\{y_t, t=1,2,\cdots\}$，可以建立如下 p 阶自回归序列 AR(p)，有

$$
y_t=\varphi_1 y_{t-1}+\cdots+\varphi_p y_{t-p}+\varepsilon_t \tag{2.2.29}
$$

AR(p) 模型的自回归系数 $\varphi_1,\varphi_2,\cdots,\varphi_p$ 与其自相关函数 $\rho_1,\rho_2,\cdots,\rho_p$ 满足如下的 Yule-Walker 方程

$$\begin{bmatrix}\varphi_1\\ \varphi_2\\ \vdots\\ \varphi_p\end{bmatrix}=\begin{bmatrix}1 & \rho_1 & \cdots & \rho_{p-1}\\ \rho_1 & 1 & \cdots & \rho_{p-2}\\ \vdots & \vdots & & \vdots\\ \rho_{p-1} & \rho_{p-2} & \cdots & 1\end{bmatrix}^{-1}\begin{bmatrix}\rho_1\\ \rho_2\\ \vdots\\ \rho_p\end{bmatrix} \tag{2.2.30}$$

获得测量数据并分离出随机误差后，将通过三个步骤验证该随机误差是否符合 AR(p)模型:

Step1　对误差数据进行正态性、独立性和平稳性检验;

Step2　利用误差数据估计 AR(p)模型的自回归系数;

Step3　对比分析 AR(p)模型对误差数据的符合程度.

其中利用误差数据估计 AR(p)模型自回归系数的方法可采用最小二乘估计法(LS)，即假设观测数据 $y_{1-p},\cdots,y_0,y_1,y_2,\cdots,y_n$ 满足(2.2.29)，将其写成矩阵形式

$$\boldsymbol{Y}(n)=\boldsymbol{X}(n)\boldsymbol{\varphi}+\varepsilon \tag{2.2.31}$$

其中

$$\boldsymbol{Y}(n)=\begin{bmatrix}y_1\\ y_2\\ \vdots\\ y_n\end{bmatrix},\quad \boldsymbol{X}(n)=\begin{bmatrix}y_0 & y_{-1} & \cdots & y_{1-p}\\ y_1 & y_0 & \cdots & y_{2-p}\\ \vdots & \vdots & & \vdots\\ y_{n-1} & y_{n-2} & \cdots & y_{n-p}\end{bmatrix} \tag{2.2.32}$$

而 $\boldsymbol{\varphi}$ 的最小二乘估计为

$$\hat{\boldsymbol{\varphi}}=\left(\boldsymbol{X}(n)^{\mathrm{T}}\boldsymbol{X}(n)\right)^{-1}\boldsymbol{X}(n)^{\mathrm{T}}\boldsymbol{Y}(n) \tag{2.2.33}$$

AR(p)模型的定阶准则为: 令

$$\mathrm{AIC}(k)=\log\hat{\sigma}_{\varepsilon}^2(k)+2k/m,\quad \mathrm{AIC}(p)=\min_k \mathrm{AIC}(k)$$

其中，$\hat{\sigma}_{\varepsilon}^2(k)$ 为用 k 阶 AR(k)模型表示 $\{y_t\}$ 时 σ_{ε}^2 的估计值.

注释 2.2.10　实际应用中，由于不能掌握时间序列的自相关函数及偏相关函数，样本值 $\hat{\rho}_k$，$\hat{\varphi}_{kk}$ 没有严格的截尾性质. 由 Quenouille 的证明可知，检验 $\hat{\varphi}_{kk}$ 是否为零的问题转化为检验 $\hat{\varphi}_{kk}$ 以某一置信概率落在 $\pm\sqrt{1/n}$ 范围内.

注释 2.2.11　日本统计学家 H. Akaike 于 1974 年提出综合权衡模型适用性和复杂性的 AIC 定阶准则，即模型拟合精度和参数个数两者的平衡.

3) 滑动平均序列(MA)模型

对于自相关函数均具有 q 阶截尾 $\hat{\rho}_k=0,k=q+1,\cdots,M$ 的数据 $\{y_t,t=1,2,\cdots\}$，可以建立如下 q 阶滑动平均序列 MA(q)，有

$$y_t=\varepsilon_t-\theta_1\varepsilon_{t-1}-\cdots-\theta_q\varepsilon_{t-q} \tag{2.2.34}$$

其中，$\{\varepsilon_t\}$ 为白噪声序列. MA(q)模型的自协方差函数满足

$$r_k=\begin{cases}\sigma_\varepsilon^2\left(1+\sum_{i=1}^{q}\theta_i^2\right), & k=1\\ \sigma_\varepsilon^2\left(-\theta_k+\theta_{k+1}\theta_1+\cdots+\theta_q\theta_{q-k}\right), & 1\leqslant k\leqslant q\\ 0, & k>q\end{cases}\tag{2.2.35}$$

对观测数据进行 MA(q)模型拟合时，可先由观测数据估计自协方差函数

$$\hat{r}_k=\frac{1}{n}\sum_{t=1}^{n-k}y_ty_{t+k}\tag{2.2.36}$$

然后将(2.2.36)代入(2.2.35)中，利用线性迭代法或 Newton-Raphson 法等求解非线性方程组得到 MA(q)模型的参数 $\theta_1,\theta_2,\cdots,\theta_q$.

4) 自回归滑动平均序列(ARMA)模型

对于偏相关函数 $\hat{\varphi}_{kk}$ 的数据和自相关函数 $\hat{\rho}_k$ 都不截尾的数据 $\{y_t,t=1,2,\cdots\}$，可以建立如下 ARMA(p,q)模型:

$$y_t=\varphi_1y_{t-1}+\cdots+\varphi_py_{t-p}+\varepsilon_t-\theta_1\varepsilon_{t-1}-\cdots-\theta_q\varepsilon_{t-q}\tag{2.2.37}$$

下面给出利用观测数据估计 ARMA(p, q)模型参数的非线性最小二乘方法. 将(2.2.37)写成

$$y_t=\boldsymbol{X}_t^{\mathrm{T}}\boldsymbol{\beta}+\varepsilon_t\tag{2.2.38}$$

其中，$\boldsymbol{\beta}=\left[\varphi_1,\cdots,\varphi_p,-\theta_1,\cdots,\theta_q\right]^{\mathrm{T}}$，$\boldsymbol{X}_t=\left[y_{t-1},y_{t-2},\cdots,y_{t-p},\varepsilon_{t-1},\cdots,\varepsilon_{t-q}\right]^{\mathrm{T}}$. 由于 $\boldsymbol{X}_t$ 中的 ε_{t-k} 是未知的，因此(2.2.38)是关于参数 $\boldsymbol{\beta}$ 的非线性模型，设为

$$y_t=f_t(\boldsymbol{\beta})+\varepsilon_t\tag{2.2.39}$$

进一步将其写成矩阵形式

$$\boldsymbol{Y}_t=F(\boldsymbol{\beta})+\varepsilon\tag{2.2.40}$$

其中

$$\boldsymbol{Y}=\begin{bmatrix}y_{p+1}\\ y_{p+2}\\ \vdots\\ y_n\end{bmatrix},\quad F(\boldsymbol{\beta})=\begin{bmatrix}f_{p+1}(\boldsymbol{\beta})\\ f_{p+2}(\boldsymbol{\beta})\\ \vdots\\ f_n(\boldsymbol{\beta})\end{bmatrix},\quad \boldsymbol{\varepsilon}=\begin{bmatrix}\varepsilon_{p+1}\\ \varepsilon_{p+2}\\ \vdots\\ \varepsilon_n\end{bmatrix}\tag{2.2.41}$$

(2.2.40)为非线性最小二乘估计问题，可使用优化理论中的各种迭代算法计算，以 Gauss-Newton 法为例，迭代公式为

$$\boldsymbol{\beta}^{(k+1)} = \boldsymbol{\beta}^{(k)} + \left(\nabla \boldsymbol{F}(\boldsymbol{\beta}^{(k)})^{\mathrm{T}} \nabla \boldsymbol{F}(\boldsymbol{\beta}^{(k)})\right)^{-1} \cdot \nabla \boldsymbol{F}(\boldsymbol{\beta}^{(k)})^{\mathrm{T}} \left(\boldsymbol{Y} - \boldsymbol{F}(\boldsymbol{\beta}^{(k)})\right) \quad (2.2.42)$$

对于 ARMA 模型的 AIC 准则是根据下面的定义

$$\mathrm{AIC}(k, j) = \ln \widehat{\sigma}_{\varepsilon}^{2}(k, j) + \frac{2(k+j)}{n}, \quad k, j = 0,1,\cdots,Q \quad (2.2.43)$$

其中，$\widehat{\sigma}_{\varepsilon}^{2}(k,j)$ 是对数据 ARMA(k, j) 拟合时对残差 $\hat{\sigma}_{\varepsilon}^{2}$ 的估计，Q 为其阶数 p 和 q 的某一公共上界，实际应用中(p, q)一般都比较低. 根据上述 AIC(k, j)的计算结果，求出其最小值对应的 $\hat{p}, \hat{q}$，作为 p 和 q 的估计，即 $\hat{p}, \hat{q}$ 满足

$$\mathrm{AIC}(\hat{p}, \hat{q}) = \min_{0 \leqslant k, j \leqslant Q} \mathrm{AIC}(k, j) \quad (2.2.44)$$

2. 非平稳时间序列模型

对于观测到的数据 $\{y_t, t = 1,2,\cdots\}$，无论是均值还是方差，总是非平稳的，其中含有弹道、系统误差等非平稳的趋势项. 对此，应考虑用非平稳的时间序列建模. 这里主要介绍 PAR, RAR 模型.

考虑如下的 PAR, RAR 模型

$$y_t = \sum_{i=0}^{r} \beta_i t^i + e_t, \quad \Phi(B) e_t = \varepsilon_t, \quad t = 1,\cdots,m \quad (2.2.45)$$

$$y_t = \sum_{i=1}^{r} \beta_i \psi_i(t) + e_t, \quad \Phi(B) e_t = \varepsilon_t, \quad t = 1,\cdots,m \quad (2.2.46)$$

其中，$\{\psi_1(t),\cdots,\psi_r(t)\}$ 为一组线性无关的基函数，$\{e_t\}$ 为零均值平稳 AR(p)序列，$\{\varepsilon_t\}$ 为零均值白噪声序列，$\mathrm{Var}(\varepsilon_t) = \sigma_{\varepsilon}^{2}$.

1) PAR 模型参数估计

记 $\boldsymbol{\beta} = [\beta_0, \beta_1, \cdots, \beta_r]^{\mathrm{T}}$，$\Phi(B) = 1 - \varphi_1(B) - \cdots - \varphi_p B^p$. 在(2.2.45)两边同时作用 $\Phi(B)$，令 $\varphi_0 = -1$，有

$$\begin{aligned}\Phi(B) y_t &= \sum_{i=0}^{r} \beta_i \Phi(B) t^i + \varepsilon_t = \sum_{i=0}^{r} \beta_i \sum_{j=0}^{p} (-\varphi_j)(t-j)^i + \varepsilon_t \\ &= b_0 \beta_0 + \sum_{i=1}^{r} \left(\sum_{l=0}^{i} \mathrm{C}_i^l t^{(i-l)} b_l \right) \beta_i + \varepsilon_t \quad (2.2.47)\end{aligned}$$

其中，$b_0 = 1 + \sum_{j=1}^{p}(-\varphi_j), b_l = \sum_{j=1}^{p}(-\varphi_j)(-j)^l, 1 \leqslant l \leqslant r$. 记

$$\boldsymbol{A} = \begin{bmatrix} b_0 & b_1 & b_2 & \cdots & b_{r-1} & b_r \\ & b_0 & \mathrm{C}_2^1 b_1 & \cdots & \mathrm{C}_{r-1}^{r-2} b_{r-2} & \mathrm{C}_r^{r-1} b_{r-1} \\ & & b_0 & \cdots & \mathrm{C}_{r-1}^{r-3} b_{r-3} & \mathrm{C}_r^{r-2} b_{r-2} \\ & & & \ddots & \vdots & \vdots \\ & & & & b_0 & \mathrm{C}_r^1 b_1 \\ & & & & & b_0 \end{bmatrix}, \quad \boldsymbol{a} = \begin{bmatrix} a_0 \\ a_1 \\ \vdots \\ a_r \end{bmatrix}, \quad \boldsymbol{a} = \boldsymbol{A\beta} \tag{2.2.48}$$

则

$$\Phi(B) y_t = a_0 + a_1 t + \cdots + a_r t^r + \varepsilon_t \tag{2.2.49}$$

(2.2.49) 为关于 $\boldsymbol{a}$ 的多项式线性回归模型. 当 t 从 p+1 变到 m 时，得到

$$\tilde{\boldsymbol{Y}} = \boldsymbol{X a} + \boldsymbol{\varepsilon} \tag{2.2.50}$$

其中

$$\tilde{\boldsymbol{Y}} = \begin{bmatrix} y_{p+1} & y_p & \cdots & y_1 \\ \vdots & \vdots & & \vdots \\ y_m & y_{m-1} & \cdots & y_{m-p} \end{bmatrix} \begin{bmatrix} 1 \\ -\boldsymbol{\varphi} \end{bmatrix}, \quad \boldsymbol{\varepsilon} = \begin{bmatrix} \varepsilon_{p+1} \\ \vdots \\ \varepsilon_m \end{bmatrix}, \quad \boldsymbol{X} = \begin{bmatrix} 1 & p+1 & \cdots & (p+1)^r \\ \vdots & \vdots & & \vdots \\ 1 & m & \cdots & m^r \end{bmatrix}$$

当 $m - p \geqslant r+1$ 时，$\boldsymbol{a}$ 的方差一致最小无偏估计为 $\hat{\boldsymbol{a}} = (\boldsymbol{X}^{\mathrm{T}}\boldsymbol{X})^{-1}\boldsymbol{X}^{\mathrm{T}}\tilde{\boldsymbol{Y}}$. 我们记 $\boldsymbol{H} = \boldsymbol{X}(\boldsymbol{X}^{\mathrm{T}}\boldsymbol{X})^{-1}\boldsymbol{X}^{\mathrm{T}}$，则残差平方和为

$$\mathrm{RSS} = \tilde{\boldsymbol{Y}}^{\mathrm{T}}(\boldsymbol{I} - \boldsymbol{H})\tilde{\boldsymbol{Y}} \tag{2.2.51}$$

记 $\boldsymbol{M} = \begin{bmatrix} y_{p+1} & y_p & \cdots & y_1 \\ \vdots & \vdots & & \vdots \\ y_m & y_{m-1} & \cdots & y_{m-p} \end{bmatrix}, \boldsymbol{Y} = \begin{bmatrix} y_{p+1} \\ \vdots \\ y_m \end{bmatrix}$，则

$$\hat{\boldsymbol{a}} = (\boldsymbol{X}^{\mathrm{T}}\boldsymbol{X})^{-1}\boldsymbol{X}^{\mathrm{T}}(\boldsymbol{Y} - \boldsymbol{M\varphi}), \quad \mathrm{RSS} = (\boldsymbol{Y} - \boldsymbol{M\varphi})^{\mathrm{T}}(\boldsymbol{I} - \boldsymbol{H})(\boldsymbol{Y} - \boldsymbol{M\varphi}) \tag{2.2.52}$$

实际应用时，$\boldsymbol{X}, \boldsymbol{M}, \boldsymbol{Y}$ 是已知的，RSS 仅为 $\boldsymbol{\varphi}$ 的二次函数，记为 $\mathrm{RSS} = \mathrm{RSS}(\boldsymbol{\varphi})$，则 $\min \mathrm{RSS}(\boldsymbol{\varphi})$ 的解由以下方程确定

$$\boldsymbol{M}^{\mathrm{T}}(\boldsymbol{I} - \boldsymbol{H})\boldsymbol{M\varphi} = \boldsymbol{M}^{\mathrm{T}}(\boldsymbol{I} - \boldsymbol{H})\boldsymbol{Y} \tag{2.2.53}$$

根据 (2.2.53)，可知

$$\hat{\boldsymbol{\varphi}}=(\boldsymbol{M}^{\mathrm{T}}(\boldsymbol{I}-\boldsymbol{H})\boldsymbol{M})^{-1}\boldsymbol{M}^{\mathrm{T}}(\boldsymbol{I}-\boldsymbol{H})\boldsymbol{Y} \tag{2.2.54}$$

将其代入(2.2.48)，即可得到参数 $\boldsymbol{\beta}$ 的估计 $\hat{\boldsymbol{\beta}}$，而 σ_ε^2 的估计取为

$$\hat{\sigma}_\varepsilon^2=\mathrm{RSS}(\hat{\boldsymbol{\varphi}})/(m-p-r) \tag{2.2.55}$$

注释 2.2.12 (2.2.54)能够唯一解出参数 $\boldsymbol{\varphi}$，当且仅当由 $\boldsymbol{X}$ 与由 $\boldsymbol{M}$ 生成的线性空间线性无关. 由 $\boldsymbol{M}$ 矩阵的随机性，该条件一般是能保证的.

注释 2.2.13 对于模型(2.2.47)中的多项式信号 $f(t)=\sum_{i=0}^{r}\beta_i t^i$，作用自回归算子 $\Phi(B)f(t)=\sum_{i=0}^{r}\alpha_i t^i$ 后序列仍为多项式信号. 一般地，对于由某组基 $\{\psi_j(t),\ j=0,1,\cdots,r\}$ 表示的信号 $f(t)=\sum_{i=0}^{r}\beta_i\psi_i(t)$，若 $\Phi(B)f(t)$ 仍能表示为 $\{\psi_j(t),j=0,1,\cdots,r\}$ 的线性组合 $\Phi(B)f(t)=\sum_{i=0}^{r}\alpha_i\psi_i(t)$，则 $f(t)$ 称为自回归作用不变信号. 如代数多项式基、三角函数基、指数函数基表示的信号及其组合信号均为自回归作用不变信号. 显然分析 PAR 模型参数估计过程不难发现，对于任意自回归作用不变信号，上述方法仍是有效的.

2) RAR 模型参数估计

考虑 RAR 模型(2.2.46)，记

$$\boldsymbol{Y}=\begin{bmatrix}y_1\\ \vdots\\ y_m\end{bmatrix},\quad \boldsymbol{e}=\begin{bmatrix}e_1\\ \vdots\\ e_m\end{bmatrix},\quad \boldsymbol{\varepsilon}=\begin{bmatrix}\varepsilon_1\\ \vdots\\ \varepsilon_m\end{bmatrix},\quad \boldsymbol{X}=\begin{bmatrix}\boldsymbol{x}(1)\\ \vdots\\ \boldsymbol{x}(m)\end{bmatrix}=\begin{bmatrix}\varphi_1(t_1) & \cdots & \varphi_r(t_1)\\ \vdots & & \vdots\\ \varphi_1(t_m) & \cdots & \varphi_r(t_m)\end{bmatrix}$$

引理 2.2.1[5] 设 φ 为一组实值参数且 $\left|1-\sum_{j=1}^{p}\varphi_j\right|\neq 0$，$f(t)$ 为一个不恒为零的实值连续函数，那么 $f(t)-\varphi_1 f(t-1)-\cdots-\varphi_p f(t-p)$ 不恒为零.

由上述引理可知：若 $\beta\neq 0$，则 $\Phi(B)\sum_{j=1}^{r}\beta_j\varphi_j(t)$ 不恒为零. 若 $\boldsymbol{\varphi}$ 满足引理条件，当 $m-p$ 充分大，则矩阵 $\boldsymbol{X}_\varphi=\begin{bmatrix}x(p+1)-\varphi_1 x(p)-\cdots-\varphi_p x(1)\\ \vdots\\ x(m)-\varphi_1 x(m-1)-\cdots-\varphi_p x(m-p)\end{bmatrix}$ 是列满秩矩阵. 记

$$\boldsymbol{Y}_\varphi = \begin{bmatrix} \Phi(B)y_{p+1} \\ \vdots \\ \Phi(B)y_m \end{bmatrix}, \quad \boldsymbol{e}_\varphi = \begin{bmatrix} \Phi(B)e_{p+1} \\ \vdots \\ \Phi(B)e_m \end{bmatrix}$$

则由模型(2.2.46)可得

$$\boldsymbol{Y}_\varphi = \boldsymbol{X}_\varphi \boldsymbol{\beta} + \boldsymbol{e}_\varphi, \quad E\boldsymbol{e}_\varphi = 0, \quad \mathrm{Cov}(e_\varphi) = \sigma^2 \boldsymbol{I}_{m-p} \tag{2.2.56}$$

定理 2.2.2[5]　设$(\boldsymbol{\beta}^{\mathrm{T}}, \boldsymbol{\varphi}^{\mathrm{T}})^{\mathrm{T}}$是模型(2.2.56)中待估参数的真值，$(\boldsymbol{\alpha}^{\mathrm{T}}, \boldsymbol{\rho}^{\mathrm{T}})^{\mathrm{T}}$是一组与$(\boldsymbol{\beta}^{\mathrm{T}}, \boldsymbol{\varphi}^{\mathrm{T}})^{\mathrm{T}}$同维的常数，$\sum_{j=1}^{p}\varphi_j \neq 1$，$\sum_{j=1}^{p}\rho_j \neq 1$，$\sum_{j=1}^{r}(\beta_j - \alpha_j)^2 + \sum_{j=1}^{p}(\varphi_j - \rho_j)^2 > 0$，则

$$E\|\boldsymbol{Y}_\rho - \boldsymbol{X}_\rho \boldsymbol{\alpha}\|^2 > E\|\boldsymbol{Y}_\varphi - \boldsymbol{X}_\varphi \boldsymbol{\beta}\|^2$$

根据 (2.2.56)，可以用极值问题

$$\min \|\boldsymbol{Y}_\varphi - \boldsymbol{X}_\varphi \boldsymbol{\beta}\|^2 \tag{2.2.57}$$

的解$(\boldsymbol{\beta}^*, \boldsymbol{\varphi}^*)$作为$(\boldsymbol{\beta}, \boldsymbol{\varphi})$的估计. 下面介绍两种方法求解模型(2.2.57).

第一种方法：模型(2.2.57)式可改写为$\min \|\boldsymbol{Y}_\varphi - \boldsymbol{X}_\varphi(\boldsymbol{X}_\varphi^{\mathrm{T}}\boldsymbol{X}_\varphi)^{-1}\boldsymbol{X}_\varphi^{\mathrm{T}}\boldsymbol{Y}_\varphi\|^2$，利用最优化算法求解可得到$\boldsymbol{\varphi}$的估计$\boldsymbol{\varphi}^*$，而$\boldsymbol{\beta}^* = (\boldsymbol{X}_{\varphi^*}^{\mathrm{T}}\boldsymbol{X}_{\varphi^*})^{-1}\boldsymbol{X}_{\varphi^*}^{\mathrm{T}}\boldsymbol{Y}_{\varphi^*}$.

第二种方法：记

$$\boldsymbol{U}_\beta = \begin{bmatrix} y_{p+1} - \boldsymbol{x}(p+1)\boldsymbol{\beta} \\ \vdots \\ y_m - \boldsymbol{x}(m)\boldsymbol{\beta} \end{bmatrix}, \quad \boldsymbol{M}_\beta = \begin{bmatrix} y_p - \boldsymbol{x}(p)\boldsymbol{\beta} & \cdots & y_1 - \boldsymbol{x}(1)\boldsymbol{\beta} \\ \vdots & & \vdots \\ y_{m-1} - \boldsymbol{x}(m-1)\boldsymbol{\beta} & \cdots & y_{m-p} - \boldsymbol{x}(m-p)\boldsymbol{\beta} \end{bmatrix}$$

于是

$$\|\boldsymbol{U}_\beta - \boldsymbol{M}_\beta \boldsymbol{\varphi}\|^2 = \|\boldsymbol{Y}_\varphi - \boldsymbol{X}_\varphi \boldsymbol{\beta}\|^2 \tag{2.2.58}$$

由坐标轮换法和上式求解极值问题(2.2.57)，给出以下迭代公式

$$\begin{cases} \boldsymbol{\varphi}^{(0)} = 0, \\ \boldsymbol{\beta}^{(i)} = [\boldsymbol{X}_{\varphi^{(i-1)}}^{\mathrm{T}} \boldsymbol{X}_{\varphi^{(i-1)}}]^{-1} \boldsymbol{X}_{\varphi^{(i-1)}}^{\mathrm{T}} \boldsymbol{Y}_{\varphi^{(i-1)}}, \\ \boldsymbol{\varphi}^{(i)} = (\boldsymbol{M}_{\beta^{(i)}}^{\mathrm{T}} \boldsymbol{M}_{\beta^{(i)}})^{-1} \boldsymbol{M}_{\beta^{(i)}}^{\mathrm{T}} \boldsymbol{U}_{\beta^{(i)}}, \\ \boldsymbol{Y}_{\varphi^{(i)}} = \boldsymbol{X}_{\varphi^{(i)}} \boldsymbol{\beta}^{(i)}, \end{cases} \quad i = 1, 2, 3, \cdots \tag{2.2.59}$$

显然，$\| \boldsymbol{Y}_{\varphi^{(i)}} - \boldsymbol{X}_{\varphi^{(i)}} \boldsymbol{\beta}^{(i)} \|^2$ 是一个非负的单调递减序列，故存在极限. 当迭代到该序列下降不显著时，终止迭代，以 $(\boldsymbol{\beta}^{(i)}, \boldsymbol{\varphi}^{(i)})$ 作为 $(\boldsymbol{\beta}^*, \boldsymbol{\varphi}^*)$ 的近似，通常迭代 5 次就足够了. 和第一种方法比较, (2.2.58) 的迭代不要初值且收敛快.

不过，值得一提的是，(2.2.58) 的第一步的迭代结果，正是目前最常用的 RAR 模型的粗估计.

3. 时变 PAR 模型的参数估计

实际测量中，测量数据的随机误差存在时序相关性，且时序相关性一般可用低阶 AR 模型描述，进一步，随机误差的统计特性还具有时变特性，方差非平稳. 因此，必须找到合适的描述随机误差时变统计特性的数学模型，下面来考虑这一问题.

根据对测元本身特点的分析，在有限时间段内，某些测量数据(如测距元和测速元)可分别用三阶多项式和相应的二阶多项式很精确表示. 设 Y_k 为 t_k 时刻的测量数据，则有如下测量方程

$$Y_{k-N+j} = S(t_{k-N+j}) + e_{k-N+j} \tag{2.2.60}$$

$$S(t_{k-N+j}) = \sum_{i=1}^{4} a_i(k) t_{k-N+j}^{i-1} \tag{2.2.61}$$

$k \geqslant N$，$j = 1, 2, \cdots, N$，其中 N 是测量方程(2.2.60)所要处理数据点数，需事先确定，确定的原则以三阶多项式逼近测元真实信号的截断误差可忽略不计为准(一般要求比随机误差小一个量级). 模拟计算与实际应用表明，对于靶场弹道导弹而言：N 一般在 100 至 200 之间(采样频率为 20Hz). 为使多项式保持对真实信号的逼近精度，采取的方法是以 N 个数据点为固定拟合长度向前推移(通常这又称为限定记忆的方法).

取 $t_{k-N+j} = t_j = j\Delta t, j = 1, 2, \cdots, N$ 即可实现推移逼近的思想，其中 Δt 为采样间隔，此时模型(2.2.60)写为

$$Y_{k-N+j} = \sum_{i=1}^{4} a_i(k) t_j^{i-1} + e_{k-N+j}, \quad j = 1, 2, \cdots, N \tag{2.2.62}$$

其中，测量噪声 e_{k-N+j} 为零均值 AR(p) 序列，即

$$e_{k-N+j} = \varphi_1(k) e_{k-N+j-1} + \cdots + \varphi_p(k) e_{k-N+j-p} + \varepsilon_{k-N+j} \tag{2.2.63}$$

其中，ε_{k-N+j} 为零均值白噪声列，$\mathrm{Var}(\varepsilon_{k-N+j}) = \sigma_\varepsilon^2(k)$. 模型(2.2.62)和(2.2.63)所讨论的多项式参数 $\{a_i(k),\ i = 1, 2, 3, 4\}$ 及自回归参数 $\{\varphi_1(k), \cdots, \varphi_p(k), \sigma_\varepsilon^2(k)\}$ 都是时

变的，这种模型称为**时变迭合 AR 模型**.

设 B 为一步后移算子，$\Phi_k(B)=1-\varphi_1(k)B-\cdots-\varphi_p(k)B^p$，则(2.2.63)可写为 $\Phi_k(B)e_{k-N+j}=\varepsilon_{k-N+j}$；对固定点列 t_j, $j=1,2,\cdots,N$，模型(2.2.62)和(2.2.63)可作类似于模型(2.2.45)中的处理. 在(2.2.62)式两边同时作用 $\Phi_k(B)$，得

$$\Phi_k(B)Y_{k-N+j}=\sum_{i=1}^{4}a_i(k)(\Delta t)^{i-1}\Phi_k(B)j^{i-1}+\varepsilon_{k-N+j}=\sum_{i=1}^{4}\alpha_i(k)j^{i-1}+\varepsilon_{k-N+j} \tag{2.2.64}$$

令 $\boldsymbol{\varphi}(k)=(\varphi_1(k),\varphi_2(k),\cdots,\varphi_p(k))^{\mathrm{T}}$，则 $\boldsymbol{\alpha}(k)=(a_1(k),a_2(k),a_3(k),a_4(k))^{\mathrm{T}}$ 满足

$$\boldsymbol{\alpha}(k)=\boldsymbol{A}(\boldsymbol{\varphi}(k))\boldsymbol{a}^*(k) \tag{2.2.65}$$

其中，$\boldsymbol{a}^*(k)=(a_1(k),a_2(k)\Delta(t),a_3(k)(\Delta t)^2,a_4(k)(\Delta t)^3)^{\mathrm{T}}$，$\boldsymbol{A}(\boldsymbol{\varphi}(k))$ 为

$$\boldsymbol{A}(\boldsymbol{\varphi}(k))=\begin{bmatrix} b_0(k) & b_1(k) & b_2(k) & b_3(k) \\ & b_0(k) & 2b_1(k) & 3b_2(k) \\ & & b_0(k) & 3b_1(k) \\ & & & b_0(k) \end{bmatrix}$$

其中，$b_0=1+\sum_{j=1}^{p}(1-\varphi_j(k))$，$b_l=\sum_{j=1}^{p}(-\varphi_j(k))(-j)^l$，$1\leqslant l\leqslant 3$.

下面首先讨论 $\boldsymbol{\varphi}(k)$ 的估计，记

$$\boldsymbol{Y}_N(k)=\begin{bmatrix} Y_{k-N+1} \\ \vdots \\ Y_k \end{bmatrix},\qquad \boldsymbol{M}(k-N,k-p)=\begin{bmatrix} Y_{k-N} & \cdots & Y_{k-N+1-p} \\ \vdots & & \vdots \\ Y_{k-1} & \cdots & Y_{k-p} \end{bmatrix}$$

$$\boldsymbol{U}=\begin{bmatrix} 1 & 1 & 1 & 1 \\ 1 & 2 & 2^2 & 2^3 \\ \vdots & \vdots & \vdots & \vdots \\ 1 & N & N^2 & N^3 \end{bmatrix},\qquad \hat{\boldsymbol{\varphi}}(k)=\begin{bmatrix} \hat{\varphi}_1(k) \\ \vdots \\ \hat{\varphi}_p(k) \end{bmatrix},\qquad \boldsymbol{H}=\boldsymbol{U}(\boldsymbol{U}^{\mathrm{T}}\boldsymbol{U})^{-1}\boldsymbol{U}^{\mathrm{T}}$$

可得两步最小二乘估计的正规方程

$$\begin{aligned}&\boldsymbol{M}(k-N,k-p)^{\mathrm{T}}(\boldsymbol{I}-\boldsymbol{H})\boldsymbol{M}(k-N,k-p)\hat{\boldsymbol{\varphi}}(k)\\ &=\boldsymbol{M}(k-N,k-p)^{\mathrm{T}}(\boldsymbol{I}-\boldsymbol{H})\boldsymbol{Y}_N(k)\end{aligned} \tag{2.2.66}$$

当获得第 $k+1$ 个数据 Y_{k+1} 时，有测量方程

$$Y_{k+1-N+j}=\sum_{i=1}^{4}a_i(k+1)t_j^{i-1}+e_{k+1-N+j}\qquad (j=1,2,\cdots,N) \tag{2.2.67}$$

$$e_{k+1-N+j}=\varphi_1(k+1)e_{k+1-N+j}+\cdots+\varphi_p(k+1)e_{k+1-N+j-p}+e_{k+1-N+j}\quad (j=1,2,\cdots,N) \tag{2.2.68}$$

记

$$\boldsymbol{Y}_N(k+1)=\begin{bmatrix} Y_{k+1-N+1} \\ \vdots \\ Y_{k+1} \end{bmatrix}, \quad \hat{\boldsymbol{\varphi}}(k+1)=\begin{bmatrix} \hat{\varphi}_1(k+1) \\ \vdots \\ \hat{\varphi}_p(k+1) \end{bmatrix}$$

$$\boldsymbol{M}(k+1-N,k+1-p)=\begin{bmatrix} Y_{k+1-N} & \cdots & Y_{k+1-N+1-p} \\ \vdots & & \vdots \\ Y_k & \cdots & Y_{k+1-p} \end{bmatrix}$$

同理, 可推得模型(2.2.67)和(2.2.68)的两步最小二乘估计的正规方程

$$\begin{aligned} &\boldsymbol{M}(k+1-N,k+1-p)^{\mathrm{T}}(\boldsymbol{I}-\boldsymbol{H})\boldsymbol{M}(k+1-N,k+1-p)\hat{\boldsymbol{\varphi}}(k+1) \\ &=\boldsymbol{M}(k+1-N,k+1-p)^{\mathrm{T}}(\boldsymbol{I}-\boldsymbol{H})\boldsymbol{Y}_N(k+1) \end{aligned} \tag{2.2.69}$$

为了获得 AR(p)参数的自适应估计, 需要从(2.2.67)和(2.2.68)两式导出$\boldsymbol{\varphi}(k+1)$与$\boldsymbol{\varphi}(k)$之间的递推关系式. 记

$$\boldsymbol{Y}_N(k+1-j)=\begin{bmatrix} Y_{k+1-j-N+1} \\ \vdots \\ Y_{k+1-j} \end{bmatrix}, \quad j=0,1,\cdots,N$$

$$\boldsymbol{Z}_N(k+1-j)=\begin{bmatrix} Z_{k+1-j-N+1} \\ \vdots \\ Z_{k+1-j} \end{bmatrix}=(\boldsymbol{I}-\boldsymbol{H})\boldsymbol{Y}_N(k+1-j)$$

$$\boldsymbol{A}_N(k+1)=(\boldsymbol{Z}_N(k),\boldsymbol{Z}_N(k-1),\cdots,\boldsymbol{Z}_N(k-p))=(\boldsymbol{I}-\boldsymbol{H})\boldsymbol{M}(k+1-N,k+1-p)$$

由以上记号, (2.2.69)可改写为

$$\boldsymbol{A}_N^{\mathrm{T}}(k+1)\boldsymbol{A}_N(k+1)\hat{\boldsymbol{\varphi}}(k+1)=\boldsymbol{A}_N^{\mathrm{T}}(k+1)\boldsymbol{Z}_N(k+1) \tag{2.2.70}$$

为了能从(2.2.70)中导出递推式, 需要利用递推求解 AR(p)参数的方法, 注意到

$$\boldsymbol{A}_N(k+1)=\begin{bmatrix} Z_{k-N+1} & Z_{k-N} & \cdots & Z_{k-N-p+2} \\ Z_{k-N+2} & Z_{k-N+1} & \cdots & Z_{k-N-p+1} \\ \vdots & \vdots & & \vdots \\ Z_k & Z_{k-1} & \cdots & Z_{k+1-p} \end{bmatrix}$$

$$\boldsymbol{A}_N(k)=\begin{bmatrix} Z_{k-N} & Z_{k-N-1} & \cdots & Z_{k-N-p+1} \\ Z_{k-N+1} & Z_{k-N} & \cdots & Z_{k-N-p+2} \\ \vdots & \vdots & & \vdots \\ Z_{k-1} & Z_{k-2} & \cdots & Z_{k-p} \end{bmatrix}$$

又记

$$\boldsymbol{b}(k+2-i)=(Z_{k+1-i},Z_{k+1-N-j+1},\cdots,Z_{k+1-i-p+1})^{\mathrm{T}},\quad i=0,1,\cdots,N+1$$

$$\boldsymbol{Z}_{N+1}(k-j+1)=(Z_{k+1-N-j},Z_{k+1-N-j+1},\cdots,Z_{k+1-j})^{\mathrm{T}},\ j=0,1,2,\cdots,p$$

则

$$\begin{aligned}\boldsymbol{A}_{N+1}(k+1)&=(\boldsymbol{Z}_{N+1}(k),\boldsymbol{Z}_{N+1}(k-1),\cdots,\boldsymbol{Z}_{N+1}(k-p+1))\\&=(\boldsymbol{b}^{\mathrm{T}}(k-N+1),\boldsymbol{b}^{\mathrm{T}}(k-N+2),\cdots,\boldsymbol{b}^{\mathrm{T}}(k+1))^{\mathrm{T}}\end{aligned}$$

考虑下面三个正规方程的解的关系

$$\boldsymbol{A}_N^{\mathrm{T}}(k)\boldsymbol{A}_N(k)\hat{\boldsymbol{\varphi}}(k)=\boldsymbol{A}_N^{\mathrm{T}}(k)\boldsymbol{Z}_N(k)\tag{2.2.71}$$

$$\boldsymbol{A}_N^{\mathrm{T}}(k+1)\boldsymbol{A}_N(k+1)\hat{\boldsymbol{\varphi}}(k+1)=\boldsymbol{A}_N^{\mathrm{T}}(k+1)\boldsymbol{Z}_N(k+1)\tag{2.2.72}$$

$$\boldsymbol{A}_{N+1}^{\mathrm{T}}(k+1)\boldsymbol{A}_{N+1}(k+1)\hat{\boldsymbol{\varphi}}_{N+1}(k+1)=\boldsymbol{A}_{N+1}^{\mathrm{T}}(k+1)\boldsymbol{Z}_{N+1}(k)\tag{2.2.73}$$

容易推知, (2.2.72) 和 (2.2.73) 两式的参数有如下递推关系

$$\begin{cases}\hat{\boldsymbol{\varphi}}_{N+1}(k+1)=\hat{\boldsymbol{\varphi}}(k)+\boldsymbol{K}_{k+1}\left[\boldsymbol{Z}_{k+1}-\boldsymbol{b}^{\mathrm{T}}(k+1)\hat{\boldsymbol{\varphi}}(k)\right]\\\boldsymbol{K}_{k+1}=\boldsymbol{P}_k\boldsymbol{b}(k+1)[1+\boldsymbol{b}^{\mathrm{T}}(k+1)\boldsymbol{P}_k\boldsymbol{b}(k+1)]^{-1}\\\boldsymbol{P}_{k+1}=[\boldsymbol{I}-K_{k+1}\boldsymbol{b}^{\mathrm{T}}(k+1)]\boldsymbol{P}_k\end{cases}\tag{2.2.74}$$

其中, $\boldsymbol{P}_k=[\boldsymbol{A}_N^{\mathrm{T}}(k)\boldsymbol{A}_N(k)]^{-1}$. 我们的思路是通过寻找 (2.2.72), (2.2.73) 的 $\hat{\boldsymbol{\varphi}}(k+1)$ 与 $\hat{\boldsymbol{\varphi}}_{N+1}(k+1)$ 之间的递推关系, 再利用 (2.2.73) 中 $\hat{\boldsymbol{\varphi}}_{N+1}(k+1)$ 与 $\hat{\boldsymbol{\varphi}}(k)$ 的递推关系导出 $\hat{\boldsymbol{\varphi}}(k+1)$ 与 $\hat{\boldsymbol{\varphi}}(k)$ 的递推关系. 由 (2.2.72) 知

$$\hat{\boldsymbol{\varphi}}(k+1)=\boldsymbol{P}_N(k+1)\boldsymbol{A}_N^{\mathrm{T}}(k+1)\boldsymbol{Z}_N(k+1)\tag{2.2.75}$$

其中, $\boldsymbol{P}_N(k+1)=[\boldsymbol{A}_N^{\mathrm{T}}(k+1)\boldsymbol{A}_N(k+1)]^{-1}$. 我们又注意到: 若将 $\boldsymbol{A}_N^{\mathrm{T}}(k+1)$ 视为 $(0,\boldsymbol{b}^{\mathrm{T}}(k-n+2),\cdots,\boldsymbol{b}^{\mathrm{T}}(k+1))^{\mathrm{T}}$; $\boldsymbol{Z}_N(k+1)$ 视为 $(0,\boldsymbol{Z}_{k-N-p+2},\cdots,\boldsymbol{Z}_{k+1})^{\mathrm{T}}$, 这不会影响 (2.2.75) 中 $\hat{\boldsymbol{\varphi}}(k+1)$ 的计算值. 推导计算 $\boldsymbol{P}_N(k+1)$ 可得

$$\boldsymbol{P}_N(k+1)=[\boldsymbol{I}+\boldsymbol{K}_{k+1}^*(N+1)\boldsymbol{b}^{\mathrm{T}}(k-N+1)]\boldsymbol{P}_{k+1}$$

其中

$$\boldsymbol{K}_{k+1}^*=\boldsymbol{P}_{k+1}\boldsymbol{b}(k-N+1)[\boldsymbol{I}-\boldsymbol{b}^{\mathrm{T}}(k-N+1)\boldsymbol{P}_{k+1}\boldsymbol{b}(k-N+1)]^{-1}\tag{2.2.76}$$

计算可得

$$\boldsymbol{A}_N^{\mathrm{T}}(k+1)\boldsymbol{Z}_N(k+1)=\boldsymbol{A}_{N+1}^{\mathrm{T}}(k+1)\boldsymbol{Z}_{N+1}(k+1)-\boldsymbol{b}(k-N+1)\boldsymbol{Z}_{k-N+1}$$

由此得到

$$\begin{aligned}\hat{\boldsymbol{\varphi}}(k+1)&=\hat{\boldsymbol{\varphi}}_{N+1}(k+1)+\boldsymbol{K}_{k+1}^{*}\boldsymbol{b}^{\mathrm{T}}(k-N+1)\hat{\boldsymbol{\varphi}}_{N+1}(k+1)\boldsymbol{K}_{k+1}^{*}\boldsymbol{Z}_{k-N+1}\\&=\hat{\boldsymbol{\varphi}}_{N+1}(k+1)-\boldsymbol{K}_{k+1}^{*}[\boldsymbol{Z}_{k-N+1}-\boldsymbol{b}^{\mathrm{T}}(k-N+1)\hat{\boldsymbol{\varphi}}_{N+1}(k+1)]\end{aligned}\tag{2.2.77}$$

综合(2.2.74), (2.2.76), (2.2.77)得如下递推公式.

(1) $\boldsymbol{K}_{k+1}=\boldsymbol{P}_{k}\boldsymbol{b}(k+1)[1+\boldsymbol{b}^{\mathrm{T}}(k+1)\boldsymbol{P}_{k}\boldsymbol{b}(k+1)]^{-1}$;

(2) $\hat{\boldsymbol{\varphi}}_{N+1}(k+1)=\hat{\boldsymbol{\varphi}}(k)+\boldsymbol{K}_{k+1}[\boldsymbol{Z}_{k+1}-\boldsymbol{b}^{\mathrm{T}}(k+1)\hat{\boldsymbol{\varphi}}(k)]$;

(3) $\boldsymbol{P}_{k+1}=[\mathrm{I}-\boldsymbol{K}_{k+1}\boldsymbol{b}^{\mathrm{T}}(k+1)]\boldsymbol{P}_{k}$;

(4) $\boldsymbol{K}_{k+1}^{*}=\boldsymbol{P}_{k+1}\boldsymbol{b}(k-N+1)[\boldsymbol{I}-\boldsymbol{b}^{\mathrm{T}}(k-N+1)\boldsymbol{P}_{k+1}\boldsymbol{b}(k-N+1)]^{-1}$;

(5) $\hat{\boldsymbol{\varphi}}(k+1)=\hat{\boldsymbol{\varphi}}_{N+1}(k+1)-\boldsymbol{K}_{k+1}^{*}[\boldsymbol{Z}_{k-N+1}-\boldsymbol{b}^{\mathrm{T}}(k-N+1)\hat{\boldsymbol{\varphi}}_{N+1}(k+1)]$.

由以上递推公式知, 只需给定初始估计 $\hat{\boldsymbol{\varphi}}(k_0)$, $\boldsymbol{P}_{k_0}$, $k_0\geqslant N$, 即可按上述公式递推求解自回归参数的估计. 一般地, 可取 $\hat{\boldsymbol{\varphi}}(k_0)=0$, $\boldsymbol{P}_{k_0}=\mu\boldsymbol{I}$, μ 为某个较大的正整数.

以上获得了时变自回归参数 $\boldsymbol{\varphi}(k)$ 的估计 $\hat{\boldsymbol{\varphi}}(k)$. 下面讨论时变多项式参数 $\boldsymbol{\alpha}(k)$ 的估计. 由(2.2.64), 可用递推最小二乘法给出 $\boldsymbol{\alpha}(k)$ 的递推估计(因等式中 $\Phi_k(B)$ 参数是已知的), 再由(2.2.65)式即可得: $\hat{\boldsymbol{\alpha}}^{*}(k)=\boldsymbol{A}^{-1}(\hat{\boldsymbol{\varphi}}(k))\hat{\boldsymbol{\alpha}}(k)$. 由此可得 $\boldsymbol{\alpha}(k)$ 的估计为

$$\hat{\boldsymbol{\alpha}}(k)=\left(\hat{\alpha}_1(k),\frac{1}{\Delta t}\hat{\alpha}_2(k),\frac{1}{(\Delta t)^2}\hat{\alpha}_3(k),\frac{1}{(\Delta t)^3}\hat{\alpha}_4(k)\right)\tag{2.2.78}$$

容易验证: $\sigma_{\varepsilon}^2(k+1)$ 有如下递推估计式

$$\sigma_{\varepsilon}^2(k+1)=\sigma_{\varepsilon}^2(k)+\left[Y_{k+1}-\sum_{i=1}^{p}Y_{k-i+1}\varphi_i(k+1)\right]^2-\left[Y_{k-N+1}-\sum_{i=1}^{p}Y_{k-N+1-i}\varphi_i(k)\right]^2\tag{2.2.79}$$

至此, 已获得时变迭合 AR 模型中未知参数的全部递推估计式.

4. 仿真计算实例

设仿真时变迭合 AR 模型为

$$\begin{aligned}&y(t)=a_0(t)+a_1(t)t+a_2(t)t^2+a_3(t)t^3+e(t)\\&e(t)=\varphi_1(t)e(t-1)+\varphi_2(t)e(t-2)+\varepsilon(t),\quad \varepsilon(t)\sim N(0,0.02^2)\end{aligned}$$

其中

$$a_0(t)=5+0.5x_{\left[\frac{t}{200}\right]+1},\quad a_1(t)=3.5+0.3y_{\left[\frac{t}{200}\right]+1},\quad a_2(t)=0.2+0.02z_{\left[\frac{t}{400}\right]+1}$$

$$a_3(t)=-0.05+0.005u_{\left[\frac{t}{400}\right]+1},\quad \varphi_1(t)=1.3+0.1v_{\left[\frac{t}{200}\right]+1},\quad \varphi_2(t)=-0.4+0.04w_{\left[\frac{t}{200}\right]+1}$$

这里 $x_k, y_k, z_k, u_k, v_k, w_k$ 是相互独立的(0, 1)上的均匀分布随机数序列, [ ]是取整函数. 表 2.2.1 给出 100 组数据(每组 800 个等距采样点)仿真计算的参数估计值的平均均方根误差. 以 $\varphi_1(t)$ 为例, $\sigma_{\varphi_1^*(t)} = \left[\sum_{m=1}^{100}(\hat{\varphi}_{1m}(t) - \varphi_1(t))^2 / 100\right]^{1/2}$, 其中 $\hat{\varphi}_{1m}(t)$ 为第 m 组数据对 $\varphi_1(t)$ 的估计值, 其余类似. 这一指标既反映了估值与真值的平均差别, 也反映了估值在真值附近的离散程度. 表 2.2.1 结果表明: 算法能够自适应地跟踪模型参数的变化.

图 2.2.4 给出某飞行器实测数据时变迭合 AR 模型中测量噪声 AR(2) 部分的参数估计. 结果表明: 该测量噪声一步相关从负相关变到正相关, 二步相关则从不相关到正相关, 又变为负相关.

表 2.2.1　参数估计值的平均均方根误差

$\sigma_{a_0^*(t)}$	$\sigma_{a_1^*(t)}$	$\sigma_{a_2^*(t)}$	$\sigma_{a_3^*(t)}$	$\sigma_{\varphi_1^*(t)}$	$\sigma_{\varphi_2^*(t)}$
0.21	0.13	0.0070	0.0018	0.037	0.015

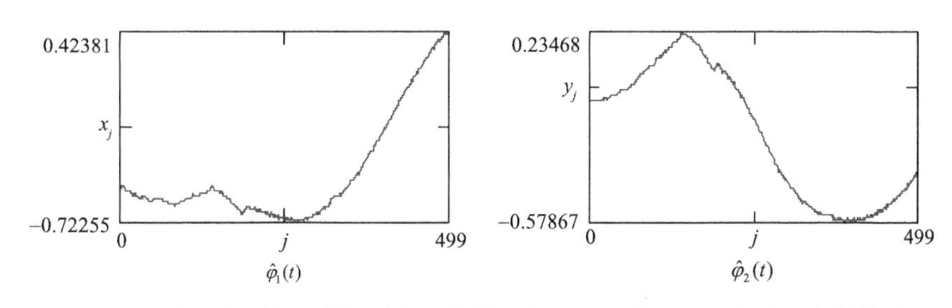

图 2.2.4　某飞行器实测数据时变迭合模型中测量噪声 AR(2) 部分的参数估计

2.3　目标轨迹建模

前面两节介绍了测量数据的建模问题, 包括真实信号(数据)的时域、时频域表示以及测量数据误差的建模(包括粗大误差、系统误差以及随机误差的建模、辨识方法). 在测量数据融合处理中, 其核心问题就是将测量数据处理问题转化为线性或非线性回归分析模型的参数或状态估计问题, 而前提就是要建立数据融合处理模型, 这里的模型不仅包括测量数据的模型, 还包括目标轨迹模型. 这一点, 在靶场飞行目标跟踪问题中尤其显得重要. 本节主要介绍目标轨迹的建模方法, 包括飞行目标的动力学建模和运动学建模.

2.3.1　目标的动力学建模

目标的动力学建模是根据目标的空间受力情况, 建立满足某一条件的微分方程. 利用该微分方程的通解表示目标轨迹, 这在靶场目标跟踪中有着比较广泛的适应性, 尤其在目标的主动段实时跟踪、目标落点预测等导弹定型与性能评估靶场试验数据处理中有较广泛的应用. 考虑到主动段目标的机控性以及自由段目标的受力复杂性, 下面重点讨论主动段和自由段的目标动力学建模.

1. 主动段目标动力学建模

主动段飞行的日标, 其主发动机和控制系统一直处于工作状态, 飞行器上的作用力包括

$$\boldsymbol{F}(t)=\boldsymbol{P}(t)+\boldsymbol{R}(t)+\boldsymbol{F}_{ct}(t)+\boldsymbol{G}(t)+\boldsymbol{F}_{c}(t) \tag{2.3.1}$$

其中, $\boldsymbol{P}(t)$ 为推力, $\boldsymbol{R}(t)$ 为空气阻力, $\boldsymbol{F}_{ct}(t)$ 为控制力, $\boldsymbol{G}(t)$ 为重力, $\boldsymbol{F}_{c}(t)$ 为附加哥氏力(由飞行器质量变化引起, 与质量变化和该飞行器相对惯性系转动角速度有关). 推力、空气阻力、控制力和重力为影响目标运动的主要因素; 燃料消耗、抛弃整流罩、头体分离、多级火箭的级间分离等变质量过程中附加哥氏加速度不能忽略; 当在非惯性系中估计目标运动参数时, 还需要考虑坐标系旋转引起的哥氏加速度和离心加速度. 主动段的推力 $\boldsymbol{P}(t)$ 和控制力 $\boldsymbol{F}_{ct}(t)$ 通常不能精确已知, 变质量过程也很难准确描述, 导致目标的动力学模型复杂化. 此外, 主动段的自控转弯段和级间分离等特征点还表现出高机动特性, 使得很难建立准确的动力学模型.

考虑推力、空气阻力和地球引力的影响, 则目标总的加速度为

$$\boldsymbol{a}=\boldsymbol{a}_{T}+\boldsymbol{a}_{D}+\boldsymbol{a}_{G} \tag{2.3.2}$$

其中, $\boldsymbol{a}_{T}$ 为推力加速度, $\boldsymbol{a}_{D}$ 为空气阻力加速度, $\boldsymbol{a}_{G}$ 为重力加速度. 目标在主动段飞行时, 通常保持一个小的攻角, 此时可认为推力与相对速度平行, 而在地心地固坐标系下, 空气阻力方向也与目标速度方向平行. 因此, 为分析方便, 将 $\boldsymbol{a}_{T}+\boldsymbol{a}_{D}$ 看作整体, 记作 $\boldsymbol{a}_{N}$. 令

$$a=\|\boldsymbol{a}_{N}\|=\|(\boldsymbol{P}+\boldsymbol{R})/m\| \tag{2.3.3}$$

m 为目标质量, 从而有 $\boldsymbol{a}_{N}=(\boldsymbol{a}/v_{r})\boldsymbol{v}_{r}$, $v_{r}=\|\boldsymbol{v}_{r}\|=\sqrt{\dot{x}^{2}+\dot{y}^{2}+\dot{z}^{2}}$. 在地心地固坐标系下, 该方程为

$$[\ddot{x},\ddot{y},\ddot{z}]^{\mathrm{T}}=\frac{a}{v_{r}}[\dot{x},\dot{y},\dot{z}]^{\mathrm{T}} \tag{2.3.4}$$

将其转换到地心惯性坐标系中, 该方程为

$$[\ddot{x},\ddot{y},\ddot{z}]^{\mathrm{T}}=\frac{a}{v_{r}}[\dot{x}-\omega_{e}y,\dot{y}+\omega_{e}x,\dot{z}]^{\mathrm{T}},\quad v_{r}=\sqrt{(\dot{x}-\omega_{e}y)^{2}+(\dot{y}+\omega_{e}x)^{2}+\dot{z}^{2}} \tag{2.3.5}$$

其中，ω_e 是地球自转速率，a 需要被估计.

通常假设在主动段，推力 $\boldsymbol{P}(t)$ 是常值的（$\dot{\boldsymbol{P}}(t)=0$），目标质量 m 以常速率 $\delta_m>0$ 线性递减的(例如，$\dot{m}+\delta_m=0$）. 当不认为 $\dot{\boldsymbol{P}}(t)=0$ 时，可以假设扣除重力外，其他合力的大小是常值，t_0 是任意的初始时间，则当 $t\geqslant t_0$ 时，有

$$\begin{aligned}\boldsymbol{a}(t)&=\frac{\boldsymbol{F}(t)}{m(t)}=\frac{\boldsymbol{F}(t_0)}{m(t_0)-\delta_m(t-t_0)}=\frac{\boldsymbol{a}(t_0)}{1-\beta(t_0)(t-t_0)}\\ \beta(t)&=\frac{\delta_m}{m(t)}=\frac{\delta_m}{m(t_0)-\delta_m(t-t_0)}=\frac{\beta(t_0)}{1-\beta(t_0)(t-t_0)}\end{aligned}\tag{2.3.6}$$

从上两式可以得到 $\dot{a}=a(t)\beta(t),\ \dot{\beta}=\beta^2(t)$，从而在地心惯性坐标系中，空气阻力和推力作用下的动力学方程为

$$\boldsymbol{a}=\boldsymbol{a}_N+\boldsymbol{a}_G=a\frac{\boldsymbol{v}_r}{v_r}+\boldsymbol{a}_G\tag{2.3.7}$$

相应的目标运动模型为

$$\begin{cases}[\ddot{x},\ddot{y},\ddot{z}]^{\mathrm{T}}=a\cdot[\dot{x}-\omega_e y,\ \dot{y}+\omega_e x,\ \dot{z}]^{\mathrm{T}}+\boldsymbol{a}_G\\ \dot{a}=a(t)\beta(t)\\ \dot{\beta}=\beta^2(t)\end{cases}\tag{2.3.8}$$

重力加速度模型在地心固定坐标系下相对较简单[30]，设 V_s 为地球引力位函数，则

$$\begin{aligned}V_s&=V_0+V\\ &=\frac{\mu}{r}+\frac{\mu}{r}\left\{\sum_{n=2}^{\infty}C_{n0}\left(\frac{a}{r}\right)^n P_n(\sin\varphi)+\sum_{n=2}^{\infty}\sum_{l=1}^{\infty}\left(\frac{a}{r}\right)^n P_{nl}(\sin\varphi)[C_{nl}\cos(l\lambda)+S_{nl}\sin(l\lambda)]\right\}\end{aligned}\tag{2.3.9}$$

其中，$V_0=\mu/r$ 为球形引力位，V 为非球形引力位，r 为地球质心与弹头之间的距离，地球引力常数 μ，a 为地球长半轴，$P_n(\cdot)$ 为 n 阶勒让德多项式，$P_{nl}(\cdot)$ 为 n 阶 l 级缔合勒让德多项式，C_{n0},C_{nl},S_{nl} 为常系数，表示地球内部质量的分布情况，λ，φ 为经度和地心纬度.

重力加速度模型根据飞行目标跟踪精度的需要选取. 简化分析时可只考虑球形引力和非球形引力 J_2 项，此时 $n=2$，$l=0$，$J_2=C_{20}$，则地球引力位及目标在惯性系下的重力加速度分别为

$$\begin{cases} V_s = \mu/r + \mu/r\, J_2(a/r)^2 P_2(\sin\varphi) = V_0 + V_2 \\ \boldsymbol{a}_G = \partial V_s/\partial \boldsymbol{r} = \partial V_0/\partial \boldsymbol{r} + \partial V_2/\partial \boldsymbol{r} = \boldsymbol{a}_0 + \boldsymbol{a}_2 \end{cases} \tag{2.3.10}$$

其中，$\boldsymbol{a}_0$为二体问题加速度，$\boldsymbol{a}_2$为J_2摄动加速度.

注释 2.3.1　仅考虑J_2摄动的地球引力模型通常称为椭球地球模型，简化分析时还可把地球看作球形，这时有$\boldsymbol{a}_G = \partial V_0/\partial \boldsymbol{r} \triangleq \boldsymbol{a}_0$. 在目标运动时间较短、运动范围不大时，还可以进一步作如下假设，令$\boldsymbol{a}_G = [0,0,g_0]^{\mathrm{T}}$，$g_0$是标准重力加速度，可取作海平面重力加速度或目标点的重力加速度.

2. 自由段目标动力学建模

实际情况中，在主动段，由于推力和控制力不能很精确地知道，导致(2.3.1)式的目标受力模型不准确. 在自由段中，由于主发动机和控制系统关闭工作，没有推力和控制力. 然而，飞行目标受到各种复杂摄动力的作用，进行的是有摄运动. 因此要得到飞行目标轨道的精确描述，就必须对在轨飞行目标进行精确的受力分析，建立其精确的摄动模型. 这对远程战略导弹的定型与性能评估尤为重要，特别在导弹预警、实施导弹拦截与反导等领域应用广泛.

总的来讲，在自由段，目标所受的作用力可以分为两大类: 保守力和发散力. 保守力包括地球引力，日、月等第三天体对目标的引力以及地球潮汐现象导致的引力场的变化等; 发散力包括大气阻力、地球红外辐射等. 对于保守力可以使用“位函数”来描述这些作用力，而对于发散力则不存在“位函数”，只能直接使用这些力的表达式.

在地球惯性坐标系中，应用牛顿第二定律可得到飞行目标的受力方程

$$\boldsymbol{F}(t) = \boldsymbol{F}_{\mathrm{TB}}(t) + \boldsymbol{F}_{\mathrm{NS}}(t) + \boldsymbol{F}_{\mathrm{DG}}(t) + \boldsymbol{F}_{\mathrm{NBS}}(t) + \boldsymbol{F}_{\mathrm{NBM}}(t) + \boldsymbol{F}_{\mathrm{SR}}(t) + \boldsymbol{F}_{\mathrm{AL}}(t) + \boldsymbol{F}_{\mathrm{TD}}(t) \tag{2.3.11}$$

其中，$\boldsymbol{F}_{\mathrm{TB}}(t)$: 二体问题作用力，即地心对目标的吸引力; $\boldsymbol{F}_{\mathrm{NS}}(t)$: 地球非球形部分对目标的引力; $\boldsymbol{F}_{\mathrm{DG}}(t)$: 大气阻力; $\boldsymbol{F}_{\mathrm{NBS}}(t)$，$\boldsymbol{F}_{\mathrm{NBM}}(t)$: 日月引力; $\boldsymbol{F}_{\mathrm{SR}}(t)$: 太阳光压; $\boldsymbol{F}_{\mathrm{AL}}(t)$: 地球辐射压; $\boldsymbol{F}_{\mathrm{TD}}(t)$: 地球潮汐(包括固体潮、海潮和大气潮汐)摄动力.

下面简要介绍一下上述这些摄动力的具体模型:

1) 地球引力

在真实目标运动的情形来讲，地球的重力势用球谐波级数做成模型，如(2.3.9)所示，包括地球的球形点质量引力和非球形引力. 现在比较常用的地球引力场模型有: JGM-2, JGM-3, GRIM4-S4, EGM96, GRIM5-S1, GEM-T3 等.

2) 大气阻力

在目标动力学中，尤其对于低轨目标，由于地球大气的存在，大气阻力摄动

也就成为影响目标运动及其受力的重要因素. 但是由于地球大气组成的多样性, 再加上它们的分布随高度、纬度和太阳照射条件的不同而使得大气密度分布出现了相当大的不规则性和随机性, 从而使得目标在大气中飞行的受力情况也相当复杂. 为简单起见, 建立大气静止情况下的大气对目标运动的阻力, 即

$$\boldsymbol{F}_{\mathrm{DG}} = -\frac{1}{2}\frac{c_d}{m}S\rho|\boldsymbol{v}|^2\frac{\boldsymbol{v}}{|\boldsymbol{v}|} \tag{2.3.12}$$

其中, c_d 为阻力系数; m 为目标的质量; S 为有效的载面积; ρ 为目标所在处的大气密度; $\boldsymbol{v}$ 为目标相对于大气的飞行速度. 当大气处于静止状态时, $\boldsymbol{v}$ 即为目标的运动速度. 当然大气密度模型有很多, 这较常见的是指数密度函数, 它的简单的形式为

$$\rho = \rho_0 \exp\left(\frac{r_0 - r}{H}\right) \tag{2.3.13}$$

这里 r 为地心距; ρ_0 为 $r = r_0$ 处的大气密度; H 为密度标高, 假定为常数. 在求解大气阻力对目标运动的影响时, 关键要了解大气的密度模型. 现在比较常见的大气模型有: CIRA86, MSIS90, JACCHIA 系列, DTM 大气模型等.

3) 日、月等第三天体引力

日、月对目标的引力是比较典型的第三天体引力. 一般情况下, 在考虑日月引力时, 把日、月和地球均看成质点. 此时问题就比较简单, 可以得到具体的引力表达式

$$\boldsymbol{F}_{\mathrm{NBS}} + \boldsymbol{F}_{\mathrm{NBM}} = GM_s m\left[\frac{\boldsymbol{r}_s - \boldsymbol{r}}{|\boldsymbol{r}_s - \boldsymbol{r}|^3} - \frac{\boldsymbol{r}_s}{|\boldsymbol{r}_s|^3}\right] + GM_m m\left[\frac{\boldsymbol{r}_m - \boldsymbol{r}}{|\boldsymbol{r}_m - \boldsymbol{r}|^3} - \frac{\boldsymbol{r}_m}{|\boldsymbol{r}_m|^3}\right] \tag{2.3.14}$$

其中, M_s, M_m, m 分别为太阳、月球及目标的质量; $\boldsymbol{r}_s, \boldsymbol{r}_m, \boldsymbol{r}$ 分别为太阳、月球及目标在天球坐标系下的距离矢量. 由于目标在天球坐标系下的地心距要远远地小于日、月的地心距, 因此易知日、月对目标引力相对于地球来讲是高阶小量. 但是在高精度要求下, 不仅日月对目标的作用不能看成是质点作用, 同时日月的形状以及日月引起的地球形变对目标运动的影响也不能忽略.

4) 太阳光压

当目标离地面不太近时, 太阳光压的影响将会超过大气阻力, 特别是对那些面质比比较大的远地目标, 光压摄动很显著. 太阳单位时间内发射近于常量的光子数, 离太阳平均 1A.U(距太阳为地球轨道半径)的平均距离处, 该辐射压强大约有 $4.56\times10^{-6}\,\mathrm{N/m^2}$. 作用在目标表面的太阳直接辐射光压可以有如下的建模[30]

$$F_{SR} = -P(1+\eta)\frac{A}{m}\nu u \tag{2.3.15}$$

其中，P 为距太阳为地球轨道半径处太阳的辐射压的压强；η 为目标的发射系数；A 为目标的有效光照面积；m 为目标的质量；ν 为地影因子，即当目标在太阳的全影处时取其值为 0，目标在太阳的全照处时取其值为 1，而在半影处时 $0<\nu<1$；u 为目标到太阳的单位矢量. 目前太阳辐射压的摄动模型主要有以下三大类：经典的太阳辐射压模型、T20 太阳辐射压摄动模型和 ROCKIV 太阳辐射摄动模型.

5) 地球潮汐摄动

上面提到的地球引力场模型对应的是一个刚性地球，其引力位势函数由(2.3.9)表示，其中与地球形状和质量分布有关的球谐波系数均为确定值. 事实上，地球并非刚体，而且地球面积 70%以上为海洋，因此，不断发生形变是显然的. 导致形变的原因很复杂，但就研究目标运动的角度而言，在当前测量精度前提下，可以归结为外部引力作用(主要是日、月)引起的潮汐形变和地球自转不均匀性导致的自转形变两大类. 其中潮汐摄动又可以分为固体潮、海潮和大气潮三种. 就动力学角度而言，所有这些形变，将引起地球引力位势函数中球谐波系数 C_{nl}，S_{nl} 的变化，从而导致相应的引力位的变化 ΔV. 按照上述形变的起因，分别记固体潮、海潮和大气潮附加位势函数各为 $\Delta V_S, \Delta V_O, \Delta V_A$.

摄动力模型误差直接影响着目标运动方程的精确性，进而是飞行目标定位精度的主要误差源. 理论上讲，摄动力模型越精确则定位精度越高. 在自由段飞行的远程弹道导弹，运动轨迹类似于卫星绕飞运动. 这里仅以某返回式遥感卫星(YG-A3)的轨道确定为例，其自由段轨道部分参数为 $a=6638.6\text{km}$，$e=0.0085$. 假定考虑所有摄动因素时确定的卫星位置为标称位置，所有摄动因素包括 36×36 地球引力场模型、海潮、大气阻力、地球反照、相对论效应、固体潮、极移、太阳光压、日月引力. 表 2.3.1 给出了摄动力模型误差(简化或未考虑某一摄动项)引起的目标位置计算误差.

表 2.3.1　摄动力模型误差引起的目标位置计算误差

摄动力模型误差	仅简化地球引力场			未考虑某一摄动项			
	4×4	8×8	16×16	海潮	大气阻力	地球反照	相对论
误差/m	311.0	217.0	153.0	0.55	25000.0	0.01	0.025
摄动力模型误差	未考虑某一摄动项						
	固体潮	极移	太阳光压	太阳引力	月球引力		
误差/m	3.83	9.99	1.72	5.23	13.36		

从表 2.3.1 中可以看出对 YG-A3 这种近地卫星自由段飞行时，地球引力场模

型、大气阻力的模型误差是最主要的定轨误差源. 实际工作中可根据计算效率和计算精度, 选择合适的摄动力.

2.3.2　目标的运动学模型

靶场目标跟踪定位中, 动力学模型是影响弹道精度的关键因素之一. 然而, 在目标主动段或者自由段, 由于动力学特性复杂, 难以精确建模, 因此很难得到满足精度要求的动力学模型. 通过对目标运动特性的分析, 导弹飞行轨迹满足一定的光滑性条件, 因此可利用满足一定性能的少参数的(表达式)已知函数(表达式可以是显式、隐式或用方程描述)表示, 建立目标运动学参数化模型.

把一段时间的目标轨迹用较少的参数表示, 有两个好处:

(1)减轻模型的病态, 提高弹道参数的估计精度;

(2)把一段时间的数据集中处理, 使处理结果满足匹配原理, 并与工程景象更好地吻合.

下面介绍目标轨迹的多项式建模和样条建模方法.

用多项式描述轨道参数是一种传统的方法, 其理论依据: 根据运动目标轨迹方程和对于 2.3.1 节受力模型中各力的分析可知, 弹道位置方向 $\boldsymbol{X}(t)=(x(t),y(t),z(t))^{\mathrm{T}}$ 的四阶导数 $\boldsymbol{X}^{(4)}(t)$ 是绝对值很小的数, 在一段不长的时间内, 目标弹道参数可以用三阶多项式表示, 以 x 方向为例, 即

$$\begin{cases} x(t)=a_1+a_2t+a_3t^2+a_4t^3 \\ \dot{x}(t)=a_2+2a_3t+3a_4t^2 \end{cases} \tag{2.3.16}$$

这表明, 在一段不长的时间, 用 12 个参数就可以表示一段时间的轨道参数.

三阶多项式逼近轨道参数的截断误差由以下定理给出.

定理 2.3.1[5]　若 $x(t)\in C^4[T_1,T_2]$, 且 $|x^{(4)}(t)|\leqslant\delta$, 则存在三阶多项式 $P(t)$, 使得

$$\begin{aligned} \left|x(t)-P(t)\right| &\leqslant \frac{\pi^4(T_2-T_1)^4}{30720}\delta \\ \left|\dot{x}(t)-\dot{P}(t)\right| &\leqslant \frac{\pi^3(T_2-T_1)^3}{1536}\delta \end{aligned} \tag{2.3.17}$$

注释 2.3.2　实际应用时, 这里所指的一段时间一般为 5s 到 10s, 时间段太长轨道不能用三次多项式很好地表示, 时间段太短不能最大限度地减少参数. 用多项式表示轨道, 对于靶场数据处理问题有十分重要的意义, 不仅可以用于轨道参数和系统误差的估计, 还可以用于多项式的滑动平均方法, 用于异常数据的识别, 这在 2.2.1 节中已经指出.

此外, 在导弹轨迹的多项式表示, 即(2.3.16)式中, 利用了导弹位置和速度的

匹配原理. 记$\left[x(t),\dot{x}(t)\right]^{\mathrm{T}}$分别为弹道的位置及速度参数, 则有

$$\frac{\mathrm{d}x(t)}{\mathrm{d}t}=\dot{x}(t) \tag{2.3.18}$$

这个简单实用的原理, 在一些传统的弹道数据处理方法中容易被忽视. 而在轨道的多项式函数逼近中, 可以应用这个匹配原理. 应用匹配原理的两大好处: 一方面, 使得处理后的数据不存在不匹配的现象; 另一方面, 减少待估参数的数量, 提高数据处理的精度.

然而用多项式函数表示飞行目标的轨迹也存在一定的缺陷. 首先, 多项式表示函数只能是局部的, 用多项式近似目标运动轨迹, 每次只能处理 5s 到 10s 的数据, 而在估计常值系统误差时, 用5s到10s的数据还不足以彻底解决病态问题; 其次, 数据按时间段分开用多项式处理后, 不同时间区间连接处的数据处理结果存在不连续、不光滑的现象, 与实际弹道运动轨迹不符.

正是由于上述原因, 引入了样条函数近似目标轨迹. 鉴于弹道的特点, 可以采用三次样条函数表示, 其表示原理可参见 2.1.1 节.

注释 2.3.3　样条函数表示轨道克服了多项式表示轨道的不足, 三次样条表示轨道参数具有以下特点: ① 在相邻的两个样条节点之间, 三次样条就是三次多项式; ② 在样条节点处, 三次样条连续, 并有连续的一、二阶导数, 这与工程景象吻合; ③ 可以把很长时间区间的测量数据集中处理, 建立估计轨道参数和系统误差的模型, 由于时间区间长, 数据量大, 对于减轻回归模型的病态、估计测量系统误差极有帮助; ④ 只要样条节点选取合理, 能够充分保证轨道逼近的精度, 节点越密(h 越小), 逼近的效果越好; 当然节点太密会大量增加待估参数, 使参数估计效果受随机误差的影响大, 工程实际表明, 对于机动性不是特别大的目标取 $h = 5\mathrm{s}$ 左右比较合适.

注释 2.3.4　通过弹道的自由节点样条函数建模, 待估参数从弹道参数转化为样条模型系数, 从而大大压缩了待估参数的个数, 改善了估计结构, 估计精度将有较大的提高. 此外, 需要指出的是, 由于目标主动段的飞行存在特征点, 因此选取适当的节点样条序列是抑制表示误差的关键.

2.3.3　机动目标的运动学建模

目标在轨运动所受的摄动力复杂, 动力学模型建立困难且精度不高. 而传统的弹道运动学建模中, 主要利用多项式或样条表示弹道, 对于一些弹道较为平滑的战略导弹, 这种方法能够有效地减少待估模型的参数并降低模型的误差, 但对于其他一些小型的、机动性较强的目标, 由于其弹道的高阶非线性, 这种轨道描述方法并不能保证轨道参数的逼近精度.

对于小型、机动性较强的目标，一方面其运动轨迹满足一定特性的空间曲线，另一方面，在时序上还表现为满足一定特性的随机过程. 为了得到机动目标的高精度运动学模型，需要根据目标的机动性能和噪声的统计特性，结合目标运动学信息，利用相应的随机过程函数来逼近弹道运动.

1. 时序独立机动模型

这是一种粗略的分类标准，这里的时序独立是认为弹道的主要速度、加速度或加加速度为近似常数，而将其变化部分看作高阶扰动，且此扰动满足时序独立的特性. 由此定义，常用模型有匀速模型(Constant Velocity, CV)、匀加速模型(Constant Acceleration, CA)、加加速模型(Constant Jerk, CJ)等.

CV 模型　CV 模型适用于非机动或机动性很小的目标运动建模. 由于此时加速度很小，令 $(\ddot{x}(t),\ddot{y}(t),\ddot{z}(t))^{\mathrm{T}}=\boldsymbol{w}(t)$，其中 $\boldsymbol{w}(t)$ 为较小量级的白噪声. 记 T 为采样时间间隔，则离散形式的 CV 模型如下

$$\boldsymbol{X}(k+1)=\boldsymbol{\varphi}(k+1,k)\boldsymbol{X}(k)+\boldsymbol{\Gamma}(k+1,k)\boldsymbol{W}(k) \tag{2.3.19}$$

其中

$$\boldsymbol{X}(k)=[x(k),\dot{x}(k),y(k),\dot{y}(k),z(k),\dot{z}(k)]^{\mathrm{T}},\quad \boldsymbol{\varphi}_i=\begin{bmatrix}1 & T\\ 0 & 0\end{bmatrix},\quad \boldsymbol{\Gamma}_i=\begin{bmatrix}T^2/2\\ T\end{bmatrix}$$

$$E[\boldsymbol{W}(k)]=0,\ E[\boldsymbol{W}(k)\boldsymbol{W}^{\mathrm{T}}(j)]=\sigma_{kj},\quad \boldsymbol{\varphi}=\begin{bmatrix}\boldsymbol{\varphi}_1 & 0 & 0\\ 0 & \boldsymbol{\varphi}_2 & 0\\ 0 & 0 & \boldsymbol{\varphi}_3\end{bmatrix},\quad \boldsymbol{\Gamma}=\begin{bmatrix}\boldsymbol{\Gamma}_1 & 0 & 0\\ 0 & \boldsymbol{\Gamma}_2 & 0\\ 0 & 0 & \boldsymbol{\Gamma}_3\end{bmatrix}$$

CA 模型　CA 模型建模思想是将加速度建模为一个维纳(Wiener)过程，或者更广泛地说，建模为一个独立增量过程，即 $\left[\dddot{x}(t),\dddot{y}(t),\dddot{z}(t)\right]^{\mathrm{T}}=\boldsymbol{w}(t)$. 记 T 为采样间隔，离散形式的 CA 模型为

$$\boldsymbol{X}(k+1)=\boldsymbol{\varphi}(k+1,k)\boldsymbol{X}(k)+\boldsymbol{\Gamma}(k+1,k)\boldsymbol{W}(k) \tag{2.3.20}$$

其中

$$\boldsymbol{X}(k)=\left[x(k),\dot{x}(k),\ddot{x}(k),y(k),\dot{y}(k),\ddot{y}(k),z(k),\dot{z}(k),\ddot{z}(k)\right]^{\mathrm{T}}$$

$$\boldsymbol{\varphi}_i=\begin{bmatrix}1 & T & T^2/2\\ & 1 & T\\ & & 1\end{bmatrix},\quad \boldsymbol{\Gamma}_i=\begin{bmatrix}T^2/4 & T/2\\ T/2 & 0\end{bmatrix},\quad E[\boldsymbol{W}(k)]=0,\ E[\boldsymbol{W}(k)\boldsymbol{W}^{\mathrm{T}}(j)]=\sigma_{kj}$$

$$\boldsymbol{\varphi}=\begin{bmatrix}\boldsymbol{\varphi}_1 & 0 & 0\\ 0 & \boldsymbol{\varphi}_2 & 0\\ 0 & 0 & \boldsymbol{\varphi}_3\end{bmatrix},\quad \boldsymbol{\Gamma}=\begin{bmatrix}\boldsymbol{\Gamma}_1 & 0 & 0\\ 0 & \boldsymbol{\Gamma}_2 & 0\\ 0 & 0 & \boldsymbol{\Gamma}_3\end{bmatrix}$$

CJ 模型　CJ 模型用于具有高机动特性的目标运动建模，它用一个随机过程来逼近目标运动的加加速度(Jerk). 模型中的状态变量通常选取为 $\boldsymbol{X}(k)=[x(k),\dot{x}(k),\ddot{x}(k),\dddot{x}(k),y(k),\dot{y}(k),\ddot{y}(k),\dddot{y}(k),z(k),\dot{z}(k),\ddot{z}(k),\dddot{z}(k)]^{\mathrm{T}}$，并假设随机噪声为 $[x^{(4)}(t),y^{(4)}(t),z^{(4)}(t)]=\boldsymbol{w}(t)$，具体形式与前 CV 和 CA 模型类似. CJ 模型的缺点是带来模型的复杂化. 此外，由于通常只有目标的位置和速度测量信息，加加速度的估计使模型可观测性变差，可能导致弹道估值精度的下降. 因此相比 CA 模型，CJ 模型的优劣不能武断的定论，需要在问题中具体分析. 目前，各类文献中提到的 CJ 模型主要有如下几种.

1) SJ 模型

最早的 Jerk 模型由 Mehrotra 等提出[31]，其借鉴 Singer 模型，将目标 Jerk 建模为零均值的一阶时间相关过程. 为区别于其他 Jerk 模型，这里简记为 SJ(Singer Jerk)模型. 以一维运动为例, SJ 模型为

$$\dot{j}(t)=-\alpha j(t)+w(t) \tag{2.3.21}$$

这里 $j(t)=\dddot{x}(t)$ 表示目标 Jerk，α 为“急动”频率(“急动”时间常数的倒数)，$w(t)$ 为零均值 Gauss 白噪声，方差为 $\sigma_w^2=2\alpha\sigma_j^2$，$\sigma_j^2$ 为目标 Jerk 的方差.

2) CSJ 模型

乔向东等在文献[32]中利用文献[33]对 Singer 模型稳态跟踪精度的分析方法对 SJ 模型进行了同样的分析，指出 SJ 模型在跟踪阶跃 Jerk 信号时存在稳态确定性误差. 因此借鉴 CS 模型建立了非零均值一阶时间相关 Jerk 模型，经过同样的分析过程证明了新模型消除了稳态确定性误差. 记该模型为 CSJ(Current Statistic Jerk)模型. 仍以一维为例, CSJ 模型为

$$\begin{cases}\dddot{x}(t)=\bar{j}(t)+j(t)\\ \dot{j}(t)=-\alpha j(t)+w(t)\end{cases} \tag{2.3.22}$$

这里 $\bar{j}(t)$ 为 Jerk 的非零均值，$j(t)$ 为零均值有色 Jerk 噪声，其他各量的意义同 SJ 模型. 该模型在应用时仍需预先设定 α 与 σ_j^2. 为此，潘平俊等在文献[34]中提出了一种改进的 CSJ 算法，用截断正态分布来描述目标的 Jerk 概率密度，建立了 σ_j^2 与当前 Jerk 估计值的联系，即

$$\sigma_j^2(k)=\frac{[J_{\max}-|\hat{\dddot{x}}(k|k)|]^2}{9} \tag{2.3.23}$$

这样，只需预先设定好目标可能的极限 Jerk 取值 $J_{\max}$，就能在弹道参数解算过程中根据 Jerk 估计值自适应调整状态噪声方差，以适应不同的机动情况. 记该模型为 MCSJ(Modified CSJ)模型.

3) αJ 模型

上述 Jerk 模型都没避免在应用时预设“急动”频率 α 的问题, 而 α 无法通过测量直接得到, 在目标实际运动过程中也是不断变化的. 为此, 需要将 SJ 模型的 α 作为待估参数增广为状态变量, 在弹道参数求解过程中进行估计. 将 α 建模为非零均值 Gauss 白噪声, 其导数为零均值 Gauss 白噪声, 即

$$\dot{\alpha} = \varepsilon(t) \tag{2.3.24}$$

这里 $\varepsilon(t)$ 为零均值 Gauss 噪声, 方差记为 σ_ε^2. 称此模型为 αJ (alpha Jerk) 模型. αJ 模型可以实时估计 α, 但仍需精心预设 σ_j^2 和 σ_ε^2. 若它们的取值不合适, 将导致 a 的估计精度严重下降, 甚至造成无法估计.

以一维运动为例, 以上四种模型的状态变量、状态方程及各自特点见表 2.3.2. 表 2.3.2 中各矩阵的具体形式请参见各相关文献, $\mathrm{diag}(\boldsymbol{A},\boldsymbol{B})$ 表示由矩阵 $\boldsymbol{A}$ 与 $\boldsymbol{B}$ 构成的对角阵[35].

表 2.3.2　四种 Jerk 模型比对

模型	状态变量	连续状态方程	离散状态方程	特点
SJ	$[x,\dot{x},\ddot{x},\dddot{x}]^{\mathrm{T}}$	$\dot{\boldsymbol{X}}(t)=\boldsymbol{F}_S\boldsymbol{X}(t)+\boldsymbol{B}w(t)$	$\boldsymbol{X}_{k+1}=\boldsymbol{\Phi}_S\boldsymbol{X}_k+\boldsymbol{W}_k$ $\boldsymbol{Q}_k=2\alpha\sigma_j^2\boldsymbol{Q}_0$	跟踪阶跃 Jerk 信号存在稳态确定性误差, 需设定 α , σ_j^2 , 参数恒定
CSJ	$[x,\dot{x},\ddot{x},\dddot{x}]^{\mathrm{T}}$	$\dot{\boldsymbol{X}}(t)=\boldsymbol{F}_S\boldsymbol{X}(t)+\boldsymbol{A}\bar{j}(t)+\boldsymbol{B}w(t)$	$\boldsymbol{X}_{k+1}=\boldsymbol{\Phi}_S\boldsymbol{X}_k+\boldsymbol{U}\bar{j}_{k+1}+\boldsymbol{W}_k$ $\bar{j}_{k+1}=\hat{\dddot{x}}_k$ $\boldsymbol{Q}_k=2\alpha\sigma_j^2\boldsymbol{Q}_0$	跟踪阶跃 Jerk 信号无稳态确定性误差, 需设定 α , σ_j^2 , 参数恒定
MCSJ	$[x,\dot{x},\ddot{x},\dddot{x}]^{\mathrm{T}}$	同上	同上, 但 σ_j^2 自适应	跟踪阶跃 Jerk 信号无稳态确定性误差, 需设定 α , $J_{\max}$, σ_j^2 自适应
αJ	$[x,\dot{x},\ddot{x},\dddot{x},\alpha]^{\mathrm{T}}$	$\dot{\boldsymbol{X}}_\alpha(t)=\boldsymbol{F}_\alpha\boldsymbol{X}_\alpha(t)+\boldsymbol{B}_\alpha\boldsymbol{w}_\alpha(t)$ $\boldsymbol{F}_\alpha=\mathrm{diag}(\boldsymbol{F}_S,0)$ $\boldsymbol{w}_\alpha(t)=[w(t),\varepsilon(t)]^{\mathrm{T}}$	$\boldsymbol{X}_\alpha(k+1)=\boldsymbol{\Phi}_\alpha\boldsymbol{X}_\alpha(k)+\boldsymbol{W}_\alpha(k)$ $\boldsymbol{\Phi}_\alpha=\mathrm{diag}(\boldsymbol{\Phi}_S,1)$ $\boldsymbol{Q}_k=\mathrm{diag}(2\alpha_k\sigma_j^2\boldsymbol{Q}_0,T\sigma_\varepsilon^2)$	跟踪阶跃 Jerk 信号存在稳态确定性误差, 需设定 σ_j^2 , σ_ε^2 , 实时估计 α

2. Markov 机动模型

目标运动的速度甚至加速度变化具有明显的时序相关特性, 因此前述独立假设与实际偏差较大, 建立反映这种相关性的模型应该是比较好的选择. Markov 随机过程假设当前状态只依赖前一时刻的状态, 描述简单, 与实际符合较好, 且非常适用于目标跟踪系统. 下面介绍两种常用的基于 Markov 过程的机动模型: 辛格 (Singer) 模型和当前统计 (Current Statistic, CS) 模型.

Singer 模型　Singer 模型为一阶时间相关的 Markov 模型, 该模型假设目标加速度 $a(t)$ 是一个零均值静态一阶 Markov 过程, 其自相关函数为指数衰减形式

$R_a(\tau)=\sigma_a^2 \mathrm{e}^{-\alpha|\tau|}$，$\sigma_a^2$ 为机动加速度方差，α 为机动时间常数的倒数，即机动频率. 以 x 方向弹道为例，模型的机动加速度 $\ddot{x}(t)$ 可用输入为白噪声的一阶时间相关模型来表示，即

$$\dddot{x}(t)=-\alpha\ddot{x}(t)+w(t) \tag{2.3.25}$$

式中，$w(t)$ 是均值为零，方差为 $2\alpha\sigma_a^2$ 的 Gauss 白噪声. 根据上式, Singer 模型为

$$\begin{bmatrix}\dot{x}(t)\\ \ddot{x}(t)\\ \dddot{x}(t)\end{bmatrix}=\begin{bmatrix}0&1&0\\0&0&1\\0&0&-\alpha\end{bmatrix}\begin{bmatrix}x(t)\\ \dot{x}(t)\\ \ddot{x}(t)\end{bmatrix}+\begin{bmatrix}0\\0\\1\end{bmatrix}w(t) \tag{2.3.26}$$

Singer 模型的成功严重依赖于参数 α 和 σ^2 的选取. 可以看出：当 $\alpha=0$ 时，Singer 模型就变成了等加速模型；当 $\alpha\to\infty$ 时，Singer 模型就成了等速模型. 因此 Singer 模型有比 CA 模型和 CV 模型更宽的覆盖能力.

CS 模型 CS 模型又称均值自适应一阶 Markov 模型，该模型舍弃了加速的零均值假设，把当前加速度均值估计引入模型中，因此具有自适应能力. 当目标以某一加速度机动时，下一时刻的加速度取值是有限的，且只能在“当前”加速度的邻域内，此即“当前”统计模型的思想. 与 Singer 模型相比，该模型能更为实际地反映目标机动范围和强度的变化，是目前应用较好的模型. CS 模型的机动加速度在时间轴上仍符合一阶时间相关过程，以 x 方向弹道为例

$$\begin{cases}\ddot{x}(t)=\bar{a}(t)+a(t)\\ \dot{a}(t)=-\alpha a(t)+w(t)\end{cases} \tag{2.3.27}$$

式中，$x(t)$ 为目标位置，$a(t)$ 为零均值有色加速度噪声，$\bar{a}(t)$ 为机动加速度均值，且在每一采样周期内为常数；α 为机动(加速度)时间常数的倒数；$w(t)$ 是均值为零，方差为 $\sigma_w^2=2\alpha\sigma_a^2$ 的白噪声，σ_a^2 为目标加速度方差. 写成状态方程，即为机动目标“当前”统计模型

$$\begin{bmatrix}\dot{x}(t)\\ \ddot{x}(t)\\ \dddot{x}(t)\end{bmatrix}=\begin{bmatrix}0&1&0\\0&0&1\\0&0&-\alpha\end{bmatrix}\begin{bmatrix}x(t)\\ \dot{x}(t)\\ \ddot{x}(t)\end{bmatrix}+\begin{bmatrix}0\\0\\\alpha\end{bmatrix}\bar{a}(t)+\begin{bmatrix}0\\0\\1\end{bmatrix}w(t) \tag{2.3.28}$$

通常假设 $\bar{a}(t)$ 为前一时刻加速度的预测值，此时 CS 模型与 CA 模型的状态方程形式相同.

对于机动加速度的概率密度函数，CS 模型假设其满足修正的瑞利分布，即 $\ddot{x}_{k+1}=f(\ddot{x}\mid\hat{\ddot{x}}_k)$ 满足[36]

$$f(\ddot{x} \mid \hat{\ddot{x}}_k) = \begin{cases} \mu^{-2}\left(\ddot{x}_{\max} - \ddot{x}\right) \cdot \exp\left\{-2\mu^{-2}\left(\ddot{x}_{\max} - \ddot{x}\right)^2\right\}, & \ddot{x}_{\max} > \ddot{x} > 0 \\ \mu^{-2}\left(\ddot{x}_{\min} - \ddot{x}\right) \cdot \exp\left\{-2\mu^{-2}\left(\ddot{x}_{\min} - \ddot{x}\right)^2\right\}, & 0 > \ddot{x} > \ddot{x}_{\min} \\ 0, & \text{其他} \end{cases} \tag{2.3.29}$$

可以得出其方差为

$$\sigma_k^2 = \begin{cases} (\ddot{x}_{\max} - \hat{\ddot{x}}_k)^2 / \pi, & \hat{\ddot{x}}_k > 0 \\ (4-\pi)(\ddot{x}_{-\max} - \hat{\ddot{x}}_k)^2 / \pi, & \hat{\ddot{x}}_k < 0 \end{cases} \tag{2.3.30}$$

2.3.4　外弹道的制导工具系统误差表示

战略导弹的弹道精度，在很大程度上由主动段的制导精度决定. 制导误差分为制导方法误差和制导工具误差. 随着制导方案的不断完善，制导方法误差已经小到几十米，可以不考虑. 制导工具误差分为制导工具随机误差和制导工具系统误差，制导工具随机误差一般比制导工具系统误差小得多，而制导系统误差对载人飞船、运载火箭、战略弹道等都是必须考虑的. 通过飞行试验数据估计制导工具系统误差的系数，是制导精度分析与精度鉴定的主要内容. 而对制导工具系统误差的精确建模是实现制导工具系统误差高精度估计的前提.

制导工具系统误差主要包括加速度计误差、陀螺仪漂移误差、平台系统误差等[37]. 传统的制导工具系统误差模型是依靠惯性坐标系下的线性回归模型来描述，即

$$\dot{\boldsymbol{W}}_P(t) - \dot{\boldsymbol{W}}(t) = \boldsymbol{D}(\boldsymbol{W}(t), \dot{\boldsymbol{W}}(t))\boldsymbol{C} + \boldsymbol{\varepsilon}(t) \tag{2.3.31}$$

其中，$\dot{\boldsymbol{W}}_P(t) = (\dot{W}_{xP}(t), \dot{W}_{yP}(t), \dot{W}_{zP}(t))^{\mathrm{T}}$，$\dot{\boldsymbol{W}}(t) = (\dot{W}_x(t), \dot{W}_y(t), \dot{W}_z(t))^{\mathrm{T}}$ 分别为惯性平台坐标系和惯性系下的视加速度，$\boldsymbol{C} = (c_1, \cdots, c_N)^{\mathrm{T}}$ 为 N 维向量，称为制导工具系统误差，$\boldsymbol{D}(\boldsymbol{W}(t), \dot{\boldsymbol{W}}(t))$ 是 $3 \times N$ 的矩阵，称为加速度域上的环境函数矩阵，其与 $\boldsymbol{C}$ 的对应关系可参见文献[1]，$\boldsymbol{W}(t) = (W_x(t), W_y(t), W_z(t))^{\mathrm{T}}$ 为惯性坐标系下的视速度，$\boldsymbol{\varepsilon}(t)$ 为其他随机误差.

注释 2.3.5　在线性模型(2.3.31)中，$\boldsymbol{W}(t)$，$\dot{\boldsymbol{W}}(t)$ 应为弹道的真实值，环境函数 $\boldsymbol{D}(\boldsymbol{W}(t), \dot{\boldsymbol{W}}(t))$ 应为真实弹道的函数.

注释 2.3.6　传统的基于模型(2.3.31)的参数 $\boldsymbol{C}$ 的估计，都是假设 $\boldsymbol{\varepsilon}(t)$ 为遥测纯随机误差，事实上，$\boldsymbol{\varepsilon}(t)$ 的误差特性非常复杂，其构成主要为遥测随机误差、平台系统未建模的系统误差及其他与没有扣除完的系统误差等传递过来的误差等.

显然，若弹道的真实视速度和视加速度 $\boldsymbol{W}(t)$，$\dot{\boldsymbol{W}}(t)$ 已知，则有望利用模型(2.3.31)得到制导工具系统误差系数的估计. 然而，实际情况下，由于 $\dot{\boldsymbol{W}}(t)$ 未知，其由外弹道测量数据得到的目标在惯性坐标系下的速度和加速度来代替. 因此，要

考虑遥弹道与外弹道的转换关系，从而实现外弹道的制导工具系统误差系数表示.

假设目标外弹道在发射坐标系下记为

$$(\boldsymbol{X}^{\mathrm{T}}(t),\dot{\boldsymbol{X}}^{\mathrm{T}}(t))^{\mathrm{T}}=(x_f(t),y_f(t),z_f(t),\dot{x}_f(t),\dot{y}_f(t),\dot{z}_f(t))^{\mathrm{T}} \tag{2.3.32}$$

在不引起混淆时，记为

$$(\boldsymbol{X}^{\mathrm{T}}(t),\dot{\boldsymbol{X}}^{\mathrm{T}}(t))^{\mathrm{T}}=(x(t),y(t),z(t),\dot{x}(t),\dot{y}(t),\dot{z}(t))^{\mathrm{T}} \tag{2.3.33}$$

在平台惯性坐标系下遥弹道的视速度为 $\boldsymbol{W}(t)=(W_x(t),W_y(t),W_z(t))^{\mathrm{T}}$，视加速度为 $\dot{\boldsymbol{W}}(t)=(\dot{W}_x(t),\dot{W}_y(t),\dot{W}_z(t))^{\mathrm{T}}$，则根据坐标系的转换，$\boldsymbol{W}(t)$ 与发射系下的外弹道 $\boldsymbol{X}(t)=(x(t),y(t),z(t))^{\mathrm{T}}$ 和 $\dot{\boldsymbol{X}}(t)=(\dot{x}(t),\dot{y}(t),\dot{z}(t))^{\mathrm{T}}$ 满足如下关系:

$$\boldsymbol{W}(t)=\dot{\boldsymbol{\Phi}}(t)(\boldsymbol{X}(t)+\boldsymbol{R}_0)+\boldsymbol{\Phi}(t)\dot{\boldsymbol{X}}(t)-\int_0^t\boldsymbol{\Phi}(s)\boldsymbol{g}(s)\mathrm{d}s-\dot{\boldsymbol{\Phi}}(0)\boldsymbol{R}_0-\dot{\boldsymbol{X}}(0) \tag{2.3.34}$$

其中，$\boldsymbol{\Phi}(t)$ 为与地球自转有关的已知的正交矩阵，$\boldsymbol{R}_0$ 为与发射坐标系原点的大地坐标有关的已知的常值向量，$\boldsymbol{g}(t)$ 为目标在空间位置 $\boldsymbol{X}(t)$ 处的重力加速度向量.

在上式两端关于时间求导，并经过简单整理可得到

$$\dot{\boldsymbol{W}}(t)=\ddot{\boldsymbol{\Phi}}(t)(\boldsymbol{X}(t)+\boldsymbol{R}_0)+2\dot{\boldsymbol{\Phi}}(t)\dot{\boldsymbol{X}}(t)+\boldsymbol{\Phi}(t)\ddot{\boldsymbol{X}}(t)-\dot{\boldsymbol{\Phi}}(t)\boldsymbol{g}(t) \tag{2.3.35}$$

发射零时刻，目标在发射系下的位置和速度为 $\boldsymbol{X}(0)=0,\dot{\boldsymbol{X}}(0)=\boldsymbol{V}_0$，利用(2.3.35)可建立如下满足初值条件的微分方程组:

$$\begin{cases}\dfrac{\mathrm{d}\boldsymbol{X}}{\mathrm{d}t}=\dot{\boldsymbol{X}}(t)\\ \dfrac{\mathrm{d}\dot{\boldsymbol{X}}}{\mathrm{d}t}=\boldsymbol{\Phi}^{\mathrm{T}}(t)\left(\dot{\boldsymbol{W}}(t)-2\dot{\boldsymbol{\Phi}}(t)\dot{\boldsymbol{X}}(t)-\ddot{\boldsymbol{\Phi}}(t)(\boldsymbol{X}(t)+\boldsymbol{R}_0)\right)+\boldsymbol{g}(t)\\ \boldsymbol{X}(0)=0\\ \dot{\boldsymbol{X}}(0)=\boldsymbol{V}_0\end{cases} \tag{2.3.36}$$

利用微分方程的数值解法，即可由遥弹道的速度与加速度得到外弹道的位置和速度.

注释 2.3.7 在 $\dot{W}_P(t)$ 已知的情况下，一般通过构造如下迭代格式:

$$\begin{cases}\dot{\boldsymbol{W}}^{(0)}(t)=\dot{\boldsymbol{W}}_P(t)\\ \dot{\boldsymbol{W}}^{(i+1)}(t)=\dot{\boldsymbol{W}}_P(t)-\boldsymbol{D}\left(\int_0^t\dot{\boldsymbol{W}}^{(i)}(s)\mathrm{d}s,\dot{\boldsymbol{W}}^{(i)}(t)\right)\boldsymbol{C}\end{cases} \tag{2.3.37}$$

从而对于给定的制导工具系统误差 $\boldsymbol{C}$，由上式迭代求解 $\dot{\boldsymbol{W}}(t)$. 又根据常微分方程(组)初值问题解的存在唯一性定理可知，由(2.3.36)能准确地解出外弹道位置 $\boldsymbol{X}(t)$ 和速度 $\dot{\boldsymbol{X}}(t)$，且 $\boldsymbol{X}(t),\dot{\boldsymbol{X}}(t)$ 连续依赖于 $\dot{\boldsymbol{W}}(t)$，即 t 时刻的外弹道可以表示为

$$\begin{cases} \boldsymbol{X}(t) = \boldsymbol{f}(t, \boldsymbol{C}) = \begin{bmatrix} f_1(t, \boldsymbol{C}) \\ f_2(t, \boldsymbol{C}) \\ f_3(t, \boldsymbol{C}) \end{bmatrix} \\ \dot{\boldsymbol{X}}(t) = \dfrac{\mathrm{d}\boldsymbol{f}(t, \boldsymbol{C})}{\mathrm{d}t} = f_t(t, \boldsymbol{C}) \end{cases} \tag{2.3.38}$$

从而得到外弹道关于制导工具系统误差系数的函数关系.

2.4 案 例 分 析

这一节, 结合信号的 EMD 时频自适应表示、高频信号的时间序列建模以及低频信号的样条函数表示等方法, 针对靶场小型、高机动、短弹道目标的轨迹进行基于 ARMA 模型和样条模型的目标轨迹 EMD 重构方法的分析. 通过将实际原始弹道信号进行自适应地 EMD 分解构造基函数, 再将弹道信号分解为高频和低频两部分, 分别利用低频信号的平稳性和光滑性以及高频信号的相关性和随机性特点, 由样条时域表示模型和时间序列模型表示分解后的弹道信号, 从而完成原始弹道信号的有效表示与建模.

1. 高频部分的时序建模

结合2.1.3节的信号经验模态分解, 对某一方向的弹道位置数据$x(t)$进行分解, 得到了 n 个本征模式函数(IMF) $c_1(t), c_2(t), \cdots, c_n(t)$, 将其按频率高低将其分为 $c_1(t), c_2(t), \cdots, c_m(t)$ 和 $c_{m+1}(t), c_{m+2}(t), \cdots, c_n(t)$ 两部分. 第一部分为高频分量, 因为采用 EMD 方法对原始信号分解得到的若干个 IMF 分量是平稳的, 因此可对各个高频 IMF 分量可建立 ARMA 时序模型. 利用该模型来表示 EMD 方法分解得到的高频分量.

对任何一个 EMD 分解后的高频分量 $c_i(t)$ $(1 \leqslant i \leqslant m)$, 利用 2.2.3 节的随机误差时序建模方法, 建立如下的自回归模型 ARMA(p, q)

$$c_i(t) = \sum_{k=1}^{p} \varphi_{ik} c_i(t-k) + \varepsilon_i(t) - \sum_{l=1}^{q} \theta_{il} \varepsilon_i(t-l) \tag{2.4.1}$$

其中, φ_{ik} $(k = 1, 2, \cdots, p)$ 和 θ_{il} $(l = 1, 2 \cdots, q)$ 是分量 $c_i(t)$ 的自回归滑动平均模型的模型参数; $\varepsilon_i(t)$ 为模型的残差, 是均值为零、方差为 σ_i^2 的白噪声序列.

2. 低频部分的时序建模

剩余的低频部分 $c_{m+1}(t), c_{m+2}(t), \cdots, c_n(t)$ 以及趋势项 $r_n(t)$ 比较光滑, 采用 2.1.1 节中的样条模型来表示, 效果较好.

假设低频部分信号及趋势项信号可用三阶 B 样条拟合, 即

$$c_i(t)=\sum_{j=1}^{N}\alpha_{ij}B\left(\frac{t-T_{ij}}{h}\right)\quad (m+1\leqslant i\leqslant n)$$
$$r_n(t)=\sum_{j=1}^{N}\beta_j B\left(\frac{t-T_j}{h}\right)\tag{2.4.2}$$

$B(t)$ 为三阶 B 样条函数, 见(2.1.11). 假设弹道数据处理区间为 $[T_2,T_{N-1}]$, 且是等区间分段, 即

$$h=\frac{T_{N-1}-T_2}{N-3},\quad T_j=T_2+(j-2)h\tag{2.4.3}$$

式中, T_2, T_{N-1} 为所处区间的两个端点; N 为分段数; h 为分段后每段时间长度(通常 $h=5\text{s}$ 或 10s), 可随区间长度和 N 变化.

基于 ARMA 模型和样条模型的目标轨迹 EMD 重构流程如图 2.4.1 所示.

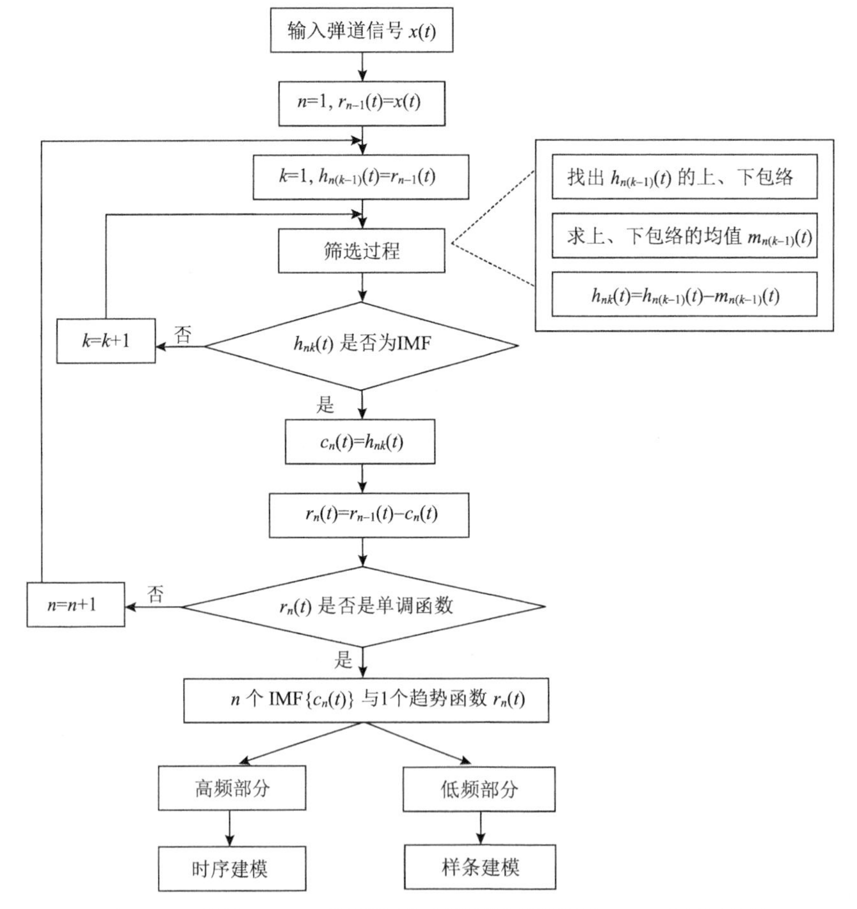

图 2.4.1 基于 ARMA 模型和样条模型的目标轨迹 EMD 重构流程

3. 仿真实验及结果分析

在对基于 EMD 方法的弹道建模的基础上，利用 MATLAB 软件进行了弹道表示的仿真计算与结果分析. 针对某小型导弹的理论弹道进行仿真，风力、旋转力等外界力的作用，使得该导弹弹道具有较大的波动性，现以弹道 $x(t)$ 方向为例，如图 2.4.2 所示，采用 EMD 方法对它进行分解，共得到 3 个 IMF 分量 $c_i(t)$ $(i=1,2,3)$ 和 1 个趋势项 $r_n(t)$，如图 2.4.3 所示.

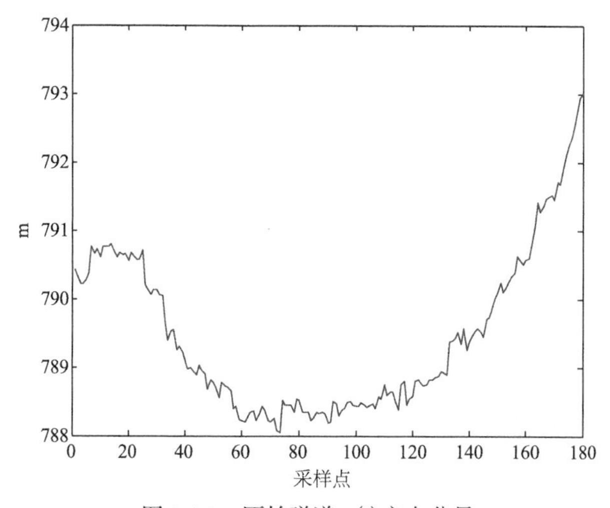

图 2.4.2　原始弹道 $x(t)$ 方向分量

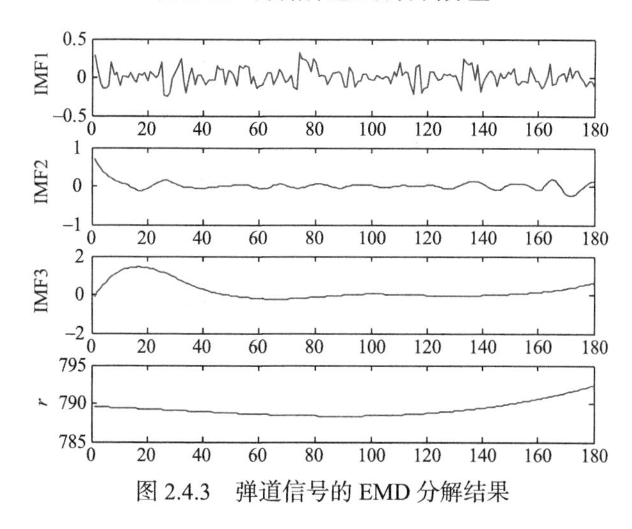

图 2.4.3　弹道信号的 EMD 分解结果

将 EMD 分解所得的 IMF 分量分为两部分: IMF1 为第一部分，利用 ARMA 时序模型对其进行建模. 图 2.4.4 为利用 ARMA 时序方法对弹道数据建模的残差结果; IMF2 和 IMF3 以及趋势项为第二部分，利用样条模型对其进行建模. 图 2.4.5

为利用样条模型对弹道数据建模的残差结果.

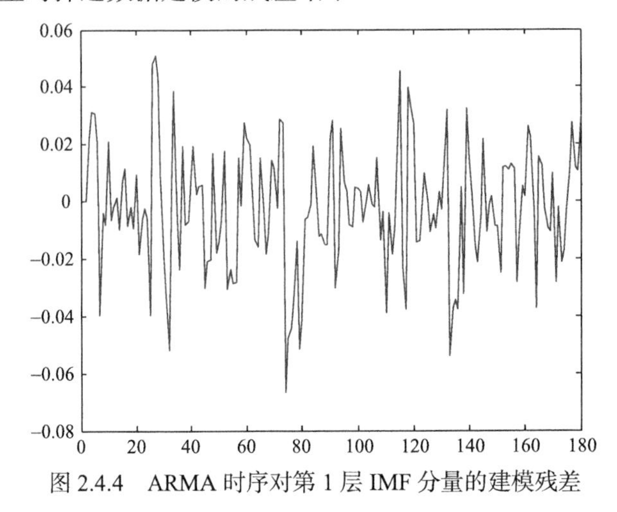

图 2.4.4　ARMA 时序对第 1 层 IMF 分量的建模残差

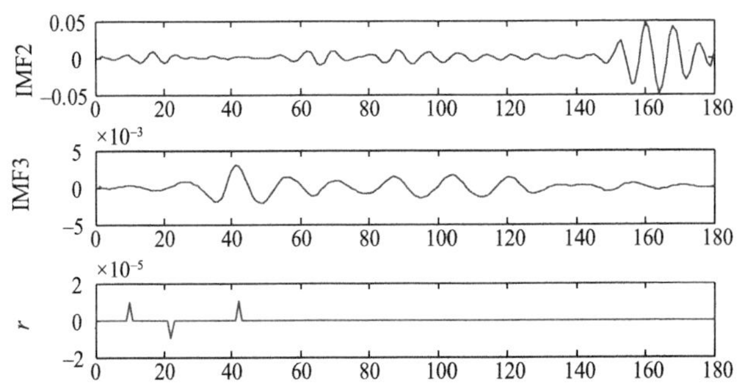

图 2.4.5　样条模型对第 2, 3 层 IMF 分量及趋势项的建模残差

图 2.4.6 和图 2.4.7 分别是利用传统的样条时域建模方法(2.1.1 节)以及基于 ARMA 模型和样条模型的弹道 EMD 重构对弹道的表示结果.

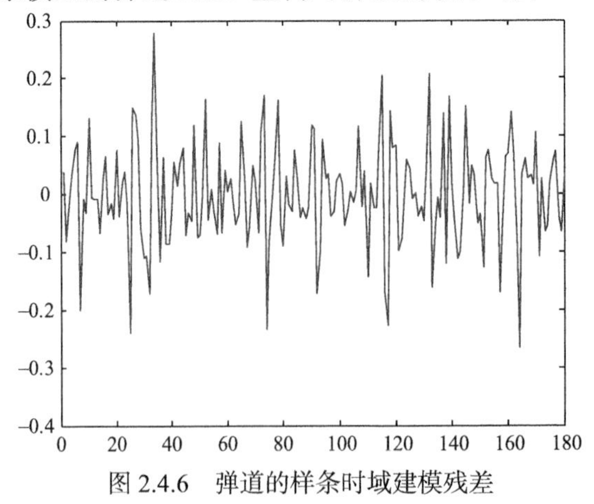

图 2.4.6　弹道的样条时域建模残差

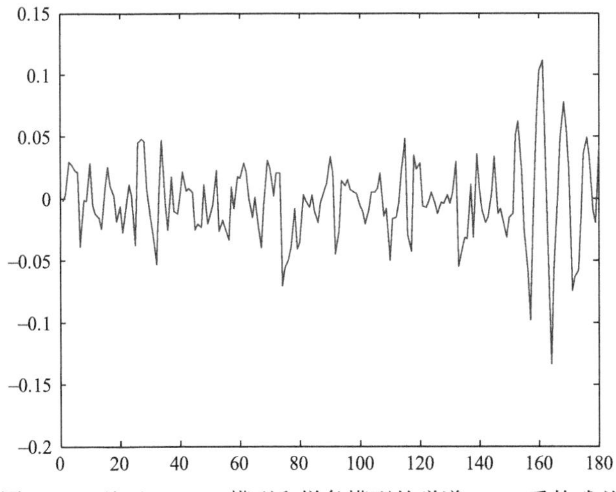

图 2.4.7　基于 ARMR 模型和样条模型的弹道 EMD 重构残差

从图 2.4.7 中可以看出利用 ARMA 模型和样条模型的弹道 EMD 重构方法对原始弹道的表示精度要比传统的样条函数表示方法高一个数量级. 最后为了更好地检验EMD重构方法的有效性, 对弹道位置分量, 分别利用传统样条函数表示方法及 EMD 重构方法对其进行了分析, 从表 2.4.1 中的统计结果可以看出, 基于 ARMA 模型和样条模型的弹道 EMD 重构方法的精度要更高.

表 2.4.1　弹道建模精度比较

弹道估计误差分量		x/m	y/m	z/m
传统的弹道样条函数表示方法	残差平方和	1.4194	0.8367	1.1329
基于 ARMR 模型和样条模型的弹道 EMD 重构	残差平方和	0.1929	0.2697	0.2163

参 考 文 献

[1] 王正明, 易东云, 周海银, 等. 弹道跟踪数据的校准与评估. 长沙: 国防科技大学出版社, 1999.

[2] Zhou H Y, Li D H, Pan X G. Method of combined satellite orbit determination by space-Ground-Based measurement data fusion based on sparse parameters. Wuhan: Huazhong University of Science and Technology, ICSIT2005: 598550-1-5.

[3] Wang J Q, Zhao D Y, Pan X G. The optimal spare parameters modeling for integrative precise orbit determination by time-frequency analysis theory based on space-ground combined measurement and control system. Dynamics of Continuous Discrete and Impulsive Systems-Series B-Applications & Algorithms., 2006, 13: 624-628.

[4] 轩波. EMD 算法、信号分解与信号自适应表示. 中国科学院博士学位论文, 2007.

[5] 王正明, 易东云. 测量数据建模与参数估计. 长沙: 国防科技大学出版社, 1997.
[6] Oppenheim A V, Schafer R W, Buck J R. Discrete-time Signal Processing. 西安: 西安交通大学出版社, 2001.
[7] Mallat S. A Wavelet Tour of Signal Processing. 西安: 西安交通大学出版社, 2002.
[8] Cohen L. Time-frequency Analysis: Theory and Applications. Englewood: Prentice Hall, 1995.
[9] Wigner E P. On the quantum correction for thermodynamic equilibrium. Physical Review, 1932, 40: 749.
[10] Djeddi M, Benidir M. Robust polynomial Winger-Ville distribution for the analysis of polynomial phase signals in σ stable noise. In IEEE International Conference on Acoustics Speech, and Signal Processing, 2004: 613-616.
[11] Frazer G J, Anderson S J. Wigner-Ville analysis of HF radar measurement of an accelerating target. In Proceedings of the Fifth International Symposium on Signal Processing and Its Application, volume 1, 1999.
[12] Daliman S, Shaameri A A. Time-frequency analysis of heart sounds using windows and windowed Wigner-Ville distribution. In Proceedings of the Seventh International Symposium on Signal Processing and Its Application, volume 2, 2003.
[13] Shapiro J. Embedded image coding using zero-trees of wavelet coefficients. IEEE Transactions on Signal Processing, 1993, 41(12): 3445-3462.
[14] Li S T, Li Y, Wang Y N. Comparison and fusion of multi-resolution features for texture classification. In Proceedings of 2004 International Conference on Machine Learning and Cybernetics, 2004, 6: 3684-3688.
[15] Pesquet J C, Combettes P L. Wavelet synthesis by alternating projections. IEEE Transactions on Signal Processing, 1996, 44(3): 728-732.
[16] Turkheimer F E, Aston J A D, Banati R B, et al. A linear wavelet filter for parametric imaging with dynamic PET. IEEE Transactions on Medical Imaging, 2003, 22(3): 289-301.
[17] Daubechies I. Orthonormal bases of compactly supported wavelets. Communications on Pure and Applied Mathematics, 1988, 41(11): 909-996.
[18] Mallat S. A theory for multi-resolution signal decomposition: The wavelet representation. IEEE Transactions on Pattern Analysis and Machine Intelligence, 1989, 11: 674-693.
[19] Huang N E, Shen Z, Long S R, et al. The empirical mode decomposition and the Hilbert spectrum for nonlinear and non-stationary time series analysis. Proc. Roy. Soc., 1998, 454: 903-995.
[20] Huang N E. Hilbert-Huang Transform in Engineering, Chapter Introduction to Hilbert-Huang Transform and Its Associated Mathematical Problems. New York: CRC Press, 2005: 1-32.
[21] Huang N E, Shen Z, Long S. A new view of nonlinear water waves: The Hilbert spectrum. Annu. Rev. Fluid. Mech., 1999, 31(1): 417-457.
[22] Flandrin P, Rilling G, Goncalves P. Empirical mode decomposition as a filter bank. IEEE Signal Process Lett., 2004, 11(2): 112-114.
[23] 沙定国. 实用误差理论与数据处理. 北京: 北京理工大学出版社, 1993.
[24] 祝转民, 秋宏兴, 李济生, 等. 动态测量数据野值的辨识和剔除. 系统工程和电子技术,

2004, 26(2): 147-149.

[25] 贺明科. 多传感器目标跟踪中的数据融合技术研究. 国防科技大学博士学位论文, 2002: 71-76.

[26] 潘晓刚. 空间目标定轨的模型与参数估计方法研究及应用. 国防科技大学博士学位论文, 2009.

[27] 刘利生. 外弹道测量数据处理. 北京: 国防工业出版社, 2002.

[28] 易东云. 动态测量误差的复杂调整研究与数据处理结果的精度评估. 国防科技大学博士学位论文, 2003.

[29] 王正明, 朱炬波. 弹道跟踪数据的节省参数模型及应用. 中国科学(E 辑), 1999, 29(2): 146-454.

[30] 李济生, 王家松. 航天器轨道确定. 北京: 国防工业出版社, 2003.

[31] Mehrotra K, Mahapatra P R. A jerk model for tracking highly maneuvering targets. IEEE Trans. on Aerospace and Electronic Systems, 1997, 33(4): 1094-1105.

[32] 乔向东, 王宝树, 李涛, 等. 一种高度机动目标的“当前”统计 Jerk 模型. 西安电子科技大学学报(自然科学版), 2002, 29(4): 534-539.

[33] 周宏仁, 敬忠良, 王培德. 机动目标跟踪. 北京: 国防工业出版社, 1991:156-160.

[34] 潘平俊, 冯新喜, 刘佳, 等. 高度机动目标的改进 CS-Jerk 模型. 电光与控制, 2008, 15(6): 37-40.

[35] 罗笑冰, 王宏强, 黎湘, 等. 机动目标跟踪 α-jerk 模型. 信号处理, 2007, 23(4): 481-484.

[36] Phillips T H. A Common Aero Vehicle (CAV) Model, Description, and Employment Guide. Schafer Corporation For AFRL and AFSPC, 2003.

[37] 周海银. 空间目标跟踪数据的融合理论和模型研究及应用. 国防科技大学博士学位论文, 2004.

第 3 章　靶场测量数据事后融合处理方法

无论是对运载火箭的测控系统和制导系统的精度分析与精度鉴定，还是对导弹、靶场校飞的飞机、低轨卫星等机动目标的识别与定位等，都需要对跟踪目标的运动参数、跟踪设备的系统误差、制导工具系统误差给出高精度的估计[1]. 将测量数据融合处理问题转化为参数的融合估计问题是数据融合处理的核心技术，尤其对于弹道跟踪数据的事后高精度处理尤为如此. 本章结合第 2 章所建立的测量数据及目标轨迹的有关模型，研究靶场目标的多站、多类弹道测量数据的事后融合处理问题，讨论相关的估计理论、方法与算法.

3.1　线性模型的参数估计方法

3.1.1　线性模型的参数估计

考虑线性回归模型:

$$\boldsymbol{Y}=\boldsymbol{X\beta}+\boldsymbol{\varepsilon},\quad \boldsymbol{\varepsilon}\sim(0,\sigma^2\boldsymbol{I}) \tag{3.1.1}$$

设 $\boldsymbol{Y}=\boldsymbol{Y}_{m\times1},\boldsymbol{X}=\boldsymbol{X}_{m\times n},\operatorname{rank}(\boldsymbol{X})=n,\boldsymbol{\beta}=\boldsymbol{\beta}_{n\times1},\boldsymbol{\varepsilon}=\boldsymbol{\varepsilon}_{m\times1}$，称 $\boldsymbol{X}$ 为设计矩阵，$\boldsymbol{\beta}$ 为回归系数向量，$\boldsymbol{\varepsilon}$ 为观测误差向量，通常 $\boldsymbol{\varepsilon}\sim(0,\sigma^2\boldsymbol{I})$ 称为 Gauss-Markov 假定.

记 $\boldsymbol{Q}=(\boldsymbol{Y}-\boldsymbol{X\beta})^{\mathrm{T}}(\boldsymbol{Y}-\boldsymbol{X\beta})=\|\boldsymbol{Y}-\boldsymbol{X\beta}\|^2=\sum_{i=1}^{m}\left(y_i-\sum_{k=1}^{n}\beta_kX_{ik}\right)^2$，使 $\boldsymbol{Q}=\min$ 的 $\hat{\boldsymbol{\beta}}_{\mathrm{LS}}$ 称为 $\boldsymbol{\beta}$ 的最小二乘估计.

令 $\dfrac{\partial\boldsymbol{Q}}{\partial\beta_j}=-2\sum_{i=1}^{m}\left(y_i-\sum_{k=1}^{n}\beta_kX_{ik}\right)X_{ij}=0,\ j=1,2,\cdots,n,$ 得到法方程: $\boldsymbol{X}^{\mathrm{T}}\boldsymbol{X\beta}=\boldsymbol{X}^{\mathrm{T}}\boldsymbol{Y}$，若 $\boldsymbol{X}^{\mathrm{T}}\boldsymbol{X}$ 非奇异，则

$$\hat{\boldsymbol{\beta}}_{\mathrm{LS}}=(\boldsymbol{X}^{\mathrm{T}}\boldsymbol{X})^{-1}\boldsymbol{X}^{\mathrm{T}}\boldsymbol{Y} \tag{3.1.2}$$

最小二乘估计 $\hat{\boldsymbol{\beta}}_{\mathrm{LS}}$ 具有许多优良的性质，下面介绍一些主要结论[2].

定理 3.1.1　$\hat{\boldsymbol{\beta}}_{\mathrm{LS}}$ 是 $\boldsymbol{\beta}$ 的线性无偏估计，且对 $\forall\boldsymbol{c}\in\mathbf{R}^n$，$\boldsymbol{c}^{\mathrm{T}}\hat{\boldsymbol{\beta}}_{\mathrm{LS}}$ 为 $\boldsymbol{c}^{\mathrm{T}}\boldsymbol{\beta}$ 的线性无偏估计.

注释 3.1.1　这里 $\boldsymbol{c}$ 为事先给定的常值向量，显然，给定不同的 $\boldsymbol{c}$，$\boldsymbol{c}^{\mathrm{T}}\boldsymbol{\beta}$ 的意

义不一样, 如可以得到 $\boldsymbol{\beta}$ 的某个分量的估计, 也可以得到 $\boldsymbol{\beta}$ 的某些分量的线性组合的估计.

定理 3.1.2　设 $\boldsymbol{S}=\boldsymbol{X}^{\mathrm{T}}\boldsymbol{X}$, 则在模型(3.1.1)假设下, 有

$$\mathrm{Cov}(\hat{\boldsymbol{\beta}}_{\mathrm{LS}})=\sigma^2\boldsymbol{S}^{-1},\ D(\hat{\boldsymbol{\beta}}_{\mathrm{LS}})=\sigma^2\mathrm{tr}\,\boldsymbol{S}^{-1}=\sigma^2\sum_{i=1}^{n}\lambda_i^{-1} \tag{3.1.3}$$

其中 $\lambda_i, i=1,\cdots,n$ 为矩阵 $\boldsymbol{S}=\boldsymbol{X}^{\mathrm{T}}\boldsymbol{X}$ 的全部特征值.

证明　(1) $\mathrm{Cov}(\hat{\boldsymbol{\beta}}_{\mathrm{LS}})=E(\hat{\boldsymbol{\beta}}_{\mathrm{LS}}-E\hat{\boldsymbol{\beta}}_{\mathrm{LS}})(\hat{\boldsymbol{\beta}}_{\mathrm{LS}}-E\hat{\boldsymbol{\beta}}_{\mathrm{LS}})^{\mathrm{T}}$
$=E(\boldsymbol{S}^{-1}\boldsymbol{X}^{\mathrm{T}}\boldsymbol{\varepsilon})(\boldsymbol{S}^{-1}\boldsymbol{X}^{\mathrm{T}}\boldsymbol{\varepsilon})^{\mathrm{T}}=E(\boldsymbol{S}^{-1}\boldsymbol{X}^{\mathrm{T}}\boldsymbol{\varepsilon}\boldsymbol{\varepsilon}^{\mathrm{T}}\boldsymbol{X}\boldsymbol{S}^{-1})=\sigma^2\boldsymbol{S}^{-1}$

(2)

$$\begin{aligned}D(\hat{\boldsymbol{\beta}}_{\mathrm{LS}})&=E(\hat{\boldsymbol{\beta}}_{\mathrm{LS}}-E\hat{\boldsymbol{\beta}}_{\mathrm{LS}})^{\mathrm{T}}(\hat{\boldsymbol{\beta}}_{\mathrm{LS}}-E\hat{\boldsymbol{\beta}}_{\mathrm{LS}})\\&=E(\boldsymbol{S}^{-1}\boldsymbol{X}^{\mathrm{T}}\boldsymbol{\varepsilon})^{\mathrm{T}}(\boldsymbol{S}^{-1}\boldsymbol{X}^{\mathrm{T}}\boldsymbol{\varepsilon})=E(\boldsymbol{\varepsilon}^{\mathrm{T}}\boldsymbol{X}\boldsymbol{S}^{-1}\boldsymbol{S}^{-1}\boldsymbol{X}^{\mathrm{T}}\boldsymbol{\varepsilon})\\&=\mathrm{tr}E(\boldsymbol{S}^{-2}\boldsymbol{X}^{\mathrm{T}}\boldsymbol{\varepsilon}\boldsymbol{\varepsilon}^{\mathrm{T}}\boldsymbol{X})=\sigma^2\mathrm{tr}(\boldsymbol{S}^{-1})\end{aligned}$$

由于 $\boldsymbol{S}=\boldsymbol{X}^{\mathrm{T}}\boldsymbol{X}$ 为实对称矩阵, 故存在正交矩阵 $\boldsymbol{P}:\boldsymbol{P}^{\mathrm{T}}\boldsymbol{P}=\boldsymbol{I}$, 使得 $\boldsymbol{S}=\boldsymbol{P}^{\mathrm{T}}\mathrm{diag}(\lambda_1,\cdots,\lambda_n)\boldsymbol{P}$, 其中 $\lambda_i(i=1,\cdots,n)$ 为矩阵 $\boldsymbol{S}=\boldsymbol{X}^{\mathrm{T}}\boldsymbol{X}$ 的全部特征值. 因此

$$D(\hat{\boldsymbol{\beta}}_{\mathrm{LS}})=\sigma^2\mathrm{tr}(\boldsymbol{P}^{\mathrm{T}}\mathrm{diag}(\lambda_1,\cdots,\lambda_n)\boldsymbol{P})^{-1}=\sigma^2\sum_{i=1}^{n}\lambda_i^{-1}$$

定理 3.1.3　对 $\forall\boldsymbol{c}\in\mathbf{R}^n$, 记 $\boldsymbol{S}=\boldsymbol{X}^{\mathrm{T}}\boldsymbol{X}$, 对模型(3.1.1), 在 $\boldsymbol{c}^{\mathrm{T}}\boldsymbol{\beta}$ 的全部线性无偏估计中, $\forall\boldsymbol{c}\in\mathbf{R}^n,\boldsymbol{c}^{\mathrm{T}}\hat{\boldsymbol{\beta}}_{\mathrm{LS}}$ 是方差最小的线性无偏估计, 估计的方差为 $D(\boldsymbol{c}^{\mathrm{T}}\hat{\boldsymbol{\beta}}_{\mathrm{LS}})=\sigma^2\boldsymbol{c}^{\mathrm{T}}\boldsymbol{S}^{-1}\boldsymbol{c}$.

证明　(1) 一致无偏性. 因为 $\hat{\boldsymbol{\beta}}_{\mathrm{LS}}=(\boldsymbol{X}^{\mathrm{T}}\boldsymbol{X})^{-1}\boldsymbol{X}^{\mathrm{T}}\boldsymbol{Y}=\boldsymbol{X}^{+}\boldsymbol{Y}$ 是 $\boldsymbol{\beta}$ 的线性一致无偏估计, 所以 $\boldsymbol{c}^{\mathrm{T}}\hat{\boldsymbol{\beta}}_{\mathrm{LS}}=\boldsymbol{c}^{\mathrm{T}}\boldsymbol{X}^{+}\boldsymbol{Y}$ 是 $\boldsymbol{c}^{\mathrm{T}}\boldsymbol{\beta}$ 的线性一致无偏估计.

(2) 最小性和唯一性. 设 $\boldsymbol{a}^{\mathrm{T}}\boldsymbol{Y}$ 是 $\boldsymbol{c}^{\mathrm{T}}\boldsymbol{\beta}$ 的任意一个线性无偏估计, 由无偏性得到 $\boldsymbol{c}^{\mathrm{T}}\boldsymbol{\beta}=E\boldsymbol{a}^{\mathrm{T}}\boldsymbol{Y}=\boldsymbol{a}^{\mathrm{T}}E\boldsymbol{Y}=\boldsymbol{a}^{\mathrm{T}}\boldsymbol{X}\boldsymbol{\beta}$, 由 $\boldsymbol{\beta}$ 的任意(一致)性可知 $\boldsymbol{c}^{\mathrm{T}}=\boldsymbol{a}^{\mathrm{T}}\boldsymbol{X}$, 从而

$$\boldsymbol{X}^{\mathrm{T}}\boldsymbol{a}-\boldsymbol{c}=\boldsymbol{X}^{\mathrm{T}}\boldsymbol{a}-\boldsymbol{X}^{\mathrm{T}}\boldsymbol{X}(\boldsymbol{X}^{\mathrm{T}}\boldsymbol{X})^{-1}\boldsymbol{c}=\boldsymbol{X}^{\mathrm{T}}(\boldsymbol{a}-\boldsymbol{X}\boldsymbol{S}^{-1}\boldsymbol{c})=\boldsymbol{0} \tag{3.1.4}$$

而

$$D(\boldsymbol{c}^{\mathrm{T}}\hat{\boldsymbol{\beta}}_{\mathrm{LS}})=\sigma^2\boldsymbol{c}^{\mathrm{T}}\boldsymbol{S}^{-1}\boldsymbol{c}=\sigma^2\|\boldsymbol{X}\boldsymbol{S}^{-1}\boldsymbol{c}\|^2 \tag{3.1.5}$$

$$\begin{aligned}D(\boldsymbol{a}^{\mathrm{T}}\boldsymbol{y})&=\sigma^2\|\boldsymbol{a}\|^2=\sigma^2\|\boldsymbol{a}-\boldsymbol{X}\boldsymbol{S}^{-1}\boldsymbol{c}+\boldsymbol{X}\boldsymbol{S}^{-1}\boldsymbol{c}\|^2\\&=\sigma^2\|\boldsymbol{a}-\boldsymbol{X}\boldsymbol{S}^{-1}\boldsymbol{c}\|^2+\sigma^2\|\boldsymbol{X}\boldsymbol{S}^{-1}\boldsymbol{c}\|^2\geqslant D(\boldsymbol{c}^{\mathrm{T}}\hat{\boldsymbol{\beta}}_{\mathrm{LS}})\end{aligned} \tag{3.1.6}$$

且等号成立, 当且仅当 $\boldsymbol{a}=\boldsymbol{X}\boldsymbol{S}^{-1}\boldsymbol{c}$.

注释 3.1.2 虽然 $\boldsymbol{c}^{\mathrm{T}}\hat{\boldsymbol{\beta}}_{\mathrm{LS}}$ 是 $\boldsymbol{c}^{\mathrm{T}}\boldsymbol{\beta}$ 的方差最小的线性无偏估计, 由(3.1.3)可知, 当矩阵 $\boldsymbol{X}^{\mathrm{T}}\boldsymbol{X}$ 有较小特征值时, $D(\hat{\boldsymbol{\beta}}_{\mathrm{LS}})$(参数的整体)和 $D(\boldsymbol{c}^{\mathrm{T}}\hat{\boldsymbol{\beta}}_{\mathrm{LS}})$(参数的分量)都会很大, 估计的精度就很差.

在上面的线性回归模型中, 假设 $\boldsymbol{\varepsilon}\sim(0,\sigma^2\boldsymbol{I})$, 这说明所进行的 m 次测量噪声是不相关、等精度的(独立同分布). 若测量是相关、不等精度的, 则模型为

$$\boldsymbol{Y}=\boldsymbol{X}\boldsymbol{\beta}+\boldsymbol{\varepsilon},\quad \boldsymbol{\varepsilon}\sim(0,\sigma^2\boldsymbol{G}) \tag{3.1.7}$$

其中, σ^2 已知或未知, $\boldsymbol{G}$ 为已知的正定矩阵. 对于上述模型, 有如下结论.

定理 3.1.4 记 $\tilde{\boldsymbol{\beta}}_{\mathrm{WLS}}=(\boldsymbol{X}^{\mathrm{T}}\boldsymbol{G}^{-1}\boldsymbol{X})^{-1}\boldsymbol{X}^{\mathrm{T}}\boldsymbol{G}^{-1}\boldsymbol{Y}$, 则对模型(3.1.7), 对 $\forall \boldsymbol{c}\in\mathbf{R}^n$, $\boldsymbol{c}^{\mathrm{T}}\tilde{\boldsymbol{\beta}}_{\mathrm{WLS}}$ 为 $\boldsymbol{c}^{\mathrm{T}}\boldsymbol{\beta}$ 的方差最小的线性无偏估计, 估计的方差为 $\mathrm{Var}(\tilde{\boldsymbol{\beta}}_{\mathrm{WLS}})=\mathrm{tr}(\boldsymbol{X}^{\mathrm{T}}\boldsymbol{G}^{-1}\boldsymbol{X})^{-1}$.

证明 由于 $\boldsymbol{G}$ 是正定矩阵, 故可假设: $\boldsymbol{G}=\boldsymbol{A}\boldsymbol{A}^{\mathrm{T}}$, 其中 $\boldsymbol{A}$ 为可逆矩阵(进一步可假设为上或下三角矩阵, 或 $\boldsymbol{A}=\boldsymbol{P}\,\mathrm{diag}(\sqrt{\lambda_1},\cdots,\sqrt{\lambda_n})$, $\lambda_i, i=1,\cdots,n$ 为 $\boldsymbol{G}$ 的特征值, $\boldsymbol{P}$ 为正交矩阵), 则模型(3.1.7)可化为

$$\boldsymbol{A}^{-1}\boldsymbol{Y}=\boldsymbol{A}^{-1}\boldsymbol{X}\boldsymbol{\beta}+\boldsymbol{A}^{-1}\boldsymbol{\varepsilon},\quad \boldsymbol{A}^{-1}\boldsymbol{\varepsilon}\sim(0,\sigma^2\boldsymbol{I}) \tag{3.1.8}$$

由定理 3.1.3, 对上述模型其方差最小线性无偏估计为

$$\tilde{\boldsymbol{\beta}}_{\mathrm{WLS}}=[(\boldsymbol{A}^{-1}\boldsymbol{X})^{\mathrm{T}}(\boldsymbol{A}^{-1}\boldsymbol{X})]^{-1}(\boldsymbol{A}^{-1}\boldsymbol{X})^{\mathrm{T}}(\boldsymbol{A}^{-1}\boldsymbol{Y})=(\boldsymbol{X}^{\mathrm{T}}\boldsymbol{G}^{-1}\boldsymbol{X})^{-1}\boldsymbol{X}^{\mathrm{T}}\boldsymbol{G}^{-1}\boldsymbol{Y}$$

定理 3.1.3 和定理 3.1.4 在统计上称为 Gauss-Markov 定理, $\tilde{\boldsymbol{\beta}}_{\mathrm{WLS}}$ 称为加权最小二乘估计(实质是方差最小估计). 可以说这是数据融合的数学基础.

注释 3.1.3 要得到线性模型的最小二乘估计, 必须注意 Gauss-Markov 条件是否成立, 否则应采用加权最小二乘估计. 这也是为什么在数据处理时需要知道(先估计)测量系统随机误差统计特性(同一测元不同时刻、不同测元的随机误差序列的相关性, 随机误差的均值、方差与协方差等). 如果知道了测量系统的协方差矩阵 $\boldsymbol{G}$, 则模型(3.1.7)的估计问题就转化成模型(3.1.1)的估计问题. 因此下面都可以针对模型(3.1.1)展开讨论.

对于多种类(多台套)不等精度的测量设备共同参与的靶场试验测量数据处理问题, 就是模型(3.1.7)的典型案例, 虽然这类问题通常为非线性参数估计问题, 但处理的基本思想还是基于此结论.

注释 3.1.4 在线性无偏估计中, $\hat{\boldsymbol{\beta}}_{\mathrm{LS}}$, $\tilde{\boldsymbol{\beta}}_{\mathrm{WLS}}$ 是最好的, 但在所有的估计中, 它们并不总是最好的.

定理 3.1.5 对于模型(3.1.1)的估计 $\hat{\boldsymbol{\beta}}_{\mathrm{LS}}$, 有:

(i) $$X_i\hat{\boldsymbol{\beta}}_{\mathrm{LS}} - X_i\boldsymbol{\beta} \sim (0, h_{ii}\sigma^2) \tag{3.1.9}$$

(ii) $$E\|\boldsymbol{X}\hat{\beta}_{\mathrm{LS}} - \boldsymbol{X}\beta\|^2 = n\sigma^2 \tag{3.1.10}$$

其中，$\boldsymbol{H} = (h_{ii})_{m\times m} = \boldsymbol{X}(\boldsymbol{X}^{\mathrm{T}}\boldsymbol{X})^{-1}\boldsymbol{X}^{\mathrm{T}}$.

证明　(i) 注意到 $\hat{\boldsymbol{\beta}}_{\mathrm{LS}} = (\boldsymbol{X}^{\mathrm{T}}\boldsymbol{X})^{-1}\boldsymbol{X}^{\mathrm{T}}\boldsymbol{Y} = \beta + (\boldsymbol{X}^{\mathrm{T}}\boldsymbol{X})^{-1}\boldsymbol{X}^{\mathrm{T}}\varepsilon$，因此

$$\boldsymbol{X}_i\hat{\boldsymbol{\beta}}_{\mathrm{LS}} - \boldsymbol{X}_i\boldsymbol{\beta} = \boldsymbol{X}_i(\boldsymbol{X}^{\mathrm{T}}\boldsymbol{X})^{-1}\boldsymbol{X}^{\mathrm{T}}\boldsymbol{\varepsilon}$$

所以

$$\begin{aligned} E(\boldsymbol{X}_i\hat{\boldsymbol{\beta}}_{\mathrm{LS}} - \boldsymbol{X}_i\boldsymbol{\beta}) &= E(\boldsymbol{X}_i(\boldsymbol{X}^{\mathrm{T}}\boldsymbol{X})^{-1}\boldsymbol{X}^{\mathrm{T}}\boldsymbol{\varepsilon}) = 0 \\ D(X_i\hat{\boldsymbol{\beta}}_{\mathrm{LS}} - X_i\boldsymbol{\beta}) &= E[X_i(\boldsymbol{X}^{\mathrm{T}}\boldsymbol{X})^{-1}\boldsymbol{X}^{\mathrm{T}}\boldsymbol{\varepsilon}]^2 \\ &= EX_i(\boldsymbol{X}^{\mathrm{T}}\boldsymbol{X})^{-1}\boldsymbol{X}^{\mathrm{T}}\varepsilon\varepsilon^{\mathrm{T}}\boldsymbol{X}(\boldsymbol{X}^{\mathrm{T}}\boldsymbol{X})^{-1}X_i^{\mathrm{T}} \\ &= X_i(\boldsymbol{X}^{\mathrm{T}}\boldsymbol{X})^{-1}X_i^{\mathrm{T}} = h_{ii}\sigma^2 \end{aligned}$$

(ii) $$\begin{aligned} E\|\boldsymbol{X}\hat{\boldsymbol{\beta}}_{\mathrm{LS}} - \boldsymbol{X}\boldsymbol{\beta}\|^2 &= E\varepsilon^{\mathrm{T}}\boldsymbol{X}(\boldsymbol{X}^{\mathrm{T}}\boldsymbol{X})^{-1}\boldsymbol{X}^{\mathrm{T}}\boldsymbol{X}(\boldsymbol{X}^{\mathrm{T}}\boldsymbol{X})^{-1}\boldsymbol{X}^{\mathrm{T}}\varepsilon \\ &= E\mathrm{tr}(\boldsymbol{e}^{\mathrm{T}}\boldsymbol{X}(\boldsymbol{X}^{\mathrm{T}}\boldsymbol{X})^{-1}\boldsymbol{X}^{\mathrm{T}}\boldsymbol{X}(\boldsymbol{X}^{\mathrm{T}}\boldsymbol{X})^{-1}\boldsymbol{X}^{\mathrm{T}}\boldsymbol{\varepsilon}) \\ &= \mathrm{tr}(E(\boldsymbol{X}^{\mathrm{T}}\boldsymbol{X})^{-1}\boldsymbol{X}^{\mathrm{T}}\boldsymbol{X}(\boldsymbol{X}^{\mathrm{T}}\boldsymbol{X})^{-1}\boldsymbol{X}^{\mathrm{T}}\varepsilon\varepsilon^{\mathrm{T}}\boldsymbol{X}) = n\sigma^2 \end{aligned}$$

注释 3.1.5　(3.1.10) 式说明，以 $\boldsymbol{X}\hat{\boldsymbol{\beta}}_{\mathrm{LS}}$ 作为 $\boldsymbol{X}\boldsymbol{\beta}$ 的估计，其估计的精度与待估计参数的个数 n 成正比，即待估计的参数越多，其估计的精度就越差. 因此在数据处理的建模时，必须选取合适的建模方法，使得待估计的参数的个数尽可能少，即采用稀疏参数建模方法.

定理 3.1.3 和定理 3.1.4 讨论了参数 $\boldsymbol{\beta}$ 的估计，下面给出 σ^2 的估计.

在模型 (3.1.1) 下，σ^2 反映了测量误差的大小，即测量的精度. 因此，给出 σ^2 的估计是非常重要的. 而且，当 (加权) 最小二乘估计变得不好时，在构造 $\boldsymbol{\beta}$ 的有偏估计时往往也要用到 σ^2 的信息.

记 $\boldsymbol{\mu}_i = y_i - \boldsymbol{X}_i\hat{\boldsymbol{\beta}}_{\mathrm{LS}}$ ($i = 1, \cdots, m$) 为第 i 次测量数据与计算值的残差 (一般称为 O-C 差)，$\mathrm{RSS} = \sum_{i=1}^{m}\boldsymbol{\mu}_i^2 = \|\boldsymbol{Y} - \boldsymbol{X}\hat{\boldsymbol{\beta}}_{\mathrm{LS}}\|^2$ 为残差平方和 (Residual Sum of Squares).

定理 3.1.6　对于模型 (3.1.1)，若 $\boldsymbol{\varepsilon} \sim N(0, \sigma^2\boldsymbol{I})$，令 $\hat{\sigma}^2 = \dfrac{\mathrm{RSS}}{m-n} = \dfrac{\|\boldsymbol{Y} - \boldsymbol{X}\hat{\boldsymbol{\beta}}_{\mathrm{LS}}\|^2}{m-n}$，则 $E\hat{\sigma}^2 = \boldsymbol{\sigma}^2$，$D\hat{\sigma}^2 = \dfrac{2}{m-n}\sigma^4$.

证明　(1) 记 $\boldsymbol{H} = \boldsymbol{X}(\boldsymbol{X}^{\mathrm{T}}\boldsymbol{X})^{-1}\boldsymbol{X}^{\mathrm{T}}$，则

$$\mathrm{RSS} = \|\boldsymbol{Y} - \boldsymbol{X}\hat{\boldsymbol{\beta}}_{\mathrm{LS}}\|^2 = \left\|(\boldsymbol{I}_m - \boldsymbol{H})\boldsymbol{Y}\right\|^2 = \left\|(\boldsymbol{I}_m - \boldsymbol{H})\boldsymbol{\varepsilon}\right\|^2$$

因此

$$
\begin{aligned}
E\,\mathrm{RSS} &= E\|(\boldsymbol{I}_m - \boldsymbol{H})\boldsymbol{\varepsilon}\|^2 = E\boldsymbol{\varepsilon}^{\mathrm{T}}(\boldsymbol{I}_m - \boldsymbol{H})\boldsymbol{\varepsilon} = \mathrm{tr}E\boldsymbol{\varepsilon}^{\mathrm{T}}(\boldsymbol{I}_m - \boldsymbol{H})\boldsymbol{\varepsilon} \\
&= E\mathrm{tr}(\boldsymbol{I}_m - \boldsymbol{H})\boldsymbol{\varepsilon}\boldsymbol{\varepsilon}^{\mathrm{T}} = \boldsymbol{\sigma}^2\mathrm{tr}(\boldsymbol{I}_m - \boldsymbol{H}) = (m-n)\sigma^2
\end{aligned}
$$

故 $E\hat{\boldsymbol{\sigma}}^2 = E\dfrac{\mathrm{RSS}}{m-n} = \boldsymbol{\sigma}^2$；

(2)因为

$$
(\boldsymbol{I}_m - \boldsymbol{H})^{\mathrm{T}} = \boldsymbol{I}_m - \boldsymbol{H},\ (\boldsymbol{I}_m - \boldsymbol{H})^2 = \boldsymbol{I}_m - \boldsymbol{H} \tag{3.1.11}
$$

故存在正交矩阵 $\boldsymbol{Q}$ 和对角矩阵 $\boldsymbol{D} = \mathrm{diag}(d_1,\cdots,d_m)$ 使得

$$
(\boldsymbol{I}_m - \boldsymbol{H}) = \boldsymbol{Q}\boldsymbol{D}\boldsymbol{Q}^{\mathrm{T}} \tag{3.1.12}
$$

其中 $d_1,\cdots,d_m$ 为矩阵的特征值，由(3.1.11)可知 $d_1,\cdots,d_m$ 只能是 0 或 1，且 $\mathrm{tr}\,(\boldsymbol{I}_m - \boldsymbol{H}) = \sum_{i=1}^{m} d_i$.

令 $\boldsymbol{\eta} = \boldsymbol{Q}^{\mathrm{T}}\boldsymbol{\varepsilon}$，因为 $\boldsymbol{\varepsilon} \sim N(0,\sigma^2\boldsymbol{I})$，则 $\boldsymbol{\eta} \sim N(0,\sigma^2\boldsymbol{I})$，因此

$$
\frac{\boldsymbol{\varepsilon}^{\mathrm{T}}(\boldsymbol{I}_m - \boldsymbol{H})\boldsymbol{\varepsilon}}{\sigma^2} = \frac{\boldsymbol{\eta}^{\mathrm{T}}\boldsymbol{D}\boldsymbol{\eta}}{\sigma^2} = \frac{\sum_{i=1}^{m} d_i\eta_i^2}{\sigma^2} \sim \chi^2(\mathrm{tr}(\boldsymbol{I}_m - \boldsymbol{H})) = \chi^2(m-n)
$$

由于卡方分布 $\chi^2(n)$ 的方差为 $2n$，所以 $D\hat{\sigma}^2 = \dfrac{2}{m-n}\sigma^4$.

3.1.2 多元线性融合模型的最优估计与权值

1. 多元线性融合模型的最优估计

设多元线性融合模型为

$$
\begin{cases}
\boldsymbol{Y}_1 = \boldsymbol{X}_1\boldsymbol{\beta} + \varepsilon_1,\ \ \varepsilon_1 \sim (0,\sigma_1^2\boldsymbol{I}_{n_1}) \\
\qquad\cdots\cdots \\
\boldsymbol{Y}_s = \boldsymbol{X}_s\boldsymbol{\beta} + \boldsymbol{\varepsilon}_s,\ \ \boldsymbol{\varepsilon}_s \sim (0,\sigma_s^2\boldsymbol{I}_{n_s}) \\
E\boldsymbol{\varepsilon}_i\boldsymbol{\varepsilon}_j^{\mathrm{T}} = O_{n_i\times n_j},\ \ i,j = 1,\cdots,s,\ i \ne j
\end{cases} \tag{3.1.13}
$$

定理 3.1.7 对于模型(3.1.13)，$\forall \boldsymbol{c} \in \mathbf{R}^n$, $\boldsymbol{c}^{\mathrm{T}}\boldsymbol{\beta}$ 的方差一致最小的估计为 $\boldsymbol{c}^{\mathrm{T}}\tilde{\boldsymbol{\beta}}_f$，其中

$$\tilde{\boldsymbol{\beta}}_f=\left(\sum_{i=1}^{s}\frac{\sigma_i^{-2}}{\sum_{i=1}^{s}\sigma_i^{-2}}\boldsymbol{X}_i^{\mathrm{T}}\boldsymbol{X}_i\right)^{-1}\left(\sum_{i=1}^{s}\frac{\sigma_i^{-2}}{\sum_{i=1}^{s}\sigma_i^{-2}}\boldsymbol{X}_i^{\mathrm{T}}\boldsymbol{Y}_i\right)\tag{3.1.14}$$

证明　记 $t=\dfrac{1}{\sqrt{\sum_{i=1}^{s}\sigma_i^{-2}}}$，模型(3.1.13)可以化为

$$\begin{cases}t\sigma_1^{-1}\boldsymbol{Y}_1=t\sigma_1^{-1}\boldsymbol{X}_1\boldsymbol{\beta}+t\sigma_1^{-1}\boldsymbol{\varepsilon}_1, & t\sigma_1^{-1}\boldsymbol{\varepsilon}_1\sim(0,t^2\boldsymbol{I}_{n_1})\\ \qquad\qquad\cdots\cdots & \\ t\sigma_s^{-1}\boldsymbol{Y}_s=t\sigma_s^{-1}\boldsymbol{X}_s\boldsymbol{\beta}+t\sigma_s^{-1}\boldsymbol{\varepsilon}_s, & t\sigma_s^{-1}\ \boldsymbol{\varepsilon}_s\sim(0,t^2\boldsymbol{I}_{n_s})\end{cases}\tag{3.1.15}$$

记 $\boldsymbol{Y}=[t\sigma_1^{-1}\boldsymbol{Y}_1^{\mathrm{T}},\cdots,t\sigma_s^{-1}\boldsymbol{Y}_s^{\mathrm{T}}]^{\mathrm{T}}$，$\boldsymbol{X}=[t\sigma_1^{-1}\boldsymbol{X}_1^{\mathrm{T}},\cdots,t\sigma_s^{-1}\boldsymbol{X}_s^{\mathrm{T}}]^{\mathrm{T}}$，$\boldsymbol{\varepsilon}=[t\sigma_1^{-1}\boldsymbol{\varepsilon}_1^{\mathrm{T}},\cdots,t\sigma_s^{-1}\boldsymbol{\varepsilon}_s^{\mathrm{T}}]^{\mathrm{T}}$，则由(3.1.13)和(3.1.15)，融合模型化为

$$\boldsymbol{Y}=\boldsymbol{X\beta}+\boldsymbol{\varepsilon},\quad \boldsymbol{\varepsilon}\sim(0,t^2\boldsymbol{I}_n),\ \ n=\sum_{i=1}^{s}n_i$$

由此可得 $\forall\boldsymbol{c}\in\mathbf{R}^n$，$\boldsymbol{c}^{\mathrm{T}}\boldsymbol{\beta}$ 的方差一致最小的估计为 $\boldsymbol{c}^{\mathrm{T}}\tilde{\boldsymbol{\beta}}_f$，其中

$$\tilde{\boldsymbol{\beta}}_f=(\boldsymbol{X}^{\mathrm{T}}\boldsymbol{X})^{-1}\boldsymbol{X}^{\mathrm{T}}\boldsymbol{Y}=\left(\sum_{i=1}^{s}t^2\sigma_i^{-2}\boldsymbol{X}_i^{\mathrm{T}}\boldsymbol{X}_i\right)^{-1}\left(\sum_{i=1}^{s}t^2\sigma_i^{-2}\boldsymbol{X}_i^{\mathrm{T}}\boldsymbol{Y}_i\right)$$

2. 多元线性融合模型的最优估计的权值

融合估计就是寻找最优权值 ρ_i，将各测量设备的测量数据进行加权处理. 定理 3.1.7 表明，多类线性模型的测量数据融合估计的最优权值为

$$\rho_i=\frac{\sigma_i^{-1}}{\sqrt{\sum_{i=1}^{s}\sigma_i^{-2}}}=t\sigma_i^{-1}\quad \text{且满足：}\ \sum_{i=1}^{s}\rho_i^2=1$$

这说明多类线性模型的测量数据融合估计的最优权值 ρ_i，只与各类设备测量数据的精度 σ_i^{-1} 有关，但实际上 σ_i^2 是未知的或不精确已知的. 通常的办法是利用数据预处理方法，得到各设备测量数据精度的一个估计[3].

为方便，先讨论两类模型的融合估计的权值(假定 σ_i^2 未知). 考虑模型

$$
\begin{cases}
\boldsymbol{Y}_1 = \boldsymbol{X}_1\boldsymbol{\beta} + \boldsymbol{\varepsilon}_1, & \boldsymbol{\varepsilon}_1 \sim (0, \sigma_1^2 \boldsymbol{I}_{m_1}) \\
\boldsymbol{Y}_2 = \boldsymbol{X}_2\boldsymbol{\beta} + \boldsymbol{\varepsilon}_2, & \boldsymbol{\varepsilon}_2 \sim (0, \sigma_2^2 \boldsymbol{I}_{m_2}) \\
E\boldsymbol{\varepsilon}_1\boldsymbol{\varepsilon}_2^{\mathrm{T}} = O_{m_1\times m_2}
\end{cases}
\tag{3.1.16}
$$

考虑如下极值问题:

$$
\begin{cases}
\underset{\boldsymbol{\beta}}{\arg\min} \displaystyle\sum_{i=1}^{2} \rho_i^2 \|\boldsymbol{Y}_i - \boldsymbol{X}_i\boldsymbol{\beta}\|^2 \\
\displaystyle\sum_{i=1}^{2} \rho_i^2 = 1
\end{cases}
\tag{3.1.17}
$$

容易求得其解为

$$
\hat{\boldsymbol{\beta}}(\rho) = \left(\sum_{i=1}^{2} \rho_i^2 \boldsymbol{X}_i^{\mathrm{T}}\boldsymbol{X}_i\right)^{-1} \left(\sum_{i=1}^{2} \rho_i^2 \boldsymbol{X}_i^{\mathrm{T}}\boldsymbol{Y}_i\right)
\tag{3.1.18}
$$

定理 3.1.8　在模型(3.1.16)假设下，极值问题 $\underset{\rho}{\arg\min}\, E\|\hat{\boldsymbol{\beta}}(\rho) - \boldsymbol{\beta}\|^2$ 的解为

$$
\rho_i = \frac{\sigma_i^{-1}}{\sqrt{\sigma_1^{-2} + \sigma_2^{-2}}}, \quad i = 1, 2
$$

证明　经计算可得

$$
E\|\hat{\boldsymbol{\beta}}(\rho) - \boldsymbol{\beta}\|^2 = \mathrm{tr}\left(\sum_{i=1}^{2} \rho_i^2 \boldsymbol{X}_i^{\mathrm{T}}\boldsymbol{X}_i\right)^{-2} \left(\sum_{i=1}^{2} \rho_i^4 \sigma_i^2 \boldsymbol{X}_i^{\mathrm{T}}\boldsymbol{X}_i\right)
$$

记 $\boldsymbol{A} = \boldsymbol{X}_1^{\mathrm{T}}\boldsymbol{X}_1, \boldsymbol{B}=\boldsymbol{X}_2^{\mathrm{T}}\boldsymbol{X}_2$，则

$$
\begin{aligned}
f(\rho_1, \rho_2) &= (\rho_1^2\boldsymbol{A} + \rho_2^2\boldsymbol{B})^{-1}(\rho_1^4\sigma_1^2\boldsymbol{A} + \rho_2^4\sigma_2^2\boldsymbol{B})(\rho_1^2\boldsymbol{A} + \rho_2^2\boldsymbol{B})^{-1} \\
&= \sigma_2^2 \left(\frac{\rho_1^2}{\rho_2^2}\boldsymbol{A} + \boldsymbol{B}\right)^{-1} \left(\frac{\rho_1^4}{\rho_2^4}\frac{\sigma_1^2}{\sigma_2^2}\boldsymbol{A} + \boldsymbol{B}\right) \left(\frac{\rho_1^2}{\rho_2^2}\boldsymbol{A} + \boldsymbol{B}\right)^{-1}
\end{aligned}
$$

由于 $\boldsymbol{A}, \boldsymbol{B}$ 为实对称正定矩阵，可以同时相似对角化，即存在可逆矩阵 $\boldsymbol{P}$，使得 $\boldsymbol{A} = \boldsymbol{P}^{\mathrm{T}}\boldsymbol{\Lambda}\boldsymbol{P}, \boldsymbol{B}=\boldsymbol{P}^{\mathrm{T}}\boldsymbol{P}$，其中 $\boldsymbol{\Lambda} = \mathrm{diag}(\lambda_1, \cdots, \lambda_N)$，因此

$$
\begin{aligned}
f(\rho_1, \rho_2) &= \sigma_2^2 \boldsymbol{P}^{\mathrm{T}} \left(\frac{\rho_1^2}{\rho_2^2}\boldsymbol{\Lambda} + \boldsymbol{I}\right)^{-1} \left(\frac{\rho_1^4}{\rho_2^4}\frac{\sigma_1^2}{\sigma_2^2}\boldsymbol{\Lambda} + \boldsymbol{I}\right) \left(\frac{\rho_1^2}{\rho_2^2}\boldsymbol{\Lambda} + \boldsymbol{I}\right)^{-1} (\boldsymbol{P}^{-1})^{\mathrm{T}} \\
&= \sigma_2^2 \boldsymbol{P}^{\mathrm{T}} \mathrm{diag}\left[\left(\frac{\rho_1^4}{\rho_2^4}\frac{\sigma_1^2}{\sigma_2^2}\lambda_i + 1\right)\left(\frac{\rho_1^2}{\rho_2^2}\lambda_i + 1\right)^{-2}\right] (\boldsymbol{P}^{-1})^{\mathrm{T}}
\end{aligned}
$$

令 $t=\dfrac{\rho_1^2}{\rho_2^2}, \sigma=\dfrac{\sigma_1}{\sigma_2}, \lambda_i=a$，$g(t)=\dfrac{t^2\sigma^2 a+1}{(ta+1)^2}$，则由 $\dfrac{\mathrm{d}g(t)}{\mathrm{d}t}=\dfrac{2a(t\sigma^2-1)}{(ta+1)^3}=0$，得到 $t=\sigma^{-2}$，此时 $\dfrac{\mathrm{d}^2 g(t)}{\mathrm{d}t^2}\Big|_{t=\sigma^{-2}}=\dfrac{2a(\sigma^2+a)}{(ta+1)^4}>0$. 注意到 $\rho_1^2+\rho_2^2=1$，从而函数 $g(t)$ 在 $\rho_i=\dfrac{\sigma_i^{-1}}{\sqrt{\sigma_1^{-2}+\sigma_2^{-2}}}$，$i=1,2$ 处取到极小值. 所以

$$
\begin{aligned}
E\|\hat{\boldsymbol{\beta}}(\rho)-\boldsymbol{\beta}\|^2 &= \operatorname{tr}\left(\sum_{i=1}^{2}\rho_i^2 \boldsymbol{X}_i^{\mathrm{T}}\boldsymbol{X}_i\right)^{-2}\left(\sum_{i=1}^{2}\rho_i^4\sigma_i^2 \boldsymbol{X}_i^{\mathrm{T}}\boldsymbol{X}_i\right)\\
&= \operatorname{tr} f(\rho_1,\rho_2)=\operatorname{tr}\left[\sigma_2^2 \boldsymbol{P}^{\mathrm{T}}\operatorname{diag}\left[\left(\frac{\rho_1^4}{\rho_2^4}\frac{\sigma_1^2}{\sigma_2^2}\lambda_i+1\right)\left(\frac{\rho_1^2}{\rho_2^2}\lambda_i+1\right)^{-2}\right](\boldsymbol{P}^{-1})^{\mathrm{T}}\right]\\
&= \sigma_2^2\sum_{i=1}^{N}\frac{t^2\sigma^2\lambda_i+1}{(t\lambda_i+1)^2}
\end{aligned} \tag{3.1.19}
$$

由于(3.1.19)式中的每一项均在 $\rho_i=\dfrac{\sigma_i^{-1}}{\sqrt{\sigma_1^{-2}+\sigma_2^{-2}}}$，$i=1,2$ 处取到极小值，所以 $\underset{\rho}{\arg\min} E\|\hat{\boldsymbol{\beta}}(\rho)-\boldsymbol{\beta}\|^2$ 的解为 $\rho_i=\dfrac{\sigma_i^{-1}}{\sqrt{\sigma_1^{-2}+\sigma_2^{-2}}}$，$i=1,2$.

注释 3.1.6　Gauss-Markov 定理表明，只有知道测量数据的精度时，最优估计才能给出. 而定理 3.1.8 的意义在于当融合系统的测量数据精度不知道时，通过求解极小值问题 $\underset{\rho}{\arg\min} E\|\hat{\boldsymbol{\beta}}(\rho)-\boldsymbol{\beta}\|^2$，也能得到最优估计.

注释 3.1.7　定理 3.1.7 和定理 3.1.8 表明，对于融合系统(3.1.16)，记 $\boldsymbol{\rho}=[\rho_1,\cdots,\rho_s]$，则多类线性模型的测量数据融合处理的参数估计和最优权值的确定问题，等价于如下两步极小值问题:

(1)
$$
\begin{cases}
\underset{\boldsymbol{\beta}}{\arg\min}\displaystyle\sum_{i=1}^{s}\rho_i^2\left\|\boldsymbol{Y}_i-\boldsymbol{X}_i\boldsymbol{\beta}\right\|^2\\
\displaystyle\sum_{i=1}^{s}\rho_i^2=1
\end{cases} \tag{3.1.20}
$$

(2)
$$
\underset{\rho_i}{\arg\min} E\|\tilde{\boldsymbol{\beta}}(\rho)-\boldsymbol{\beta}\|^2 \tag{3.1.21}
$$

或

$$\underset{\rho_i}{\arg\min}\,\mathrm{Cov}(\tilde{\boldsymbol{\beta}}(\rho)-\boldsymbol{\beta}) \tag{3.1.22}$$

3. 多元线性融合模型的最优估计的精度

类似于不等精度静态测量融合估计(一元线性模型的融合估计)的精度问题, 下面以两类不等精度多元线性模型的融合估计问题为例, 讨论多元线性模型的融合估计的精度问题.

设有模型:

$$\boldsymbol{Y}_1=\boldsymbol{X}_1\boldsymbol{\beta}+\boldsymbol{\varepsilon}_1,\quad \boldsymbol{\varepsilon}_1\sim(0,\sigma_1^2\boldsymbol{I}_{n_1}) \tag{3.1.23}$$

$$\boldsymbol{Y}_2=\boldsymbol{X}_2\boldsymbol{\beta}+\boldsymbol{\varepsilon}_2,\quad \boldsymbol{\varepsilon}_2\sim(0,\sigma_2^2\boldsymbol{I}_{n_2}) \tag{3.1.24}$$

$$E\boldsymbol{\varepsilon}_1\boldsymbol{\varepsilon}_2^{\mathrm{T}}=\boldsymbol{O}_{n_1\times n_2} \tag{3.1.25}$$

引理 3.1.1[4]　若矩阵 $\boldsymbol{A},\boldsymbol{B}$ 正定, 则 $\mathrm{tr}((\boldsymbol{A}+\boldsymbol{B})^{-1})<\min\{\mathrm{tr}(\boldsymbol{A}^{-1}),\mathrm{tr}(\boldsymbol{B}^{-1})\}$.

证明　注意到

$$\begin{aligned}(\boldsymbol{A}+\boldsymbol{B})^{-1}&=\boldsymbol{A}^{-1}-(\boldsymbol{A}^{-1}-(\boldsymbol{A}+\boldsymbol{B})^{-1})\\&=\boldsymbol{A}^{-1}-\boldsymbol{A}^{-1}(\boldsymbol{A}-\boldsymbol{A}(\boldsymbol{A}+\boldsymbol{B})^{-1}\boldsymbol{A})\boldsymbol{A}^{-1}\\&=\boldsymbol{A}^{-1}-\boldsymbol{A}^{-1}(\boldsymbol{A}^{-1}+\boldsymbol{B}^{-1})^{-1}[(\boldsymbol{A}^{-1}+\boldsymbol{B}^{-1})(\boldsymbol{A}-\boldsymbol{A}(\boldsymbol{A}+\boldsymbol{B})^{-1}\boldsymbol{A})]\boldsymbol{A}^{-1}\end{aligned}$$

而

$$\begin{aligned}&(\boldsymbol{A}^{-1}+\boldsymbol{B}^{-1})(\boldsymbol{A}-\boldsymbol{A}(\boldsymbol{A}+\boldsymbol{B})^{-1}\boldsymbol{A})\\&=\boldsymbol{I}+\boldsymbol{B}^{-1}\boldsymbol{A}-(\boldsymbol{A}^{-1}+\boldsymbol{B}^{-1})\boldsymbol{A}(\boldsymbol{A}+\boldsymbol{B})^{-1}\boldsymbol{A}\\&=\boldsymbol{I}+\boldsymbol{B}^{-1}\boldsymbol{A}-[\boldsymbol{B}^{-1}(\boldsymbol{B}+\boldsymbol{A})\boldsymbol{A}^{-1}]\boldsymbol{A}(\boldsymbol{A}+\boldsymbol{B})^{-1}\boldsymbol{A}\\&=\boldsymbol{I}+\boldsymbol{B}^{-1}\boldsymbol{A}-\boldsymbol{B}^{-1}[(\boldsymbol{B}+\boldsymbol{A})\boldsymbol{A}^{-1}\boldsymbol{A}(\boldsymbol{A}+\boldsymbol{B})^{-1}]\boldsymbol{A}\\&=\boldsymbol{I}+\boldsymbol{B}^{-1}\boldsymbol{A}-\boldsymbol{B}^{-1}\boldsymbol{A}=\boldsymbol{I}\end{aligned}$$

因此 $(\boldsymbol{A}+\boldsymbol{B})^{-1}=\boldsymbol{A}^{-1}-\boldsymbol{A}^{-1}(\boldsymbol{A}^{-1}+\boldsymbol{B}^{-1})^{-1}\boldsymbol{A}^{-1}$.

由于 $\boldsymbol{A}$ 正定当且仅当 $\boldsymbol{A}^{-1}$ 正定; $\boldsymbol{A}$, $\boldsymbol{B}$ 正定时, $\boldsymbol{A}+\boldsymbol{B}$ 正定; $\boldsymbol{A}$ 正定, $\boldsymbol{B}$ 可逆时, $\boldsymbol{B}^{\mathrm{T}}\boldsymbol{A}\boldsymbol{B}$ 正定. 因此 $\boldsymbol{A}$, $\boldsymbol{B}$ 正定时 $\boldsymbol{A}^{-1}(\boldsymbol{A}^{-1}+\boldsymbol{B}^{-1})^{-1}\boldsymbol{A}^{-1}$ 是正定矩阵. 从而 $\mathrm{tr}(\boldsymbol{A}+\boldsymbol{B})^{-1}=\mathrm{tr}\boldsymbol{A}^{-1}-\mathrm{tr}(\boldsymbol{A}^{-1}(\boldsymbol{A}^{-1}+\boldsymbol{B}^{-1})^{-1}\boldsymbol{A}^{-1})<\mathrm{tr}(\boldsymbol{A}^{-1})$.

同理有 $\mathrm{tr}(\boldsymbol{A}+\boldsymbol{B})^{-1}<\mathrm{tr}\boldsymbol{B}^{-1}$.

引理 3.1.2　若矩阵 $\boldsymbol{A},\boldsymbol{B}$ 正定, $\lambda>0$, 则

$$\mathrm{tr}(\boldsymbol{A}+\lambda^{-1}\boldsymbol{B})^{-1}\leqslant\mathrm{tr}((\boldsymbol{A}+\lambda\boldsymbol{B})(\boldsymbol{A}+\boldsymbol{B})^{-2})<\max\{\mathrm{tr}(\boldsymbol{A}^{-1}),\lambda\mathrm{tr}(\boldsymbol{B}^{-1})\}$$

且等号成立当且仅当 $\lambda=1$.

证明　先证左边不等式. 由于矩阵 $\boldsymbol{A},\boldsymbol{B}$ 正定, 存在可逆矩阵 $\boldsymbol{P}$, 使得 $\boldsymbol{A}=\boldsymbol{P}\boldsymbol{P}^{\mathrm{T}}$, $\boldsymbol{B}=\boldsymbol{P}\boldsymbol{\Lambda}\boldsymbol{P}^{\mathrm{T}}$, 其中 $\boldsymbol{\Lambda}=\mathrm{diag}(\gamma_1,\cdots,\gamma_n)$, $\gamma_i>0$ 是对角矩阵. 因此,

(1)

$$\begin{aligned}\mathrm{tr}(\boldsymbol{A}+\lambda^{-1}\boldsymbol{B})^{-1}&=\mathrm{tr}(\boldsymbol{P}\boldsymbol{P}^{\mathrm{T}}+\lambda^{-1}\boldsymbol{P}\boldsymbol{\Lambda}\boldsymbol{P}^{\mathrm{T}})^{-1}=\mathrm{tr}(\boldsymbol{P}(\boldsymbol{I}+\lambda^{-1}\boldsymbol{\Lambda})\boldsymbol{P}^{\mathrm{T}})^{-1}\\&=\mathrm{tr}(\boldsymbol{P}^{-1})^{\mathrm{T}}((\boldsymbol{I}+\lambda^{-1}\boldsymbol{\Lambda})^{-1})\boldsymbol{P}^{-1}\end{aligned}$$

且 $(\boldsymbol{I}+\lambda^{-1}\boldsymbol{\Lambda})^{-1}=\mathrm{diag}\left(\dfrac{1}{1+\lambda^{-1}\gamma_1},\cdots,\dfrac{1}{1+\lambda^{-1}\gamma_n}\right)$是对角矩阵.

(2)

$$\begin{aligned}\mathrm{tr}(\boldsymbol{A}+\lambda\boldsymbol{B})(\boldsymbol{A}+\boldsymbol{B})^{-2}&=\mathrm{tr}(\boldsymbol{A}+\boldsymbol{B})^{-1}(\boldsymbol{A}+\lambda\boldsymbol{B})(\boldsymbol{A}+\boldsymbol{B})^{-1}\\&=\mathrm{tr}[(\boldsymbol{P}^{-1})^{\mathrm{T}}(\boldsymbol{I}+\boldsymbol{\Lambda})^{-1}\boldsymbol{P}^{-1}\boldsymbol{P}(\boldsymbol{I}+\lambda\boldsymbol{\Lambda})\boldsymbol{P}^{\mathrm{T}}(\boldsymbol{P}^{-1})^{\mathrm{T}}(\boldsymbol{I}+\boldsymbol{\Lambda})^{-1}\boldsymbol{P}^{-1}]\\&=\mathrm{tr}[(\boldsymbol{P}^{-1})^{\mathrm{T}}(\boldsymbol{I}+\lambda\boldsymbol{\Lambda})(\boldsymbol{I}+\boldsymbol{\Lambda})^{-2}\boldsymbol{P}^{-1}]\end{aligned}$$

且

$$(\boldsymbol{I}+\lambda\boldsymbol{\Lambda})(\boldsymbol{I}+\boldsymbol{\Lambda})^{-2}=\mathrm{diag}\left(\frac{1+\lambda\gamma_1}{(1+\gamma_1)^2},\cdots,\frac{1+\lambda\gamma_n}{(1+\gamma_n)^2}\right)$$

是对角矩阵.

(3) $\max\{\mathrm{tr}(\boldsymbol{A}^{-1}),\lambda\mathrm{tr}(\boldsymbol{B}^{-1})\}=\max\{\mathrm{tr}((\boldsymbol{P}^{-1})^{\mathrm{T}}\boldsymbol{P}^{-1}),(\boldsymbol{P}^{-1})^{\mathrm{T}}\lambda\mathrm{tr}(\boldsymbol{\Lambda}^{-1})\boldsymbol{P}^{-1}\}$, 由于 $\lambda>0$ 时 $\lambda+\lambda^{-1}\geqslant 2$, 且等号成立当且仅当 $\lambda=1$. 因此 $\forall\gamma_i>0,\ i=1,2,\cdots,n$, 有

$$(1+\gamma_i)^2=1+2\gamma_i+\gamma_i^2\leqslant 1+\lambda\gamma_i+\lambda\gamma_i^{-1}+\gamma_i^2=(1+\lambda\gamma_i)(1+\lambda^{-1}\gamma_i)$$

从而 $\dfrac{1}{(1+\lambda^{-1}\gamma_i)}\leqslant\dfrac{1+\lambda\gamma_i}{(1+\gamma_i)^2}$, 且等号成立当且仅当 $\lambda=1$. 因此 $(\boldsymbol{I}+\lambda^{-1}\boldsymbol{\Lambda})^{-1}\leqslant(\boldsymbol{I}+\lambda\boldsymbol{\Lambda})(\boldsymbol{I}+\boldsymbol{\Lambda})^{-2}$. 由于合同变换不改变矩阵的正定性, 因此

$$\mathrm{tr}(\boldsymbol{A}+\lambda^{-1}\boldsymbol{B})^{-1}\leqslant\mathrm{tr}((\boldsymbol{A}+\lambda\boldsymbol{B})(\boldsymbol{A}+\boldsymbol{B})^{-2})$$

当且仅当 $\lambda=1$ 时等号成立.

下证右边不等式. 注意到当 $\lambda>0$, $\forall\gamma_i>0,\ i=1,2,\cdots,n$ 时, 有

$$\frac{1+\lambda\gamma_i}{(1+\gamma_i)^2}<\begin{cases}1, & 1>\lambda\gamma_i^{-1}\\ \lambda\gamma_i^{-1}, & 1\leqslant\lambda\gamma_i^{-1}\end{cases}$$

因此 $(\boldsymbol{I}+\lambda\boldsymbol{\Lambda})(\boldsymbol{I}+\boldsymbol{\Lambda})^{-2}<\max\{\boldsymbol{I},\lambda\boldsymbol{\Lambda}^{-1}\}$. 由合同变换不改变矩阵的正定性可得

$$\mathrm{tr}((\boldsymbol{A}+\lambda\boldsymbol{B})(\boldsymbol{A}+\boldsymbol{B})^{-2})<\max\{\mathrm{tr}(\boldsymbol{A}^{-1}),\lambda\mathrm{tr}(\boldsymbol{B}^{-1})\}.$$

定理 3.1.9　设 $\hat{\boldsymbol{\beta}}(1), \hat{\boldsymbol{\beta}}(2)$ 分别为由模型(3.1.23)和(3.1.24)给出的估计，$\hat{\boldsymbol{\beta}}(1,2), \hat{\boldsymbol{\beta}}_{\mathrm{WLS}}(2)$ 为由(3.1.23)和(3.1.24)给出的联合估计和最优融合估计，即

$$\hat{\boldsymbol{\beta}}(1,2)=(\boldsymbol{X}_1^{\mathrm{T}}\boldsymbol{X}_1+\boldsymbol{X}_2^{\mathrm{T}}\boldsymbol{X}_2)^{-1}(\boldsymbol{X}_1^{\mathrm{T}}\boldsymbol{Y}_1+\boldsymbol{X}_2^{\mathrm{T}}\boldsymbol{Y}_2) \tag{3.1.26}$$

$$\hat{\boldsymbol{\beta}}_{\mathrm{WLS}}=(\sigma_1^{-2}\boldsymbol{X}_1^{\mathrm{T}}\boldsymbol{X}_1+\sigma_2^{-2}\boldsymbol{X}_2^{\mathrm{T}}\boldsymbol{X}_2)^{-1}(\sigma_1^{-2}\boldsymbol{X}_1^{\mathrm{T}}\boldsymbol{Y}_1+\sigma_2^{-2}\boldsymbol{X}_2^{\mathrm{T}}\boldsymbol{Y}_2) \tag{3.1.27}$$

则有

(i)

$$E\|\hat{\boldsymbol{\beta}}_{\mathrm{WLS}}-\boldsymbol{\beta}\|^2 \leqslant \min\{E\|\hat{\boldsymbol{\beta}}(1)-\boldsymbol{\beta}\|^2, E\|\hat{\boldsymbol{\beta}}(2)-\boldsymbol{\beta}\|^2, E\|\hat{\boldsymbol{\beta}}(1,2)-\boldsymbol{\beta}\|^2\} \tag{3.1.28}$$

(ii)

$$E\|\hat{\boldsymbol{\beta}}(1,2)-\boldsymbol{\beta}\|^2 < \max\{E\|\hat{\boldsymbol{\beta}}(1)-\boldsymbol{\beta}\|^2, E\|\hat{\boldsymbol{\beta}}(2)-\boldsymbol{\beta}\|^2\} \tag{3.1.29}$$

(iii) 如果 $1/2 \leqslant \sigma_2^2/\sigma_1^2 \leqslant 2$，则

$$E\|\hat{\boldsymbol{\beta}}(1,2)-\boldsymbol{\beta}\|^2 < \min\{E\|\hat{\boldsymbol{\beta}}(1)-\boldsymbol{\beta}\|^2, E\|\hat{\boldsymbol{\beta}}(2)-\boldsymbol{\beta}\|^2\} \tag{3.1.30}$$

证明　(i) 由定理 3.1.2 可知

$$E\|\hat{\boldsymbol{\beta}}(1)-\boldsymbol{\beta}\|^2=\sigma_1^2\mathrm{tr}(\boldsymbol{X}_1^{\mathrm{T}}\boldsymbol{X}_1)^{-1}, \quad E\|\hat{\boldsymbol{\beta}}(2)-\boldsymbol{\beta}\|^2=\sigma_2^2\mathrm{tr}(\boldsymbol{X}_2^{\mathrm{T}}\boldsymbol{X}_2)^{-1}$$
$$E\|\hat{\boldsymbol{\beta}}(1,2)-\boldsymbol{\beta}\|^2=\mathrm{tr}(\sigma_1^2\boldsymbol{X}_1^{\mathrm{T}}\boldsymbol{X}_1+\sigma_2^2\boldsymbol{X}_2^{\mathrm{T}}\boldsymbol{X}_2)(\boldsymbol{X}_1^{\mathrm{T}}\boldsymbol{X}_1+\boldsymbol{X}_2^{\mathrm{T}}\boldsymbol{X}_2)^{-2}$$
$$E\|\hat{\boldsymbol{\beta}}_{\mathrm{WLS}}-\boldsymbol{\beta}\|^2=\mathrm{tr}(\sigma_1^{-2}\boldsymbol{X}_1^{\mathrm{T}}\boldsymbol{X}_1+\sigma_2^{-2}\boldsymbol{X}_2^{\mathrm{T}}\boldsymbol{X}_2)^{-1}$$

只要令 $\boldsymbol{A}=\sigma_1^{-2}\boldsymbol{X}_1^{\mathrm{T}}\boldsymbol{X}_1, \boldsymbol{B}=\sigma_2^{-2}\boldsymbol{X}_2^{\mathrm{T}}\boldsymbol{X}_2$，由引理 3.1.1 即可得

$$E\|\hat{\boldsymbol{\beta}}_{\mathrm{WLS}}-\boldsymbol{\beta}\|^2 \leqslant \min\{E\|\hat{\boldsymbol{\beta}}(1)-\boldsymbol{\beta}\|^2, E\|\hat{\boldsymbol{\beta}}(2)-\boldsymbol{\beta}\|^2\}$$

只要令 $\boldsymbol{A}=\boldsymbol{X}_1^{\mathrm{T}}\boldsymbol{X}_1, \boldsymbol{B}=\boldsymbol{X}_2^{\mathrm{T}}\boldsymbol{X}_2, \lambda=\dfrac{\sigma_2^2}{\sigma_1^2}$，由引理 3.1.2 即可得

$$E\|\hat{\boldsymbol{\beta}}_{\mathrm{WLS}}-\boldsymbol{\beta}\|^2 \leqslant E\|\hat{\boldsymbol{\beta}}(1,2)-\boldsymbol{\beta}\|^2$$

因此(3.1.28)成立.

(ii) 不妨设 $E\|\hat{\boldsymbol{\beta}}(1)-\boldsymbol{\beta}\|^2 \leqslant E\|\hat{\boldsymbol{\beta}}(2)-\boldsymbol{\beta}\|^2$，记 $\boldsymbol{A}=\boldsymbol{X}_1^{\mathrm{T}}\boldsymbol{X}_1, \boldsymbol{B}=\boldsymbol{X}_2^{\mathrm{T}}\boldsymbol{X}_2$，则要证 $E\|\hat{\boldsymbol{\beta}}(1,2)-\boldsymbol{\beta}\|^2 < E\|\hat{\boldsymbol{\beta}}(2)-\boldsymbol{\beta}\|^2$
即证

$$\mathrm{tr}(\sigma_1^2\boldsymbol{A}+\sigma_2^2\boldsymbol{B})(\boldsymbol{A}+\boldsymbol{B})^{-2} < \sigma_2^2\mathrm{tr}(\boldsymbol{B}^{-1})$$

亦即

$$\mathrm{tr}[(\sigma_1^2\boldsymbol{A}+\sigma_2^2\boldsymbol{B})-(\boldsymbol{A}+\boldsymbol{B})\sigma_2^2\boldsymbol{B}^{-1}(\boldsymbol{A}+\boldsymbol{B})]<0 \tag{3.1.31}$$

注意到

$$\sigma_1^2\boldsymbol{A}+\sigma_2^2\boldsymbol{B}-(\boldsymbol{A}+\boldsymbol{B})\sigma_2^2\boldsymbol{B}^{-1}(\boldsymbol{A}+B)=\boldsymbol{A}(\sigma_1^2\boldsymbol{A}^{-1}-2\sigma_2^2\boldsymbol{A}^{-1}-\sigma_2^2\boldsymbol{B}^{-1})\boldsymbol{A}<0$$

由此得到(3.1.31)式, 从而(3.1.29)式得证.

(iii)沿用(ii)的记号和假设, 要证 $E\|\hat{\boldsymbol{\beta}}(1,2)-\boldsymbol{\beta}\|^2<E\|\hat{\boldsymbol{\beta}}(1)-\boldsymbol{\beta}\|^2$, 即证

$$\mathrm{tr}(\sigma_1^2\boldsymbol{A}+\sigma_2^2\boldsymbol{B})(\boldsymbol{A}+\boldsymbol{B})^{-2}<\sigma_2^2\mathrm{tr}(\boldsymbol{A}^{-1})$$

亦即

$$\mathrm{tr}[(\sigma_1^2\boldsymbol{A}+\sigma_2^2\boldsymbol{B})-(\boldsymbol{A}+\boldsymbol{B})\sigma_1^2\boldsymbol{A}^{-1}(\boldsymbol{A}+\boldsymbol{B})]\leqslant 0 \tag{3.1.32}$$

注意到当 $\sigma_2^2/\sigma_1^2\leqslant 2$ 时, 有

$$\sigma_1^2\boldsymbol{A}+\sigma_2^2\boldsymbol{B}-(\boldsymbol{A}+\boldsymbol{B})\sigma_1^2\boldsymbol{A}^{-1}(\boldsymbol{A}+\boldsymbol{B})=(\sigma_2^2-2\sigma_1^2)\boldsymbol{B}-\sigma_1^2\boldsymbol{B}\boldsymbol{A}^{-1}\boldsymbol{B}<0$$

因此(3.1.32)式成立, 从而(3.1.30)式得证.

注释 3.1.8　显然定理 3.1.7 的结论可以推广到多个(类)传感器的融合估计.

注释 3.1.9　(3.1.28)式说明, 多传感器的最优融合估计精度比任何单传感器的估计精度要高, 而且比各传感器的任意组合的联合估计的精度要高.

注释 3.1.10　(3.1.29)式说明, 单传感器组合的联合估计精度比最差的单传感器估计的精度要高, 但当各传感器测量精度达到一定条件时, 单传感器组合的联合估计精度也高于最好的单传感器估计的精度. 这对试验设计和选用数据处理方法具有指导意义.

3.1.3　线性模型的优化

由定理 3.1.5 可知, 建立线性回归模型时, 待估参数应尽可能少(节省参数建模); 由定理 3.1.2 可知, 建立的模型不能有小的特征值(模型病态). 这就需要对根据物理规律、工程背景建立的模型进行优化, 以提高估计精度. 下面分三个方面来讨论模型的优化问题.

1. 参数的假设检验

考虑模型:

$$\boldsymbol{Y}=\boldsymbol{X\beta}+\varepsilon,\quad \boldsymbol{\varepsilon}\sim N(0,\sigma^2\boldsymbol{I}) \tag{3.1.33}$$

记 $\boldsymbol{H}=\boldsymbol{X}(\boldsymbol{X}^{\mathrm{T}}\boldsymbol{X})^{-1}\boldsymbol{X}^{\mathrm{T}}=(h_{ii})_{m\times m}$，则 $\boldsymbol{H}$ 为满足 $\boldsymbol{H}^2=\boldsymbol{H}$，$\mathrm{tr}(\boldsymbol{H})=n$ 的半正定矩阵.

定理 3.1.2 说明了用 $\boldsymbol{X}\hat{\boldsymbol{\beta}}_{\mathrm{LS}}$ 作为 $\boldsymbol{X}\boldsymbol{\beta}$ 的估计，其估计误差与待估参数个数 n 成正比，因此在建立回归模型时，在保证模型表示精度的前提下，应尽可能减少待估参数个数. 如果根据某些先验信息或工程背景知道某些待估参数为 0，就应当在模型中将其去掉. 这就是回归模型中某些回归系数是否为 0 的假设检验问题.

下面考虑回归系数 β 的若干个线性组合是否为 0 的问题，即检验

$$H:\ \boldsymbol{G\beta}=0$$

其中 $\boldsymbol{G}$ 为 $k\times n$ 矩阵，$k\leqslant n$，$\mathrm{rank}(\boldsymbol{G})=k$.

易知，存在矩阵 $\boldsymbol{L}_{(n-k)\times n}$，使得 $\boldsymbol{D}=\begin{bmatrix}\boldsymbol{L}\\\boldsymbol{G}\end{bmatrix}_{n\times n}$ 为可逆矩阵.

令 $\boldsymbol{Z}=\boldsymbol{X}\boldsymbol{D}^{-1}$，$\boldsymbol{\alpha}=\boldsymbol{D\beta}$，则模型(3.1.33)化为

$$\boldsymbol{Z}=\boldsymbol{X\alpha}+\boldsymbol{\varepsilon},\quad \boldsymbol{\varepsilon}\sim N(0,\sigma^2\boldsymbol{I}) \tag{3.1.34}$$

记 $\boldsymbol{Z}=(\boldsymbol{z}_1,\cdots,\boldsymbol{z}_n)$，$\boldsymbol{z}_i\ (i=1,\cdots,n)$ 为 m 维列向量，$\boldsymbol{\alpha}=(\alpha_1,\cdots,\alpha_n)^{\mathrm{T}}$，$\boldsymbol{Z}^*=(\boldsymbol{z}_1,\cdots,\boldsymbol{z}_{n-k})$，$\boldsymbol{\alpha}^*=(\alpha_1,\cdots,\alpha_{n-k})^{\mathrm{T}}$，则

$$\boldsymbol{G\beta}=\boldsymbol{0}\ \Leftrightarrow\ \alpha_{n-k+1}=\cdots=\alpha_n=0$$

因此当假设 H 成立时，模型(3.1.34)化为

$$\boldsymbol{Y}^*=\boldsymbol{Z}^*\boldsymbol{\alpha}+\boldsymbol{\varepsilon},\quad \boldsymbol{\varepsilon}\sim N(0,\sigma^2\boldsymbol{I}) \tag{3.1.35}$$

记

$$\hat{\boldsymbol{\alpha}}_{\mathrm{LS}}=(\boldsymbol{Z}^{\mathrm{T}}\boldsymbol{Z})^{-1}\boldsymbol{Z}^{\mathrm{T}}\boldsymbol{Y},\quad \tilde{\boldsymbol{\alpha}}_{\mathrm{LS}}^*=(\boldsymbol{Z}^{*\mathrm{T}}\boldsymbol{Z}^*)^{-1}\boldsymbol{Z}^{*\mathrm{T}}\boldsymbol{Y},\quad \mathrm{RSS_H}=\|\boldsymbol{Y}-\boldsymbol{Z}^*\tilde{\boldsymbol{\alpha}}_{\mathrm{LS}}^*\|^2$$
$$\mathrm{RSS}=\|\boldsymbol{Y}-\boldsymbol{Z}\hat{\boldsymbol{\alpha}}_{\mathrm{LS}}\|^2=\|\boldsymbol{Y}-\boldsymbol{X}\hat{\boldsymbol{\beta}}_{\mathrm{LS}}\|^2$$

定理 3.1.10 对于模型(3.1.33)有:

(1) $\dfrac{\mathrm{RSS}}{\sigma^2}\sim\chi^2(m-n)$;

(2) 若 $\boldsymbol{G\beta}=0$，则

(i) $\dfrac{\mathrm{RSS}-\mathrm{RSS_H}}{\sigma^2}\sim\chi^2(k)$;

(ii) $\mathrm{RSS}-\mathrm{RSS_H}$ 与 RSS 独立;

(iii) $F_{\mathrm{H}}=\dfrac{m-n}{k}\dfrac{\mathrm{RSS_H}-\mathrm{RSS}}{\mathrm{RSS}}\sim F(k,m-n)$.

定理 3.1.10 的证明参见参考文献[1]. 由此可以得到回归模型参数检验的准则.

准则 3.1.1　对于模型(3.1.33)，给定显著水平 δ，当 $F_H > F_{k,m-n}(\delta)$ 时 H：$\boldsymbol{G\beta}=\boldsymbol{0}$ 不成立，当 $F_H < F_{k,m-n}(\delta)$ 时 H：$\boldsymbol{G\beta}=\boldsymbol{0}$ 成立.

2. 基函数的选择

测量数据处理最有效的手段是把数据处理问题转化为回归分析问题，而其关键是回归模型的建立. 对于不同的模型，其模型的精度、数据处理的精度和数据处理的结果不同，从而对测量数据和测量误差的解释是不同的. 一般地，通过工程手段和函数逼近的方法建立模型，但这样建立的模型，通常参数较多，必须优化. 因此，必须讨论如下问题:

(1) 如何比较同一测量数据处理问题的不同模型的优劣;

(2) 如何分离目标真实信号和测量系统误差;

(3) 怎样从全模型中筛选出最优选模型.

设测量数据的模型表示为

$$y_i = f(t_i)+\varepsilon_i,\ \ \varepsilon_i \overset{\text{i.i.d}}{\sim} N(0,\sigma^2),\ \ i=1,\cdots,m \tag{3.1.36}$$

若 $f(t_i)=\sum_{j=1}^{n}\beta_j\psi_j(t_i)+b(t_i)$，其中 $\psi_j(t),\ j=1,\cdots,n$ 为基函数，$b(t)$ 为表示误差，记

$$x_{ij}=\psi_j(t_i),\ \ \boldsymbol{X}=(x_{ij}),\ \ \boldsymbol{\beta}=(\beta_1,\cdots,\beta_n)^{\mathrm{T}},\ \ \boldsymbol{Y}=(y_1,\cdots,y_m)^{\mathrm{T}},\ \ \boldsymbol{b}=(b(t_1),\cdots,b(t_m))^{\mathrm{T}}$$

$$\boldsymbol{f}=(f(t_1),\cdots,f(t_m))^{\mathrm{T}},\ \ \boldsymbol{\varepsilon}=(\varepsilon_1,\cdots,\varepsilon_m)^{\mathrm{T}}$$

则模型(3.1.36)可化为

$$\boldsymbol{Y}=\boldsymbol{X\beta}+\boldsymbol{b}+\boldsymbol{\varepsilon},\ \ \boldsymbol{\varepsilon}\sim N(0,\sigma^2\boldsymbol{I}) \tag{3.1.37}$$

令 $\hat{\boldsymbol{\beta}}_{\mathrm{LS}}=(\boldsymbol{X}^{\mathrm{T}}\boldsymbol{X})^{-1}\boldsymbol{X}^{\mathrm{T}}\boldsymbol{Y}=\boldsymbol{\beta}+(\boldsymbol{X}^{\mathrm{T}}\boldsymbol{X})^{-1}\boldsymbol{X}^{\mathrm{T}}\boldsymbol{b}+(\boldsymbol{X}^{\mathrm{T}}\boldsymbol{X})^{-1}\boldsymbol{X}^{\mathrm{T}}\boldsymbol{\varepsilon}$，以 $\boldsymbol{X}_i\hat{\boldsymbol{\beta}}_{\mathrm{LS}}$ 作为 $\boldsymbol{f}(t_i)$ 的估计，记 $\boldsymbol{H}_{\boldsymbol{X}}=\boldsymbol{X}(\boldsymbol{X}^{\mathrm{T}}\boldsymbol{X})^{-1}\boldsymbol{X}^{\mathrm{T}}$，则其均方误差为

$$\begin{aligned}E\|\boldsymbol{X}\hat{\boldsymbol{\beta}}_{\mathrm{LS}}-\boldsymbol{f}\|^2&=E\|\boldsymbol{X}\hat{\boldsymbol{\beta}}_{\mathrm{LS}}-\boldsymbol{X\beta}-\boldsymbol{b}\|^2=E\|(\boldsymbol{I}-\boldsymbol{H}_{\boldsymbol{X}})\boldsymbol{b}-\boldsymbol{H}_{\boldsymbol{X}}\boldsymbol{\varepsilon}\|^2\\&=\|(\boldsymbol{I}-\boldsymbol{H}_{\boldsymbol{X}})\boldsymbol{b}\|^2+E\|\boldsymbol{H}_{\boldsymbol{X}}\boldsymbol{\varepsilon}\|^2=\|(\boldsymbol{I}-\boldsymbol{H}_{\boldsymbol{X}})\boldsymbol{b}\|^2+n\sigma^2=\|(\boldsymbol{I}-\boldsymbol{H}_{\boldsymbol{X}})\boldsymbol{f}\|^2+n\sigma^2\end{aligned}$$

由上式可知要估 $\boldsymbol{f}$，关键是通过基函数 $\psi_j(t)(j=1,\cdots,n)$ 的选取，使得截断误差 $\|(\boldsymbol{I}-\boldsymbol{H}_{\boldsymbol{X}})\boldsymbol{b}\|^2$ 小，且待估参数个数 n 少. 如果有两组以上的基函数可供选择，如何选取使得估计精度高？在上式中，由于表示误差 $\boldsymbol{b}$ 不知道，从而 $E\|\boldsymbol{X}\hat{\boldsymbol{\beta}}_{\mathrm{LS}}-\boldsymbol{f}\|^2$ 也是不知道的. 因此，不能通过直接比较来确定基函数的好坏.

注意到残差平方和

$$E\|\boldsymbol{Y}-\boldsymbol{X}\hat{\boldsymbol{\beta}}_{\text{LS}}\|^2=E\|\boldsymbol{f}+\boldsymbol{\varepsilon}-\boldsymbol{H}_{\boldsymbol{X}}(\boldsymbol{f}+\boldsymbol{\varepsilon})\|^2=\|(\boldsymbol{I}-\boldsymbol{H}_{\boldsymbol{X}})\boldsymbol{f}\|^2+(m-n)\sigma^2$$

因此，当σ^2已知时，有

$$E[(2n-m)\sigma^2+\|\boldsymbol{Y}-\boldsymbol{X}\hat{\boldsymbol{\beta}}_{\text{LS}}\|^2]=\|(\boldsymbol{I}-\boldsymbol{H}_{\boldsymbol{X}})\boldsymbol{f}\|^2+n\sigma^2=E\|\boldsymbol{X}\hat{\boldsymbol{\beta}}_{\text{LS}}-\boldsymbol{f}\|^2$$

从而可以通过比较$(2n-m)\sigma^2+\|\boldsymbol{Y}-\boldsymbol{X}\hat{\boldsymbol{\beta}}_{\text{LS}}\|^2$来确定基函数，从而在估准真实信号 $\boldsymbol{f}$ 的前提下得到较好的模型.

若选择另一组基，得到模型

$$\boldsymbol{Y}=\boldsymbol{Z}\boldsymbol{\alpha}+\boldsymbol{d}+\boldsymbol{\varepsilon},\ \ \boldsymbol{\varepsilon}\sim N(0,\sigma^2\boldsymbol{I}),\ \text{rank}(\boldsymbol{Z}_{m\times p})=p \tag{3.1.38}$$

同样可得

$$E[(2p-m)\sigma^2+\|\boldsymbol{Y}-\boldsymbol{Z}\hat{\boldsymbol{\alpha}}_{\text{LS}}\|^2]=\|(\boldsymbol{I}-\boldsymbol{H}_{\boldsymbol{Z}})\boldsymbol{d}\|^2+p\sigma^2=E\|\boldsymbol{Z}\hat{\boldsymbol{\alpha}}_{\text{LS}}-\boldsymbol{f}\|^2$$

准则 3.1.2 定义统计量

$$D_{\boldsymbol{X}}=(2n-m)\sigma^2+\|\boldsymbol{Y}-\boldsymbol{X}\hat{\boldsymbol{\beta}}_{\text{LS}}\|^2,\ \ D_{\boldsymbol{Z}}=(2p-m)\sigma^2+\|\boldsymbol{Y}-\boldsymbol{Z}\hat{\boldsymbol{\alpha}}_{\text{LS}}\|^2$$

若$D_{\boldsymbol{X}}<D_{\boldsymbol{Z}}$，则在估准真实信号 $\boldsymbol{f}$ 的前提下，模型(3.1.37)比模型(3.1.38)优；否则(3.1.38)比(3.1.37)优. 特别地，当$p=n$时，残差平方和小的模型优，残差平方和大的模型劣.

当σ^2未知时，当$m-n$，$m-p$较大时，可用残差平方和给出σ^2的估计，记

$$\text{RSS}_{\boldsymbol{X}}=\|\boldsymbol{Y}-\boldsymbol{X}\hat{\boldsymbol{\beta}}_{\text{LS}}\|^2,\ \ \text{RSS}_{\boldsymbol{Z}}=\|\boldsymbol{Y}-\boldsymbol{Z}\hat{\boldsymbol{\alpha}}_{\text{LS}}\|^2,\ \ \sigma_*^2=\min\left\{\frac{\text{RSS}_{\boldsymbol{X}}}{m-n},\frac{\text{RSS}_{\boldsymbol{Z}}}{m-p}\right\}$$

用σ_*^2代替统计量$D_{\boldsymbol{X}},D_{\boldsymbol{Z}}$中的$\sigma^2$，得到统计量$D_{\boldsymbol{X}}^*,D_{\boldsymbol{Z}}^*$，得到下述模型优化准则.

准则 3.1.3 若$D_{\boldsymbol{X}}^*<D_{\boldsymbol{Z}}^*$，模型(3.1.37)比模型(3.1.38)优；否则(3.1.38)比(3.1.37)优.

注释 3.1.11 准则 3.1.2、准则 3.1.3 对于线性和非线性模型均适用，只是非线性时统计量的形式为

$$D_{\boldsymbol{X}}^*=(2n-m)\sigma_*^2+\|\boldsymbol{Y}-f(\hat{\boldsymbol{\beta}}_{\text{LS}})\|^2,\ \ D_{\boldsymbol{Z}}^*=(2p-m)\sigma_*^2+\|\boldsymbol{Y}-g(\hat{\boldsymbol{\alpha}}_{\text{LS}})\|^2$$

其中$\boldsymbol{f},\boldsymbol{g}$为待估参数$\boldsymbol{\beta},\boldsymbol{\alpha}$的非线性函数，$\hat{\boldsymbol{\beta}}_{\text{LS}},\hat{\boldsymbol{\alpha}}_{\text{LS}}$为$\boldsymbol{\beta},\boldsymbol{\alpha}$的非线性最小二乘估计.

注释 3.1.12 在观测数据没有系统误差时，要估计真实信号 $\boldsymbol{f}$，只要求待估参数少，模型精确，并不要求设计矩阵没有小的特征值.

3. 自变量的选择

在假设检验中，已经讨论了减少待估参数的问题，即剔除某些 β_i；而在基函数选择中，也讨论了如何选择基函数，使真实信号的估计精度更高的问题. 这里，再讨论另一种模型优化的方法，即在基函数确定后，通过对真实信号表示中项的去留来实现模型的优化.

记 $\boldsymbol{X}=(X_1,\cdots,X_n)$, $\boldsymbol{\beta}=(\beta_1,\cdots,\beta_n)^{\mathrm{T}}$，则 $\boldsymbol{X\beta}=\sum\limits_{i=1}^{n}X_i\beta_i$. 这里考虑的问题是：若 $X_i\beta_i$ 接近于 0，则可剔除 $X_i\beta_i$ (这与单纯判断 β_i 小是不一样的).

记 $\boldsymbol{X}_P=(X_1,\cdots,X_p)$, $\boldsymbol{X}_R=(X_{p+1},\cdots,X_n)$, $\boldsymbol{\beta}_P=(\beta_1,\cdots,\beta_p)^{\mathrm{T}}$, $\boldsymbol{\beta}_R=(\beta_{p+1},\cdots,\beta_n)^{\mathrm{T}}$，称

$$\boldsymbol{Y}=\boldsymbol{X\beta}+\boldsymbol{\varepsilon}=\boldsymbol{X}_P\boldsymbol{\beta}_P+\boldsymbol{X}_R\boldsymbol{\beta}_R+\boldsymbol{\varepsilon},\quad \boldsymbol{\varepsilon}\sim N(0,\sigma^2\boldsymbol{I}) \tag{3.1.39}$$

与

$$\boldsymbol{Y}=\boldsymbol{X}_P\boldsymbol{\beta}_P+\tilde{\boldsymbol{\varepsilon}},\quad \tilde{\boldsymbol{\varepsilon}}\sim N(\boldsymbol{X}_R\boldsymbol{\beta}_R,\sigma^2\boldsymbol{I}) \tag{3.1.40}$$

为全模型与最优选模型.

(1) 自变量选择的意义.

记

$$\boldsymbol{A}=(\boldsymbol{X}_P^{\mathrm{T}}\boldsymbol{X}_P)^{-1}\boldsymbol{X}_P^{\mathrm{T}}\boldsymbol{X}_R,\quad \boldsymbol{X}_{RR}=\boldsymbol{X}_R-\boldsymbol{X}_P\boldsymbol{A}=(\boldsymbol{I}-\boldsymbol{H}_P)\boldsymbol{X}_R$$

$$B=(X_{RR}^{\mathrm{T}}X_{RR})^{-1},\quad \hat{\beta}=(X^{\mathrm{T}}X)^{-1}X^{\mathrm{T}}Y,\quad \tilde{\beta}_P=(X_P^{\mathrm{T}}X_P)^{-1}X_P^{\mathrm{T}}Y$$

$$\hat{\sigma}^2=\frac{\|\boldsymbol{Y}-\boldsymbol{X}\hat{\boldsymbol{\beta}}\|^2}{m-n},\quad \tilde{\sigma}^2=\frac{\|\boldsymbol{Y}-\boldsymbol{X}_P\tilde{\boldsymbol{\beta}}_P\|^2}{m-p},\quad \hat{\boldsymbol{\beta}}=(\hat{\boldsymbol{\beta}}_P^{\mathrm{T}},\hat{\boldsymbol{\beta}}_R^{\mathrm{T}})^{\mathrm{T}}$$

定理 3.1.11[5]　在模型 (3.1.39), (3.1.40) 的假设下，有

(i) $E\tilde{\boldsymbol{\beta}}_P=\boldsymbol{\beta}_P+\boldsymbol{A\beta}_R$;

(ii) $\mathrm{Cov}(\hat{\boldsymbol{\beta}}_P)=\sigma^2[(\boldsymbol{X}_P^{\mathrm{T}}\boldsymbol{X}_P)^{-1}+\boldsymbol{ABA}^{\mathrm{T}}]$, $\mathrm{Cov}(\hat{\boldsymbol{\beta}}_R)=\sigma^2\boldsymbol{B}$;

(iii) $\mathrm{Cov}(\tilde{\boldsymbol{\beta}}_P)=\sigma^2(\boldsymbol{X}_P^{\mathrm{T}}\boldsymbol{X}_P)^{-1}$.

由上述定理中 (2), (3) 可见，$\mathrm{Cov}(\tilde{\boldsymbol{\beta}}_P)\leqslant\mathrm{Cov}(\hat{\boldsymbol{\beta}}_P)$，但这并不能说明 $\tilde{\boldsymbol{\beta}}_P$ 比 $\hat{\boldsymbol{\beta}}_P$ 要好，因为 $\tilde{\boldsymbol{\beta}}_P$ 是 $\boldsymbol{\beta}_P$ 的有偏估计，而 $\hat{\boldsymbol{\beta}}_P$ 是 $\boldsymbol{\beta}_P$ 的无偏估计.

下面引入均方误差矩阵，它是评定参数估计优劣的一个合理标准.

定义 3.1.1　设 $\tilde{\boldsymbol{\theta}}$ 是参数 $\boldsymbol{\theta}$ 的估计，称 $\mathrm{MSEM}(\tilde{\boldsymbol{\theta}})=E(\tilde{\boldsymbol{\theta}}-\boldsymbol{\theta})(\tilde{\boldsymbol{\theta}}-\boldsymbol{\theta})^{\mathrm{T}}$ 为估计 $\tilde{\boldsymbol{\theta}}$ 的均方误差矩阵 (Mean Square Error Matrix).

注释 3.1.13　由于 $[\mathrm{MSEM}(\tilde{\boldsymbol{\theta}})]_{ii}=E(\tilde{\theta}_i-\theta_i)^2$，所以 $\mathrm{MSEM}(\tilde{\boldsymbol{\theta}})$ 可衡量每一个分

量的估计精度.

注意到

$$\begin{aligned}\mathrm{Cov}(\tilde{\boldsymbol{\theta}}) &= E(\tilde{\boldsymbol{\theta}}-E\tilde{\boldsymbol{\theta}})(\tilde{\boldsymbol{\theta}}-E\tilde{\boldsymbol{\theta}})^{\mathrm{T}} \\ &= E((\tilde{\boldsymbol{\theta}}-\boldsymbol{\theta})+(\boldsymbol{\theta}-E\tilde{\boldsymbol{\theta}}))((\tilde{\boldsymbol{\theta}}-\boldsymbol{\theta})+(\boldsymbol{\theta}-E\tilde{\boldsymbol{\theta}}))^{\mathrm{T}} \\ &= \mathrm{MSEM}(\tilde{\boldsymbol{\theta}})-(\boldsymbol{\theta}-E\tilde{\boldsymbol{\theta}})(\boldsymbol{\theta}-E\tilde{\boldsymbol{\theta}})^{\mathrm{T}}\end{aligned}$$

因此当 $\tilde{\boldsymbol{\theta}}$ 是 $\boldsymbol{\theta}$ 的无偏估计时，有 $\mathrm{Cov}(\tilde{\boldsymbol{\theta}})=\mathrm{MSEM}(\tilde{\boldsymbol{\theta}})$；否则我们有 $\mathrm{Cov}(\tilde{\boldsymbol{\theta}})\leqslant\mathrm{MSEM}(\tilde{\boldsymbol{\theta}})$.

定理 3.1.12[1]　在模型(3.1.39)，(3.1.40)的假设下，有

(i) $E\|\boldsymbol{X}\hat{\boldsymbol{\beta}}-\boldsymbol{X}\boldsymbol{\beta}\|^2=n\sigma^2, E\|\boldsymbol{X}_P\tilde{\boldsymbol{\beta}}_P-\boldsymbol{X}\boldsymbol{\beta}\|^2=\|\boldsymbol{X}_{RR}\boldsymbol{\beta}_R\|^2+p\sigma^2$；

(ii) $\|\boldsymbol{X}_{RR}\boldsymbol{\beta}_R\|^2\leqslant\sigma^2 \Leftrightarrow \mathrm{Cov}(\hat{\boldsymbol{\beta}}_R)\geqslant\boldsymbol{\beta}_R\boldsymbol{\beta}_R^{\mathrm{T}}$.

特别地，当 $\|\boldsymbol{X}_{RR}\boldsymbol{\beta}_R\|^2\leqslant\sigma^2$ 时有 $\mathrm{Cov}(\hat{\boldsymbol{\beta}}_R)\geqslant\mathrm{MSEM}(\tilde{\boldsymbol{\beta}}_P)$.

注释 3.1.14　定理 3.1.12 的意义是，当 $\|\boldsymbol{X}_{RR}\boldsymbol{\beta}_R\|^2=\|(\boldsymbol{I}-\boldsymbol{H}_P)\boldsymbol{X}_R\boldsymbol{\beta}_R\|^2$ 较小($\leqslant\sigma^2$)时，用 $\tilde{\boldsymbol{\beta}}_P$(优选模型的 LS 估计)比用 $\hat{\boldsymbol{\beta}}_P$ 估计 $\boldsymbol{\beta}_P$ 的精度高，且用 $\boldsymbol{X}_P\tilde{\boldsymbol{\beta}}_P$ 比 $\boldsymbol{X}\hat{\boldsymbol{\beta}}$ 作为 $\boldsymbol{X}\boldsymbol{\beta}$ 的估计精度高(因 $n\sigma^2\geqslant p\sigma^2+\sigma^2$)．因此，如果的确有一些自变量 $\boldsymbol{X}_R$，使得 $(\boldsymbol{I}-\boldsymbol{H}_P)\boldsymbol{X}_R\boldsymbol{\beta}_R$ 很小，那么去掉这些自变量 $X_R\boldsymbol{\beta}_R$ 后得到的模型比全模型无论是作为参数的估计还是作为真实信号的估计精度都要高.

注释 3.1.15　在实际问题中，并不一定是 $\boldsymbol{X}$ 的前 p 就构成 $\boldsymbol{X}_P$，$\boldsymbol{X}_R$ 由哪些列组成，应由具体的工程背景和数学准则来确定. **附录中讨论了自变量选择的快速算法**.

注释 3.1.16　在确定用不同基函数表示的模型的优劣时，不能与全模型比较，而应该与最优选模型比较.

(2) 自变量选择的准则.

自变量选择的准则有很多种，这里主要讨论适用于动态测量数据处理的 C_P 准则．如果进行自变量选择的目的是使 $\boldsymbol{X}\boldsymbol{\beta}$ 的估计最优，那么，应使 $E\|\boldsymbol{X}_P\tilde{\boldsymbol{\beta}}_P-\boldsymbol{X}\boldsymbol{\beta}\|^2=\|\boldsymbol{X}_{RR}\boldsymbol{\beta}_R\|^2+p\sigma^2=\min$，由于此式中 $\sigma^2, \boldsymbol{\beta}$ 未知，不能直接由此来作出判断.

如果用它们的估计值 $\hat{\sigma}^2=\dfrac{\|\boldsymbol{Y}-\boldsymbol{X}\hat{\boldsymbol{\beta}}\|^2}{m-n}$ 及 $\hat{\boldsymbol{\beta}}=(\boldsymbol{X}^{\mathrm{T}}\boldsymbol{X})^{-1}\boldsymbol{X}^{\mathrm{T}}\boldsymbol{Y}$ 来代替，由于

$$\hat{\boldsymbol{\beta}}_R=\boldsymbol{\beta}_R+(\boldsymbol{X}_{RR}^{\mathrm{T}}\boldsymbol{X}_{RR})^{-1}\boldsymbol{X}_{RR}^{\mathrm{T}}\boldsymbol{\varepsilon}$$

$$E\|\boldsymbol{X}_{RR}\hat{\boldsymbol{\beta}}_R\|^2=E\|\boldsymbol{X}_{RR}\boldsymbol{\beta}_R+\boldsymbol{X}_{RR}(\boldsymbol{X}_{RR}^{\mathrm{T}}\boldsymbol{X}_{RR})^{-1}\boldsymbol{X}_{RR}^{\mathrm{T}}\varepsilon\|^2=\|\boldsymbol{X}_{RR}\boldsymbol{\beta}_R\|^2+(n-p)\sigma^2$$

因此得到统计量: $J_P = \|X_{RR}\hat{\boldsymbol{\beta}}_R\|^2 + (2p-n)\hat{\sigma}^2$.

若 J_P 达到最小, 则认为 $E\|X_P\tilde{\boldsymbol{\beta}}_P - X\boldsymbol{\beta}\|^2 = \min$ 成立.

但由于 J_P 的计算量大, 可引入如下易于计算的统计量:

$$C_P = \frac{\|Y - X_P\tilde{\boldsymbol{\beta}}_P\|^2}{\hat{\sigma}^2} + 2p - m$$

定理 3.1.13　$C_P = \dfrac{J_P}{\hat{\sigma}^2} = \dfrac{\|X_{RR}\hat{\boldsymbol{\beta}}_R\|^2}{\hat{\sigma}^2} + 2p - n$.

证明　注意到 $X^{\mathrm{T}}(Y - X\hat{\boldsymbol{\beta}}) = X^{\mathrm{T}}Y - X^{\mathrm{T}}X(X^{\mathrm{T}}X)^{-1}X^{\mathrm{T}}Y = 0$, 于是有 $X_P^{\mathrm{T}}(Y - X\hat{\boldsymbol{\beta}}) = \mathbf{0}$ (即为 $X^{\mathrm{T}}(Y - X\hat{\boldsymbol{\beta}}) = \mathbf{0}$ 的前 P 个方程), 因此

$$\|Y - X_P\tilde{\boldsymbol{\beta}}_P\|^2 = \|Y - X\hat{\boldsymbol{\beta}} + X\hat{\boldsymbol{\beta}} - X_P\tilde{\boldsymbol{\beta}}_P\|^2 = \|Y - X\hat{\boldsymbol{\beta}}\|^2 + \|X\hat{\boldsymbol{\beta}} - X_P\tilde{\boldsymbol{\beta}}_P\|^2$$

而

$$\begin{aligned} X\hat{\boldsymbol{\beta}} - X_P\tilde{\boldsymbol{\beta}}_P &= X_P\hat{\boldsymbol{\beta}}_P + X_R\hat{\boldsymbol{\beta}}_R - X_P\hat{\boldsymbol{\beta}}_P - X_P A\hat{\boldsymbol{\beta}}_R \\ &= X_R\hat{\boldsymbol{\beta}}_R - H_P X_R\hat{\boldsymbol{\beta}}_R = (I - H_P)X_R\hat{\boldsymbol{\beta}}_R = X_{RR}\hat{\boldsymbol{\beta}}_R \end{aligned}$$

所以

$$\begin{aligned} X\hat{\boldsymbol{\beta}} - X_P\tilde{\boldsymbol{\beta}}_P &= X_P\hat{\boldsymbol{\beta}}_P + X_R\hat{\boldsymbol{\beta}}_R - X_P\hat{\boldsymbol{\beta}}_P - X_P A\hat{\boldsymbol{\beta}}_R \\ &= X_R\hat{\boldsymbol{\beta}}_R - H_P X_R\hat{\boldsymbol{\beta}}_R = (I - H_P)X_R\hat{\boldsymbol{\beta}}_R = X_{RR}\hat{\boldsymbol{\beta}}_R \end{aligned}$$

因此 $\|X\hat{\boldsymbol{\beta}} - X_P\tilde{\boldsymbol{\beta}}_P\|^2 = \|X_{RR}\hat{\boldsymbol{\beta}}_R\|^2$, $\|Y - X_P\tilde{\boldsymbol{\beta}}_P\|^2 = \|Y - X\hat{\boldsymbol{\beta}}\|^2 + \|X_{RR}\hat{\boldsymbol{\beta}}_R\|^2$, 从而

$$\begin{aligned} \frac{J_P}{\hat{\sigma}^2} &= \frac{\|X_{RR}\hat{\boldsymbol{\beta}}_R\|^2}{\hat{\sigma}^2} + 2p - n = \frac{\|Y - X_P\tilde{\boldsymbol{\beta}}_P\|^2}{\hat{\sigma}^2} - \frac{\|Y - X\hat{\boldsymbol{\beta}}\|^2}{\hat{\sigma}^2} + 2p - n \\ &= \frac{\|Y - X_P\tilde{\boldsymbol{\beta}}_P\|^2}{\hat{\sigma}^2} - (m-n) + 2p - n = C_P \end{aligned}$$

对于统计量 C_P, 有如下性质.

定理 3.1.14[3]　在模型(3.1.39), (3.1.40)的假设下, 有

$$E(C_P) = p + \frac{2(n-p)}{m-n-2} + \frac{(m-n)\|X_{RR}\boldsymbol{\beta}_R\|^2}{(m-n-2)\sigma^2}$$

$$D(C_P) \geqslant \frac{(m-n)^2}{(m-n-2)^2}\left[2(n-p) + \frac{4\|X_{RR}\boldsymbol{\beta}_R\|^2}{\sigma^2}\right] \quad (m \gg n)$$

注释 3.1.17 当$n-p$(丢弃的自变量数)或$\dfrac{\|\boldsymbol{X}_{RR}\boldsymbol{\beta}_R\|^2}{\sigma^2}$较大时，$\mathrm{Var}(C_P)$较大，这时由$C_P$=min 与$\mathrm{E}\|\boldsymbol{X}_P\tilde{\boldsymbol{\beta}}_P-\boldsymbol{X}\boldsymbol{\beta}\|^2=\min$得到的模型可能会有较大差别. 因此，应尽可能使$n-p$小.

由于一般要求$\|\boldsymbol{X}_{RR}\boldsymbol{\beta}_R\|^2\leqslant\sigma^2$ (或 $\|\boldsymbol{X}_{RR}\hat{\boldsymbol{\beta}}_R\|^2\leqslant\hat{\sigma}^2$)，由定理 3.1.13 可知$C_P\leqslant p+1$. 因此可得如下准则.

准则 3.1.4 按以下准则确定最优选模型:

$$\begin{cases}C_P\leqslant p+1,\\ C_P=\min,\end{cases}\quad m\gg n$$

3.2 线性模型参数估计的改进

3.2.1 模型病态与估计优劣的评价

1. 模型病态

由定理 3.1.2 可知，当线性模型的设计矩阵$\boldsymbol{X}$满足$\boldsymbol{X}^{\mathrm{T}}\boldsymbol{X}$不可逆或有小特征值时，参数的估计结果就会很差. 这样的模型就是病态(或亏秩)的. 那么，导致$\boldsymbol{X}^{\mathrm{T}}\boldsymbol{X}$有小特征值的原因是什么?

定理 3.2.1 矩阵$\boldsymbol{X}^{\mathrm{T}}\boldsymbol{X}$有零特征值的充分必要条件是矩阵$\boldsymbol{X}$的列线性相关.

证明 矩阵$\boldsymbol{X}^{\mathrm{T}}\boldsymbol{X}$有零特征值, 即存在非零向量$\boldsymbol{p}$使得

$$\boldsymbol{X}^{\mathrm{T}}\boldsymbol{X}\boldsymbol{p}=0\times\boldsymbol{p}=\boldsymbol{0}\quad\Leftrightarrow\quad\boldsymbol{p}^{\mathrm{T}}\boldsymbol{X}^{\mathrm{T}}\boldsymbol{X}\boldsymbol{p}=\|\boldsymbol{X}\boldsymbol{p}\|^2=0\Leftrightarrow\boldsymbol{X}\boldsymbol{p}=\boldsymbol{0}$$

即矩阵$\boldsymbol{X}$的列线性相关.

由上述证明可知，若矩阵 $\boldsymbol{X}$ 的列近似线性相关，即$\|\boldsymbol{X}\boldsymbol{p}\|^2\approx0$，则矩阵$\boldsymbol{X}^{\mathrm{T}}\boldsymbol{X}$有近似于 0 的特征值(小特征值). 因此模型病态的根本原因就是设计矩阵近似列线性相关. 这是同时估计信号真值和系统误差时经常遇到的问题.

2. 估计结果的评价

由第 1 章关于精度的讨论可知，在估计是无偏估计时，估计的方差就是估计精度评价的标准. 但由定理 3.1.2 可知，当模型病态时，最小二乘估计(无偏估计)的方差会很大. 这时估计就变得很不好(精度很差). 注意到估计的好坏应该是估计值与真值差异的一种描述，它不应该建立在是否无偏的基础上. 为此考虑另一种标准，也即均方误差.

定义 3.2.1　设 $\boldsymbol{\beta}$ 为未知参数向量，$\tilde{\boldsymbol{\beta}}$ 为它的某种估计，$\tilde{\boldsymbol{\beta}}$ 的均方误差(Mean Square Error, MSE)为 $\mathrm{MSE}(\tilde{\boldsymbol{\beta}})=E\|\tilde{\boldsymbol{\beta}}-\boldsymbol{\beta}\|^2$.

注意到

$$\begin{aligned}\mathrm{MSE}(\tilde{\boldsymbol{\beta}})&=E\|\tilde{\boldsymbol{\beta}}-\boldsymbol{\beta}\|^2=E\|\tilde{\boldsymbol{\beta}}-E\tilde{\boldsymbol{\beta}}+E\tilde{\boldsymbol{\beta}}-\boldsymbol{\beta}\|^2\\&=E\|\tilde{\boldsymbol{\beta}}-E\tilde{\boldsymbol{\beta}}\|^2+\|E\tilde{\boldsymbol{\beta}}-\boldsymbol{\beta}\|^2=\mathrm{Var}(\tilde{\boldsymbol{\beta}})+\|\mathrm{Bias}(\tilde{\boldsymbol{\beta}})\|^2\end{aligned}$$

因此，估计的均方误差为估计的偏差的平方和与估计的方差的和.

注释 3.2.1　如果允许估计有一定的偏差，使得估计的方差大大地减小，最终使得估计的均方误差减小，那么该估计就优化了. 这就是引入有偏估计的原因.

注释 3.2.2　在实际工程问题中，绝大多数估计问题都是非线性的，其估计是有偏的，如果只考虑用参数估计的方差来评价估计的优劣，是不科学的.

3.2.2　有偏估计

1. 岭估计及其改进

考虑模型

$$\boldsymbol{Y}=\boldsymbol{X\beta}+\varepsilon,\quad \boldsymbol{\varepsilon}\sim(0,\sigma^2\boldsymbol{I}) \tag{3.2.1}$$

对于其参数 $\boldsymbol{\beta}$ 的线性无偏方差一致最小的估计 $\hat{\boldsymbol{\beta}}_{\mathrm{LS}}$ 有

$$\mathrm{Cov}(\hat{\boldsymbol{\beta}}_{\mathrm{LS}})=\sigma^2(\boldsymbol{X}^{\mathrm{T}}\boldsymbol{X})^{-1}=\sigma^2\boldsymbol{P}\mathrm{diag}(\lambda_1^{-1},\cdots,\lambda_n^{-1})\boldsymbol{P}^{\mathrm{T}}$$

$$\mathrm{Var}(\hat{\boldsymbol{\beta}}_{\mathrm{LS}})=\sigma^2\mathrm{tr}(\boldsymbol{X}^{\mathrm{T}}\boldsymbol{X})^{-1}=\sigma^2\sum_{i=1}^{N}\lambda_i^{-1}$$

其中，$\lambda_i, i=1,\cdots,n$ 为矩阵 $\boldsymbol{X}^{\mathrm{T}}\boldsymbol{X}$ 的特征值，$\boldsymbol{P}$ 为正交矩阵.

因此要使估计变得更好，主要有三种方法：一是提高设备的精度(减小 σ^2)；二是增加测量数据的种类(改造估计模型使得对于模型的 $\boldsymbol{X}^{\mathrm{T}}\boldsymbol{X}$ 的特征值变大，融合处理)；三是改造估计方法(用有偏估计). 这里只讨论第三种方法.

定义 3.2.2[6]　设 $k>0$，称 $\hat{\boldsymbol{\beta}}(k)=(\boldsymbol{X}^{\mathrm{T}}\boldsymbol{X}+k\boldsymbol{I})^{-1}\boldsymbol{X}^{\mathrm{T}}\boldsymbol{Y}$ 为模型(3.2.1)的以 k 为岭参数的岭估计(Ridge Estimation).

对于估计 $\hat{\boldsymbol{\beta}}(k)$，有如下定理.

定理 3.2.2　记 $\boldsymbol{A}=(\boldsymbol{X}^{\mathrm{T}}\boldsymbol{X}+k\boldsymbol{I})^{-1}\boldsymbol{X}^{\mathrm{T}}\boldsymbol{X}$，则

(i) $\hat{\boldsymbol{\beta}}(k)=\boldsymbol{A}\hat{\boldsymbol{\beta}}_{\mathrm{LS}}$，$\hat{\boldsymbol{\beta}}(0)=\hat{\boldsymbol{\beta}}_{\mathrm{LS}}$；

(ii) $E\hat{\boldsymbol{\beta}}(k)=\boldsymbol{A\beta}$，故只要 $k\neq 0,\boldsymbol{\beta}\neq 0$，$\hat{\boldsymbol{\beta}}(k)$ 就是 $\boldsymbol{\beta}$ 的有偏估计；

(iii) 存在 $k_0>0$，使得 $\forall k\in(0,k_0]$，有 $\mathrm{MSE}(\hat{\boldsymbol{\beta}}(k))<\mathrm{MSE}(\hat{\boldsymbol{\beta}}_{\mathrm{LS}})$；

(iv) 存在 $k_0>0$，使得 $\forall k\in(0,k_0]$，有 $E\|\boldsymbol{X}\hat{\boldsymbol{\beta}}(k)-\boldsymbol{X}\boldsymbol{\beta}\|^2<E\|\boldsymbol{X}\hat{\boldsymbol{\beta}}_{\mathrm{LS}}-\boldsymbol{X}\boldsymbol{\beta}\|^2$.

证明　令 $\boldsymbol{X}^{\mathrm{T}}\boldsymbol{X}=\boldsymbol{P}\boldsymbol{\Lambda}\boldsymbol{P}^{\mathrm{T}}=\boldsymbol{P}\mathrm{diag}(\lambda_1,\cdots,\lambda_n)\boldsymbol{P}^{\mathrm{T}}$，其中 $\lambda_1\geqslant\lambda_2\geqslant\cdots\geqslant\lambda_n>0$ 为 $\boldsymbol{X}^{\mathrm{T}}\boldsymbol{X}$ 的全部特征值, $\boldsymbol{P}$ 为正交矩阵, 则

(i)

$$
\begin{aligned}
\hat{\boldsymbol{\beta}}(k)&=(\boldsymbol{X}^{\mathrm{T}}\boldsymbol{X}+k\boldsymbol{I})^{-1}\boldsymbol{X}^{\mathrm{T}}\boldsymbol{Y}=(\boldsymbol{P}\boldsymbol{\Lambda}\boldsymbol{P}^{\mathrm{T}}+k\boldsymbol{I})^{-1}\boldsymbol{X}^{\mathrm{T}}\boldsymbol{X}\hat{\boldsymbol{\beta}}_{\mathrm{LS}}\\
&=\boldsymbol{P}(\boldsymbol{\Lambda}+k\boldsymbol{I})^{-1}\boldsymbol{P}^{\mathrm{T}}\boldsymbol{P}\boldsymbol{\Lambda}\boldsymbol{P}^{\mathrm{T}}\hat{\boldsymbol{\beta}}_{\mathrm{LS}}=\boldsymbol{P}(\boldsymbol{\Lambda}+k\boldsymbol{I})^{-1}\boldsymbol{\Lambda}\boldsymbol{P}^{\mathrm{T}}\hat{\boldsymbol{\beta}}_{\mathrm{LS}}
\end{aligned}
$$

(ii) $E\hat{\boldsymbol{\beta}}(k)=E\boldsymbol{A}\hat{\boldsymbol{\beta}}_{\mathrm{LS}}=\boldsymbol{A}\boldsymbol{\beta}$;

(iii) 令 $\boldsymbol{V}=\boldsymbol{X}\boldsymbol{P},\boldsymbol{\theta}=\boldsymbol{P}^{\mathrm{T}}\boldsymbol{\beta}$，则

$$
\boldsymbol{V}\boldsymbol{\theta}=\boldsymbol{X}\boldsymbol{\beta},\quad \boldsymbol{V}^{\mathrm{T}}\boldsymbol{V}=\boldsymbol{P}^{\mathrm{T}}\boldsymbol{X}^{\mathrm{T}}\boldsymbol{X}\boldsymbol{P}=\boldsymbol{\Lambda}=\mathrm{diag}(\lambda_1,\cdots,\lambda_n)
$$

模型 (3.2.1) 化为 $\boldsymbol{Y}=\boldsymbol{V}\boldsymbol{\theta}+\boldsymbol{\varepsilon},\quad \boldsymbol{\varepsilon}\sim(0,\sigma^2\boldsymbol{I})$ (称此模型为典则模型).

令

$$
\begin{aligned}
\hat{\boldsymbol{\theta}}(k)&=\boldsymbol{P}^{\mathrm{T}}\hat{\boldsymbol{\beta}}(k)=\boldsymbol{P}^{\mathrm{T}}(\boldsymbol{X}^{\mathrm{T}}\boldsymbol{X}+k\boldsymbol{I})^{-1}\boldsymbol{X}^{\mathrm{T}}\boldsymbol{Y}=\boldsymbol{P}^{\mathrm{T}}\boldsymbol{P}(\Lambda+k\boldsymbol{I})^{-1}\boldsymbol{P}^{\mathrm{T}}\boldsymbol{X}^{\mathrm{T}}\boldsymbol{Y}\\
&=(\boldsymbol{\Lambda}+k\boldsymbol{I})^{-1}\boldsymbol{V}^{\mathrm{T}}\boldsymbol{Y}
\end{aligned}
$$

则

$$
\begin{aligned}
&\mathrm{MSE}(\hat{\boldsymbol{\beta}}(k))=E\|\hat{\boldsymbol{\beta}}(k)-\boldsymbol{\beta}\|^2=E\|\hat{\boldsymbol{\theta}}(k)-\boldsymbol{\theta}\|^2\\
&=E\|(\boldsymbol{\Lambda}+k\boldsymbol{I})^{-1}\boldsymbol{V}^{\mathrm{T}}(\boldsymbol{V}\boldsymbol{\theta}+\boldsymbol{\varepsilon})-\boldsymbol{\theta}\|^2\\
&=E\|(\boldsymbol{\Lambda}+k\boldsymbol{I})^{-1}\boldsymbol{\Lambda}\boldsymbol{\theta}-\boldsymbol{\theta}\|^2+E\|(\boldsymbol{\Lambda}+k\boldsymbol{I})^{-1}\boldsymbol{V}^{\mathrm{T}}\boldsymbol{\varepsilon}\|^2\\
&=\boldsymbol{\theta}^{\mathrm{T}}((\boldsymbol{\Lambda}+k\boldsymbol{I})^{-1}\boldsymbol{\Lambda}-\boldsymbol{I})^{\mathrm{T}}((\boldsymbol{\Lambda}+k\boldsymbol{I})^{-1}\boldsymbol{\Lambda}-\boldsymbol{I})\boldsymbol{\theta}+\sigma^2\mathrm{tr}(\boldsymbol{\Lambda}+k\boldsymbol{I})^{-1}\boldsymbol{\Lambda}(\boldsymbol{\Lambda}+k\boldsymbol{I})^{-1}\\
&=\sum_{i=1}^{n}\frac{k^2\theta_i^2}{(\lambda_i+k)^2}+\sigma^2\sum_{i=1}^{n}\frac{\lambda_i}{(\lambda_i+k)^2}=g_1(k)+g_2(k)=g(k)
\end{aligned}
$$

则 $g(0)=\mathrm{MSE}(\hat{\boldsymbol{\beta}}_{\mathrm{LS}})$, $g_1(k)$, $g_2(k)$ 在 $[0,+\infty)$ 内连续可微, 且

$$
\frac{\mathrm{d}}{\mathrm{d}k}g_1(0)=\sum_{i=1}^{n}\left.\frac{2k\theta_i^2\lambda_i}{(\lambda_i+k)^3}\right|_{k=0}=0,\quad \frac{\mathrm{d}}{\mathrm{d}k}g_2(0)=\sigma^2\sum_{i=1}^{n}\frac{-2\lambda_i}{(\lambda_i+k)^3}<0
$$

所以 $\frac{\mathrm{d}}{\mathrm{d}k}g(0)<0$. 由于 $\frac{\mathrm{d}}{\mathrm{d}k}g(k)$ 连续，故存在 $k_0>0$，使得 $\forall k\in(0,k_0]$，我们有 $\frac{\mathrm{d}}{\mathrm{d}k}g(0)<0$，即 $g(k)$ 是减函数, 因此, $\forall k\in(0,k_0]$，有

$$
g(k)=\mathrm{MSE}(\hat{\boldsymbol{\beta}}(k))<g(0)=\mathrm{MSE}(\hat{\boldsymbol{\beta}}_{\mathrm{LS}})
$$

定义 3.2.3　设 $k_i > 0$，$\boldsymbol{K} = \mathrm{diag}(k_1, \cdots, k_n)$，$\boldsymbol{X}^{\mathrm{T}}\boldsymbol{X} = \boldsymbol{P\Lambda P}^{\mathrm{T}}$，称 $\hat{\boldsymbol{\beta}}(k) = (\boldsymbol{X}^{\mathrm{T}}\boldsymbol{X} + \boldsymbol{PKP}^{\mathrm{T}})^{-1}\boldsymbol{X}^{\mathrm{T}}\boldsymbol{Y}$ 为模型(3.2.1)的以 k_i 为岭参数的广义岭估计(Generalized Ridge Estimation).

对于定理 3.2.2 关于岭估计的性质(i)~(iv)，广义岭估计也同样成立.

注释 3.2.3　广义岭估计是岭估计的一种改进：在岭估计中，k 取得太小，估计效果的改进不大；k 取得太大，则一方面偏差太大，另一方面，$\mathrm{MSE}(\hat{\boldsymbol{\beta}}(k)) < \mathrm{MSE}(\hat{\boldsymbol{\beta}}_{\mathrm{LS}})$ 和 $E\|\boldsymbol{X}\hat{\boldsymbol{\beta}}(k) - \boldsymbol{X\beta}\|^2 < E\|\boldsymbol{X}\hat{\boldsymbol{\beta}}_{\mathrm{LS}} - \boldsymbol{X\beta}\|^2$ 不一定能保证成立. 注意到估计 $\hat{\boldsymbol{\beta}}_{\mathrm{LS}}$ 变坏的原因是 $\boldsymbol{X}^{\mathrm{T}}\boldsymbol{X}$ 有小特征值，这意味着并不是要求每个特征值都加上正常数 k，而只需要对 $\boldsymbol{X}^{\mathrm{T}}\boldsymbol{X}$ 的小特征值加上 k 即可. 正是基于这样的理由，广义岭估计就对 $\boldsymbol{X}^{\mathrm{T}}\boldsymbol{X}$ 的每个特征值加上不同的 $k_i > 0$：对应于小特征值的 k_i 取大些，对应于大特征值，k_i 取小些，甚至为 0. 这样，既能保证 $\mathrm{MSE}(\hat{\boldsymbol{\beta}}(k)) < \mathrm{MSE}(\hat{\boldsymbol{\beta}}_{\mathrm{LS}})$ 和 $E\|\boldsymbol{X}\hat{\boldsymbol{\beta}}(k) - \boldsymbol{X\beta}\|^2 < E\|\boldsymbol{X}\hat{\boldsymbol{\beta}}_{\mathrm{LS}} - \boldsymbol{X\beta}\|^2$ 成立，又能使估计的偏差不大.

2. 主成分估计及其改进(引入右逆[7] $\boldsymbol{X}^{+}$，$\boldsymbol{X}^{+}\boldsymbol{X} = \boldsymbol{I}$)

考虑典则模型

$$\boldsymbol{Y} = \boldsymbol{X\beta} + \boldsymbol{\varepsilon} = \boldsymbol{V\theta} + \boldsymbol{\varepsilon}, \quad \boldsymbol{\varepsilon} \sim (0, \sigma^2 \boldsymbol{I}) \tag{3.2.2}$$

其中，$\boldsymbol{X}^{\mathrm{T}}\boldsymbol{X} = \boldsymbol{P\Lambda P}^{\mathrm{T}} = \boldsymbol{P}\mathrm{diag}(\lambda_1, \cdots, \lambda_n)\boldsymbol{P}^{\mathrm{T}}$，$\lambda_1 \geqslant \lambda_2 \geqslant \cdots \geqslant \lambda_n > 0$ 为 $\boldsymbol{X}^{\mathrm{T}}\boldsymbol{X}$ 的全部特征值，$\boldsymbol{P}$ 为正交矩阵，$\boldsymbol{V} = \boldsymbol{XP} = (\boldsymbol{V}_1, \cdots, \boldsymbol{V}_n)$.

记 $\boldsymbol{P} = (P_1, \cdots, P_n)$，$\boldsymbol{\eta} = \boldsymbol{P}^{\mathrm{T}}\boldsymbol{X}^{+}\boldsymbol{\varepsilon}, \hat{\boldsymbol{\theta}} = \boldsymbol{P}^{\mathrm{T}}\hat{\boldsymbol{\beta}}_{\mathrm{LS}} = \boldsymbol{P}^{\mathrm{T}}\boldsymbol{X}^{+}\boldsymbol{Y} = \boldsymbol{P}^{\mathrm{T}}\boldsymbol{X}^{+}(\boldsymbol{X\beta} + \boldsymbol{\varepsilon}) = \boldsymbol{\theta} + \boldsymbol{\eta}$.

定理 3.2.3　在上述假设下，有

(i) $\boldsymbol{\eta} = \boldsymbol{\Lambda}^{-1}\boldsymbol{V}^{\mathrm{T}}\boldsymbol{\varepsilon}$，$\boldsymbol{\eta} \sim (0, \sigma^2\boldsymbol{\Lambda}^{-1})$；

(ii) $\| \boldsymbol{X}\theta_i \boldsymbol{P}_i \|^2 = \lambda_i \theta_i^2$；

(iii) $\| \boldsymbol{X\beta} \|^2 = \| \boldsymbol{V\theta} \|^2 = \sum_{i=1}^{n} \lambda_i \theta_i^2$；

(iv) $E|\hat{\theta}_i - \theta_i|^2 = \sigma^2 \lambda_i^{-1}$；

(v) $E\left|\dfrac{\lambda_i \theta_i^2 \hat{\theta}_i}{\lambda_i \theta_i^2 + \sigma^2} - \theta_i\right|^2 = \min\limits_{r} E|r\hat{\theta}_i - \theta_i|^2$.

证明　(i) $\boldsymbol{\eta} = \boldsymbol{P}^{\mathrm{T}}(\boldsymbol{X}^{\mathrm{T}}\boldsymbol{X})^{-1}\boldsymbol{X}^{\mathrm{T}}\boldsymbol{\varepsilon} = \boldsymbol{P}^{\mathrm{T}}(\boldsymbol{P\Lambda P}^{\mathrm{T}})^{-1}(\boldsymbol{VP}^{\mathrm{T}})^{\mathrm{T}}\boldsymbol{\varepsilon} = \boldsymbol{\Lambda}^{-1}\boldsymbol{V}^{\mathrm{T}}\boldsymbol{\varepsilon}$，故

$$E(\boldsymbol{\eta}) = 0, \quad \mathrm{Cov}(\boldsymbol{\eta}) = E(\boldsymbol{\Lambda}^{-1}\boldsymbol{V}^{\mathrm{T}}\boldsymbol{\varepsilon\varepsilon}^{\mathrm{T}}\boldsymbol{V\Lambda}^{-1}) = \sigma^2\boldsymbol{\Lambda}^{-1}\boldsymbol{\Lambda\Lambda}^{-1} = \sigma^2\boldsymbol{\Lambda}^{-1}$$

从而 $\boldsymbol{\eta} \sim (0, \sigma^2\boldsymbol{\Lambda}^{-1})$；

(ii) $\| \boldsymbol{X}\theta_i \boldsymbol{P}_i \|^2 = \theta_i^2 \boldsymbol{P}_i^{\mathrm{T}} \boldsymbol{X}^{\mathrm{T}} \boldsymbol{X} \boldsymbol{P}_i = \lambda_i \theta_i^2$;

(iii) $\| \boldsymbol{X\beta} \|^2 = \| \boldsymbol{V\theta} \|^2 = \boldsymbol{\theta}^{\mathrm{T}} \boldsymbol{V}^{\mathrm{T}} \boldsymbol{V\theta} = \boldsymbol{\theta}^{\mathrm{T}} \boldsymbol{\Lambda\theta} = \sum_{i=1}^{n} \lambda_i \theta_i^2$;

(iv) 因为 $\hat{\boldsymbol{\theta}} = \boldsymbol{\theta} + \boldsymbol{\eta}$, $\hat{\boldsymbol{\theta}}_i = \boldsymbol{\theta}_i + \boldsymbol{\eta}_i$, $\boldsymbol{\eta}_i = \lambda_i^{-1} \boldsymbol{V}_i^{\mathrm{T}} \boldsymbol{\varepsilon}$, 所以

$$E|\hat{\theta}_i - \theta_i|^2 = E\eta_i^2 = \lambda_i^{-2} E\boldsymbol{V}_i^{\mathrm{T}} \varepsilon\varepsilon^{\mathrm{T}} \boldsymbol{V}_i = \sigma^2 \lambda_i^{-2} \boldsymbol{V}_i^{\mathrm{T}} \boldsymbol{V} = \sigma^2 \lambda_i^{-1}$$

(v) 由

$$\begin{aligned} E|r\hat{\theta}_i - \theta_i|^2 &= E|r(\hat{\theta}_i - \theta_i) - (1-r)\theta_i|^2 \\ &= r^2 E(\hat{\theta}_i - \theta_i)^2 + (1-r)^2 \theta_i^2 - 2r(1-r)\theta_i E(\hat{\theta}_i - \theta_i) \\ &= r^2 \sigma^2 \lambda_i^{-1} + (1-r)^2 \theta_i^2 = \min \end{aligned}$$

得到 $r = \dfrac{\theta_i^2}{\theta_i^2 + \sigma^2 \lambda_i^{-1}} = \dfrac{\lambda_i \theta_i^2}{\lambda_i \theta_i^2 + \sigma^2}$.

由定理 3.2.3 的中(iii)可见, 当 $\lambda_i \theta_i^2$ 较大时, 它对 $\boldsymbol{X\beta} = \boldsymbol{V\theta} = \sum_{i=1}^{n} X_i \beta_i = \sum_{i=1}^{n} V_i \theta_i$ 的贡献就大, 反之亦然. 而 $\boldsymbol{\beta} = \boldsymbol{P\theta} = \sum_{i=1}^{n} \boldsymbol{P}_i \theta_i$, 因此称对应于较大的 $\lambda_i \theta_i^2$ 的成分 $P_i \theta_i$ 为 $\boldsymbol{\beta}$ 的主成分(在很多文献称 $\boldsymbol{V}_i \theta_i = \boldsymbol{X}\boldsymbol{P}_i^{\mathrm{T}} \theta_i$ 为 $\boldsymbol{Y} = \sum_{i=1}^{n} \boldsymbol{X}_i \beta_i + \varepsilon = \boldsymbol{V}_1 \theta_1 + \cdots + \boldsymbol{V}_n \theta_n + \boldsymbol{\varepsilon}$ 的主成分), 由此引入主成分估计.

定义 3.2.4 令 $\tilde{\theta}_i = \begin{cases} 0, & \lambda_i \| \boldsymbol{\theta} \|^2 < \sigma^2, \\ \hat{\theta}_i, & \lambda_i \| \boldsymbol{\theta} \|^2 \geqslant \sigma^2, \end{cases}$ $\tilde{\boldsymbol{\theta}} = (\tilde{\theta}_1, \cdots, \tilde{\theta}_n)^{\mathrm{T}}$, 称为主成分估计(Principle Component Estimation).

记 $r = \left\{ i \middle| \lambda_i \geqslant \dfrac{\sigma^2}{\| \boldsymbol{\theta} \|^2}, \lambda_{i+1} < \dfrac{\sigma^2}{\| \boldsymbol{\theta} \|^2} \right\} = \max\limits_i \left\{ i \middle| \lambda_i \geqslant \dfrac{\sigma^2}{\| \boldsymbol{\theta} \|^2} \right\} = \min\limits_i \left\{ i \middle| \lambda_{i+1} < \dfrac{\sigma^2}{\| \boldsymbol{\theta} \|^2} \right\}$, $\boldsymbol{R}$ 为正交阵 $\boldsymbol{P}$ 的前 r 列构成的矩阵 $\boldsymbol{R} = (\boldsymbol{P}_1, \cdots, \boldsymbol{P}_r)$, 则主成分估计有如下结论.

定理 3.2.4 (i) $\tilde{\boldsymbol{\beta}} = \boldsymbol{R}\boldsymbol{R}^{\mathrm{T}} \hat{\boldsymbol{\beta}}_{\mathrm{LS}}$——主成分估计是线性估计;

(ii) $E\tilde{\boldsymbol{\beta}} = \boldsymbol{R}\boldsymbol{R}^{\mathrm{T}} \boldsymbol{\beta}$——只要 $r < n$, $\boldsymbol{\beta} \neq 0$, 主成分估计是有偏估计;

(iii) $E\|\boldsymbol{X}\tilde{\boldsymbol{\beta}} - \boldsymbol{X\beta}\|^2 = n\sigma^2 - \sum_{i=r+1}^{n} (\sigma^2 - \lambda_i \theta_i^2) < E\|\boldsymbol{X}\hat{\boldsymbol{\beta}}_{\mathrm{LS}} - \boldsymbol{X\beta}\|^2$;

(iv) $\mathrm{MSE}(\tilde{\boldsymbol{\beta}}) = \mathrm{MSE}(\hat{\boldsymbol{\beta}}_{\mathrm{LS}}) - \sum_{i=r+1}^{n} \lambda_i^{-1} (\sigma^2 - \lambda_i \theta_i^2) < \mathrm{MSE}(\hat{\boldsymbol{\beta}}_{\mathrm{LS}})$.

证明　(i) $\tilde{\boldsymbol{\beta}} = \boldsymbol{P}\tilde{\boldsymbol{\theta}} = \sum_{i=1}^{n} \boldsymbol{P}_i \tilde{\theta}_i = R(\hat{\theta}_{r+1}, \cdots, \hat{\theta}_n) = \boldsymbol{R}\boldsymbol{R}^{\mathrm{T}} \hat{\boldsymbol{\beta}}_{\mathrm{LS}}$;

(ii) $E\tilde{\boldsymbol{\beta}} = E\boldsymbol{R}\boldsymbol{R}^{\mathrm{T}}\hat{\boldsymbol{\beta}}_{\mathrm{LS}} = \boldsymbol{R}\boldsymbol{R}^{\mathrm{T}}\boldsymbol{\beta}$;

(iii)
$$
\begin{aligned}
E\|\boldsymbol{X}\tilde{\boldsymbol{\beta}} - \boldsymbol{X}\boldsymbol{\beta}\|^2 &= E\|\boldsymbol{V}\tilde{\boldsymbol{\theta}} - \boldsymbol{V}\boldsymbol{\theta}\|^2 = E(\tilde{\boldsymbol{\theta}} - \boldsymbol{\theta})^{\mathrm{T}} V^{\mathrm{T}} V (\tilde{\boldsymbol{\theta}} - \boldsymbol{\theta}) \\
&= E(\tilde{\boldsymbol{\theta}} - \boldsymbol{\theta})^{\mathrm{T}} \boldsymbol{\Lambda} (\tilde{\boldsymbol{\theta}} - \boldsymbol{\theta}) = E\sum_{i=1}^{n} \lambda_i (\tilde{\theta}_i - \theta_i)^2 \\
&= \sum_{i=r+1}^{n} \lambda_i \theta_i^2 + E\left(\sum_{i=1}^{r} \lambda_i (\hat{\theta}_i - \theta_i)^2 \right) = \sum_{i=r+1}^{n} \lambda_i \theta_i^2 + \sum_{i=1}^{r} \lambda_i \sigma^2 \lambda_i^{-1} \\
&= r\sigma^2 + \sum_{i=r+1}^{n} \lambda_i \theta_i^2 = n\sigma^2 + \sum_{i=r+1}^{n} (\lambda_i \theta_i^2 - \sigma^2) \\
&= n\sigma^2 - \sum_{i=r+1}^{n} (\sigma^2 - \lambda_i \theta_i^2) \leqslant n\sigma^2
\end{aligned}
$$

(iv)
$$
\begin{aligned}
\mathrm{MSE}(\tilde{\boldsymbol{\beta}}) &= E\|\tilde{\boldsymbol{\beta}} - \boldsymbol{\beta}\|^2 = E\|\tilde{\boldsymbol{\theta}} - \boldsymbol{\theta}\|^2 = E\sum_{i=1}^{n} (\tilde{\theta}_i - \theta_i)^2 \\
&= \sum_{i=r+1}^{n} \theta_i^2 + \sum_{i=1}^{r} E(\hat{\theta}_i - \theta_i)^2 = \sum_{i=r+1}^{n} \theta_i^2 + \sum_{i=1}^{r} \sigma^2 \lambda_i^{-1} \\
&= \sigma^2 \sum_{i=1}^{n} \lambda_i^{-1} - \sum_{i=r+1}^{n} (\sigma^2 \lambda_i^{-1} - \theta_i^2) \\
&= \mathrm{MSE}(\hat{\boldsymbol{\beta}}_{\mathrm{LS}}) - \sum_{i=r+1}^{n} \lambda_i^{-1} (\sigma^2 - \lambda_i \theta_i^2) < \mathrm{MSE}(\hat{\boldsymbol{\beta}}_{\mathrm{LS}})
\end{aligned}
$$

定理 3.2.4 说明可以得到比 LS 估计更优的有偏估计.

注释 3.2.4　从主成分估计的构造可以看出, 需要较好的先验信息: $\sigma^2, \|\boldsymbol{\theta}\|^2$ (或$\|\boldsymbol{\beta}\|^2$). 实际应用时, 可用

$$
\hat{\sigma}^2 = \frac{\|\boldsymbol{Y} - \boldsymbol{X}\hat{\boldsymbol{\beta}}_{\mathrm{LS}}\|^2}{m-n}, \quad \hat{\boldsymbol{\theta}} = (\boldsymbol{V}^{\mathrm{T}}\boldsymbol{V})^{-1}\boldsymbol{V}^{\mathrm{T}}\boldsymbol{Y}
$$

来代替 $\sigma, \boldsymbol{\theta}$.

注释 3.2.5　只有当矩阵 $\boldsymbol{X}^{\mathrm{T}}\boldsymbol{X}$ 有小特征值时才需要改进 LS 估计, 同岭估计一样, 主成分估计也只对非主成分(当$\|\lambda_i\boldsymbol{\theta}\|^2$小时)的估计进行改进, 因此主成分的估计可以进一步改进如下:

令 $\tilde{\theta}_i^{\mathrm{MPC}} = \begin{cases} 0, & \lambda_i\theta_i^2 < \sigma^2, \\ \hat{\theta}_i, & \lambda_i\theta_i^2 > \sigma^2, \end{cases}$ $\tilde{\boldsymbol{\theta}}^{\mathrm{MPC}} = [\tilde{\theta}_1^{\mathrm{MPC}}, \cdots, \tilde{\theta}_n^{\mathrm{MPC}}]^{\mathrm{T}}$, $\tilde{\boldsymbol{\beta}}^{\mathrm{MPC}} = \boldsymbol{P}\tilde{\boldsymbol{\theta}}^{\mathrm{MPC}}$, 称 $\tilde{\boldsymbol{\beta}}^{\mathrm{MPC}}$ 为模型(3.2.2)的改进主成分估计.

同样可以建立改进主成分估计的性质, 它是主成分估计的改进.

3.2.3　正则化方法及其改进

1. 正则化方法

对于模型(3.2.1)的参数估计问题，正则化方法主要有欧几里得 1-范数和 2-范数约束、高阶正则化、边界约束、最大熵(Maximum Entropy)正则化、全变差(Total Variation)正则化[8]等. 其中最基本的正则化估计是，通过选择适当的正则化因子 μ 和列满秩正则矩阵 $\boldsymbol{D}$ 求解极值问题

$$\arg\min_{\boldsymbol{\beta}\in\mathbf{R}^n,\mu>0}\|\boldsymbol{Y}-\boldsymbol{X\beta}\|_2^2+\mu\|\boldsymbol{D\beta}\|_2^2 \tag{3.2.3}$$

容易得到(3.2.3)的解为

$$\hat{\boldsymbol{\beta}}_R=(\boldsymbol{X}^{\mathrm{T}}\boldsymbol{X}+\mu\boldsymbol{D}^{\mathrm{T}}\boldsymbol{D})^{-1}\boldsymbol{X}^{\mathrm{T}}\boldsymbol{Y} \tag{3.2.4}$$

(3.2.4)式显然就是模型(3.2.1)的广义岭估计. 因此，有如下结论:

(1) $E\hat{\boldsymbol{\beta}}_R=(\boldsymbol{X}^{\mathrm{T}}\boldsymbol{X}+\mu\boldsymbol{D}^{\mathrm{T}}\boldsymbol{D})^{-1}\boldsymbol{X}^{\mathrm{T}}\boldsymbol{X\beta}$，即正则化参数估计是有偏估计;

(2)存在 μ 和 $\boldsymbol{D}$ 使得 $\mathrm{MSE}(\hat{\boldsymbol{\beta}}_R)<\mathrm{MSE}(\hat{\boldsymbol{\beta}}_{\mathrm{LS}})$，即可通过正则因子与正则矩阵的选择使得正则化估计优于最小二乘估计.

在解决实际问题时，正则矩阵 $\boldsymbol{D}$ 一般由工程物理背景提供的先验信息确定，而正则化因子则由数学方法确定，通常是取 μ 使得 $\mathrm{MSE}(\hat{\boldsymbol{\beta}}_R)$ 达到最小.

对于模型(3.2.1)，若有先验信息

$$\tilde{\boldsymbol{\beta}}_{k\times1}=\boldsymbol{Z}_{k\times n}\boldsymbol{\beta}_{n\times1}+\boldsymbol{\eta}_{k\times1},\quad \boldsymbol{\eta}\sim(0,\sigma_2^2\boldsymbol{I}_{k\times k}) \tag{3.2.5}$$

且

$$E\boldsymbol{\varepsilon\eta}^{\mathrm{T}}=0 \tag{3.2.6}$$

求解如下极值问题[9]:

$$\arg\min_{\boldsymbol{\beta}\in\mathbf{R}^n,0<\rho<1}\rho\|\boldsymbol{Y}-\boldsymbol{X\beta}\|_2^2+(1-\rho)\|\tilde{\boldsymbol{\beta}}-\boldsymbol{Z\beta}\|_2^2 \tag{3.2.7}$$

容易得到如下结论:

定理 3.2.5　在以上记号下，有如下结论[10]:

(i) $\hat{\boldsymbol{\beta}}_{\mathrm{ER}}=(\rho\boldsymbol{X}^{\mathrm{T}}\boldsymbol{X}+(1-\rho)\boldsymbol{Z}^{\mathrm{T}}\boldsymbol{Z})^{-1}(\rho\boldsymbol{X}^{\mathrm{T}}\boldsymbol{Y}+(1-\rho)\boldsymbol{Z}^{\mathrm{T}}\tilde{\boldsymbol{\beta}})$.

(ii)
$$E(\hat{\boldsymbol{\beta}}_{\mathrm{ER}})=\boldsymbol{\beta}$$
$$\mathrm{MSE}(\hat{\boldsymbol{\beta}}_{\mathrm{ER}})=\mathrm{tr}(\rho\boldsymbol{X}^{\mathrm{T}}\boldsymbol{X}+(1-\rho)\boldsymbol{Z}^{\mathrm{T}}\boldsymbol{Z})^{-2}(\rho^2\sigma_1^2\boldsymbol{X}^{\mathrm{T}}\boldsymbol{X}+(1-\rho)^2\sigma_2^2\boldsymbol{Z}^{\mathrm{T}}\boldsymbol{Z})$$

(iii)　$\rho=\dfrac{\sigma_2^2}{\sigma_1^2+\sigma_2^2}=\dfrac{\sigma_1^{-2}}{\sigma_1^{-2}+\sigma_2^{-2}}$是$\mathrm{MSE}(\hat{\boldsymbol{\beta}}_{\mathrm{ER}})$的唯一极小值点.

注释 3.2.6　值得注意的是，定理 3.2.5 的结论(iii)具有重要的应用价值. 在处理实际问题时，(3.2.1)，(3.2.5)一般为不等精度的测量设备的测量数据，在这些数据的融合处理时，数据的加权对于数据处理结果和数据处理精度具有重要影响. 该结论说明不等精度的测量数据融合处理时，唯一最优的权值由测量数据的精度决定，这实质上仍是线性模型最小二乘估计的 Gauss-Markov 定理.

2. 稀疏参数选择与正则化方法的改进

考虑模型(3.2.1)的基于 0-范数的正则化模型，在得到模型参数 $\boldsymbol{\beta}$ 的最优选模型的同时，得到 $\boldsymbol{\beta}$ 的估计.

$$\arg\min_{\boldsymbol{\beta}\in\mathbf{R}^n}\|\boldsymbol{Y}-\boldsymbol{X\beta}\|_2^2+\mu\|\boldsymbol{\beta}\|_0 \tag{3.2.8}$$

其中，$\|\boldsymbol{\beta}\|_0$ 为向量 $\boldsymbol{\beta}=(\beta_1,\cdots,\beta_n)^{\mathrm{T}}$ 的欧几里得 0-范数[11].

注释 3.2.7　传统参数估计是，在模型确定的情况下(如果有需要，先进行模型的选择与优化)，给出参数的估计. 而正则化模型(3.2.8)的求解结果，其本质是稀疏参数方法，等价于参数选择与参数估计同时进行[12]，而且参数的选择只依赖于观测信息与系统物理模型，从而克服参数选择依赖于参数真值在参数空间的位置有关的困难. 值得注意的是，参数估计效果与正则化因子的选择有关，对于具体问题，可通过大量的仿真得到正则化因子的值.

通常对于具有稀疏性的参数来说，此时 $\|\boldsymbol{\beta}\|_0$ 就是信号中非零元素的个数. 但由于 $\|\bullet\|_0$ 非凸，不易求解，且大量文献[8，13－15]证明，在一定的条件下 L_0 约束与 L_p 约束对解的作用是等价的，因此可采用 $\|\bullet\|_p^p$ 代替.

此处，对于模型(3.2.8)的求解，可以采取自适应正则化模型的求解算法，进行数据的估计，具体步骤如下:

Step1　设 $p=\arg\{\|\boldsymbol{\beta}\|_p^p=s\}$，其中 s 为待估向量 $\boldsymbol{\beta}$ 的稀疏度，通常由经验获得；并选取正则化参数 $\mu=\sigma^2/s$，令 $\mu^{(0)}=\mu$，其中 σ^2 为模型噪声的方差;

Step2　计算 $G(\hat{\boldsymbol{\beta}}^{(n)})=\mathrm{diag}\{p/(|\hat{\boldsymbol{\beta}}_i^{(n)}|+\delta)^{1-p/2}\}$，$\delta$ 为设定的无穷小量;

Step3　计算 $H(\hat{\boldsymbol{\beta}}^{(n)})=2\boldsymbol{X}^{\mathrm{T}}\boldsymbol{X}+\mu^{(n)}G(\hat{\boldsymbol{\beta}}^{(n)})$；

Step4　求解 $\hat{\boldsymbol{\beta}}^{(n+1)}=2H(\hat{\boldsymbol{\beta}}^{(n)})^{-1}\boldsymbol{X}^{\mathrm{T}}\boldsymbol{Y}$；

Step5　若 $\dfrac{\left\|\hat{\boldsymbol{\beta}}^{(n+1)}-\hat{\boldsymbol{\beta}}^{(n)}\right\|}{\left\|\hat{\boldsymbol{\beta}}^{(n)}\right\|}>\nu$，则有 $\mu^{(n+1)}=\dfrac{1}{2}\mu^{(n)}$，返回 Step2 继续迭代；否则

停止迭代, 其中 ν 为迭代终止条件, 为一很小的常数.

3.2.4 潜变量回归

1. 潜变量回归的思想

潜变量回归(Latent Variable Regression)就是从设计矩阵 $\boldsymbol{X}$ 中提取出线性无关的潜变量(Latent Variable), 剔除其他近似相关的变量, 进而估计参数方法. 潜变量也称为特征[16]. 仍考虑模型(3.2.1), 由上面几节讨论可知: 尽管最小二乘估计是无偏的, 且在所有线性无偏估计中, 方差是一致最小的. 但最小二乘估计的均方误差(MSE)可能很大, 其根源是: 设计矩阵 $\boldsymbol{X}$ 可能是近似相关的. 下面从条件数和均方误差两方面分析近似相关性对估计的影响.

1) 泛函角度[17]

设计矩阵 $\boldsymbol{X}$ 的近似相关会导致线性方程 $\boldsymbol{X\beta}=\boldsymbol{Y}$ 的条件数变大, 从而使得最小二乘解不稳定, 即 $\boldsymbol{Y}$ 的微小变化可能导致 $\boldsymbol{\beta}$ 的剧烈变化. 其实, 如果 $\boldsymbol{X}$ 的奇异值分解为

$$\boldsymbol{X}=\boldsymbol{U\Lambda V}^{\mathrm{T}} \tag{3.2.9}$$

其中, $\boldsymbol{\Lambda}=\mathrm{diag}\left(\lambda_1,\cdots,\lambda_n\right), \lambda_1\geqslant\cdots\geqslant\lambda_n>0$, 则 $\boldsymbol{X}$ 的算子泛数定义为 $\|\boldsymbol{X}\|=\lambda_1$. 容易验证, $\|\boldsymbol{X}\|=\lambda_1=\max\limits_{\|\boldsymbol{\beta}\|=1}\|\boldsymbol{X\beta}\|$, 而且 $\boldsymbol{X}^{+}=(\boldsymbol{X}^{\mathrm{T}}\boldsymbol{X})^{-1}\boldsymbol{X}^{\mathrm{T}}$ 的算子泛数为 $\|\boldsymbol{X}^{+}\|=\lambda_n^{-1}$. $\boldsymbol{X}$ 的条件数定义为 $\mathrm{cond}(\boldsymbol{X})=\lambda_1/\lambda_n$, 下面分析 $\mathrm{cond}(\boldsymbol{X})$ 对 $\hat{\boldsymbol{\beta}}_{\mathrm{LS}}=\boldsymbol{X}^{+}\boldsymbol{Y}$ 的影响.

由于测量总是存在随机误差, 当误差引起了测量发生变化 $\Delta\boldsymbol{Y}$ 时, 方程的解也会发生改变 $\Delta\boldsymbol{\beta}$, 即 $\boldsymbol{X}\left(\boldsymbol{\beta}+\Delta\boldsymbol{\beta}\right)=\boldsymbol{Y}+\Delta\boldsymbol{Y}$, 联合 $\boldsymbol{X\beta}=\boldsymbol{Y}$ 可得 $\Delta\boldsymbol{\beta}=\boldsymbol{X}^{+}\Delta\boldsymbol{Y}$, 因此 $\|\Delta\boldsymbol{\beta}\|\leqslant\|\boldsymbol{X}^{+}\|\cdot\|\Delta\boldsymbol{Y}\|$, $\|\boldsymbol{Y}\|\leqslant\|\boldsymbol{X}\|\cdot\|\boldsymbol{\beta}\|$, 所以

$$\frac{\|\Delta\boldsymbol{\beta}\|}{\|\boldsymbol{\beta}\|}\leqslant\mathrm{cond}(\boldsymbol{X})\cdot\frac{\|\Delta\boldsymbol{Y}\|}{\|\boldsymbol{Y}\|} \tag{3.2.10}$$

可以发现如果条件数 $\mathrm{cond}(\boldsymbol{X})$ 很大, 那么 $\boldsymbol{Y}$ 的微小变化可能导致 $\boldsymbol{\beta}$ 的剧烈变化. $\mathrm{cond}(\boldsymbol{X})$ 是上述不等式的一个上界. 下面举例说明这个上界是可达的: 假设 $\boldsymbol{U}$ 源于奇异值分解(3.2.9), 只要 $\boldsymbol{U}^{\mathrm{T}}\Delta\boldsymbol{Y}=(0,\cdots0,\|\Delta\boldsymbol{Y}\|)^{\mathrm{T}}$, 且 $\boldsymbol{U}^{\mathrm{T}}\boldsymbol{Y}=\left(\|\boldsymbol{Y}\|,0,\cdots,0\right)^{\mathrm{T}}$, 则

$$\frac{\|\Delta\boldsymbol{\beta}\|}{\|\boldsymbol{\beta}\|}=\frac{\|\boldsymbol{X}^{+}\Delta\boldsymbol{Y}\|}{\|\boldsymbol{X}^{+}\boldsymbol{Y}\|}=\frac{\|\boldsymbol{V\Lambda}^{-1}\boldsymbol{U}^{\mathrm{T}}\Delta\boldsymbol{Y}\|}{\|\boldsymbol{V\Lambda}^{-1}\boldsymbol{U}^{\mathrm{T}}\boldsymbol{Y}\|}=\frac{\|\boldsymbol{\Lambda}^{-1}\boldsymbol{U}^{\mathrm{T}}\Delta\boldsymbol{Y}\|}{\|\boldsymbol{\Lambda}^{-1}\boldsymbol{U}^{\mathrm{T}}\boldsymbol{Y}\|}=\mathrm{cond}(\boldsymbol{X})\cdot\frac{\|\Delta\boldsymbol{Y}\|}{\|\boldsymbol{Y}\|} \tag{3.2.11}$$

2) 数理统计角度[18-20]

有多种指标用于评估参数评估的性能, 比如: $\mathrm{RSS}=\|\boldsymbol{Y}-\boldsymbol{X}\hat{\boldsymbol{\beta}}\|^2$, $E\|\hat{\boldsymbol{\beta}}-E\hat{\boldsymbol{\beta}}\|^2$

和 $E\|X\hat{\boldsymbol{\beta}}-X\|^2$．从数理统计的角度来说，尽管最小二乘解的残差平方和 $\mathrm{RSS}=\|\boldsymbol{Y}-\boldsymbol{X}\hat{\boldsymbol{\beta}}\|^2$ 很小，但是方差可能很大，进而导致均方误差 $E\|\hat{\boldsymbol{\beta}}-E\hat{\boldsymbol{\beta}}\|^2$ 和预测均方误差 $E\|\boldsymbol{X}\hat{\boldsymbol{\beta}}-\boldsymbol{X}\|^2$ 都很大，因此最小二乘估计未必是好的估计，其实在 Gauss-Markov 假设下，$\hat{\boldsymbol{\beta}}_{\mathrm{LS}}$ 的均方误差为：$\mathrm{MSE}(\hat{\boldsymbol{\beta}}_{\mathrm{LS}})=\sigma^2\mathrm{tr}(\boldsymbol{X}^{\mathrm{T}}\boldsymbol{X})^{-1}$，如果 $\boldsymbol{X}$ 的奇异值分解为 $\boldsymbol{X}=\boldsymbol{U}\boldsymbol{\Lambda}\boldsymbol{V}^{\mathrm{T}}$，$\boldsymbol{\Lambda}=\mathrm{diag}(\lambda_1,\cdots,\lambda_n),\lambda_1\geqslant\cdots\geqslant\lambda_n>0$，则 $\mathrm{MSE}(\hat{\boldsymbol{\beta}}_{\mathrm{LS}})=\sigma^2\sum_{i=1}^{n}\lambda_i^{-2}$，显然，如果 λ_n 很小，那么 $\mathrm{MSE}(\hat{\boldsymbol{\beta}}_{\mathrm{LS}})$ 就可能很大，这意味着估计是不稳定的.

2. 潜变量回归的基本过程

1) 潜变量提取

潜变量回归的第一步是潜变量提取，即依据一定的准则，从设计矩阵 $\boldsymbol{X}$ 中提取潜变量(Latent Variables) $\boldsymbol{T}$，如下

$$\boldsymbol{T}=\boldsymbol{X}\boldsymbol{W} \tag{3.2.12}$$

其中，$\boldsymbol{W}\in\mathbf{R}^{n\times n_t}$ 是权矩阵(Weight Matrix)，$\boldsymbol{T}\in\mathbf{R}^{m\times n_t}$ 是潜变量. 注意，n 和 n_t 分别表示 $\boldsymbol{X}$ 和 $\boldsymbol{T}$ 的列数(又称为维数或者变量数). 潜变量回归与普通最小二乘回归不同点在于：潜变量回归往往是有偏的(Biased)，而且权矩阵往往是降秩的，即

$$n_t<n \tag{3.2.13}$$

为了方便理论推导和算法实现，约定潜变量是标准正交的，即

$$\boldsymbol{T}^{\mathrm{T}}\boldsymbol{T}=\boldsymbol{I}_{n_t} \tag{3.2.14}$$

2) 潜变量回归

潜变量回归(Latent Variables Regression)就是利用潜变量估计参数，进而获得观测数据校正值的过程[21]. 用 $\boldsymbol{\beta}_{\boldsymbol{T}}\in\mathbf{R}^{n_t\times 1}$ 表示 $\boldsymbol{T}$ 到 $\boldsymbol{Y}$ 的线性映射，即

$$\boldsymbol{Y}=\boldsymbol{T}\boldsymbol{\beta}_{\boldsymbol{T}}+\boldsymbol{\eta} \tag{3.2.15}$$

其中，残差 $\boldsymbol{\eta}$ 类似于模型(3.2.1)中的 $\boldsymbol{\varepsilon}$；$\boldsymbol{\beta}_{\boldsymbol{T}}$ 常称为负载(Loadings). $\boldsymbol{T}$ 是列满秩的，所以 $\boldsymbol{\beta}_{\boldsymbol{T}}$ 存在唯一的最小二乘估计

$$\hat{\boldsymbol{\beta}}_{\boldsymbol{T}}=(\boldsymbol{T}^{\mathrm{T}}\boldsymbol{T})^{-1}\boldsymbol{T}^{\mathrm{T}}\boldsymbol{Y} \tag{3.2.16}$$

由(3.2.12)，(3.2.14)和(3.2.16)得

$$\hat{\boldsymbol{\beta}}_{\boldsymbol{T}}=\boldsymbol{W}^{\mathrm{T}}\boldsymbol{X}^{\mathrm{T}}\boldsymbol{Y} \tag{3.2.17}$$

把(3.2.12)和(3.217)代入(3.2.15)，得

$$\boldsymbol{Y}=\boldsymbol{X}\boldsymbol{W}\boldsymbol{W}^{\mathrm{T}}\boldsymbol{X}^{\mathrm{T}}\boldsymbol{Y}+\boldsymbol{\eta} \tag{3.2.18}$$

比较(3.2.1)和(3.2.18)，依据下式估计参数 $\boldsymbol{\beta}$ 是合理的:

$$\hat{\boldsymbol{\beta}}=\boldsymbol{W}\boldsymbol{W}^{\mathrm{T}}\boldsymbol{X}^{\mathrm{T}}\boldsymbol{Y} \tag{3.2.19}$$

参数 $\boldsymbol{\beta}$ 估计后，观测数据 $\boldsymbol{Y}$ 的校正值，如下

$$\hat{\boldsymbol{Y}}=\boldsymbol{X}\hat{\boldsymbol{\beta}} \tag{3.2.20}$$

由(3.2.19)和(3.2.20)可得

$$\hat{\boldsymbol{Y}}=\boldsymbol{X}\boldsymbol{W}\boldsymbol{W}^{\mathrm{T}}\boldsymbol{X}^{\mathrm{T}}\boldsymbol{Y} \tag{3.2.21}$$

再由(3.2.12)，(3.2.14)和(3.2.21)可得

$$\hat{\boldsymbol{Y}}=(\boldsymbol{T}(\boldsymbol{T}^{\mathrm{T}}\boldsymbol{T})^{-1}\boldsymbol{T}^{\mathrm{T}})\boldsymbol{Y} \tag{3.2.22}$$

上式说明 $\hat{\boldsymbol{Y}}$ 是 $\boldsymbol{Y}$ 在 $\boldsymbol{T}$ 上的正交投影.

校正性能可以由残差平方和进行评估，定义如下

$$\mathrm{RSS}=\|\boldsymbol{Y}-\hat{\boldsymbol{Y}}\|^2 \tag{3.2.23}$$

由公式(3.2.14)，(3.2.23)，可得

$$\mathrm{RSS}=\|\boldsymbol{Y}\|^2-\|\hat{\boldsymbol{Y}}\|^2 \tag{3.2.24}$$

由公(3.2.12)，(3.2.23)和(3.2.24)可得

$$\mathrm{RSS}=\mathrm{tr}(\boldsymbol{Y}^{\mathrm{T}}(\boldsymbol{I}_m-\boldsymbol{T}\boldsymbol{T}^{\mathrm{T}})\boldsymbol{Y}) \tag{3.2.25}$$

3. 两种特殊的潜变量回归

1) 主元回归

主元分析或主成分分析(Principal Component Analysis)是一种常用的潜变量提取方法，它是主元回归的基础. 在主元分析中，潜变量也称为主元(Principal Components)[22]. 当潜变量回归利用主元分析提取潜变量时，潜变量回归就称为主元回归. 方差代表了数据的自信息(Self-Information)，因此该方法以样本方差最大化为准则，如下

$$\begin{cases}\max\limits_{w}\dfrac{1}{n-1}\boldsymbol{w}^{\mathrm{T}}\boldsymbol{X}^{\mathrm{T}}\boldsymbol{X}\boldsymbol{w}\\ \text{s.t. }\boldsymbol{w}^{\mathrm{T}}\boldsymbol{w}=1\end{cases}\tag{3.2.26}$$

优化问题(3.2.26)通过奇异值分解求解，如下

$$\boldsymbol{X}^{\mathrm{T}}\boldsymbol{X}=\boldsymbol{\Gamma}\boldsymbol{\Lambda}\boldsymbol{\Gamma}^{\mathrm{T}}\tag{3.2.27}$$

其中，$\boldsymbol{\Lambda}=\mathrm{diag}\left(\lambda_1,\cdots,\lambda_n\right)$是奇异值对角阵，且$\lambda_1\geqslant\cdots\geqslant\lambda_n>0$. 可以验证$\boldsymbol{\Gamma}$的第一列$\boldsymbol{\Gamma}_1$就是优化问题(3.2.26)的解，即$\boldsymbol{w}=\boldsymbol{\Gamma}_1$. 若记$\boldsymbol{\Gamma}_{1:n_t}=(\boldsymbol{\Gamma}_1,\cdots,\boldsymbol{\Gamma}_{n_t})$和$\boldsymbol{\Lambda}_{1:n_t}=\mathrm{diag}(\lambda_1,\cdots,\lambda_{n_t})$，则

$$\boldsymbol{\Lambda}_{1:n_t}^{-1/2}\boldsymbol{\Gamma}_{1:n_t}^{\mathrm{T}}\boldsymbol{X}^{\mathrm{T}}\boldsymbol{X}\boldsymbol{\Gamma}_{1:n_t}\boldsymbol{\Lambda}_{1:n_t}^{-1/2}=\boldsymbol{I}_{n_t}\tag{3.2.28}$$

从而，主元回归的权矩阵、潜变量和估计参数如下

$$\begin{cases}\boldsymbol{W}_{\mathrm{PCR}}=\boldsymbol{\Gamma}_{1:n_t}\boldsymbol{\Lambda}_{1:n_t}^{-1/2}\\ \boldsymbol{T}_{\mathrm{PCR}}=\boldsymbol{X}\boldsymbol{\Gamma}_{1:n_t}\boldsymbol{\Lambda}_{1:n_t}^{-1/2}\\ \hat{\boldsymbol{\beta}}_{\mathrm{PCR}}=\left(\boldsymbol{\Gamma}_{1:n_t}\boldsymbol{\Lambda}_{1:n_t}^{-1}\boldsymbol{\Gamma}_{1:n_t}^{\mathrm{T}}\right)\boldsymbol{X}^{\mathrm{T}}\boldsymbol{Y}\end{cases}\tag{3.2.29}$$

对比 3.2.2 节中的主成分估计，可以发现若$n_t=r$，则由(3.2.29)估计的参数$\hat{\boldsymbol{\beta}}_{\mathrm{PCR}}$即为 3.2.2 节中的主成分估计.

2)偏最小二乘回归

偏最小二乘是另一种潜变量提取方法，它是偏最小二乘回归(Partial Least Square Regression)的基础. 当潜变量回归通过偏最小二乘方法提取潜变量时，潜变量回归就称为偏最小二乘回归[23].

偏最小二乘中协方差代表了数据的互信息，因此以协方差最大化为准则提取潜变量，如下

$$\begin{cases}\max\limits_{w}\dfrac{1}{n-1}\boldsymbol{w}^{\mathrm{T}}\boldsymbol{X}^{\mathrm{T}}\boldsymbol{Y}\boldsymbol{c}\\ \text{s.t. }\boldsymbol{w}^{\mathrm{T}}\boldsymbol{w}=1,\quad \boldsymbol{c}^{\mathrm{T}}\boldsymbol{c}=1\end{cases}\tag{3.2.30}$$

优化问题(3.2.30)可以通过如下奇异值分解求解

$$\boldsymbol{X}^{\mathrm{T}}\boldsymbol{Y}=\boldsymbol{\Gamma}\boldsymbol{\Lambda}\boldsymbol{V}^{\mathrm{T}}\tag{3.2.31}$$

其中，$\boldsymbol{\Lambda}=\mathrm{diag}\left(\lambda_1,\cdots,\lambda_l\right)$，$\lambda_1\geqslant\cdots\geqslant\lambda_l$，$l=\mathrm{rank}(\boldsymbol{X}^{\mathrm{T}}\boldsymbol{Y})$，而优化问题(3.2.30)的解为

$$\begin{cases} \boldsymbol{w} = \boldsymbol{\Gamma}_1 \\ \boldsymbol{c} = \boldsymbol{V}_1 \end{cases} \tag{3.2.32}$$

由于$\boldsymbol{T} = \boldsymbol{X\Gamma}$不是正交的, 因此偏最小二乘回归的权矩阵$\boldsymbol{W}_{\text{PLSR}}$, 潜变量$\boldsymbol{T}_{\text{PLSR}}$, 估计参数$\hat{\boldsymbol{\beta}}_{\text{PLSR}}$的计算需要多次奇异值分解, 如下:

Step1　令$\boldsymbol{X}_0 = \boldsymbol{X}$, $i = 0$;

Step2　如果$i > n_t$, 结束; 否则, $i = i + 1$, 进行如下奇异值分解:

$$\boldsymbol{\Gamma \Lambda V}^{\text{T}} = \boldsymbol{X}_{i-1}^{\text{T}} \boldsymbol{Y}$$

Step3　计算非直接权$\boldsymbol{W}_i^*$, 得分$\boldsymbol{T}_i$和负载$\boldsymbol{P}_i$, 如下

$$\begin{cases} \boldsymbol{W}_i^* = \| \boldsymbol{X}_{i-1} \boldsymbol{\Gamma}_1 \|^{-1} \boldsymbol{\Gamma}_1 \\ \boldsymbol{T}_i = \boldsymbol{X}_{i-1} \boldsymbol{W}_i^* \\ \boldsymbol{P}_i = \boldsymbol{T}_i^{\text{T}} \boldsymbol{X}_{i-1} \end{cases}$$

Step4　计算直接权$\boldsymbol{W}_i$: $\boldsymbol{W}_i = \boldsymbol{W}_i^* - \sum_{j=1}^{i-1} \boldsymbol{W}_j (\boldsymbol{P}_j \boldsymbol{W}_i^*)$;

Step5　计算$\boldsymbol{X}_i$: $\boldsymbol{X}_i = (\boldsymbol{X}_{i-1} - \boldsymbol{T}_i \boldsymbol{P}_i)$.

从而, 偏最小二乘回归的权矩阵、潜变量和估计参数如下

$$\begin{cases} \boldsymbol{W}_{\text{PLSR}} = (\boldsymbol{W}_1, \cdots, \boldsymbol{W}_{n_t}) \\ \boldsymbol{T}_{\text{PLSR}} = \boldsymbol{X} \boldsymbol{W}_{\text{PLSR}} \\ \hat{\boldsymbol{\beta}}_{\text{PLSR}} = \boldsymbol{W}_{\text{PLSR}} \boldsymbol{W}_{\text{PLSR}}^{\text{T}} \boldsymbol{X}^{\text{T}} \boldsymbol{Y} \end{cases} \tag{3.2.33}$$

若用$\hat{\boldsymbol{\beta}}_{\text{PCR}}$, $\hat{\boldsymbol{\beta}}_{\text{PLSR}}$与$\hat{\boldsymbol{\beta}}_{\text{OLSR}}$分别表示主元回归、偏最小二乘回归和传统最小二乘回归的估计参数, 那么下面的参数定理描述这些参数的转化条件.

定理 3.2.6(参数定理)[21]　设n_t是潜变量的维数, r表示设计矩阵$\boldsymbol{X}$的秩, 则下面两个命题成立:

(i) 如果$n_t = r_x$, 则

$$\hat{\boldsymbol{\beta}}_{\text{PCR}} = \hat{\boldsymbol{\beta}}_{\text{OLSR}} \tag{3.2.34}$$

(ii) 如果$n_t = r_x$, 且$\boldsymbol{X}$是行满秩的, 则

$$\hat{\boldsymbol{\beta}}_{\text{PLSR}} = \hat{\boldsymbol{\beta}}_{\text{OLSR}} \tag{3.2.35}$$

3.3　非线性模型参数估计

在很多实际问题中，测量数据都是待估参数的非线性函数. 由于非线性问题往往只有迭代解(没有解析解)，估计的性质与线性模型有本质的不同. 如何设计好的估计方法、得到好的估计、建立估计的性质，并利用这些性质指导实践，具有重要意义.

3.3.1　一元非线性模型参数估计的偏差与方差

1. 简单例子

为讨论方便，先从如下简单例子开始.

例 3.3.1　设 $y(t_i)=f(t_i,\beta)+\varepsilon(t_i)=c(t_i)\beta^2+\varepsilon(t_i)$，$\varepsilon(t_i)\overset{\text{i.i.d}}{\sim}N(0,\sigma^2)$，记 $y_i=y(t_i)$，$c_i=c(t_i)$，$\varepsilon_i=\varepsilon(t_i)$，$i=1,\cdots,m$，$\boldsymbol{Y}=[y_1,\cdots,y_m]^{\mathrm{T}}$，$\boldsymbol{X}=[c_1,\cdots,c_m]^{\mathrm{T}}$，$\boldsymbol{\varepsilon}=[\varepsilon_1,\cdots,\varepsilon_m]^{\mathrm{T}}$，则 β^2 的最优估计为

$$\begin{aligned}\hat{\beta}^2&=\left(\sum_{i=1}^{m}c_i^2\right)^{-1}\sum_{i=1}^{m}c_iy_i=\beta^2+\left(\sum_{i=1}^{m}c_i^2\right)^{-1}\sum_{i=1}^{m}c_i\varepsilon_i\\&=(\boldsymbol{X}^{\mathrm{T}}\boldsymbol{X})^{-1}\boldsymbol{X}^{\mathrm{T}}\boldsymbol{Y}=\beta^2+(\boldsymbol{X}^{\mathrm{T}}\boldsymbol{X})^{-1}\boldsymbol{X}^{\mathrm{T}}\boldsymbol{\varepsilon}\end{aligned}\tag{3.3.1}$$

不妨假设 $\beta>0$，则 β 的最优估计应该为

$$\hat{\beta}=\sqrt{\left(\sum_{i=1}^{m}c_i^2\right)^{-1}\sum_{i=1}^{m}c_iy_i}=\sqrt{(\boldsymbol{X}^{\mathrm{T}}\boldsymbol{X})^{-1}\boldsymbol{X}^{\mathrm{T}}\boldsymbol{Y}}\tag{3.3.2}$$

记 $C=\sqrt{\sum_{i=1}^{m}c_i^2}$，若

$$\varepsilon(t_i)\overset{\text{i.i.d}}{\sim}N(0,\sigma^2)\tag{3.3.3}$$

则有如下结论:

(i)
$$E(\hat{\beta})=\sqrt{\frac{2}{\pi}}\frac{C}{\sigma}\int_0^{+\infty}x^2\exp\left(-\frac{C^2(x^2-\beta^2)^2}{2\sigma^2}\right)\mathrm{d}x\tag{3.3.4}$$

$$D(\hat{\beta})=\beta^2-\left(\int_0^{+\infty}\sqrt{\frac{2}{\pi}}\frac{C}{\sigma}x^2\exp\left(-\frac{C^2(x^2-\beta^2)^2}{2\sigma^2}\right)\mathrm{d}x\right)^2\tag{3.3.5}$$

由于(3.3.4)，(3.3.5)式的积分只能作数值计算，因此，考虑其近似计算，得到如下结果：

$$\text{(ii)}\qquad \begin{cases} E\hat{\beta} \approx \beta - \dfrac{\sigma^2(\boldsymbol{X}^{\mathrm{T}}\boldsymbol{X})^{-1}}{8\beta^3} \\ E(\hat{\beta}-\beta)^2 \approx \dfrac{\sigma^2(\boldsymbol{X}^{\mathrm{T}}\boldsymbol{X})^{-1}}{4\beta^2} + \dfrac{27\sigma^4(\boldsymbol{X}^{\mathrm{T}}\boldsymbol{X})^{-2}}{64\beta^6} \end{cases} \tag{3.3.6}$$

证明　记 $S(\beta)=\sum_{i=1}^{m}(y_i - c_i\beta^2)^2$，$S(\hat{\beta})=\min_{\beta} S(\beta)$，将 $S(\hat{\beta})$ 在参数真值 β 处作二阶展开得到

$$\dot{S}(\hat{\beta}) = \dot{S}(\beta) + \ddot{S}(\beta)(\hat{\beta}-\beta) + 2^{-1}\dddot{S}(\beta)(\hat{\beta}-\beta)^2 \tag{3.3.7}$$

注意到

$$\begin{aligned} &\dot{S}(\hat{\beta}) = 0 \\ &\dot{S}(\beta) = -4\beta\sum_{i=1}^{m} c_i\varepsilon_i \\ &\ddot{S}(\beta) = 8\beta^2C^2 - 4\sum_{i=1}^{m} c_i\varepsilon_i \\ &\dddot{S}(\beta) = \frac{\mathrm{d}}{\mathrm{d}\beta}\left[8\beta^2C^2 - 4\sum_{i=1}^{m} c_i(y_i - c_i\beta^2)\right] = 16\beta C^2 + 8\sum_{i=1}^{m} c_i^2\beta = 24C^2\beta \end{aligned} \tag{3.3.8}$$

因此忽略 $\boldsymbol{\varepsilon}$ 的三次以上高阶项，由(3.3.8)，可得

$$\begin{aligned} \hat{\beta}-\beta &\approx (2\beta C^2)^{-1}\sum_{i=1}^{m} c_i\varepsilon_i\left\{1+\beta^{-1}\left[(2\beta C^2)^{-1}\left\{\beta^{-1}\hat{\beta} - 3C^2(\hat{\beta}-\beta)^2\right\}\right]\right\} \\ &\quad - 3(8\beta^3C^4)^{-1}\left\{\sum_{i=1}^{m} c_i\varepsilon_i + \beta^{-1}(\hat{\beta}-\beta)\sum_{i=1}^{m} c_i\varepsilon_i - \frac{3}{2}\beta^{-1}(\hat{\beta}-\beta)^2\right\}^2 \\ &\approx (2\beta C^2)^{-1}\sum_{i=1}^{m} c_i\varepsilon_i - (8\beta^3C^4)^{-1}\left(\sum_{i=1}^{m} c_i\varepsilon_i\right)^2 + (8\beta^5C^6)^{-1}\left(\sum_{i=1}^{m} c_i\varepsilon_i\right)^3 \end{aligned} \tag{3.3.9}$$

从而

$$E(\hat{\beta}-\beta) = (2\beta C^2)^{-1}\left\{\sum_{i=1}^{m} c_i\varepsilon_i + \beta^{-1}(\hat{\beta}-\beta)\sum_{i=1}^{m} c_i\varepsilon_i - 3C^2(\hat{\beta}-\beta)^2\right\}$$

由观测误差的假设条件(3.3.3)，得到

$$E\varepsilon_i\varepsilon_j=\sigma^2\delta_{ij},\quad E\varepsilon_i\varepsilon_j\varepsilon_s=0,\quad E\varepsilon_i\varepsilon_j\varepsilon_s\varepsilon_t=\sigma^4(\delta_{ij}\delta_{st}+\delta_{is}\delta_{jt}+\delta_{it}\delta_{js})$$

因此, 忽略高阶项即可得到(3.3.6).

注释 3.3.1　例 3.3.1 说明, 非线性模型的参数估计是有偏的, 偏差的大小与测量数据的精度σ^2、参数的系数矩阵(设计矩阵) $\boldsymbol{X}$、参数真值β大小有关.

例 3.3.2　设$f(t,\beta)=c(t)\beta^2+b(t)\beta+a(t)$, 记$a_i=a(t_i)$, $b_i=b(t_i)$, 则

$$\begin{aligned}\sum_{i=1}^m c_i y_i&=\sum_{i=1}^m c_i^2\beta^2+\sum_{i=1}^m c_i b_i\beta+\sum_{i=1}^m c_i a_i+\sum_{i=1}^m c_i\varepsilon_i\\&=\sum_{i=1}^m c_i^2\left(\beta+2^{-1}C^{-2}\sum_{i=1}^m c_i b_i\right)^2+\sum_{i=1}^m c_i a_i-4^{-1}C^{-2}\left(\sum_{i=1}^m c_i b_i\right)^2+\sum_{i=1}^m c_i\varepsilon_i\end{aligned}$$

令$A=\sum_{i=1}^m c_i a_i-4^{-1}C^{-2}\left(\sum_{i=1}^m c_i b_i\right)^2$, $\alpha=\beta+2^{-1}C^{-2}\sum_{i=1}^m c_i b_i$, $\xi=\sum_{i=1}^m c_i\varepsilon_i$, 则得到

$$\hat{\alpha}^2=\left(\sum_{i=1}^m c_i^2\right)^{-1}\left(\sum_{i=1}^m c_i y_i-A\right)=\alpha^2+\left(\sum_{i=1}^m c_i^2\right)^{-1}\sum_{i=1}^m c_i\varepsilon_i$$

同例 3.3.1 的讨论, 采用相同的记号, 得到

$$E(\hat{\alpha})\approx\alpha-\frac{\sigma^2(\boldsymbol{X}^{\mathrm T}\boldsymbol{X})^{-1}}{8\alpha^3},\quad E(\hat{\alpha}-\alpha)^2\approx\frac{\sigma^2(\boldsymbol{X}^{\mathrm T}\boldsymbol{X})^{-1}}{4\alpha^2}+\frac{27\sigma^4(\boldsymbol{X}^{\mathrm T}\boldsymbol{X})^{-2}}{64\alpha^6}$$

因此

$$E(\hat{\beta})\approx\beta-\frac{\sigma^2(\boldsymbol{X}^{\mathrm T}\boldsymbol{X})^{-1}}{8\left(\beta+2^{-1}C^{-2}\sum_{i=1}^m c_i b_i\right)^3}$$

$$E(\hat{\beta}-\beta)^2\approx\frac{\sigma^2(\boldsymbol{X}^{\mathrm T}\boldsymbol{X})^{-1}}{4\left(\beta+2^{-1}C^{-2}\sum_{i=1}^m c_i b_i\right)^2}+\frac{27\sigma^4(\boldsymbol{X}^{\mathrm T}\boldsymbol{X})^{-2}}{64\left(\beta+2^{-1}C^{-2}\sum_{i=1}^m c_i b_i\right)^6}$$

2. 一元非线性模型最小二乘估计的偏差

考虑一般模型

$$y(t_i)=f(t_i,\beta)+\varepsilon(t_i),\quad \varepsilon(t_i)\overset{\text{i.i.d}}{\sim}N(0,\sigma^2)\tag{3.3.10}$$

记 $S(\beta)=\sum_{i=1}^m(y_i-f(t_i,\beta))^2$, $S(\hat{\beta})=\min\limits_{\beta}S(\beta)$, $C=\sum_{i=1}^m\dot{f}_i^2$, $D=\sum_{i=1}^m\dot{f}_i\ddot{f}_i$, 其中

$\dot{f}_i = \dfrac{\mathrm{d}f(t_i,\beta)}{\mathrm{d}\beta}$, $\ddot{f}_i = \dfrac{\mathrm{d}^2 f(t_i,\beta)}{\mathrm{d}\beta^2}$, $\dddot{f}_i = \dfrac{\mathrm{d}^3 f(t_i,\beta)}{\mathrm{d}\beta^3}$.

对于模型(3.3.10)需要如下一些假设:

(i) $f(t,\beta)$ 关于参数 β 存在一阶连续导数, 且

$$\lim_{m\to+\infty}\frac{1}{m}\sum_{i=1}^{m}\left(\frac{\mathrm{d}\,f(t_i,\beta)}{\mathrm{d}\beta}\right)^2 = \Omega_1(\beta) > 0 \tag{3.3.11}$$

(ii) $f(t,\beta)$ 关于参数 β 存在二阶连续导数, 且

$$\overline{\lim_{m\to+\infty}}\frac{1}{m}\sum_{i=1}^{m}\left(\frac{\mathrm{d}^2 f(t_i,\beta)}{\mathrm{d}\beta^2}\right)^2 = \Omega_2(\beta) \tag{3.3.12}$$

条件(i),(ii)是自然而又必要的, 因为观测向量关于参数的 Fisher 信息为 $\sigma^{-2}\sum_{i=1}^{m}\left(\dfrac{\mathrm{d}f(t_i,\beta)}{\mathrm{d}\beta}\right)^2$, 所以, $m^{-1}\sigma^{-2}\sum_{i=1}^{m}\left(\dfrac{\mathrm{d}f(t_i,\beta)}{\mathrm{d}\beta}\right)^2$ 就表示观测数据中平均每个样本所包含的关于参数的 Fisher 信息.

有如下结论[24].

定理 3.3.1　记 $S(\beta)=\sum_{i=1}^{m}(y_i - f(t_i,\beta))^2$, $S(\hat{\beta})=\min_{\beta} S(\beta)$, $C=\sum_{i=1}^{m}\dot{f}_i^2$, $D=\sum_{i=1}^{m}\dot{f}_i\ddot{f}_i$, 对于模型(3.3.8)中参数 β 的最小二乘估计 $\hat{\beta}$, 则在假设条件(3.3.11)和(3.3.12)下有如下近似:

$$\begin{aligned}\hat{\beta}-\beta = {} & C^{-1}\sum_{i=1}^{m}\dot{f}_i\varepsilon_i + C^{-2}\sum_{i,j=1}^{m}\dot{f}_i\ddot{f}_j\varepsilon_i\varepsilon_j - \frac{3}{2}C^{-3}D\sum_{i,j=1}^{m}\dot{f}_i\dot{f}_j\varepsilon_i\varepsilon_j + C^{-3}\sum_{i,j,s=1}^{m}\dot{f}_i\ddot{f}_j\ddot{f}_s\varepsilon_i\varepsilon_j\varepsilon_s \\ & -\frac{9}{2}C^{-4}D\sum_{i,j,s=1}^{m}\dot{f}_i\dot{f}_j\ddot{f}_s\varepsilon_i\varepsilon_j\varepsilon_s + \frac{9}{2}C^{-5}D^2\sum_{i,j,s=1}^{m}\dot{f}_i\dot{f}_j\dot{f}_s\varepsilon_i\varepsilon_j\varepsilon_s\end{aligned} \tag{3.3.13}$$

因此, 参数估计的偏差和均方误差有如下近似:

$$\begin{cases} E(\hat{\beta}-\beta) \approx -2^{-1}C^{-2}\sigma^2 D \\ E(\hat{\beta}-\beta)^2 \approx C^{-1}\sigma^2 + \dfrac{15}{4}C^{-4}\sigma^4 D^2 + 3C^{-3}\sigma^4\sum_{i=1}^{m}\ddot{f}_i^2 \end{cases} \tag{3.3.14}$$

证明　将 $S(\hat{\beta})$ 在参数真值 β 处作二阶展开得到

$$\dot{S}(\hat{\beta}) = \dot{S}(\beta) + \ddot{S}(\beta)(\hat{\beta}-\beta) + \frac{1}{2}\dddot{S}(\beta)(\hat{\beta}-\beta)^2$$

注意到

$$\dot{S}(\hat{\beta})=0,\ \dot{S}(\beta)=-2\sum_{i=1}^{m}\dot{f}_i\varepsilon_i,\ \ddot{S}(\beta)=2C-2\sum_{i=1}^{m}\ddot{f}_i\varepsilon_i,\ \dddot{S}(\beta)=6D-2\sum_{i=1}^{m}\dddot{f}_i\varepsilon_i$$

因此得到

$$\begin{aligned}\hat{\beta}-\beta&=C^{-1}\left\{\sum_{i=1}^{m}\dot{f}_i\varepsilon_i+\sum_{i=1}^{m}\ddot{f}_i\varepsilon_i(\hat{\beta}-\beta)-\frac{3D}{2}(\hat{\beta}-\beta)^2+\frac{1}{2}\sum_{i=1}^{m}\dddot{f}_i\varepsilon_i(\hat{\beta}-\beta)^2\right\}\\&=C^{-1}\sum_{i=1}^{m}\dot{f}_i\varepsilon_i+C^{-2}\sum_{i,j=1}^{m}\dot{f}_i\ddot{f}_j\varepsilon_i\varepsilon_j-\frac{3}{2}C^{-3}D\sum_{i,j=1}^{m}\dot{f}_i\dot{f}_j\varepsilon_i\varepsilon_j+C^{-3}\sum_{i,j,s=1}^{m}\dot{f}_i\ddot{f}_j\ddot{f}_s\varepsilon_i\varepsilon_j\varepsilon_s\\&\quad-\frac{9}{2}C^{-4}D\sum_{i,j,s=1}^{m}\dot{f}_i\dot{f}_j\ddot{f}_s\varepsilon_i\varepsilon_j\varepsilon_s+\frac{9}{2}C^{-5}D^2\sum_{i,j,s=1}^{m}\dot{f}_i\dot{f}_j\dot{f}_s\varepsilon_i\varepsilon_j\varepsilon_s\end{aligned}$$

从而可直接得到(3.3.14)的第一个等式.

由观测误差的假设条件(3.3.8)，可以得到

$$E\varepsilon_i\varepsilon_j=\sigma^2\delta_{ij},\ E\varepsilon_i\varepsilon_j\varepsilon_s=0,\ E\varepsilon_i\varepsilon_j\varepsilon_s\varepsilon_t=\sigma^4(\delta_{ij}\delta_{st}+\delta_{is}\delta_{jt}+\delta_{it}\delta_{js})$$

因此忽略高阶项得到(3.3.14)的第二个等式.

3.3.2　非线性模型参数估计及偏差修正

1. 模型非线性程度的描述

考虑多元非线性模型:

$$y(t)=f(x(t),\boldsymbol{\beta})+\varepsilon(t)=f_t(\boldsymbol{\beta})+\varepsilon(t) \tag{3.3.15}$$

记

$$\begin{cases}\boldsymbol{Y}=[y(t_1),\cdots,y(t_m)]^{\mathrm{T}},\ \boldsymbol{\eta}(\boldsymbol{\beta})=[f_{t_1}(\boldsymbol{\beta}),\cdots,f_{t_m}(\boldsymbol{\beta})]^{\mathrm{T}}\\ \boldsymbol{v}(t)=\left[\dfrac{\partial f_t(\boldsymbol{\beta})}{\partial\beta_i}\right]_{N\times 1},\ V=\left[\dfrac{\partial f_t(\boldsymbol{\beta})}{\partial\beta_i}\right]_{m\times N},\ W=\left[\dfrac{\partial^2 f_t(\boldsymbol{\beta})}{\partial\beta_i\partial\beta_j}\right]_{m\times N\times N}\\ \boldsymbol{\varepsilon}=[\varepsilon(t_1),\cdots,\varepsilon(t_m)]^{\mathrm{T}},\ S(\boldsymbol{\beta})=\|\boldsymbol{Y}-\boldsymbol{\eta}(\boldsymbol{\beta})\|^2\end{cases} \tag{3.3.16}$$

假设随机误差$\boldsymbol{\varepsilon}$是独立同分布的(满足 Gauss-Markov 条件)，则研究非线性回归问题可归为如下模型

$$\begin{cases}\boldsymbol{Y}=\boldsymbol{\eta}(\boldsymbol{\beta})+\boldsymbol{\varepsilon},\quad \boldsymbol{\beta}\in\Theta\subset\mathbf{R}^N,\quad \boldsymbol{Y}\in\mathbf{R}^m,\\ E\boldsymbol{\varepsilon}=0,\quad \mathrm{Cov}(\boldsymbol{\varepsilon})=\sigma^2\boldsymbol{I}\end{cases} \tag{3.3.17}$$

对于参数空间中经过$\boldsymbol{\beta}_0$以 $\boldsymbol{h}$ 为方向的直线$l_{\boldsymbol{h}}$：$\boldsymbol{\beta}(b)=\boldsymbol{\beta}_0+b\boldsymbol{h}$，通过期望函数$\boldsymbol{\eta}(\theta)$映射到样本空间中解轨迹上的一条曲线为

$$c_{\boldsymbol{h}}:\boldsymbol{\eta}=\boldsymbol{\eta}_{\boldsymbol{h}}(b)=\boldsymbol{\eta}(\boldsymbol{\beta}_0+b\boldsymbol{h})$$

当$b=0$时，由于

$$\begin{cases}\dot{\boldsymbol{\eta}}_{\boldsymbol{h}}\hat{=}\left[\dfrac{\mathrm{d}f_t}{\mathrm{d}b}\right]=\left[\displaystyle\sum_{i=1}^{N}\dfrac{\partial f_t(\beta)}{\partial\beta_i}h_i\right]=\boldsymbol{V}\boldsymbol{h}\\ \ddot{\boldsymbol{\eta}}_{\boldsymbol{h}}=\left[\dfrac{\mathrm{d}^2f_t}{\mathrm{d}b^2}\right]=\left[\displaystyle\sum_{j=1}^{N}\sum_{i=1}^{N}\dfrac{\partial^2 f_t(\beta)}{\partial\beta_i\partial\beta_j}h_ih_j\right]=\boldsymbol{h}^{\mathrm{T}}\boldsymbol{W}\boldsymbol{h}\end{cases} \tag{3.3.18}$$

因此，加速度向量$\ddot{\boldsymbol{\eta}}_{\boldsymbol{h}}$可以分解为三个分量：垂直于切平面的法向量分量$\ddot{\boldsymbol{\eta}}_{\boldsymbol{h}}^{\boldsymbol{n}}$、在切平面上平行于切方向和垂直于切方向$\dot{\boldsymbol{\eta}}_{\boldsymbol{h}}$的分量$\ddot{\boldsymbol{\eta}}_{\boldsymbol{h}}^{p},\ddot{\boldsymbol{\eta}}_{\boldsymbol{h}}^{g}$，即

$$\ddot{\boldsymbol{\eta}}_{\boldsymbol{h}}=\ddot{\boldsymbol{\eta}}_{\boldsymbol{h}}^{\boldsymbol{n}}+\ddot{\boldsymbol{\eta}}_{\boldsymbol{h}}^{p}+\ddot{\boldsymbol{\eta}}_{\boldsymbol{h}}^{g} \tag{3.3.19}$$

定义 3.3.1[25] 对于模型(3.3.17)，在以上记号下：

(i)沿方向$\boldsymbol{h}$在$\boldsymbol{\beta}_0$处的固有曲率$K_{\boldsymbol{h}}^{\boldsymbol{n}}$和参数效应曲率$K_{\boldsymbol{h}}^{T}$分别为

$$K_{\boldsymbol{h}}^{\boldsymbol{n}}=\frac{\|\ddot{\boldsymbol{\eta}}_{\boldsymbol{h}}^{\boldsymbol{n}}\|}{\|\dot{\boldsymbol{\eta}}_{\boldsymbol{h}}\|^2}=\frac{\|[\boldsymbol{h}^{\mathrm{T}}\boldsymbol{W}\boldsymbol{h}]^{\boldsymbol{n}}\|}{\boldsymbol{h}^{\mathrm{T}}\boldsymbol{V}^{\mathrm{T}}\boldsymbol{V}\boldsymbol{h}},\quad K_{\boldsymbol{h}}^{T}=\frac{\|\ddot{\boldsymbol{\eta}}_{\boldsymbol{h}}^{T}\|}{\|\dot{\boldsymbol{\eta}}_{\boldsymbol{h}}\|^2}=\frac{\|[\boldsymbol{h}^{\mathrm{T}}\boldsymbol{W}\boldsymbol{h}]^{\mathrm{T}}\|}{\boldsymbol{h}^{\mathrm{T}}\boldsymbol{V}^{\mathrm{T}}\boldsymbol{V}\boldsymbol{h}} \tag{3.3.20}$$

(ii)沿方向$\boldsymbol{h}$在$\boldsymbol{\beta}_0$处的相对固有曲率$\gamma_{\boldsymbol{h}}^{\boldsymbol{n}}$和相对参数效应曲率$\gamma_{\boldsymbol{h}}^{T}$分别为

$$\gamma_{h}^{\boldsymbol{n}}=\sigma\sqrt{N}K_{\boldsymbol{h}}^{\boldsymbol{n}},\quad \gamma_{\boldsymbol{h}}^{T}=\sigma\sqrt{N}K_{\boldsymbol{h}}^{T} \tag{3.3.21}$$

(iii)在$\boldsymbol{\beta}_0$处的最大固有曲率$K^{\boldsymbol{n}}$、最大相对固有曲率$\varGamma^{n}$和最大参数效应曲率K^{T}、最大相对参数效应曲率$\varGamma^{T}$分别为

$$K^{\boldsymbol{n}}=\max_{\boldsymbol{h}}K_{\boldsymbol{h}}^{\boldsymbol{n}},\ K^{T}=\max_{\boldsymbol{h}}K_{\boldsymbol{h}}^{T},\ \varGamma^{n}=\max_{\boldsymbol{h}}\gamma_{\boldsymbol{h}}^{n},\ \varGamma^{T}=\max_{\boldsymbol{h}}\gamma_{\boldsymbol{h}}^{T} \tag{3.3.22}$$

固有曲率是由模型本身性质所决定的，而参数曲率不仅与模型有关，还强烈依赖于参数的选择. 相对曲率为判定曲率的大小提供了一个比较标准. 对于给定置信度为α、样本容量为 m 的 N 维模型，如果其相对曲率满足$\varGamma^{n}<F^{-1/2}(N,m-N,1-\alpha)$，$\varGamma^{T}<F^{-1/2}(N,m-N,1-\alpha)$，则模型的固有非线性和参数效应非线性强度都很小，对模型进行线性近似、Gauss-Newton 迭代方法、对估计结果的置信域的线性近似等线性化方法效果是比较好的.

线性模型最小二乘估计的良好性质，使得对于许多非线性模型的研究，正如

上面所讨论的，希望通过其曲率的降低，来得到其参数估计的良好性质，包括加快其收敛速度、良好的近似统计推断、参数估计的渐近性质等.

由于参数估计的许多性质，取决于模型的结构(通过曲率反映)与样本的大小，因此，这就决定了改善参数估计性能，可以从改变采样的数量与模型结构两方面进行研究. 文献[26]证明了通过适当地选取采样点，可降低非线性模型的曲率，从而提高参数估计效果.

对于通过改变模型结构，来降低模型的曲率，已有的理论表明，参数效应曲率可以通过参数的变换变为零，但变换涉及一个复杂的非线性偏微分方程组，实际上无求解的办法[27].

2. 非线性模型参数估计

对于模型(3.3.17)的参数估计，在其曲率较低，即非线性性较弱时，通常采用最小二乘估计，即求解极小化问题

$$\arg\min_{\boldsymbol{\beta}\in\mathbf{R}^N} \|\boldsymbol{Y}-\boldsymbol{\eta}(\boldsymbol{\beta})\|^2 \tag{3.3.23}$$

1) 迭代算法

求解极值问题(3.3.23)，一般采用如下迭代算法:

算法 3.3.1　非线性回归模型参数估计最小二乘算法

Step1　给定参数的初值 $\boldsymbol{\beta}_0$，计算 $S(\boldsymbol{\beta}^0)=\|\boldsymbol{Y}-\boldsymbol{\eta}(\boldsymbol{\beta}^0)\|^2$ 及梯度矩阵 $\boldsymbol{V}^0=\left.\left(\dfrac{\partial\boldsymbol{\eta}}{\partial\boldsymbol{\beta}}\right)\right|_{\boldsymbol{\beta}^0}$；

Step2　对 $\boldsymbol{V}^0$ 进行奇异值 QR 分解，使得 $\boldsymbol{Q}^{\mathrm{T}}\boldsymbol{Q}=\boldsymbol{Q}\boldsymbol{Q}^{\mathrm{T}}=\boldsymbol{I}$，$\boldsymbol{R}=\begin{bmatrix}\boldsymbol{R}_1\\ \boldsymbol{O}\end{bmatrix}$为上三角阵，记 $\boldsymbol{Q}=(\boldsymbol{Q}_1,\boldsymbol{Q}_2)$，因此，$\boldsymbol{V}^0=\boldsymbol{Q}_1\boldsymbol{R}_1$；

Step3　得到估计量 $\boldsymbol{\delta}^0=(\boldsymbol{R}_1^{\mathrm{T}}\boldsymbol{R}_1)^{-1}\boldsymbol{R}_1^{\mathrm{T}}\boldsymbol{Q}_1^{\mathrm{T}}(\boldsymbol{Y}-\boldsymbol{\eta}(\boldsymbol{\beta}^0))$；

Step4　计算 $\boldsymbol{\beta}^1=\boldsymbol{\beta}^0+\lambda\boldsymbol{\delta}^0$ 使得

$$S(\boldsymbol{\beta}^1)<S(\boldsymbol{\beta}^0) \tag{3.3.24}$$

其中，选取 λ 方法一般是从 $\lambda=1$ 开始，逐步二分，直到(3.3.24)式成立.

Step5　将 $\boldsymbol{\beta}^1$ 换成 $\boldsymbol{\beta}^0$，对于给定的收敛准则，重复以上步骤，直到收敛.

此方法涉及两个假设: 一是平面的假设，即通过 $\boldsymbol{\eta}(\boldsymbol{\beta}^0)$ 的切平面近似 $\boldsymbol{\eta}(\boldsymbol{\beta}^0)$ 附近的期望曲面 $\boldsymbol{\eta}(\boldsymbol{\beta})$；二是均匀坐标的假设，即由均匀坐标系 $V(\boldsymbol{\beta}-\boldsymbol{\beta}^0)$ 来近似真实的参数坐标系. 显然，模型(3.3.17)越接近线性模型(曲率越小)，这两个假设就越

能够被满足.

2) 收敛性

算法 3.3.1 的收敛性判别方法主要有: 参数值稳定性判别[28]、残差平方和收敛性判别[29]、梯度大小与步长大小准则[30], 以及这些准则的综合. 然而, 这些准则仅指出了迭代没有进展, 而不是收敛, 因此 Bates 和 Watts 依据非线性最小二乘的几何特性, 得到了利用残差向量垂直于切平面的特性来判别收敛准则[28]:

$$\frac{\| \boldsymbol{Q}_1^{\mathrm{T}}(\boldsymbol{Y}-\boldsymbol{\eta}(\boldsymbol{\beta}^i)) \| / \sqrt{N}}{\| \boldsymbol{Q}_2^{\mathrm{T}}(\boldsymbol{Y}-\boldsymbol{\eta}(\boldsymbol{\beta}^i)) \| / \sqrt{m-N}} < 0.001 \tag{3.3.25}$$

为了判别收敛性, 要求相对偏差小于 0.001, 其原因如下: 如果目前的参数向量与最小二乘点之间的距离小于置信区域圆盘半径的 0.1%, 则任何有关的推断结果都不会受到实质性的影响.

3) 参数的近似推断

记 $s^2 = \| \boldsymbol{Y}-\boldsymbol{\eta}(\hat{\boldsymbol{\beta}}) \|^2 /(m-N)$, 利用线性近似, 可以得到模型 (3.3.17) 的置信水平为 $1-\alpha$ 的参数近似推断区域为[25]

$$(\boldsymbol{\beta}-\hat{\boldsymbol{\beta}})^{\mathrm{T}} \hat{\boldsymbol{V}}^{\mathrm{T}} \hat{\boldsymbol{V}} (\boldsymbol{\beta}-\hat{\boldsymbol{\beta}}) \leqslant N s^2 F(N, m-N; 1-\alpha) \tag{3.3.26}$$

其边界为 $\{\boldsymbol{\beta} = \hat{\boldsymbol{\beta}} + \sqrt{N s^2 F(N, m-N; 1-\alpha)}\hat{\boldsymbol{R}}^{-1}\boldsymbol{d} \mid \|\boldsymbol{d}\| = 1\}$, 期望相应的线性近似推断区域为 $f(x_0, \hat{\boldsymbol{\beta}}) \pm s \| \boldsymbol{v}_0^{\mathrm{T}} \hat{\boldsymbol{R}}_1^{-1} \| t(m-N; \alpha/2)$, 近似推断带为 $f(x, \hat{\boldsymbol{\beta}}) \pm s \| \boldsymbol{v}^{\mathrm{T}} \hat{\boldsymbol{R}}_1^{-1} \| \cdot \sqrt{N F(N, m-N; 1-\alpha)}$.

注释 3.3.2　式 (3.3.26) 实际上就是参数估计的精度, 即给定置信度 $1-\alpha$, 参数估计结果的置信区间近似为 $\{\boldsymbol{\beta} \pm \sqrt{N s^2 F(N, m-N; 1-\alpha)}\hat{\boldsymbol{R}}^{-1}\boldsymbol{d} \mid \|\boldsymbol{d}\| = 1\}$, 信号的置信区间近似为 $f(x_0, \boldsymbol{\beta}) \pm s \| \boldsymbol{v}_0^{\mathrm{T}} \hat{\boldsymbol{R}}_1^{-1} \| t(m-N; \alpha/2)$.

3. 非线性模型参数估计的偏差与方差

定理 3.3.2　记 I_t 为固有曲率立体阵的第 t 个面, P_i 为参数效应曲率立体阵的第 i 个面, $\boldsymbol{P}_{k,l}$ 为参数效应曲率立体阵在 (k,l) 处的向量, 则有

$$\mathrm{Bias}(\hat{\boldsymbol{\beta}}) = E(\hat{\boldsymbol{\beta}}-\boldsymbol{\beta}) = -\frac{\sigma^2}{2}(\boldsymbol{V}^{\mathrm{T}}\boldsymbol{V})^{-1}\boldsymbol{V}^{\mathrm{T}}\mathrm{tr}[(\boldsymbol{V}^{\mathrm{T}}\boldsymbol{V})^{-1}\boldsymbol{W}] \tag{3.3.27}$$

$$\mathrm{Cov}(\hat{\boldsymbol{\beta}}) = \sigma^2(\boldsymbol{V}^{\mathrm{T}}\boldsymbol{V})^{-1} + \frac{\sigma^4}{2}\boldsymbol{L}(2\boldsymbol{V}_I + \boldsymbol{V}_P)\boldsymbol{L}^{\mathrm{T}} \tag{3.3.28}$$

其中, $\boldsymbol{V}_I = \sum_{t=1}^{m-P} \boldsymbol{I}_t^2$, $\boldsymbol{V}_P = \sum_{k=1}^{P}\sum_{l=1}^{P} \boldsymbol{P}_{k,l}\boldsymbol{P}_{k,l}^{\mathrm{T}}$, $\boldsymbol{V} = [\boldsymbol{Q}_1, \boldsymbol{Q}_2]\begin{bmatrix}\boldsymbol{R}\\ \boldsymbol{O}\end{bmatrix}$, $\boldsymbol{L} = \boldsymbol{R}^{-1}$, $\boldsymbol{R}$ 为上三角矩阵,

$\boldsymbol{Q}_1, \boldsymbol{Q}_2$ 的列向量为标准正交基. 实际计算时各变量均在 $\hat{\boldsymbol{\beta}}$ 处取值.

注释 3.3.3　以上结论说明, 对于非线性回归模型, 其最小二乘估计不再是无偏的, 且估计结果的偏差和方差不仅与测量数据的精度有关, 还与模型的一、二阶导数, 从而与模型的曲率有关, 同时与测量数据的独立样本量有关. 由此如何降低模型的曲率, 增加有效独立测量数据量, 来提高参数的估计精度, 就是非线性模型参数估计的重要研究内容.

4. 非线性模型的曲率降低

在 1 模型非线性程度的描述中, 介绍了可以通过参数变换适当选取采样数据可以降低模型的曲率, 从而提高参数估计效率和估计精度. 下面研究通过利用先验信息来降低模型的曲率(改变模型的结构).

(1)考虑非线性模型(3.3.17)在如下先验信息的约束下的估计问题:

$$\tilde{\boldsymbol{\beta}} = \boldsymbol{Z}\boldsymbol{\beta} + \xi,\ \xi \sim (0, \boldsymbol{\Sigma}),\ \ E\boldsymbol{\varepsilon}\boldsymbol{\xi}^{\mathrm{T}} = 0 \tag{3.3.29}$$

其中, $\boldsymbol{\Sigma}$ 为正定协方差矩阵.

若 $\boldsymbol{\Sigma}, \sigma$ 已知, 则可考虑极小化问题如下:

$$\arg\min_{\boldsymbol{\beta}\in\mathbf{R}^N} \sigma^{-2} \| \boldsymbol{Y} - \boldsymbol{\eta}(\boldsymbol{\beta}) \|^2 + \| \boldsymbol{\Sigma}^{-\frac{1}{2}} (\tilde{\boldsymbol{\beta}} - \boldsymbol{Z}\boldsymbol{\beta}) \|^2 \tag{3.3.30}$$

记 $\tilde{\boldsymbol{Y}} = \begin{bmatrix} \sigma^{-1}\boldsymbol{Y} \\ \boldsymbol{\Sigma}^{-\frac{1}{2}}\tilde{\boldsymbol{\beta}} \end{bmatrix}$, $\tilde{\boldsymbol{\eta}}(\boldsymbol{\beta}) = \begin{bmatrix} \sigma^{-1}\boldsymbol{\eta}(\boldsymbol{\beta}) \\ \boldsymbol{\Sigma}^{-\frac{1}{2}}\boldsymbol{Z}\boldsymbol{\beta} \end{bmatrix}$, $\tilde{\boldsymbol{\varepsilon}} = \begin{bmatrix} \sigma^{-1}\boldsymbol{\varepsilon} \\ \boldsymbol{\Sigma}^{-\frac{1}{2}}\xi \end{bmatrix}$, 则极值问题(3.3.30)转化为如下无约束模型

$$\tilde{\boldsymbol{Y}} = \tilde{\boldsymbol{\eta}}(\boldsymbol{\beta}) + \tilde{\boldsymbol{\varepsilon}}, \quad E\tilde{\boldsymbol{\varepsilon}} = 0, \quad \mathrm{Cov}(\tilde{\boldsymbol{\varepsilon}}) = \begin{bmatrix} \boldsymbol{I}_m & 0 \\ 0 & \boldsymbol{I}_k \end{bmatrix} \tag{3.3.31}$$

参数的估计由极小化问题 $\arg\min\limits_{\boldsymbol{\beta}\in\mathbf{R}^N} \| \tilde{\boldsymbol{Y}} - \tilde{\boldsymbol{\eta}}(\boldsymbol{\beta}) \|^2$ 给出.

沿用3.3.1节的记号, 沿着方向 $\boldsymbol{h}$ 的模型(3.3.17)的曲率为 $K_{\boldsymbol{h}} = \dfrac{\|\boldsymbol{h}^{\mathrm{T}}\boldsymbol{W}\boldsymbol{h}\|}{\boldsymbol{h}^{\mathrm{T}}\boldsymbol{V}^{\mathrm{T}}\boldsymbol{V}\boldsymbol{h}}$, 其中 $\boldsymbol{V}$ 和 $\boldsymbol{W}$ 分别为非线性模型(3.3.17)的一阶导函数矩阵和二阶导函数立体矩阵.

对于模型(3.3.31), 由于其非线性部分即与(3.3.17)等价, 而后面是线性部分, 则易推得模型(3.3.31)沿着方向 $\boldsymbol{h}$ 的曲率为

$$K_{\boldsymbol{h}} = \frac{\| \boldsymbol{h}^{\mathrm{T}}\boldsymbol{W}\boldsymbol{h} \| \sigma^2}{\boldsymbol{h}^{\mathrm{T}}(\sigma^2\boldsymbol{V}^{\mathrm{T}}\boldsymbol{V} + \boldsymbol{\Sigma}^{-1}\boldsymbol{Z}^{\mathrm{T}}\boldsymbol{Z})\boldsymbol{h}} \tag{3.3.32}$$

从(3.3.32)式可知，增加先验信息的约束，模型的曲率就会降低，且先验信息越准确，其权值越大，模型(3.3.17)的曲率就越小.

(2)考虑如下正则化问题:

$$\arg\min_{\boldsymbol{\beta}\in\mathbf{R}^N}\|\boldsymbol{Y}-\boldsymbol{\eta}(\boldsymbol{\beta})\|^2+\lambda\|\boldsymbol{D\beta}\|^2 \tag{3.3.33}$$

可以证明极值问题(3.3.33)所对应的模型的曲率，小于模型(3.3.17)的曲率.

5. 估计值偏差与方差的修正方法

多元非线性回归模型的 Bayes 估计、正则化估计，可以归结为统一的形式，也就是应用先验信息的扩展正则化估计，即对于如下极值问题

$$\arg\min_{\boldsymbol{\beta}\in\mathbf{R}^N,\,0<\rho<1}\rho\sigma^{-2}\|\boldsymbol{Y}-\boldsymbol{\eta}(\boldsymbol{\beta})\|^2+(1-\rho)\|\boldsymbol{\Sigma}^{-\frac{1}{2}}(\tilde{\boldsymbol{\beta}}-\boldsymbol{Z\beta})\|^2 \tag{3.3.34}$$

Bayes 估计为 $\rho=\dfrac{1}{2}$，正则化估计为 $\rho=\dfrac{1}{1+\lambda}$，$\tilde{\boldsymbol{\beta}}=\mathbf{0}$，$D=\sigma^2\boldsymbol{\Sigma}^{-\frac{1}{2}}\boldsymbol{Z}$.

设由扩展正则化估计方法得到的模型(3.3.34)的解为 $\hat{\boldsymbol{\beta}}_{\mathrm{ER}}$，下面给出其偏差与方差的修正方法[5].

算法 3.3.2　非线性模型参数估计值的修正算法

Step1　产生随机数 $\boldsymbol{\xi}\sim \boldsymbol{N}(0,\boldsymbol{I}_{(m+N)\times(m+N)})$，$e_\beta\sim\boldsymbol{N}(0,\boldsymbol{I}_{N\times N})$；

Step2　记 $\boldsymbol{F}(\boldsymbol{\beta})=(\sqrt{\rho_{j_0}}f(\boldsymbol{X},\boldsymbol{\beta})^{\mathrm{T}},\sqrt{1-\rho_{j_0}}\boldsymbol{\beta}^{\mathrm{T}}\boldsymbol{Z}^{\mathrm{T}})^{\mathrm{T}}$，$\boldsymbol{Y}^*=\boldsymbol{F}(\hat{\boldsymbol{\beta}}_{\mathrm{ER}}+\boldsymbol{e}_\beta)$，形成模型

$$\begin{cases}\boldsymbol{Y}^*=\boldsymbol{F}(\boldsymbol{\beta})+\xi\\ E\xi=0,\ \mathrm{Cov}(\xi)=\boldsymbol{I}\end{cases} \tag{3.3.35}$$

Step3　由改进的 Gauss-Newton 方法给出模型(3.3.35)中待估参数 $\boldsymbol{\beta}$ 的估计值 $\boldsymbol{\beta}^*$；

Step4　重复 Step1 到 Step3，共 k 次，记

$$\begin{cases}\boldsymbol{B}=\dfrac{1}{k}\sum(\boldsymbol{\beta}^*-\hat{\boldsymbol{\beta}}_{\mathrm{ER}}-\boldsymbol{e}_\beta)\\ \boldsymbol{G}=\dfrac{1}{k}\sum(\boldsymbol{\beta}^*-\hat{\boldsymbol{\beta}}_{\mathrm{ER}}-\boldsymbol{e}_\beta)(\boldsymbol{\beta}^*-\hat{\boldsymbol{\beta}}_{\mathrm{ER}}-\boldsymbol{e}_\beta)^{\mathrm{T}}\end{cases} \tag{3.3.36}$$

取 k 充分大，则得到估计值 $\hat{\boldsymbol{\beta}}_{\mathrm{ER}}$ 的偏差向量和方差矩阵 $\boldsymbol{B},\boldsymbol{G}$.

因此，修正以后的估计值为 $\hat{\boldsymbol{\beta}}_{\mathrm{ER}}^e=\hat{\boldsymbol{\beta}}_{\mathrm{ER}}-\boldsymbol{B}$.

3.3.3　非线性融合模型的参数估计与权值

靶场试验测量数据的事后融合处理问题，最终归结为多结构多参数的非线性回归模型的参数估计问题. 由 3.3.2 节的讨论知道，多结构非线性回归模型的参数估

计精度与模型的结构(通过曲率来度量)有关. 靶场试验的跟踪与测量, 通常同时有多种类设备、不同性质的测元数据. 这些不同量元关于目标轨迹参数、测量系统误差参数的结构是不同的, 因此参数估计的精度对它们的依赖程度也是不同的, 这就是说, 不同结构的测元数据的加权应当不同. 如何确定不同结构测元的权值、如何度量测元结构与其权值的关系, 是具有非常重要的理论与应用价值的问题.

对于线性回归模型的参数估计, Gauss-Markov 定理给出了不等精度测量数据融合处理的唯一最优加权原则, 即由测量误差的统计特性唯一决定. 而关于非线性回归模型的讨论, 都是假设所有观测数据的随机误差是独立同分布, 从而不考虑加权, 或直接用线性模型的 Gauss-Markov 定理的结论对异类测量数据进行加权[25, 31].

下面通过引入加权因子, 来研究多结构非线性回归模型的加权与参数估计问题, 从理论上得到了基于参数估计的均方误差最小的多结构非线性回归模型的最优权值, 并建立了相应的参数估计算法. 同时证明最优权值不仅与测量误差的统计特性有关, 还与模型函数的导数、样本量的大小有关. 最后给出例子说明权值对于参数估计结果的影响.

1. 多结构一元非线性回归模型的权值

为讨论简单与方便, 先考虑非线性回归模型(3.3.15)的线性约束模型(3.3.29)(实际上, (3.3.29)既可以是先验信息, 也可以是另一类设备的测量元数据). 因此两类系统的测量数据融合的最优权值问题, 在参数估计均方误差最小的准则下, 归结为寻找 ρ, 使得极小值问题

$$\arg\min_{\boldsymbol{\beta}\in\mathbf{R}^N}\|\boldsymbol{Y}-f(\boldsymbol{X},\boldsymbol{\beta})\|_2^2+\rho\|\tilde{\boldsymbol{\beta}}-\boldsymbol{Z}\boldsymbol{\beta}\|_2^2 \tag{3.3.37}$$

的解满足 $\mathrm{MSE}(\hat{\boldsymbol{\beta}})(\rho)=\min$.

对于一维模型, 定理 3.3.3 给出了参数估计的偏差与均方误差的估计, 定理 3.3.4 给出了最优权值的存在性及其性质.

定理 3.3.3　记

$$S(\beta)=\|\boldsymbol{Y}-\boldsymbol{f}(\beta)\|_2^2+\rho\|\tilde{\beta}-Z\beta\|_2^2,\quad S(\hat{\beta})=\min_{\beta}S(\beta)$$

$$C=\sum_{i=1}^m\dot{f}_i^2+\rho\sum_{i=1}^k z_i^2,\quad D=\sum_{i=1}^m\dot{f}_i\ddot{f}_i,\quad A=\sigma_1^2\sum_{i=1}^m\dot{f}_i^2+\rho^2\sigma_2^2\sum_{i=1}^k z_i^2,\quad \xi=\sum_{i=1}^m\dot{f}_i\varepsilon_i+\rho\sum_{i=1}^k z_i\eta_i$$

则在随机误差正态条件下, 参数估计的偏差和均方误差有如下近似:

$$E(\hat{\beta}-\beta)\approx-\frac{1}{2}\sigma_1^2C^{-2}D-\frac{3}{2}C^{-3}D\rho(\rho\sigma_2^2-\sigma_1^2)\sum_{i=1}^k z_i^2 \tag{3.3.38}$$

$$\mathrm{MSE}(\hat{\beta})=C^{-2}A+6C^{-4}D^2\sigma_1^4+3C^{-4}A\sigma_1^2\sum_{i=1}^m\ddot{f}_i^2+\frac{135}{4}C^{-6}D^2A^2-36C^{-5}AD^2\sigma_1^2 \tag{3.3.39}$$

证明　将 $\dot{S}(\hat{\beta})$ 在参数真值 β 处作二阶展开得到

$$\dot{S}(\hat{\beta}) = \dot{S}(\beta) + \ddot{S}(\beta)(\hat{\beta}-\beta) + 2^{-1}\dddot{S}(\beta)(\hat{\beta}-\beta)^2$$

注意到

$$\dot{S}(\hat{\beta}) = 0,\ \dot{S}(\beta) = -2\xi,\ \ddot{S}(\beta) = 2C - 2\sum_{i=1}^{m}\ddot{f}_i\varepsilon_i,\ \dddot{S}(\beta) = 6D - 2\sum_{i=1}^{m}\dddot{f}_i\varepsilon_i$$

因此忽略三阶导数项以及四阶以上误差项, 得到

$$\begin{aligned}\hat{\beta}-\beta &\approx C^{-1}\left\{\xi + \sum_{i=1}^{m}\ddot{f}_i\varepsilon_i(\hat{\beta}-\beta) - \frac{3}{2}D(\hat{\beta}-\beta)^2 + \frac{1}{2}\sum_{i=1}^{m}\dddot{f}_i\varepsilon_i(\hat{\beta}-\beta)^2\right\}\\ &= C^{-1}\xi + C^{-2}\sum_{i=1}^{m}\ddot{f}_i\varepsilon_i\xi - \frac{3}{2}C^{-3}D\xi^2 + C^{-3}\sum_{i,j=1}^{m}\ddot{f}_i\ddot{f}_j\varepsilon_i\varepsilon_j\xi - \frac{9}{2}C^{-4}D\sum_{i=1}^{m}\ddot{f}_i\varepsilon_i\xi^2 + \frac{9}{2}C^{-5}D^2\xi^3\end{aligned}$$

由于正态分布的奇次方的期望为零, 且 ε,η 独立, 因此, 忽略四阶及四阶以上误差项, 并求期望, 直接得到(3.3.38)式, 且

$$E(\hat{\beta}-\beta)^2 = C^{-2}E\xi^2 + 3C^{-4}E\left(\sum_{i=1}^{m}\ddot{f}_i\varepsilon_i\right)^2\xi^2 + \frac{45}{4}C^{-6}D^2E\xi^4 - 12C^{-5}D\sum_{i=1}^{m}\ddot{f}_i\varepsilon_i\xi^3 \quad (3.3.40)$$

注意到

$$E\xi^2 = \sigma_1^2\sum_{i=1}^{m}\dot{f}_i^2 + \rho^2\sigma_2^2\sum_{i=1}^{k}z_i^2 = A$$

$$E\xi^4 = 3\sigma_1^4\left(\sum_{i=1}^{m}\dot{f}_i^2\right)^2 + 6\rho^2\sigma_1^2\sigma_2^2\sum_{i=1}^{m}\dot{f}_i^2\sum_{i=1}^{k}z_i^2 + 3\rho^4\sigma_2^4\left(\sum_{i=1}^{k}z_i^2\right)^2 = 3A^2$$

$$\begin{aligned}E\left(\sum_{i=1}^{m}\ddot{f}_i\varepsilon_i\right)^2\xi^2 &= 2D^2\sigma_1^4 + \sigma_1^4\sum_{i=1}^{m}\dot{f}_i^2\sum_{i=1}^{m}\ddot{f}_i^2 + \rho^2\sigma_1^2\sigma_2^2\sum_{i=1}^{m}\ddot{f}_i^2\sum_{i=1}^{k}z_i^2\\ &= 2D^2\sigma_1^4 + \sigma_1^2 A\sum_{i=1}^{m}\ddot{f}_i^2\end{aligned}$$

$$E\sum_{i=1}^{m}\ddot{f}_i\varepsilon_i\xi^3 = 3D\sigma_1^4\sum_{i=1}^{m}\dot{f}_i^2 + 3\rho^2\sigma_1^2\sigma_2^2D\sum_{i=1}^{k}z_i^2 = 3DA\sigma_1^2$$

因此, 代入(3.3.40)式得到(3.3.39)式.

定理 3.3.4　极小值问题 $\arg\min\limits_{\rho>0}\mathrm{MSE}(\hat{\beta})(\rho)$ 的解存在, 且

$$\arg\min_{\rho>0}\mathrm{MSE}(\hat{\beta})(\rho) < \mathrm{MSE}(\hat{\beta})(\sigma_1^2\sigma_2^{-2})$$

证明　由(3.3.39)式可知, $\mathrm{MSE}(\hat{\beta})(\rho)$ 关于权值 ρ 在 $[0,+\infty)$ 上连续可导, 且

关于参数 ρ 直接求导，得到

$$\frac{\mathrm{d}}{\mathrm{d}\rho}\mathrm{MSE}(\hat{\beta})(\rho)=\left(\sum_{i=1}^{k}z_i^2\right)\Big[-2C^{-3}A+2\rho C^{-2}\sigma_2^2-24C^{-5}D^2\sigma_1^4-12C^{-5}\sigma_1^2A\sum_{i=1}^{m}\ddot{f}_i^2+6\rho C^{-4}\sigma_1^2\sigma_2^2\sum_{i=1}^{m}\ddot{f}_i^2-\frac{405}{2}C^{-7}D^2A^2+135\rho C^{-6}D^2A\sigma_2^2+180C^{-6}AD^2\sigma_1^2-72\rho C^{-5}D^2\sigma_1^2\sigma_2^2\Big] \tag{3.3.41}$$

因此

$$\frac{\mathrm{d}}{\mathrm{d}\rho}\mathrm{MSE}(\hat{\beta})(0)=-\left(\sum_{i=1}^{k}z_i^2\right)\left[2\left(\sum_{i=1}^{m}\dot{f}_i^2\right)^{-2}\sigma_1^2+\frac{93}{2}\left(\sum_{i=1}^{m}\dot{f}_i^2\right)^{-5}D^2\sigma_1^4+12\left(\sum_{i=1}^{m}\dot{f}_i^2\right)^{-5}\sum_{i=1}^{m}\dot{f}_i^2\sum_{i=1}^{m}\ddot{f}_i^2\sigma_1^4\right]<0$$

而 $\lim\limits_{\rho\to+\infty}\frac{\mathrm{d}}{\mathrm{d}\rho}\mathrm{MSE}(\hat{\beta})(\rho)=0$，在(3.3.41)式中，当 $\rho\to+\infty$ 时，从第三项开始，以后各项均为前两项的高阶无穷小量，且当 $\rho>\sigma_1^2\sigma_2^{-2}$ 时，前两项之和大于零，因此，存在 $\rho_0>0$，使得当 $\rho\in[\rho_0,+\infty)$ 时，$\frac{\mathrm{d}}{\mathrm{d}\rho}\mathrm{MSE}(\hat{\beta})(\rho)>0$，从而 $\arg\min\limits_{\rho>0}\mathrm{MSE}(\hat{\beta})(\rho)$ 的解 $\hat{\rho}\in(0,\rho_0)$．又因为

$$\frac{\mathrm{d}}{\mathrm{d}\rho}\mathrm{MSE}(\hat{\beta})\left(\frac{\sigma_1^2}{\sigma_2^2}\right)=\frac{\sigma_1^4}{2C^5}\sum_{i=1}^{k}z_i^2\left[33D^2-12\left(\sum_{i=1}^{m}\dot{f}_i^2+\frac{\sigma_1^2}{\sigma_2^2}\sum_{i=1}^{k}z_i^2\right)\sum_{i=1}^{m}\ddot{f}_i^2\right]$$

因此，$\frac{\mathrm{d}}{\mathrm{d}\rho}\mathrm{MSE}(\hat{\beta})\left(\frac{\sigma_1^2}{\sigma_2^2}\right)=0$ 只有两种情况：一是两类信息均为待估参数的线性模型，即 $\ddot{f}\equiv0$；二是对于特殊的非线性模型、有特殊的样本点数(即使 $\frac{\mathrm{d}}{\mathrm{d}\rho}\mathrm{MSE}(\hat{\beta})\left(\frac{\sigma_1^2}{\sigma_2^2}\right)=0$ 成立的非线性模型，通过增加或减少一个样本点，$\frac{\mathrm{d}}{\mathrm{d}\rho}\mathrm{MSE}(\hat{\beta})\left(\frac{\sigma_1^2}{\sigma_2^2}\right)=0$ 也会不再成立)，从而 $\rho=\frac{\sigma_1^2}{\sigma_2^2}$ 可以认为不是 $\arg\min\limits_{\rho>0}\mathrm{MSE}(\hat{\beta})(\rho)$ 的解，从而定理得证.

注释 3.3.4　定理 3.3.4 说明，非线性融合模型参数估计时，其融合的最优权值是存在的，但不是由各模型对应的测量数据的精度唯一决定．这是线性模型与非线性模型的本质区别．因此如何求解最优权值，成为非线性融合模型参数估计的重要问题.

对于一元模型(3.3.37)的求解，可以按如下的迭代方法得到.

算法 3.3.3　两结构一元融合模型参数估计算法

Step1　对于融合权初值 $\rho_0=\sigma_1^2\sigma_2^{-2}$，求解极小值问题

$$\arg\min_{\beta\in\mathbf{R}^1}\|Y-f(X,\beta)\|^2+\rho_0\|\tilde{\beta}-Z\beta\|^2$$

得到解 $\hat{\beta}^{(1)}$；

Step2　由(3.3.39)式，计算参数估计结果的均方误差在 $\hat{\beta}^{(1)}$ 处的值 $\mathrm{MSE}(\hat{\beta}^{(1)})(\hat{\beta}^{(1)},\rho)$；

Step3　求解极小值问题 $\arg\min\limits_{\rho>0}\mathrm{MSE}(\hat{\beta}^{(1)})(\hat{\beta}^{(1)},\rho)$，得到 ρ_1；

Step4　将 ρ_1 赋值给 ρ_0，返回 Step1，对于给定的收敛准则，重复以上步骤，直到迭代收敛为止，此时的 ρ_1 为最优权值，$\hat{\beta}^{(1)}$ 为参数的最优估计.

实际上，为了避免求解极值问题 $\arg\min\limits_{\rho>0}\mathrm{MSE}(\hat{\beta}^{(1)})(\hat{\beta}^{(1)},\rho)$，我们可以采用如下方法.

容易证明，极值问题(3.3.37)的解，等价于如下极值问题：

$$\arg\min_{\beta\in\mathbf{R}^1,0<\rho<1}\rho\|Y-f(X,\beta)\|^2+(1-\rho)\|\tilde{\beta}-Z\beta\|^2 \tag{3.3.42}$$

极值问题(3.3.42)可以采用如下迭代方法.

算法 3.3.4　两结构一元融合模型参数估计简约算法

Step1　对给定的步长 h，令 $\rho_j=(j-1)h,\ j=1,2,\cdots,\left[\dfrac{1}{h}\right]+1$，求极小问题 $\arg\min\limits_{\beta\in\mathbf{R}^1,0<\rho<1}\rho_j\|Y-f(X,\beta)\|^2+(1-\rho_j)\|\tilde{\beta}-Z\beta\|^2$ 的解 $\hat{\beta}(\rho_j)$；

Step2　按(3.3.39)式计算此时的估计均方根偏差 $\mathrm{MSE}\hat{\beta}(\rho_j)$；

Step3　比较 $\mathrm{MSE}\hat{\beta}(\rho_j)$ 的大小，求出使得 $\mathrm{MSE}\hat{\beta}(\rho_j)$ 达到最小的 $\hat{\rho}_j$ 及相应的 $\hat{\beta}(\hat{\rho}_j)$ 即为所求.

2. 多结构多元非线性融合模型的参数估计

现在考虑如下多结构多元非线性融合模型

$$\begin{cases} y_1(t_i)=f_1(t_i,\boldsymbol{\beta})+\varepsilon_1(t_i), \\ \qquad\cdots\cdots \\ y_M(t_i)=f_M(t_i,\boldsymbol{\beta})+\varepsilon_M(t_i), \end{cases}\quad i=1,\cdots,m \tag{3.3.43}$$

记

$$\boldsymbol{Y}_j=(y_j(t_1),\cdots,y_j(t_m))^{\mathrm{T}},\quad \boldsymbol{F}_j(\boldsymbol{\beta})=(f_j(t_1,\boldsymbol{\beta}),\cdots,f_j(t_m,\boldsymbol{\beta}))^{\mathrm{T}}$$
$$\boldsymbol{\varepsilon}_j=(\varepsilon_j(t_1),\cdots,\varepsilon_j(t_m))^{\mathrm{T}},\quad j=1,\cdots,M$$

且设 $E\boldsymbol{\varepsilon}_j=\boldsymbol{0},\ E\varepsilon_j\boldsymbol{\varepsilon}_k^{\mathrm{T}}=\delta_{jk}\sigma_j^2\boldsymbol{I}_m,\ j,k=1,\cdots,M$.

利用多结构非线性回归模型(3.3.43)求解参数 $\boldsymbol{\beta}$ 的最优估计，即是在给定权值 $\rho_j\in[0,1],\ \sum_{j=1}^{M}\rho_j=1$ 下，求解极小值问题

$$\arg\min_{\boldsymbol{\beta}\in\mathbf{R}^N}\sum_{j=1}^{M}\rho_j\sigma_j^{-2}\|\boldsymbol{Y}_j-\boldsymbol{F}_j(\boldsymbol{\beta})\|^2 \tag{3.3.44}$$

使得 $\mathrm{tr}(\mathrm{MSEM}(\hat{\beta})(\rho_j))=\min$.

记

$$\boldsymbol{V}_j(\boldsymbol{\beta})=\sqrt{\rho_j}\sigma_j^{-1}\left[\frac{\partial f_j(t_i)}{\partial\beta_k}\right]_{m\times N},\quad \boldsymbol{W}=\sqrt{\rho_j}\sigma_j^{-1}\left[\frac{\partial^2 f_j(t_i)}{\partial\beta_j\partial\beta_k}\right]_{m\times N}$$
$$S_j(\boldsymbol{\beta})=\rho_j\sigma_j^{-2}\|\boldsymbol{Y}_j-\boldsymbol{F}_j(\boldsymbol{\beta})\|^2,\quad S(\boldsymbol{\beta})=\sum_{j=1}^{M}S_j(\boldsymbol{\beta})$$

对于极值问题(3.3.44)的参数估计结果的误差，类似于定理 3.3.2，可以得到如下结论.

命题 3.3.1[27, 28]　记函数 $\sqrt{\rho_j}\sigma_j^{-1}\boldsymbol{F}_j(\boldsymbol{\beta})$ 的固有曲率立体阵的第 t 个面为 I_t^j，参数效应曲率立体阵的第 i 个面为 P_i^j，$\boldsymbol{P}_{k,l}^j$ 为参数效应曲率立体阵在 (k,l) 处的向量，则有

$$\mathrm{Bias}(\hat{\boldsymbol{\beta}})=-\frac{1}{2}\left[\sum_{j=1}^{\mathrm{M}}\boldsymbol{V}_j^{\mathrm{T}}\boldsymbol{V}_j\right]^{-1}\sum_{j=1}^{M}\boldsymbol{V}_j^{\mathrm{T}}\mathrm{tr}[(\boldsymbol{V}_j^{\mathrm{T}}\boldsymbol{V}_j)^{-1}\boldsymbol{W}_j] \tag{3.3.45}$$

$$\begin{aligned}\mathrm{MSEM}(\hat{\boldsymbol{\beta}})=&\left[\sum_{j=1}^{\mathrm{M}}\boldsymbol{V}_j^{\mathrm{T}}\boldsymbol{V}_j\right]^{-1}+\frac{1}{2}\sum_{j=1}^{M}\boldsymbol{L}_j(2\boldsymbol{V}_I^j+\boldsymbol{V}_P^j)\boldsymbol{L}_j^{\mathrm{T}}\\&-\frac{1}{2}\left[\sum_{j=1}^{\mathrm{M}}\boldsymbol{V}_j^{\mathrm{T}}\boldsymbol{V}_j\right]^{-1}\sum_{j=1}^{M}\boldsymbol{V}_j^{\mathrm{T}}\mathrm{tr}[(\boldsymbol{V}_j^{\mathrm{T}}\boldsymbol{V}_j)^{-1}\boldsymbol{W}_j]\end{aligned} \tag{3.3.46}$$

其中，

$$\boldsymbol{V}_I^j=\sum_{t=1}^{m-N}(\boldsymbol{I}_t^j)^2,\quad \boldsymbol{V}_P^j=\sum_{k=1}^{N}\sum_{l=1}^{N}\boldsymbol{P}_{k,l}^j\boldsymbol{P}_{k,l}^{j\mathrm{T}} \tag{3.3.47}$$

$\boldsymbol{V}_j=\left[\boldsymbol{Q}_1^j,\boldsymbol{Q}_2^j\right]\begin{bmatrix}\boldsymbol{R}_j\\\boldsymbol{O}\end{bmatrix}$，$\boldsymbol{L}_j=\boldsymbol{R}_j^{-1}$，$\boldsymbol{R}_j$ 为上三角矩阵，$\boldsymbol{Q}_1^j,\boldsymbol{Q}_2^j$ 的列向量为标准正交基.

在σ_j^2已知的情况下，极值问题(3.3.44)的迭代格式如下.

算法 3.3.5　多结构多参数非线性回归模型参数估计算法

Step1　对于给定的一组权初值$\rho^{(0)}$，给定迭代初值$\boldsymbol{\beta}^{(0)}$，利用测元关于待估参数的函数式获得$\boldsymbol{F}_j(\boldsymbol{\beta}^{(0)})$；

Step2　记e_i为第i个分量为1，其余分量全为0的向量，对于给定数值微分的步长h(根据工程背景，一般可取为$h=10^{-6}$)，计算函数$\boldsymbol{F}_j(\boldsymbol{\beta}^{(0)})$的梯度矩阵:

$$\boldsymbol{V}_j(\boldsymbol{\beta}^{(0)})=\sqrt{\rho_j}\sigma_j^{-1}\left[\frac{f_j(t_i,\boldsymbol{\beta}^{(0)}+h\boldsymbol{e}_k)-f_j(t_i,\boldsymbol{\beta}^{(0)})}{h}\right]_{\substack{i=1,\cdots,m\\k=1,\cdots,N}} \tag{3.3.48}$$

并对此进行QR分解，得到矩阵$\boldsymbol{L}_j(\boldsymbol{\beta}^{(0)})$；

Step3　由下式得到参数的一次改进:

$$\begin{cases}\boldsymbol{D}^{(1)}=\left[\sum_{j=1}^{M}\boldsymbol{V}_j(\boldsymbol{\beta}^{(0)})^{\mathrm{T}}\boldsymbol{V}_j(\boldsymbol{\beta}^{(0)})\right]^{-1}\sum_{j=1}^{M}\sqrt{\rho_j^{(0)}}\sigma_j^{-1}\boldsymbol{V}_j(\boldsymbol{\beta}^{(0)})^{\mathrm{T}}[\boldsymbol{Y}_j-\boldsymbol{F}_j(\boldsymbol{\beta}^{(0)})]\\ S(\boldsymbol{\beta}^{(0)}+\lambda_1\boldsymbol{D}^{(1)})=\min\limits_{0<\lambda<1}S(\boldsymbol{\beta}^{(0)}+\lambda\boldsymbol{D}^{(1)})\\ \boldsymbol{\beta}^{(1)}=\boldsymbol{\beta}^{(0)}+\lambda_1\boldsymbol{D}^{(1)}\end{cases} \tag{3.3.49}$$

Step4　对于给定的收敛阈值$\tau>0$，如果$|S(\boldsymbol{\beta}^{(1)})-S(\boldsymbol{\beta}^{(0)})|<\tau$，则迭代结束，令$\tilde{\boldsymbol{\beta}}=\boldsymbol{\beta}^{(1)}$，转入Step5，否则，令$\boldsymbol{\beta}^{(0)}=\boldsymbol{\beta}^{(1)}$，返回Step1;

Step5　类似(3.3.48)，计算$\boldsymbol{F}_j(\tilde{\boldsymbol{\beta}})$的二阶导数立体阵$\boldsymbol{W}_j(\tilde{\boldsymbol{\beta}})$，以及固有曲率立体阵、参数效应曲率立体阵，由此(3.3.47)得到$\boldsymbol{V}_I^j,\boldsymbol{V}_P^j$；

Step6　由(3.3.46)得到估计值$\tilde{\boldsymbol{\beta}}$的均方误差矩阵$\mathrm{MSEM}(\tilde{\boldsymbol{\beta}})$，类似于上述迭代，求解$\mathrm{tr}(\mathrm{MSEM}(\tilde{\boldsymbol{\beta}})(\tilde{\rho}))=\min\limits_{\rho}\mathrm{tr}(\mathrm{MSEM}(\tilde{\boldsymbol{\beta}})(\rho))$得到$\tilde{\rho}$；

Step7　令$\rho^{(0)}=\tilde{\rho}$，$\boldsymbol{\beta}^{(0)}=\tilde{\boldsymbol{\beta}}$，返回 **Step1**，直到关于参数$\rho,\boldsymbol{\beta}$的迭代收敛，此时的迭代结果$\hat{\rho},\hat{\boldsymbol{\beta}}$即为所求.

特别地，如果所研究问题的待估参数是多维的，而非线性回归模型的结构只有两类，其最优权值的确定与参数估计可采用如下方法:

给定参数ρ的取值范围$[\rho_s,\rho_e]$，在计算量允许的情况下，取足够小的步长h，令$\rho_j=\rho_s+jh$，$j=0,1,\cdots,\left[\dfrac{\rho_e-\rho_s}{h}\right]+1$(这里$[\cdot]$为取整函数)，求解多元极小值问题$\arg\min\limits_{\boldsymbol{\beta}\in\mathbf{R}^N}\|\boldsymbol{Y}_1-\boldsymbol{F}_1(\boldsymbol{\beta})\|^2+\rho_j\|\boldsymbol{Y}_2-\boldsymbol{F}_2(\boldsymbol{\beta})\|^2$得到$\hat{\boldsymbol{\beta}}^{(j)}$，并按照(3.3.46)式计算出相应的$\mathrm{tr}(\mathrm{MSEM}(\hat{\boldsymbol{\beta}}^{(j)}))$，令$\hat{\boldsymbol{\beta}}$为使得$\mathrm{tr}(\mathrm{MSEM}(\hat{\boldsymbol{\beta}}^{(j)}))$最小时对应的参数估计值，即得

到问题的解, 这时对应的 $\hat{\rho}_j$ 为融合权值.

注释 3.3.5　实际上, 对于不同的具体问题, 究竟是求参数 $\hat{\rho}_j$ 使得

$$\operatorname{tr}(\mathrm{MSEM}(\hat{\boldsymbol{\beta}})(\hat{\rho}_j))$$

最小, 还是采用其他的标准(如使得某些特定的参数分量或其组合的估计的方差最小), 是值得研究的问题.

3. 计算例子

例 3.3.3　设

$$f(t,\beta)=1+(5+t\beta)^{0.1},\quad y(t)=f(t,\beta)+\varepsilon(t),\quad \varepsilon(t)\sim N(0,0.05^2)$$
$$z(s)=s^{-1}\beta+\eta(s),\quad \eta(s)\overset{\text{i. i. d}}{\sim} N(0,0.01^2)$$

令 $t_j=0.05\times(j-1),\ j=1,\cdots,300,\ s_i=2+0.1\times(i-1),\ i=1,\cdots,100$, β 的真值为 8, 产生观测数据 $\{y^k(t_j)\}_1^{300},\{z^k(s_i)\}_1^{100},k=1,\cdots,50$. 计算结果见表 3.3.1, 均方误差与加权因子关系见图 3.3.1.

表 3.3.1　各种加权的参数估计结果比较

	参数真值	参数估值	均方误差
只用测量值 $y(t)$	8.000	7.9375	0.158
只用测量值 $z(s)$	8.000	8.1052	0.037
采用传统权值	8.000	8.0628	0.020
采用最优权值	8.000	7.9995	0.017

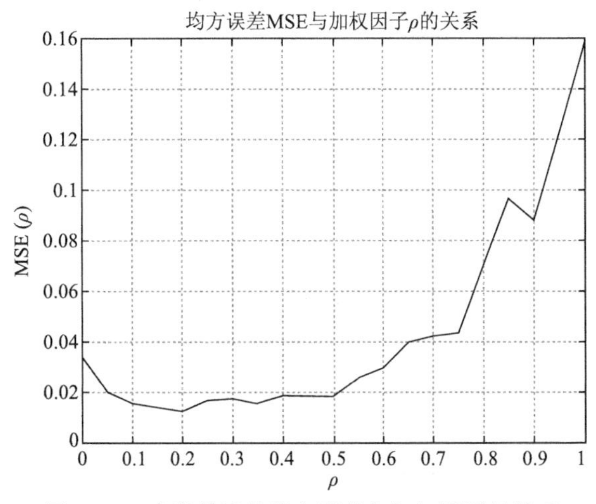

图 3.3.1　参数估计的均方误差与加权因子的关系

3.4 案例分析

例 3.4.1　战略导弹靶场试验的融合处理

1. 背景

弹道跟踪与估计是航天测控的重要内容之一. 弹道估计是利用大量的弹道跟踪数据, 通过采用合适的估计方法, 实现弹道参数或状态估计, 其核心和关键是弹道估计的精度. 弹道精度是导弹等现代武器精确打击的基础, 也是衡量导弹性能的重要战术指标. 影响弹道估计精度的主要因素是弹道跟踪数据的精度以及数据处理技术.

提高弹道估计精度主要有两种方式: 一是从硬件上想办法, 使用先进的高精度跟踪设备提高测量数据的精度; 二是从数据处理方法上想办法, 可采用多跟踪设备联合, 并使用先进的测量数据融合处理方法. 在一定的条件下, 第二种方法是一种行之有效的方法, 也是主要的方法.

靶场现有多种弹道跟踪测量设备, 如连续波雷达、单脉冲雷达、光学测量设备、GPS 等, 较多(种类)的测量数据使得利用数据融合处理技术进一步提高数据处理精度成为可能.

2. 弹道数据融合处理原理

战略导弹弹道参数基函数表示　设时间段$[a,b]$内发射系下的弹道位置参数为$\boldsymbol{X}(t)=(x(t),y(t),z(t))^{\mathrm{T}}$, 速度参数为$\dot{\boldsymbol{X}}(t)=(\dot{x}(t),\dot{y}(t),\dot{z}(t))^{\mathrm{T}}$. 根据工程背景和数学理论, 选定基函数(基函数的种类及性质见 2.1 节), 如选用自由节点的标准 B 样条基函数来表示$\boldsymbol{X}(t)$和$\dot{\boldsymbol{X}}(t)$. 根据弹道的运动特性, 考虑三个分量上的分划

$$\pi_x:\ a=\tau_{x,0}<\tau_{x,1}<\cdots<\tau_{x,N_x}=b,\quad \tau_{x,-1}=\tau_{x,0}-h_x,\tau_{x,N_x+1}=\tau_{x,N_x}+h_x$$
$$\pi_y:a=\tau_{y,0}<\tau_{y,1}<\cdots<\tau_{y,N_y}=b,\quad \tau_{y,-1}=\tau_{y,0}-h_y,\tau_{y,N_y+1}=\tau_{y,N_y}+h_y$$
$$\pi_z:a=\tau_{z,0}<\tau_{z,1}<\cdots<\tau_{z,N_z}=b,\quad \tau_{z,-1}=\tau_{z,0}-h_z,\tau_{z,N_z+1}=\tau_{z,N_z}+h_z$$

那么发射系下的弹道参数$\boldsymbol{X}(t)$和$\dot{\boldsymbol{X}}(t)$可表示为

$$\begin{cases}x(t)=\sum\limits_{j=-1}^{N_x+1}\beta_{x,j}B_4(t,\tau_{x,j}), & \dot{x}(t)=\sum\limits_{j=-1}^{N_x+1}\beta_{x,j}\dot{B}_4(t,\tau_{x,j})\\ y(t)=\sum\limits_{j=-1}^{N_y+1}\beta_{y,j}B_4(t,\tau_{y,j}), & \dot{y}(t)=\sum\limits_{j=-1}^{N_y+1}\beta_{y,j}\dot{B}_4(t,\tau_{y,j})\\ z(t)=\sum\limits_{j=-1}^{N_z+1}\beta_{z,j}B_4(t,\tau_{z,j}), & \dot{z}(t)=\sum\limits_{j=-1}^{N_z+1}\beta_{z,j}\dot{B}_4(t,\tau_{z,j})\end{cases}\tag{3.4.1}$$

式中，N_x, N_y, N_z 分别为三个方向上的内节点个数，具体数值可根据弹道特征和数学准则确定；$\{\beta_{x,j}\}_{-1}^{N_x+1}, \{\beta_{y,j}\}_{-1}^{N_y+1}, \{\beta_{z,j}\}_{-1}^{N_z+1}$ 为待估的样条系数.

通过弹道的自由节点样条函数建模，待估参数从弹道状态转化为样条系数，从而大大压缩了待估参数的个数，改善了估计结构，估计精度将有较大的提高.

战略弹道跟踪观测方程　记 t 时刻，导弹在地心系下的位置和速度分别记为 $\boldsymbol{X}_e(t)$ 和 $\dot{\boldsymbol{X}}_e(t)$，则有

$$\begin{cases} \boldsymbol{X}_e(t) = \boldsymbol{M}\boldsymbol{X}(t) \\ \dot{\boldsymbol{X}}_e(t) = \boldsymbol{M}\dot{\boldsymbol{X}}(t) \end{cases} \tag{3.4.2}$$

其中, $\boldsymbol{M}$ 为发射系向地心系的旋转矩阵.

外弹道测量数据包括导弹相对测量设备的方位角、俯仰角、距离和径向速度. 设 t 时刻导弹在设备测量系下的位置为 $\boldsymbol{X}_s(t) = (x_s(t), y_s(t), z_s(t))^{\mathrm{T}}$，速度为 $\dot{\boldsymbol{X}}_s(t) = (\dot{x}_s(t), \dot{y}_s(t), \dot{z}_s(t))^{\mathrm{T}}$，地心系向测量系的旋转矩阵为 $\boldsymbol{G}$，设备的站址坐标为 $\boldsymbol{X}_{s0}$，则有

$$\begin{cases} \boldsymbol{X}_s(t) = \boldsymbol{G}(\boldsymbol{X}_e(t) - \boldsymbol{X}_{s0}) \\ \dot{\boldsymbol{X}}_s(t) = \boldsymbol{G}\dot{\boldsymbol{X}}_e(t) \end{cases} \tag{3.4.3}$$

径向速度、距离、方位角、俯仰角测量分别记为 $\dot{R}(t), R(t), A(t)$ 和 $E(t)$，则有

径向速度模型:

$$\dot{R}(t) = \dot{\boldsymbol{X}}_s(t)^{\mathrm{T}} \boldsymbol{X}_s(t) / \| \boldsymbol{X}_s(t) \| \tag{3.4.4}$$

距离模型:

$$R(t) = \| \boldsymbol{X}_s(t) \| \tag{3.4.5}$$

方位角模型:

$$A(t) = \arctan\left(\frac{z_s(t)}{x_s(t)}\right) \tag{3.4.6}$$

俯仰角模型:

$$E(t) = \arctan\left(\frac{y_s(t)}{\sqrt{(x_s(t))^2 + (z_s(t))^2}}\right) \tag{3.4.7}$$

通过对弹道的样条函数建模，以及观测数据的参数化表示，从而对弹道跟踪的多种类测量数据的融合处理，可以归结于多结构多参数的非线性融合模型的参

数估计问题, 如下表示:

$$\begin{cases} y_1(t_i) = f_1(t_i, \boldsymbol{\beta}) + \varepsilon_1(t_i), \\ \qquad \cdots\cdots \\ y_M(t_i) = f_M(t_i, \boldsymbol{\beta}) + \varepsilon_M(t_i), \end{cases} \quad i = 1, \cdots, m \tag{3.4.8}$$

其中 $y_j(t_i)$ $(j = 1, 2, \cdots, M,\ i = 1, 2, \cdots, m)$ 为第 j 个设备的第 i 时刻观测数据, $f_j(t_i, \boldsymbol{\beta})$ 为相应的观测函数(含系统误差模型), $\varepsilon_j(t_i)$ 为观测随机误差, $\boldsymbol{\beta}$ 为全部待估计参数.

3. 数值算例

考虑连续波雷达跟踪导弹确定弹道参数的问题, 包括两类观测数据: 距离测量和速度测量. 使用三个站点的观测数据, 设三个测站的测量数据分别为

$$\begin{cases} \tilde{R}^{(i)}(t) = \sqrt{(x(t) - x_0^{(i)})^2 + (y(t) - y_0^{(i)})^2 + (z(t) - z_0^{(i)})^2} + \varepsilon^{(i)}(t) \\ \tilde{\dot{R}}^{(i)}(t) = \dfrac{(x(t) - x_0^{(i)})\dot{x}(t) + (y(t) - y_0^{(i)})\dot{y}(t) + (z(t) - z_0^{(i)})\dot{z}(t)}{\sqrt{(x(t) - x_0^{(i)})^2 + (y(t) - y_0^{(i)})^2 + (z(t) - z_0^{(i)})^2}} + \eta^{(i)}(t) \end{cases} \tag{3.4.9}$$

观测误差满足

$$\varepsilon^{(i)}(t) \overset{\text{i.i.d}}{\sim} N(0, 0.12^2),\ \eta^{(i)}(t) \overset{\text{i.i.d}}{\sim} N(0, 0.006^2),\ E\varepsilon^{(i)}(t)\eta^{(i)}(s) = 0,\ i = 1, 2, 3 \tag{3.4.10}$$

其中, $(x_0^{(i)}, y_0^{(i)}, z_0^{(i)}), (x(t), y(t), z(t), \dot{x}(t), \dot{y}(t), \dot{z}(t))$ 分别为测站站址坐标, 以及 t 时刻的弹道参数.

令 $t = 0.05 \times j,\ j = 1, \cdots, 600$, 利用仿真弹道与测量站址坐标, 产生 50 组观测数据 $\{\tilde{R}^{(i)}(t_j), \tilde{\dot{R}}^{(i)}(t_j)\}_1^{600}$. 用最优节点的三次样条函数表示弹道参数[3], 建立关于样条系数的非线性回归模型, 由此首先得到样条系数的估计值, 再得到弹道的估计值 $(\hat{x}^{(k)}(t_j), \hat{y}^{(k)}(t_j), \hat{z}^{(k)}(t_j), \hat{\dot{x}}^{(k)}(t_j), \hat{\dot{y}}^{(k)}(t_j), \hat{\dot{z}}^{(k)}(t_j))(\rho),\ k = 1, 2, \cdots, 50$, 令

$$\mathrm{RSS}(R(\rho)) = \frac{1}{50}\frac{1}{600}\sum_{k=1}^{50}\sum_{j=1}^{600}\sqrt{(x(t_j) - \hat{x}^{(k)}(t_j))^2 + (y(t_j) - \hat{y}^{(k)}(t_j))^2 + (z(t_j) - \hat{z}^{(k)}(t_j))^2}(\rho)$$

$$\mathrm{RSS}(V(\rho)) = \frac{1}{50}\frac{1}{600}\sum_{k=1}^{50}\sum_{j=1}^{600}\sqrt{(\dot{x}(t_j) - \hat{\dot{x}}^{(k)}(t_j))^2 + (\dot{y}(t_j) - \hat{\dot{y}}^{(k)}(t_j))^2 + (\dot{z}(t_j) - \hat{\dot{z}}^{(k)}(t_j))^2}(\rho)$$

当 $\rho = 0.12^2 / 0.006^2$ 时, $\mathrm{RSS}(R(\rho))$,$\mathrm{RSS}(V(\rho))$ 分别为 0.332(m), 0.0505(m/s), 而当 $\rho = 2.33 \times 0.12^2 / 0.006^2$ 时 $\mathrm{RSS}(R(\rho))$,$\mathrm{RSS}(V(\rho))$ 达到最小, 其值分别为 0.088(m), 0.0031(m/s).

这说明, 对于两类系统的测量数据融合处理, 其最优权值不仅是由测量误差的统计特性确定的, 还与观测模型的结构有关.

例 3.4.2　常规武器靶场试验测量数据的融合处理

1. 背景

随着空间科学技术的迅速发展及其在军事领域内的应用, 武器装备的性能有了很大的改进, 呈现出小型化、智能化、精确化的发展趋势. 对于体积大、飞行高、重量大的战略导弹来讲, 其弹道数据处理方法可以采用传统的弹道表示, 即常用多项式或样条函数来表示弹道. 对于较为平滑的战略导弹, 这种方法能有效地减少待估模型参数, 提高弹道估计精度, 然而对于小型的、机动性较强的常规导弹, 由于其弹道数据波动较大, 这种时域上的弹道描述方法并不能保证轨道参数的逼近精度, 需用综合考虑弹道参数在时域、频域上的综合表示和自适应表示.

在目前常规靶场的跟踪测量中, 测量设备也是趋于多元化发展, 常用的也包括 BEL 雷达、ASK 光电经纬仪、GPS 等, 因此, 也需要将各类弹道跟踪数据进行融合处理, 以得到高精度的弹道估计.

2. 常规导弹弹道数据融合处理原理

常规弹道的 EMD 重构方法　针对常规导弹弹道样条时域表示的局限性, 利用 EMD 信号分解的数据驱动和自适应性, 对小型、高机动目标的弹道轨迹进行基于 EMD 方法的弹道表示方法. 通过将原始弹道信号进行自适应的 EMD 分解构造基函数 IMF, 再将 IMF 分解为高频和低频两部分, 分别利用其平稳性和光滑性特点, 由 ARMA 模型和样条模型表示分解后的 IMF. 具体可参见本书 2.4 节案例.

通过弹道的 EMD 重构后, 待估参数从弹道参数转化为样条系数、自回归模型参数, 即可利用弹道多元跟踪数据进行参数估计.

常规导弹弹道跟踪观测方程　目前, 常规靶场的弹道跟踪设备包括 BEL 雷达设备、ASK 光电经纬仪设备等, 具体距离、角度观测模型如 (3.4.5) 至 (3.4.7).

通过对弹道的 EMD 分解与重构, 以及弹道观测数据的参数化表示, 从而数据融合处理问题就转化为多结构多参数的非线性回归模型的参数估计问题.

3. 数值算例

考虑 BEL 雷达数据、ASK 光电经纬仪对常规导弹弹道进行跟踪观测, 针对某基地某小型导弹的实测任务, 进行弹道解算. 该小型导弹的理论弹道如图 3.4.1 所示, 由图 3.4.1 可知, 由于风力、旋转力等外界力的作用, 使得该导弹具有较大的波动性.

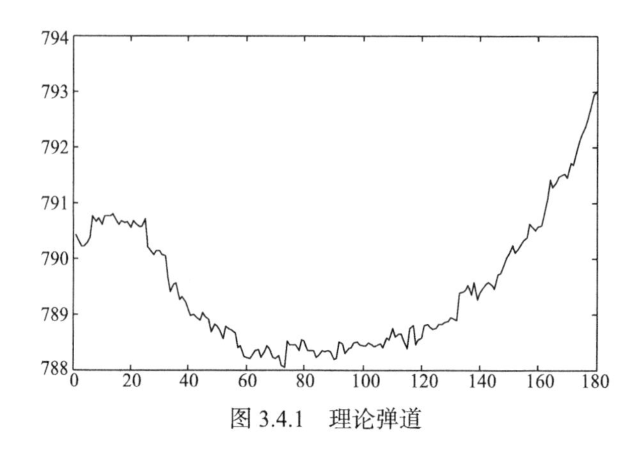

图 3.4.1　理论弹道

使用 5 个站点的数据, 包括 1 台 BEL 雷达和 4 台 ASK 设备对其进行跟踪观测. 用 EMD 弹道表示方法来表示弹道参数, 建立关于高频部分自回归模型参数、低频部分样条函数系数的非线性回归模型, 由此先得到各种参数的估计, 并由此得到弹道的重构结果.

用多结构多参数最优融合估计理论, 分别结合弹道的 EMD 表示与弹道的传统样条表示, 得到的弹道估计精度如图 3.4.2 所示. 而各种参数估计方法得到的弹道估计结果如表 3.4.1 所示.

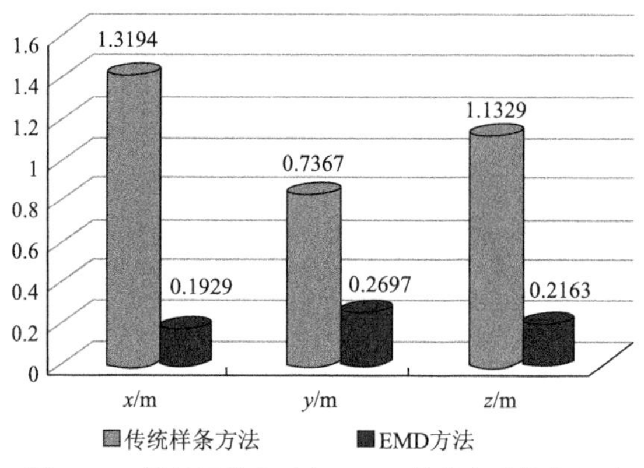

图 3.4.2　样条函数表示与 EMD 弹道表示精度比对

表 3.4.1　各种参数估计方式下的精度比较

弹道估计误差分量	Δx / m	Δy / m	Δz / m
仅用雷达单站定位	1.6345	1.8732	1.8419
仅用光学设备多站交汇	1.5139	1.6709	1.6140
采用线性模型的加权方式	0.5442	0.4874	0.6754
采用最优融合权值	0.1929	0.2697	0.2163

例 3.4.3　制导系统误差分离

1. 背景

战略导弹的弹道精度, 在很大程度上由主动段的制导精度决定. 制导误差分为制导方法误差和制导系统误差. 随着制导方案的不断完善, 制导方法误差已经小到几十米, 可以不考虑. 制导系统误差分为制导工具随机误差和制导工具系统误差, 制导工具随机误差一般比制导工具系统误差小得多, 而制导系统误差对载人飞船、运载火箭、战略弹道等都是必须考虑的. 通过飞行试验数据估计制导工具系统误差的系数, 是制导精度分析与精度鉴定的主要内容.

对于制导系统误差的分离与估计, 无论是海基试验、还是陆基试验, 我国均是得到主动段全部外弹道参数的基础上, 在惯性坐标系下依靠线性模型的估计理论来进行的[32, 33]. 在美国等发达国家, 由于其地面技术阵地试验充分、测量系统的精度高、布站几何好, 且对靶场试验的目的是分阶段、分步骤进行的, 对数据处理方法的要求不高, 应用一般的参数估计理论就能满足制导系统误差估计的要求. 而在我国, 由于主动段全部外弹道数据的精度有时不能达到要求(尤其是在级间分离段、火焰干扰得不到高精度外弹道测量数据段)、制导系统误差环境函数病态以及环境函数的计算误差等原因, 这种方法的应用效果经常不能令人满意.

这里, 讨论基于遥外测融合处理模型和算法, 同时估计惯性平台制导工具系统误差、外弹道参数、外测设备系统误差的非线性融合方法.

2. 基于遥外测数据的融合处理模型

在 2.3.4 节, 已经建立了遥外测融合的非线性关联模型, 得到了外弹道参数关于制导系统误差的函数关系, 即

$$\begin{cases} \dfrac{\mathrm{d}\boldsymbol{X}}{\mathrm{d}t} = \dot{\boldsymbol{X}}(t) \\ \dfrac{\mathrm{d}\dot{\boldsymbol{X}}}{\mathrm{d}t} = \boldsymbol{\Phi}^{\mathrm{T}}(t)\Big(\dot{\boldsymbol{W}}(t) - 2\dot{\boldsymbol{\Phi}}(t)\dot{\boldsymbol{X}}(t) - \ddot{\boldsymbol{\Phi}}(t)(\boldsymbol{X}(t) + \boldsymbol{R}_0)\Big) + \boldsymbol{g}(t) \\ \boldsymbol{X}(0) = 0 \\ \dot{\boldsymbol{X}}(0) = \boldsymbol{V}_0 \end{cases} \tag{3.4.11}$$

从而找到了遥外弹道测量数据融合处理的桥梁. 下面, 具体建立基于遥外测融合的制导系统误差非线性分离模型.

进一步考虑带有外测设备系统误差的外弹道跟踪模型, 设 t 时刻, 方位角、俯仰角、距离和径向速度测量分别记为 $A(t)$, $E(t)$, $R(t)$ 和 $\dot{R}(t)$, 则有

$$\begin{cases} A(t) = \arctan(z_s(t) / x_s(t)) + g_A(t,\boldsymbol{\beta}) + \varepsilon_A(t) \\ E(t) = \arctan\left(y_s(t) / \sqrt{x_s^2(t) + z_s^2(t)}\right) + g_E(t,\boldsymbol{\beta}) + \varepsilon_E(t) \\ R(t) = \|\boldsymbol{X}_s(t)\| + g_R(t,\boldsymbol{\beta}) + \varepsilon_R(t) \\ \dot{R}(t) = \dot{\boldsymbol{X}}_s(t)^{\mathrm{T}} \boldsymbol{X}_s(t) / \|\boldsymbol{X}_s(t)\| + g_{\dot{R}}(t,\boldsymbol{\beta}) + \varepsilon_{\dot{R}}(t) \end{cases} \tag{3.4.12}$$

式中，$g_A(t,\boldsymbol{\beta})$，$g_E(t,\boldsymbol{\beta})$，$g_R(t,\boldsymbol{\beta})$ 和 $g_{\dot{R}}(t,\boldsymbol{\beta})$ 为外测设备的系统误差，$\boldsymbol{\beta}$ 为系统误差系数，$\varepsilon_A(t)$，$\varepsilon_E(t)$，$\varepsilon_R(t)$ 和 $\varepsilon_{\dot{R}}(t)$ 为测量噪声. 将 t 时刻的所有测量组成的向量记为 $\boldsymbol{y}(t)$，由(3.4.3)可知，$\boldsymbol{y}(t)$ 是关于 $\boldsymbol{X}_e(t), \dot{\boldsymbol{X}}_e(t)$ 和 $\boldsymbol{\beta}$ 的函数，则 $\boldsymbol{y}(t)$ 可表示为

$$\boldsymbol{y}(t) = \boldsymbol{f}(\boldsymbol{X}_e(t), \dot{\boldsymbol{X}}_e(t), \boldsymbol{\beta}) + \boldsymbol{\varepsilon}(t) \tag{3.4.13}$$

式中，$\boldsymbol{f}$ 是以 $\boldsymbol{X}_e(t), \dot{\boldsymbol{X}}_e(t)$ 和 $\boldsymbol{\beta}$ 为变量的非线性函数，$\boldsymbol{\varepsilon}(t)$ 为测量噪声向量.

取定制导系统误差 $\boldsymbol{C}$，由(2.3.37)能够唯一确定 $\dot{\boldsymbol{W}}(t)$，将 $\dot{\boldsymbol{W}}(t)$ 代入微分方程组(3.4.11)，并采用数值积分法对其求解，即可得到 $\boldsymbol{X}(t)$ 和 $\dot{\boldsymbol{X}}(t)$，由(3.4.2)可以得到 $\boldsymbol{X}_e(t)$ 和 $\dot{\boldsymbol{X}}_e(t)$，这样，(3.4.13)中的 $\boldsymbol{f}(\boldsymbol{X}_e(t), \dot{\boldsymbol{X}}_e(t), \boldsymbol{\beta})$ 就是关于制导系统误差 $\boldsymbol{C}$、外测设备系统误差系数 $\boldsymbol{\beta}$ 的非线性函数，令 $\boldsymbol{\theta} = (C, \boldsymbol{\beta})^{\mathrm{T}}$，(3.4.13)可表示为

$$\boldsymbol{y}(t) = \boldsymbol{f}(t, \boldsymbol{\theta}) + \boldsymbol{\varepsilon}(t) \tag{3.4.14}$$

设外测设备数据的采样时刻为 $t_1, t_2, \cdots, t_N$，令 $\boldsymbol{Y} = [\boldsymbol{y}(t_1), \boldsymbol{y}(t_2), \cdots, \boldsymbol{y}(t_N)]^{\mathrm{T}}$，$\boldsymbol{F}(\boldsymbol{\theta}) = [\boldsymbol{f}(t_1,\boldsymbol{\theta}), \boldsymbol{f}(t_2,\boldsymbol{\theta}), \cdots, \boldsymbol{f}(t_N,\boldsymbol{\theta})]^{\mathrm{T}}$，$\xi = [\boldsymbol{\varepsilon}(t_1), \boldsymbol{\varepsilon}(t_2), \cdots, \boldsymbol{\varepsilon}(t_N)]^{\mathrm{T}}$，则估计制导系统误差和外测设备测量系统误差的非线性模型表示为

$$\boldsymbol{Y} = \boldsymbol{F}(\boldsymbol{\theta}) + \xi \tag{3.4.15}$$

3. 数值算例

仿真中考虑的制导系统误差包括 21 个主要影响项，仿真遥测数据 $\boldsymbol{W}_p(t)$ 由真实视速度 $\boldsymbol{W}(t)$ 加上 $\int_0^t \boldsymbol{D}(\boldsymbol{W}(s), \dot{\boldsymbol{W}}(s))\boldsymbol{C}\mathrm{d}s$ 而产生，其中，制导系统误差的真值 $\boldsymbol{C}$ 根据先验分布随机生成. 利用真实外弹道参数和站址坐标计算得到外测数据真实值，对其加入随机误差和系统误差产生仿真测量数据.

仿真实验使用的仿真外测数据包括 14 个方位角、14 个俯仰角、10 个距离、9 个径向速度测量通道的数据，其中的 4 个距离、2 个方位角和 2 个俯仰角测量通道上存在常值系统误差，且飞行初段 0~10s 无有效的测量数据.

同时将基于遥外测联合的制导系统误差非线性分离方法与传统线性分离方法[34]

进行比较. 下面给出 100 次蒙特卡罗仿真实验的统计结果. 误差比例定义为

$$|估计值—真值|/真值$$

表 3.4.2 给出了制导系统误差估计的平均误差比例, 可以看出, 遥外融合的非线性分离方法在 9 个误差项上的估计精度相对于传统线性分离方法有较大幅度的提高. 如果以误差比例小于等于 0.4 作为判断估计好项的标准, 则传统线性分离方法有 5 项估计得不好, 而遥外融合的非线性分离方法只有 2 项估计得不好.

表 3.4.2　制导系统误差估计的平均误差比例

制导系统误差项	传统线性分离方法	非线性融合分离方法	制导系统误差项	传统线性分离方法	非线性融合分离方法
1	0.07308	0.07432	12	0.08563	0.07483
2	0.00317	0.00385	13	8.70350	**0.81086**
3	0.01760	0.00278	14	13.64889	**2.13332**
4	3.01481	0.37933	15	3.67528	0.26984
5	0.38371	0.02807	16	0.00045	0.00038
6	0.17293	0.04599	17	0.00042	0.00039
7	0.07381	0.07537	18	0.00132	0.00127
8	0.03142	0.03098	19	0.00072	0.00073
9	0.01810	0.01561	20	0.00019	0.00022
10	0.86698	0.11816	21	0.00019	0.00019
11	0.22021	0.03334			

传统线性分离方法对模型作了线性化近似, 会带来一些线性化误差, 环境函数矩阵的严重病态性, 飞行初段缺失的外弹道参数用遥测数据补齐, 与真实值会有一定的差别, 融合解算的级间段外弹道参数的精度不是很高[14], 这些因素都严重影响了传统线性分离方法的估计精度, 而非线性分离可以有效避免上述这些问题, 所以对制导系统误差的分离精度会优于传统线性分离方法.

表 3.4.3 是外设设备系统误差自校准法[34]和遥外融合的非线性分离方法对外测设备系统误差估计的平均误差比例, 可以看出, 非线性分离方法对外测设备系统误差的估计精度接近于自校准法, 估计的误差比例不超过 4%, 表明该融合方法仍能有效分离出外测设备的系统误差, 从而也能够实现外测数据的自校准. 经过统计, 各外测通道的残差数据的均值接近于零, 方差接近于测量噪声的方差, 并且残差数据随时间没有明显的变化趋势. 图 3.4.3 和图 3.4.4 给出了一个距离测量和一个俯仰角测量的残差曲线图.

表 3.4.3　外测设备系统误差估计的误差比例

外测系统误差项	外测设备系统误差自校准法	遥外融合的非线性分离方法	外测系统误差项	外测设备系统误差自校准法	遥外融合的非线性分离方法
1	0.03621	0.03735	5	0.01250	0.01339
2	0.03884	0.03999	6	0.01310	0.01275
3	0.01201	0.01020	7	0.00248	0.00264
4	0.00373	0.00359	8	0.03308	0.03006

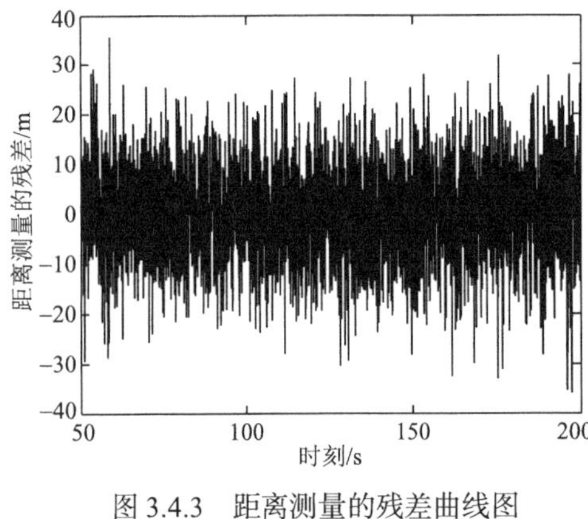

图 3.4.3　距离测量的残差曲线图

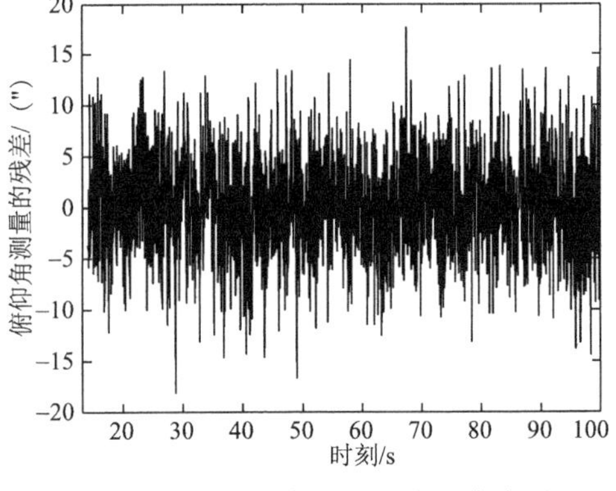

图 3.4.4　俯仰角测量的残差曲线图

附录　选择最优回归模型的快速算法

从含有 n 个自变量的全模型中选择最优回归模型，需从 2^n 个子模型中选择，计算量很大，因此需要寻求选择最优回归模型的快速算法.

在建模过程中，有如下几点值得注意:

(1) 根据工程背景和数学知识，有些自变量对模型的影响很小，若经参数检验的确如此，就应在自变量选择前剔除该变量(以使 n 越小越好)；

(2) 根据工程背景和数学知识，确定其中必选的变量(以使 p 越大越好)；

(3) 仅对少数不能确定的变量进行全子集选择.

1. 剔除多余自变量

根据下面的定理，可以给出明显多余的自变量.

定理 A　设 $\boldsymbol{X}_R$ 有 $n-p$ 列，且 $\|\boldsymbol{X}_{RR}\hat{\boldsymbol{\beta}}_R\|^2 \leqslant (n-p)\hat{\sigma}^2$，则去掉这 $n-p$ 个自变量后的优选模型满足 $C_p \leqslant p$.

证明　$C_P = \dfrac{J_p}{\hat{\sigma}^2} = \dfrac{\|\boldsymbol{X}_{RR}\hat{\boldsymbol{\beta}}_R\|^2}{\hat{\sigma}^2} + 2(p-n) \leqslant (n-p)+(2p-n) = p.$

定理 B　设$\boldsymbol{S}=(s_{ij})_{n\times n}=(\boldsymbol{X}^{\mathrm{T}}\boldsymbol{X})^{-1}$，如果$|\hat{\beta}_i|^2\leqslant s_{ii}\hat{\sigma}^2$，则去掉第 i 个自变量后的优选模型满足$C_P\leqslant n-1$.

证明　不妨设$i=n$，则$\boldsymbol{X}_R=\boldsymbol{X}_n$，$\|\boldsymbol{X}_{RR}\hat{\boldsymbol{\beta}}_R\|^2=\hat{\boldsymbol{\beta}}_n^2\boldsymbol{X}_{RR}^{\mathrm{T}}\boldsymbol{X}_{RR}=\hat{\boldsymbol{\beta}}_n^2 s_{nn}^{-1}$.

若$|\hat{\beta}_n|^2\leqslant s_{nn}\hat{\sigma}^2$，则$\|\boldsymbol{X}_{RR}\hat{\boldsymbol{\beta}}_R\|^2\leqslant\hat{\sigma}^2$，由定理 A 可得$C_P\leqslant n-1$.

若有若干个自变量满足$|\hat{\beta}_i|^2\leqslant s_{ii}\hat{\sigma}^2$，令$\dfrac{|\hat{\beta}_j|^2}{s_{jj}}=\min\dfrac{|\hat{\beta}_i|^2}{s_{ii}}$，则剔除第 j 个自变量. 因此，可得算法如下:

Step1　$P=\{1,2,\cdots,n\}$，$p=n$；

Step2　令$\hat{\boldsymbol{\beta}}_P=(\boldsymbol{X}_P^{\mathrm{T}}\boldsymbol{X}_P)^{-1}\boldsymbol{X}_P^{\mathrm{T}}\boldsymbol{Y}$，$\boldsymbol{S}=(s_{ij})_{p\times p}=(\boldsymbol{X}_P^{\mathrm{T}}\boldsymbol{X}_P)^{-1}$；

Step3　令$T_i=\dfrac{|\hat{\beta}_i|^2}{s_{ii}}$，$i\in P$，$T_j=\min\limits_{i\in P}T_j$；

Step4　若$C_{P\{j\}}>p-1$，则转 Step5; 否则，令$P\setminus\{j\}\Rightarrow P$，$p-1\Rightarrow p$，转 Step2;

Step5　结束.

2. 确定必选变量

为方便，把剔除多余自变量后得到的模型仍记为全模型，记P,R分别为$\boldsymbol{X}_P,\boldsymbol{X}_R$的下标组成的集合.

引理 A　设$\boldsymbol{X}_i$为$\boldsymbol{X}$的第 i 列，$i\notin P,i\in R$，记s_{ii}为$\boldsymbol{S}=(\boldsymbol{X}^{\mathrm{T}}\boldsymbol{X})^{-1}$的第 i 行第 i 列元素，$T_i=\dfrac{|\hat{\beta}_i|^2}{s_{ii}\hat{\sigma}^2}$，则$\|\boldsymbol{X}_{RR}\hat{\boldsymbol{\beta}}_R\|^2\geqslant T_i\hat{\sigma}^2$.

证明　用反证法. 若$\|\boldsymbol{X}_{RR}\hat{\boldsymbol{\beta}}_R\|^2<T_i\hat{\sigma}^2=s_{ii}^{-1}|\hat{\beta}_i|^2$，即$\hat{\boldsymbol{\beta}}_R^{\mathrm{T}}\boldsymbol{X}_{RR}^{\mathrm{T}}\boldsymbol{X}_{RR}\hat{\boldsymbol{\beta}}_R<s_{ii}^{-1}|\hat{\beta}_i|^2$，由代数学知识可得

$$\hat{\boldsymbol{\beta}}_R\hat{\boldsymbol{\beta}}_R^{\mathrm{T}}<s_{ii}^{-1}|\hat{\beta}_i|^2(\boldsymbol{X}_{RR}^{\mathrm{T}}\boldsymbol{X}_{RR})^{-1}$$

所以$|\hat{\beta}_i|^2<s_{ii}^{-1}|\hat{\beta}_i|^2 s_{ii}=|\hat{\beta}_i|^2$，矛盾.

定理 C　对于全模型(3.1.34)，假设已知最优选模型的自变量数为$l,T_i\geqslant 2(n-l)$，则与T_i对应的$\boldsymbol{X}_i$为最优选模型的必选变量.

证明　因为$C_P=\dfrac{\|\boldsymbol{Y}-\boldsymbol{X}_P\tilde{\boldsymbol{\beta}}_P\|^2}{\hat{\sigma}^2}+2p-m=\dfrac{\|\boldsymbol{X}_{RR}\hat{\boldsymbol{\beta}}_R\|^2}{\hat{\sigma}^2}+2p-n$，当$p=n$时，$C_P=m-n+2n-m=n$，又因为$T_i\geqslant 2(n-l)$，$i\in\mathbf{R}$，所以

$$C_P=\frac{\|\boldsymbol{X}_{RR}\hat{\boldsymbol{\beta}}_R\|^2}{\hat{\sigma}^2}+2p-n\geqslant T_i+2p-n\geqslant n+2(p-l)>n$$

即对于不含 $\boldsymbol{X}_i$ 的选模型，必有 $C_P > n$，因而这种模型不可能是最优选模型(因最优选模型对应于 $C_P = \min$, $C_P \leqslant p+1$).

3. 所有可能的子集回归

记全模型为

$$\boldsymbol{Y} = \boldsymbol{Z}_B\boldsymbol{\alpha}_B + \boldsymbol{Z}_C\boldsymbol{\alpha}_C + \boldsymbol{Z}_D\boldsymbol{\alpha}_D + \boldsymbol{\varepsilon},\ \ \boldsymbol{\varepsilon} \sim N(0, \sigma^2\boldsymbol{I})$$

其中，$\boldsymbol{Z}_B, \boldsymbol{Z}_D$ 为必选入和必剔除的自变量，这时可得到选模型:

$$\boldsymbol{Y} = \boldsymbol{Z}_B\boldsymbol{\alpha}_B + \boldsymbol{Z}_C\boldsymbol{\alpha}_C + \boldsymbol{\varepsilon},\ \ \varepsilon \sim N(0, \sigma^2\boldsymbol{I})$$

记 $\boldsymbol{Z} = (\boldsymbol{Z}_B, \boldsymbol{Z}_C) = (\boldsymbol{Z}_P, \boldsymbol{Z}_R)$，$\boldsymbol{Z}_P = (\boldsymbol{Z}_B, \boldsymbol{Z}_{2P})$，$\boldsymbol{Z}_C = (\boldsymbol{Z}_{2P}, \boldsymbol{Z}_R)$，

$$\boldsymbol{\alpha} = \begin{bmatrix} \boldsymbol{\alpha}_P \\ \boldsymbol{\alpha}_R \end{bmatrix},\quad \boldsymbol{\alpha}_P = \begin{bmatrix} \boldsymbol{\alpha}_B \\ \boldsymbol{\alpha}_{2P} \end{bmatrix},\quad \boldsymbol{\alpha}_C = \begin{bmatrix} \boldsymbol{\alpha}_{2P} \\ \boldsymbol{\alpha}_R \end{bmatrix}$$

这时选模型为

$$\boldsymbol{Y} = \boldsymbol{Z}_B\boldsymbol{\alpha}_B + \boldsymbol{Z}_C\boldsymbol{\alpha}_C + \boldsymbol{\varepsilon} = \boldsymbol{Z}_P\boldsymbol{\alpha}_P + \boldsymbol{Z}_R\boldsymbol{\alpha}_R + \boldsymbol{\varepsilon},\ \ \boldsymbol{\varepsilon} \sim N(0, \sigma^2\boldsymbol{I})$$

若 $\operatorname{rank}(\boldsymbol{Z}) = n$ 为列满秩，则 $\boldsymbol{Z}_B, \boldsymbol{Z}_C, \boldsymbol{Z}_{2P}$ 均为列满秩，记

$$\operatorname{rank}(\boldsymbol{Z}_B) = p_1,\ \operatorname{rank}(\boldsymbol{Z}_{2P}) = q,\ \operatorname{rank}(\boldsymbol{Z}_P) = \operatorname{rank}(\boldsymbol{Z}_B) + \operatorname{rank}(\boldsymbol{Z}_{2P}) = p$$

设最优选模型为

$$\boldsymbol{Y} = \boldsymbol{Z}_P\boldsymbol{\alpha}_P + \boldsymbol{\varepsilon},\ \ \boldsymbol{\varepsilon} \sim N(\boldsymbol{Z}_R\boldsymbol{\alpha}_R 0, \sigma^2\boldsymbol{I})$$

记 $\hat{\boldsymbol{\alpha}} = (\boldsymbol{Z}^{\mathrm{T}}\boldsymbol{Z})^{-1}\boldsymbol{Z}^{\mathrm{T}}\boldsymbol{Y}$，$\tilde{\boldsymbol{\alpha}}_p = (\boldsymbol{Z}_P^{\mathrm{T}}\boldsymbol{Z}_P)^{-1}\boldsymbol{Z}_P^{\mathrm{T}}\boldsymbol{Y}$，$\hat{\sigma}^2 = \dfrac{\|\boldsymbol{Y} - \boldsymbol{Z}\hat{\boldsymbol{\alpha}}\|^2}{m-n}$，

$$\mathrm{RSS}_P = \|\boldsymbol{Y} - \boldsymbol{Z}_P\tilde{\boldsymbol{\alpha}}_P\|^2 = \|(\boldsymbol{I} - \boldsymbol{H}_P)\boldsymbol{Y}\|^2 = \|\boldsymbol{Y} - \boldsymbol{Z}_P(\boldsymbol{Z}_P^{\mathrm{T}}\boldsymbol{Z}_P)^{-1}\boldsymbol{Z}_P^{\mathrm{T}}\boldsymbol{Y}\|^2$$

这时 $C_P = \dfrac{\mathrm{RSS}_P}{\hat{\sigma}^2} + 2p - m$.

记 $\boldsymbol{H}_B = \boldsymbol{Z}_B(\boldsymbol{Z}_B^{\mathrm{T}}\boldsymbol{Z}_B)^{-1}\boldsymbol{Z}_B^{\mathrm{T}}$，$\boldsymbol{X}_P = (\boldsymbol{I} - \boldsymbol{H}_B)\boldsymbol{Z}_{2P}$，$\boldsymbol{X}_R = (\boldsymbol{I} - \boldsymbol{H}_B)\boldsymbol{Z}_R$，

$$\tilde{\boldsymbol{Y}} = (\boldsymbol{I} - \boldsymbol{H}_B)\boldsymbol{Y},\ \boldsymbol{F} = (\boldsymbol{Z}_B^{\mathrm{T}}\boldsymbol{Z}_B)^{-1}\boldsymbol{Z}_B^{\mathrm{T}}\boldsymbol{Z}_{2P},\ \boldsymbol{G} = (\boldsymbol{X}_P^{\mathrm{T}}\boldsymbol{X}_P)^{-1}$$

由分块矩阵求逆可知，$(\boldsymbol{Z}_P^{\mathrm{T}}\boldsymbol{Z}_P)^{-1} = \begin{bmatrix} (\boldsymbol{Z}_B^{\mathrm{T}}\boldsymbol{Z}_B)^{-1} + \boldsymbol{F}\boldsymbol{G}\boldsymbol{F}^{\mathrm{T}} & -\boldsymbol{F}\boldsymbol{G} \\ -\boldsymbol{G}\boldsymbol{F}^{\mathrm{T}} & \boldsymbol{G} \end{bmatrix}$. 因此有如下引理.

引理 B　$\mathrm{RSS}_P = \|\boldsymbol{Y} - \boldsymbol{Z}_P\tilde{\boldsymbol{\alpha}}_P\|^2 = \|(\boldsymbol{I} - \boldsymbol{H}_P)\tilde{\boldsymbol{Y}}\|^2$，其中 $\boldsymbol{H}_P = \boldsymbol{X}_P(\boldsymbol{X}_P^{\mathrm{T}}\boldsymbol{X}_P)^{-1}\boldsymbol{X}_P^{\mathrm{T}}$.

证明　参见文献[3].

此时 $C_P = \dfrac{\mathrm{RSS}_P}{\hat{\sigma}^2} + 2p - m = \dfrac{\|(\boldsymbol{I} - \boldsymbol{H}_{PP})\tilde{\boldsymbol{Y}}\|^2}{\hat{\sigma}^2} + 2p_1 + 2q - m$.

记全模型为

$$\boldsymbol{Y} = \boldsymbol{Z}_B\boldsymbol{\alpha}_B + \boldsymbol{Z}_{2P}\boldsymbol{\alpha}_{2P} + \boldsymbol{Z}_R\boldsymbol{\alpha}_R + \boldsymbol{\varepsilon},\ \ \boldsymbol{\varepsilon} \sim N(0, \sigma^2\boldsymbol{I})$$

则得到

$$(\boldsymbol{I} - \boldsymbol{H}_B)\boldsymbol{Y} = (\boldsymbol{I} - \boldsymbol{H}_B)\boldsymbol{Z}_{2P}\boldsymbol{\alpha}_{2P} + (\boldsymbol{I} - \boldsymbol{H}_B)\boldsymbol{Z}_R\boldsymbol{\alpha}_R + (\boldsymbol{I} - \boldsymbol{H}_B)\boldsymbol{\varepsilon}$$

即

$$\tilde{\boldsymbol{Y}} = (\boldsymbol{I} - \boldsymbol{H}_B)\boldsymbol{Y} = \boldsymbol{X}_P\boldsymbol{\alpha}_{2P} + \boldsymbol{X}_R\boldsymbol{\alpha}_R + \tilde{\boldsymbol{\varepsilon}} = \boldsymbol{X}_P\boldsymbol{\beta}_P + \boldsymbol{X}_R\boldsymbol{\beta}_R + \tilde{\boldsymbol{\varepsilon}} = \boldsymbol{X}\boldsymbol{\beta} + \tilde{\boldsymbol{\varepsilon}}$$

其中

$$\boldsymbol{X} = [\boldsymbol{X}_P, \boldsymbol{X}_R] = (\boldsymbol{I} - \boldsymbol{H}_B)[\boldsymbol{Z}_{2P}, \boldsymbol{Z}_R] = (\boldsymbol{I} - \boldsymbol{H}_B)\boldsymbol{Z}_C,\ \ \tilde{\boldsymbol{\varepsilon}} = (\boldsymbol{I} - \boldsymbol{H}_B)\boldsymbol{\varepsilon}$$

$$\mathrm{rank}(\boldsymbol{X}) = \mathrm{rank}((\boldsymbol{I} - \boldsymbol{H}_B)\boldsymbol{Z}_C) = n - p_1$$

$$\mathrm{rank}(\boldsymbol{X}_P) = \mathrm{rank}((\boldsymbol{I} - \boldsymbol{H}_B)\boldsymbol{Z}_{2P}) = \mathrm{rank}(\boldsymbol{Z}_{2P}) = q$$

$$\mathrm{rank}(\boldsymbol{X}_R) = \mathrm{rank}((\boldsymbol{I} - \boldsymbol{H}_B)\boldsymbol{Z}_R) = \mathrm{rank}(\boldsymbol{Z}_R) = n - p_1 - q = n - p$$

记上述全模型的优选模型为 $\tilde{\boldsymbol{Y}} = (\boldsymbol{I} - \boldsymbol{H}_B)\boldsymbol{Y} = \boldsymbol{X}_P\boldsymbol{\beta}_P + \boldsymbol{\varepsilon}^*$，则有如下定理.

定理 D　从模型 $\boldsymbol{Y} = \boldsymbol{Z}_B\boldsymbol{\alpha}_B + \boldsymbol{Z}_C\boldsymbol{\alpha}_C + \boldsymbol{\varepsilon}$ 中选择最优选模型 $\boldsymbol{Y} = \boldsymbol{Z}_P\boldsymbol{\alpha}_P + \tilde{\boldsymbol{\varepsilon}}$ 等价于从模型 $\tilde{\boldsymbol{Y}} = \boldsymbol{X}_P\boldsymbol{\beta}_P + \boldsymbol{X}_R\boldsymbol{\beta}_R + \tilde{\boldsymbol{\varepsilon}}$ 中寻找 $\boldsymbol{X}_P$，使得

$$\frac{\|(\boldsymbol{I} - \boldsymbol{H}_P)\tilde{\boldsymbol{Y}}\|^2}{\hat{\sigma}^2} + 2p_1 + 2q - m = \min$$

这样，模型的选择问题从本质上归结为残差平方和的计算问题. 由于 $\boldsymbol{X}$ 的列数为 $n - p_1$，所以 $\boldsymbol{X}_P$ 的构成仍有 2^{n-p_1} 种可能形式，因此残差平方和的计算量非常大，下面介绍一种简单算法.

定义 A　设 $\boldsymbol{A} = [a_{ij}]_{n\times n}$，$a_{ii} \neq 0$，令 $\boldsymbol{B} = [b_{ij}]_{n\times n}$，其中

$$\begin{cases} b_{ii} = a_{ii}^{-1} \\ b_{ij} = \dfrac{a_{ij}}{a_{ii}},\ \ b_{ji} = -\dfrac{a_{ji}}{a_{ii}},\ \ j \neq i \\ b_{kl} = a_{kl} - \dfrac{a_{il}a_{ki}}{a_{ii}},\ \ k \neq i, l \neq i \end{cases}$$

称由 $\boldsymbol{A}$ 到 $\boldsymbol{B}$ 的这种变换为以 a_{ii} 为枢轴的 S 运算，记为 $\boldsymbol{B}=S_i\boldsymbol{A}$.

容易证明：$S_iS_i\boldsymbol{A}=\boldsymbol{A}$, $S_iS_j\boldsymbol{A}=S_jS_i\boldsymbol{A}$.

记 $N=n-p_1+1$, $\boldsymbol{A}=[a_{ij}]_{N\times N}=\begin{bmatrix}\boldsymbol{X}^{\mathrm{T}}\boldsymbol{X} & \boldsymbol{X}^{\mathrm{T}}\tilde{\boldsymbol{Y}}\\ \tilde{\boldsymbol{Y}}^{\mathrm{T}}\boldsymbol{X} & \tilde{\boldsymbol{Y}}^{\mathrm{T}}\tilde{\boldsymbol{Y}}\end{bmatrix}$.

定理 E 设 $\boldsymbol{X}_P$ 由 $\boldsymbol{X}$ 的第 $i_1,\cdots,i_q$ 列组成，令 $\boldsymbol{B}=[b_{ij}]_{N\times N}=S_{i_1}\cdots S_{i_q}\boldsymbol{A}$，则

(i) $\boldsymbol{B}$ 的 $i_1,\cdots,i_q$ 行及 $i_1,\cdots,i_q$ 列交叉处的元素组成的子矩阵即为 $(\boldsymbol{X}_P^{\mathrm{T}}\boldsymbol{X}_P)^{-1}$；

(ii) $[b_{i_1,N},\cdots,b_{i_q,N}]^{\mathrm{T}}=(\boldsymbol{X}_P^{\mathrm{T}}\boldsymbol{X}_P)^{-1}\boldsymbol{X}_P^{\mathrm{T}}\tilde{\boldsymbol{Y}}$；

(iii) $b_{NN}=\|(\boldsymbol{I}-\boldsymbol{H}_{X_P})\tilde{\boldsymbol{Y}}\|^2$.

参 考 文 献

[1] Wang Z M, Yi D Y , Duan X J, et al. Measurement Data Modeling and Parameter Estimation. Boca Raton: CRC Press, 2011.

[2] Zhou X Y, Wang J Q, Wang Z M, et al. Optimal estimation and precision analysis of measuring data fusion model. Advances in Systems Science and Application, 2015, 15(3): 248-260.

[3] 王正明, 易东云. 测量数据建模与参数估计. 长沙: 国防科技大学出版社, 1997.

[4] 张贤达. 矩阵分析与应用. 2 版. 北京: 清华大学出版社, 2013.

[5] 周海银. 空间目标跟踪数据的融合理论和模型研究及应用. 国防科技大学博士学位论文, 2004.

[6] 王松桂. 线性模型的理论及应用. 合肥: 安徽教育出版社, 1987.

[7] Wu C M. Regularization Otsus thresholding method based on posterior probability entropy. Acta Electronica Sinica, 2013, 41(12): 2474-2478.

[8] Tikhonov A N, Arsenin V Y. Solutions of Ill-posed Problems. New York: John Wiley and Sons, 1977.

[9] Neapolitan R E. Learning Bayesian Networks. Upper Saddle River: Prentice Hall, 2004.

[10] Liu Z X, Xie W X, Li L J, et al. Marginal distribution multitarget Bayesian filter for a nonlinear Gaussian system. Acta Electronica Sinica, 2015, 43(9): 1689-1695.

[11] Rojas M, Sorensen D C. A trust-region approach to the regularization of large-scale discrete forms of ill-posed problems. SIAM Journal on Scientific Computing, 2002, 23(6): 1842-1860.

[12] Elad M, Bruckstein A M, Donoho D L. Analysis of the Basis Pustuit Algorithm and Application. Multiscale Geometric Analysis Meeting, IPAM-UCLA, January, 2003.

[13] Aster R C, Borchers B, Thurber C H. Parameter Estimation and Inverse Problems. 2 nd ed. Cambridge: Academic Press, 2012.

[14] Nair M T, Hegland M, Anderssen R S. The trade-off between regularity and stability in Tikhonov regularization. Math of Computation, 1997, 66(217): 193-206.

[15] Kaipio J P, Juntunen M. Deterministic regression smoothness priors TVAR modeling. IEEE International Conference on Acoustics, Speech, and Signal Processing, 1999, 3: 1693-1696.

[16] Zeng J, Xie L, Kruger U, et al. Regression-based analysis of multivariate non-Gaussian datasets for diagnosing abnormal situations in chemical processes. AIChE Journal, 2014, 60(1): 148-159.

[17] Goutis C, Fearn T. Partial least squares regression on smooth factors. Journal of the American Statistical Association, 1996, 91(434): 627-632.

[18] Kondylis A, Whittaker J. Feature selection for functional PLS. Chemometrics and Intelligent Laboratory Systems, 2013, 121: 82-89.

[19] Zheng K, Zhang X, Iqbal J, et al. Calibration transfer of near-infrared spectra for extraction of informative components from spectra with canonical correlation analysis. Journal of Chemometrics, 2014, 28(10): 773-784.

[20] Ge Z, Song Z. Subspace partial least squares model for multivariate spectroscopic calibration. Chemometrics and Intelligent Laboratory Systems, 2013, 125: 51-57.

[21] 何章鸣. 非预期故障的数据驱动诊断方法研究. 国防科技大学博士学位论文, 2015.

[22] Borga M, Landelius T, Knutsson H. A unified approach to PCA, PLS, MLR and CCA. Report LiTH-ISY-R-1992, ISY, SE-581 83 Linköping, Sweden, November 1997.

[23] Fan X, Konold T R. Canonical Correlation Analysis. Hancock G, Mueller R O. ed. The Reviewer's Guide to Quantitative Methods in the Social Sciences. New York, NY: Routledge: 29-40.

[24] Wang J Q, He Z M, Zhou H Y. Optimal weight and parameter estimation of multi-structure and unequal-precision data fusion. Chinese Journal of Electronics, 2017, 26(6): 1245-1253.

[25] 韦博成. 近代非线性回归分析. 南京: 东南大学出版社, 1989.

[26] 吴翊, 易东云. 一类非线性回归模型的曲率降低问题. 中国科学(E 辑), 2000, 30(1): 85-90.

[27] Bates D M, Watts D G. Parameter transformations for improved approximate confidence regions in nonlinear least squares. Annals of Statistics, 1981, 9(6): 1152-1167.

[28] Bates D M, Watts D G. A Relative offset orthogonality convergence criterion for nonlinear least squares. Technometrics, 1981, 23:179-183.

[29] Kendall M, Stuart A. The Advanced Theory of Statistics.Vol. I. 4th ed. New York: Macmillan Publishing Co., 1977.

[30] Himmelblau D V. A Uniform Evaluation of Unconstrained Optimization Techniques. London: Academic Press, 1972.

[31] Tarantola A. Inverse Problem Theory and Methods for Model Parameter Estimation. Pennsylvania: SIAM Press, 2005.

[32] 张金槐. 远程火箭精度分析与评估. 长沙: 国防科技大学出版社, 1995.

[33] 王正明, 周海银. 制导工具系统误差估计的新方法. 中国科学(E 辑), 1998, 28(2): 160-167.

[34] 王正明, 易东云, 周海银, 等. 弹道跟踪数据的校准与评估. 长沙: 国防科技大学出版社, 1999.

第 4 章　靶场测量数据实时融合处理方法

靶场测量数据融合处理包括事后融合处理和实时融合处理. 靶场测量数据实时融合处理的目的在于提高数据实时处理的精度, 实时掌握数据的质量和目标跟踪状态. 实时融合处理的关键是建立高精度的测量数据实时融合处理方案, 构建实时融合模型和引进先进的实时估计(状态滤波和状态预测)算法. 此外, 有效的测量数据检择算法, 也是保证目标实时估计精度和稳定性的重要因素. 靶场测量数据的实时处理是靶场试验指挥显示与安全控制的重要保证. 本章结合第 2 章所建立的测量数据及弹道目标的运动轨迹, 针对靶场弹道跟踪设备的测量模型, 研究靶场测量数据实时融合处理方案、数据实时检择方法以及相应的目标状态与弹道落地预报算法.

4.1　测量数据实时融合方案

靶场多种测量设备并存, 覆盖导弹目标不同飞行段落, 并存在一定的冗余和互补特性. 有些设备在测量弧段内可以单独提供目标弹道, 有些设备则需要通过组合手段形成不同的测量方案提供目标弹道. 根据融合层次、融合结构和融合方法的不同, 可以在不同测量设备或测量方案之间建立多种融合方案, 本节以高精度弹道跟踪数据为主体, 重点针对导弹飞行主动段, 建立实时数据融合方案.

融合方案包含跟踪系统初值获取、输入数据精度估计、融合方案和精度评价等完整流程. 此外, 还需关注的几个问题如下.

注释 4.1.1　测量时间同步问题. 测量设备跟踪弹道时, 彼此之间并不完全同步, 融合过程实际涉及复杂的无序测量融合问题. 为了简化问题, 实际工程上, 可以首先采用插值的方法将需融合的数据进行时间对齐.

注释 4.1.2　融合层次与级别问题. 测量融合模型的建立是以数据融合技术为理论基础的. 通常, 融合应包括数据级、特征级和决策级三个级别[1-3]. 弹道跟踪中的实时融合可以从前两个层次出发. 基于数据级的实时融合模型, 是指融合中心接收各设备的原始测量数据, 经过数据配准、数据关联和融合解算等一系列处理, 获得统一的弹道估计, 通常也称之为测元级融合; 基于特征级的实时融合模型, 是指融合中心接收各设备组合获得的弹道估值, 经过数据配准后, 进行融合解算获得最终的弹道估计, 通常也称之为弹道级融合.

注释 4.1.3　数据预处理问题. 由于实际工程应用中, 设备覆盖范围有限, 设备故障和外界干扰的可能引起测量中断和异常, 因此, 一方面, 应引入一定的判读机制, 当设备不能提供测量数据(数据级融合)或弹道数据(特征级融合)时, 自适应地将其剔出融合系统的输入序列; 另一方面, 作为融合解算基础, 需要在线统计各设备的测量精度.

4.1.1　测元级融合方案

基于测元级的融合是形式上最简单的融合方案, 其将所有设备的测量数据传输到融合中心, 采用融合中心滤波器对数据进行集中处理, 进行数据处理, 并通过弹道平滑, 获得最终的融合弹道. 该方案优点是基于跟踪设备测量数据的融合, 损失信息最少, 理论上有最优的估计性能; 缺点是对融合系统的通信、计算和存储能力要求较高.

测元级融合方案有如下两种典型的融合方案.

1. 基于实时滤波的测元级融合方案

基于实时滤波的测元级融合方案的具体流程如图 4.1.1 所示. 算法步骤如下.

算法 4.1.1　基于实时滤波的测元级融合算法

Step1　对当前时刻来自各个设备的测量数据进行时间对准, 并各自进行单测元数据检择, 将失锁测元或未通过检择测元标记置 0;

Step2　若在初始化时间段, 对滤波器进行初始化, 否则转下一步;

Step3　根据预先选取的弹道运动模型和实时滤波算法, 进行滤波器时间更新, 获得弹道状态预测值 $\overline{x}_k$ 及预测误差协方差矩阵 $\overline{\boldsymbol{P}}_{x,k}$; 根据目标跟踪系统的多个测量方程, 获得相应的测量预测 $\overline{y}_k$, 测量预测误差协方差矩阵 $\overline{\boldsymbol{P}}_{y,k}$, 以及协方差矩阵 $\overline{\boldsymbol{P}}_{xy,k}$;

Step4　若存在标记非零测元(可用测元), 进行滤波器测量更新, 获得状态滤波值 $\hat{x}_k$ 及其误差协方差矩阵 $\boldsymbol{P}_{y,k}$, 转 Step7, 否则转下一步;

Step5　若连续预测的点数在设定门限以内, 令 $\hat{x}_k=\overline{x}_k$, $\boldsymbol{P}_{x,k}=\overline{\boldsymbol{P}}_{x,k}$, 转 Step7, 否则转下一步;

Step6　若连续预测的点达到门限, 预测弹道中断, 此时考虑对导弹显示方案进行切换(可以切修正后的理论弹道或其他应急方案), 然后等待并判断是否有新的可用测元或其他弹道输入, 若有则转 Step1 并标记滤波器需重新初始化, 否则继续采用应急方案;

Step7　输出当前时刻融合后弹道, 然后令 $k=k+1$, 转 Step1, 计算下一个时刻.

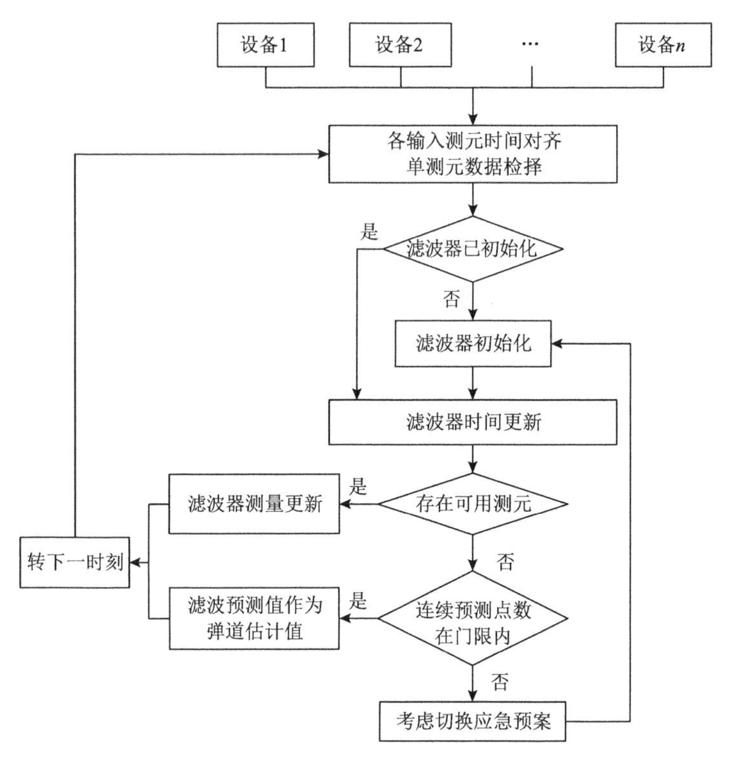

图 4.1.1　基于实时滤波的测元级融合方案的具体流程

注释 4.1.4　算法 4.1.1 中的单测元数据检择、滤波器运动模型和滤波算法的选择分别参阅 4.2 节、2.3 节及 4.3 节, 其他几个主要步骤的计算公式如下所示.

1) 滤波器初始化

一般的滤波器初始化方法为: 初始化时间段内逐点解算弹道(联合最小二乘或解析解)然后将结果平滑作为滤波初值. 滤波器的一些必备参数和中间变量也需要在初始化过程中定义.

滤波器初值的精度直接影响系统的收敛速度, 甚至影响算法收敛性. 可以通过如下三种方案获得滤波初值:

(1) 用较高精度的理论弹道作为初值;

(2) 滤波开始之前积累一定时长的窗口, 采用参数回归的方法(如样条方法)估计窗口内弹道作为初值;

(3) 扩展测量空间, 融合其他外测设备来提供初值.

注释 4.1.5　在实际任务数据中, 可能无法提供方案(1)所需的较高精度理论弹道; 方案(2)为保证初值精度, 需要较长时间的弹道累积且计算量巨大, 可能会影响跟踪系统的实时性; 目前靶场中存在多种测量设备, 它们的测量范围覆盖了导弹飞行的各个段落, 因此方案(3)是比较理想的初值获取手段.

2) 观测方程构造

融合系统需要设计可以动态变化的测量方程, 以适应测量信息频繁进出系统的需求. 设跟踪任务中有 n 个测量数据参与解算, 先离线构造一个大的测量模型, 包含所有测量数据

$$\boldsymbol{Y}(k)=\begin{bmatrix} y_1(k) \\ \vdots \\ y_n(k) \end{bmatrix}=\begin{bmatrix} h_1(x(k)) \\ \vdots \\ h_n(x(k)) \end{bmatrix}=\boldsymbol{H}(x(k)) \tag{4.1.1}$$

在线跟踪时, k 时刻设置标记向量 $\boldsymbol{s}_0=[1,\cdots,1]_{1\times n}$, 将不参与解算的测元对应的 $\boldsymbol{s}_0$ 分量标记为 0. 把 $\boldsymbol{s}_0$ 作为上式的索引, 即可实时获得新的测量模型, 即可实现融合系统输入的动态切换

$$\boldsymbol{Y}_{s_0=1}(k)=\boldsymbol{H}_{s_0=1}(x(k)) \tag{4.1.2}$$

3) 融合权值确定

当采用实时滤波算法时, 系统通过增益矩阵调节模型和观测对估计结果的影响, 实际上可看作是两者的加权融合, 这就需要对各设备测量数据精度和弹道运动模型精度有较好的描述.

这里的设备数据精度是测元本身精度和状态变量对测元依赖程度的综合反映. 基于测元级的融合, 测元与状态的依赖关系通过状态解算关系传播, 使得我们仅需考虑测元自身精度的影响, 而这时通常利用输入融合系统的测量噪声协方差来反映.

简单处理时, 噪声协方差通常由先验信息给定. 为更精确地刻画测量的实时变化特性, 考虑到局部范围内数据精度变化不大, 通常可以采用窗口统计的方法, 即将当前时刻以前一个窗口内测元的实测值与估计值作差, 统计均方误差作为噪声方差估值. 计算方法描述如下.

记 t_k 时刻状态预测误差协方差矩阵为 $\overline{\boldsymbol{P}}_{x,k}$, 估计误差协方差矩阵为 $\boldsymbol{P}_{x,k}$, 状态噪声干扰矩阵为 $\boldsymbol{G}$, 状态噪声误差协方差矩阵为 $\boldsymbol{Q}_k$, 窗口统计的状态误差为 $\Delta x_i(i=k-l,\cdots,k)$, 协方差矩阵为 $\boldsymbol{\Sigma}_{\Delta x}$, 则有

$$\begin{cases} \overline{\boldsymbol{P}}_{x,k}=f(\boldsymbol{P}_{x,k-1})+\boldsymbol{G}\cdot\boldsymbol{Q}_{k-1}\cdot\boldsymbol{G}^{\mathrm{T}} \\ \boldsymbol{\Sigma}_{\Delta x}=\boldsymbol{G}\cdot\boldsymbol{Q}_k\cdot\boldsymbol{G}^{\mathrm{T}}-\boldsymbol{P}_{x,k}+f(\boldsymbol{P}_{x,k-1}) \end{cases}$$

其中, $f(\boldsymbol{P}_{x,k-1})$ 反映 t_{k-1} 时刻估计误差对预测的影响. 记 $\boldsymbol{G}^{+}$ 为 $\boldsymbol{G}$ 的广义逆, 由上可得

$$\boldsymbol{Q}_k=\boldsymbol{G}^{+}\cdot(\boldsymbol{\Sigma}_{\Delta x}+\boldsymbol{P}_{x,k}-\overline{\boldsymbol{P}}_{x,k})\cdot(\boldsymbol{G}^{+})^{\mathrm{T}}+\boldsymbol{Q}_{k-1} \tag{4.1.3}$$

为提高算法稳定性和算法递推实现, 令 $\boldsymbol{\Sigma}_{\Delta x,k}=(\Delta x_k)\cdot(\Delta x_k)^{\mathrm{T}}$, 可以采用衰减

记忆的方式

$$\begin{aligned}\boldsymbol{Q}_k &= \alpha\cdot[\boldsymbol{G}^+\cdot(\boldsymbol{\Sigma}_{\Delta x}+\boldsymbol{P}_{x,k}-\overline{\boldsymbol{P}}_{x,k})\cdot(\boldsymbol{G}^+)^{\mathrm{T}}+\boldsymbol{Q}_{k-1}]+(1-\alpha)\cdot\boldsymbol{Q}_{k-1}\\ &=\alpha\cdot[\boldsymbol{G}^+\cdot(\boldsymbol{\Sigma}_{\Delta x}+\boldsymbol{P}_{x,k}-\overline{\boldsymbol{P}}_{x,k})\cdot(\boldsymbol{G}^+)^{\mathrm{T}}]+\boldsymbol{Q}_{k-1}\end{aligned}\tag{4.1.4}$$

α 为衰减因子.

$\boldsymbol{\Sigma}_{\Delta x,k}$ 受随机因素影响较大, 计算中修改为如下公式

$$\boldsymbol{\Sigma}^1_{\Delta x,k}(i,j)=\begin{cases}0, & \Delta x_k^i\cdot\Delta x_k^j>\beta\cdot\tilde{\boldsymbol{P}}(i,j)\\ \Delta x_k^i\cdot\Delta x_k^j\cdot\delta_{i,j}, & \text{其他}\end{cases}\tag{4.1.5}$$

其中, $\boldsymbol{\Sigma}^1_{\Delta x,k}(i,j)$ 表示 $\boldsymbol{\Sigma}^1_{\Delta x,k}$ 第i行第j列, $\tilde{\boldsymbol{P}}(i,j)$ 表示 $\boldsymbol{P}_{x,k}-\overline{\boldsymbol{P}}_{x,k}$ 的第i行第j列, β表示控制因子.

对于测量误差协方差矩阵, 计算方法类似. 记 t_k 时刻测量预测误差协方差矩阵为 $\overline{\boldsymbol{P}}_{y,k}$, 状态预测误差协方差矩阵为 $\overline{\boldsymbol{P}}_{x,k}$, 测量噪声误差协方差矩阵为 $\boldsymbol{R}_k$, 窗口统计的测量误差为 $\Delta\overline{y}_i=y_i-\overline{y}_i(i=k-l,\cdots,k)$, 统计其协方差为 $\boldsymbol{\Sigma}_{\Delta\overline{y}}$, 则有

$$\begin{cases}\overline{\boldsymbol{P}}_{y,k}=\boldsymbol{R}_{k-1}+g(\overline{\boldsymbol{P}}_{x,k})\\ \boldsymbol{\Sigma}_{\Delta\overline{y}}=\boldsymbol{R}_k+g(\overline{\boldsymbol{P}}_{x,k})\end{cases}\tag{4.1.6}$$

其中, $g(\overline{\boldsymbol{P}}_{x,k})$ 反映状态预测误差对测量预测的影响. 修改为衰减记忆的形式

$$\begin{aligned}\boldsymbol{R}_k&=(1-\alpha)\cdot\boldsymbol{R}_{k-1}+\alpha\cdot[\boldsymbol{\Sigma}^1_{\Delta\overline{y},k}-\overline{\boldsymbol{P}}_{y,k}+\boldsymbol{R}_{k-1}]\\ &=\boldsymbol{R}_{k-1}+\alpha\cdot(\boldsymbol{\Sigma}^1_{\Delta\overline{y},k}-\overline{\boldsymbol{P}}_{y,k})\end{aligned}\tag{4.1.7}$$

α 为衰减因子, $\boldsymbol{\Sigma}^1_{\Delta\overline{y},k}$ 的计算与前类似.

2. 基于滑动多项式弹道表示的测元级融合方案

当允许弹道解算存在一定的滞后, 且对计算效率要求不高时, 可以采用基于滑动多项式模型表示弹道的测元级融合处理算法. 其基本思想是用滑动多项式将一段弹道数据联合处理, 实际上是把时域参数(目标的位置和速度)的估计问题转化到变换域参数(多项式系数)的估计问题, 极大地压缩了待估参数的个数. 同时, 窗口内弹道的单一多项式表示和恰当的滑动方式可以保证弹道估计结果的光滑性. 相对于样条表示模型, 滑动多项式模型仅利用一个窗口的测量数据, 求逆矩阵维数较小, 解算效率大大提高, 有一定的实时处理能力. 当适当选择窗口输出点, 改善程序运算环境, 可实现算法的实时化. 此外, 多项式表示方法无节点选择问题, 初值获取也比较简单. 下面具体介绍此种方法.

基于滑动多项式弹道表示的测元级融合方案的具体流程如图 4.1.2 所示. 算法

步骤如下.

算法 4.1.2　基于滑动多项式弹道表示的测元级融合算法

Step1　对新进入窗口的测量数据进行时间对准, 并各自进行单测元数据检择, 将失锁测元或未通过检择测元标记置 0;

Step2　若在初始化时间段, 对窗口内多项式表示参数进行初始化, 否则转下一步;

Step3　窗口内测元更新, 将合理测元赋值给窗口内对应时刻, 转下一步;

Step4　若窗口内存在足够多的标记非零测元(保证多项式参数可以求解), 采用参数回归方法, 迭代求解新窗口的多项式表示参数, 转 Step7, 否则转下一步;

Step5　若连续预测的点数在设定门限以内, 用前一窗口多项式表示参数, 按采样时刻外推新窗口与前一窗口不重叠部分的弹道, 转 Step7, 否则转下一步;

Step6　连续预测的点达到门限, 弹道可能中断, 此时考虑对显示方案进行切换(可以切修正后的理论弹道或其他应急方案), 然后再判断是否有新的输入弹道加入, 若有则转 Step1 并标记参数需重新初始化, 否则继续采用应急方案;

Step7　输出当前窗口估计弹道, 然后窗口向后滑动, 转 Step1, 计算下一个窗口.

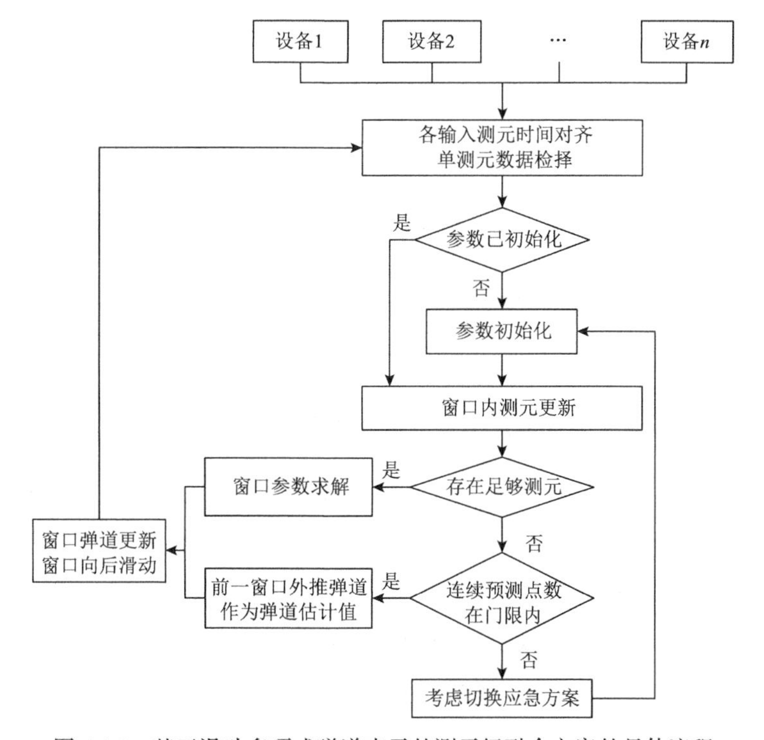

图 4.1.2　基于滑动多项式弹道表示的测元级融合方案的具体流程

以三次多项式滑动窗口为例, 设窗口包含采样点个数为 $2N+1$, 算法特有的其他几个主要步骤的执行方法如下.

1)多项式参数初始化

初始化时间段内逐点解算弹道(联合最小二乘或解析解),然后对每 $2N+1$ 个采样点的弹道进行多项式拟合,并选择其中一个窗口(通常是最后一个)作为滑动起始窗口. 算法所需其他的参数和中间变量也需要在初始化过程中定义. 为保证实际计算中算法的收敛速度和精度,可以采用高精度理论弹道作为窗口内待拟合弹道,或者融合其他外测设备来提供初值.

2)窗口弹道的多项式参数建模与求解

设窗口时间为 $[t_0,t_1]$,记其间弹道为 $\boldsymbol{X}(t)=(x(t),y(t),z(t))^{\mathrm{T}}$. 当窗口时长 $T=t_1-t_0$ 较短时,窗口内的弹道可以在较高的表示误差下用一个多项式来刻画,从而窗口内的弹道估计问题转化为多项式的参数回归问题. 因此又称此弹道窗口为多项式表示窗口,称其时长为多项式窗口宽度. 具体方法如下.

取基 $\boldsymbol{b}=[t^3,t^2,1]$,$t\in[t_0,t_1]$,记各方向系数 $\boldsymbol{c}_x=[c_{x1},\cdots,c_{x4}]$,$\boldsymbol{c}_y=[c_{y1},\cdots,c_{y4}]$,$\boldsymbol{c}_z=[c_{z1},\cdots,c_{z4}]$,又记 $\boldsymbol{c}=[\boldsymbol{c}_x,\boldsymbol{c}_y,\boldsymbol{c}_z]^{\mathrm{T}}$,则弹道可表示为

$$\boldsymbol{X}(t)=\begin{bmatrix}\boldsymbol{b}(t) & & \\ & \boldsymbol{b}(t) & \\ & & \boldsymbol{b}(t)\end{bmatrix}\cdot\begin{bmatrix}\boldsymbol{c}_x\\ \boldsymbol{c}_y\\ \boldsymbol{c}_z\end{bmatrix}=\boldsymbol{B}(t)\cdot\boldsymbol{C} \tag{4.1.8}$$

由弹道的求导匹配性可得终窗口弹道方程

$$\begin{bmatrix}\boldsymbol{X}(t)\\ \dot{\boldsymbol{X}}(t)\end{bmatrix}=\begin{bmatrix}\boldsymbol{B}(t) & \\ & \dot{\boldsymbol{B}}(t)\end{bmatrix}\cdot\boldsymbol{C}=f\left(\boldsymbol{C},t\right) \tag{4.1.9}$$

设有 M 个测量设备, t 时刻获得目标测元 $y_k(t)$,则测量方程为

$$y_k(t)=h_k[f(\boldsymbol{C},t)+w(t)]+\varepsilon_k(t) \tag{4.1.10}$$

其中,$\varepsilon_k(t)(k=1,\cdots,M)$ 为测量误差,$w(t)$ 为弹道表示误差. 不考虑表示弹道误差影响,记

$$\begin{aligned}
&\boldsymbol{\varepsilon}=[\varepsilon_1(t_1),\cdots,\varepsilon_1(t_{2N+1}),\cdots,\varepsilon_M(t_1),\cdots,\varepsilon_M(t_{2N+1})]^{\mathrm{T}}\\
&\boldsymbol{Y}=[y_1(t_1),\cdots,y_1(t_{2N+1}),\cdots,y_M(t_1),\cdots,y_M(t_{2N+1})]^{\mathrm{T}}\\
&\boldsymbol{H}(\boldsymbol{C},t)=[h_1(\boldsymbol{C},t_1),\cdots,h_1(\boldsymbol{C},t_{2N+1}),\cdots,h_M(\boldsymbol{C},t_1),\cdots,h_M(\boldsymbol{C},t_{2N+1})]^{\mathrm{T}}
\end{aligned}$$

则有

$$\boldsymbol{Y}=\boldsymbol{H}(\boldsymbol{C},t)+\boldsymbol{\varepsilon} \tag{4.1.11}$$

这是关于系数 $\boldsymbol{C}$ 的非线性回归模型,可看作是关于 $\boldsymbol{C}$ 的非线性优化问题:

$$\begin{aligned}\boldsymbol{C}_{\text{opt}} &= (\boldsymbol{c}_{\text{opt},x}, \boldsymbol{c}_{\text{opt},y}, \boldsymbol{c}_{\text{opt},z})^{\text{T}} \\ &= \min_{\boldsymbol{C}}[\boldsymbol{Y} - \boldsymbol{H}(\boldsymbol{C},t)]^{\text{T}} \cdot [\boldsymbol{Y} - \boldsymbol{H}(\boldsymbol{C},t)]\end{aligned} \tag{4.1.12}$$

求解上面的优化问题，并由弹道方程可得 $t \in [t_0, t_1]$ 的弹道参数

$$\hat{\boldsymbol{X}}(t) = \begin{bmatrix} \boldsymbol{B}(t) & \\ & \dot{\boldsymbol{B}}(t) \end{bmatrix} \cdot \boldsymbol{C}_{\text{opt}} \tag{4.1.13}$$

又记 $\dfrac{\partial h_k(t)}{\partial[\boldsymbol{X}(t), \dot{\boldsymbol{X}}(t)]} = \boldsymbol{F}(t)$，测量精度为 σ_Y^2，弹道多项式参数精度为 σ_C^2，则可得如下误差传播关系

$$\sigma_C^2 = \left(\begin{bmatrix} \boldsymbol{B}(t) & \\ & \dot{\boldsymbol{B}}(t) \end{bmatrix} \cdot \boldsymbol{F}(t)\right) \cdot \sigma_Y^2 \cdot \left(\begin{bmatrix} \boldsymbol{B}(t) & \\ & \dot{\boldsymbol{B}}(t) \end{bmatrix} \cdot \boldsymbol{F}(t)\right)^{\text{T}} \tag{4.1.14}$$

从而窗口内弹道估计精度

$$\sigma_X^2 = \begin{bmatrix} \boldsymbol{B}(t) & \\ & \dot{\boldsymbol{B}}(t) \end{bmatrix} \cdot \sigma_C^2 \cdot \begin{bmatrix} \boldsymbol{B}(t) & \\ & \dot{\boldsymbol{B}}(t) \end{bmatrix}^{\text{T}} \tag{4.1.15}$$

3) 窗口内多项式参数迭代初值获取

算法迭代初值的获取，可通过理论弹道拟合值或由光学、雷达等其他设备测量结果，给定最初几个窗口的初值，记前述的参数初始化过程，待窗口解算稳定收敛后，取前一窗口的估计结果作为参数初值即可.

4) 窗口宽度的选择

一方面，窗口越宽，表示误差越大；另一方面，宽窗口包含冗余信息多，对随机误差的抑制效果较好. 因此，窗口宽度反映了多项式对弹道的建模能力，它的选择依赖于具体的任务. 在平稳段落可以适当加长窗口宽度，在特征点等弹道突变位置要减小窗口宽度. 简化计算时也取固定窗长，通常为 1 秒或 2 秒多项式.

5) 窗口间弹道的拼接

弹道拼接可以采用滑动窗口的方式实现. 即首先对每个弹道窗口仅求出中段 $n(\leqslant 2N+1)$ 个采样点 ΔL_n 的弹道参数，然后将窗口右移 n 个采样间隔，重复上述过程，当 ΔL_n 遍历全弹道时就获得了整条弹道的估值. 依据 n 的取值不同，有三种滑动方式，如图 4.1.3 所示. 其中，端点对接方式（$n = 2N+1$）计算效率最高，但估计精度较低且窗口端点存在不连续现象；逐点滑动方式（$n = 1$）估计的弹道精度高且连续性好，但计算量相对较大；段落滑动方式（$1 < n < 2N+1$）性能介于前两者之间.

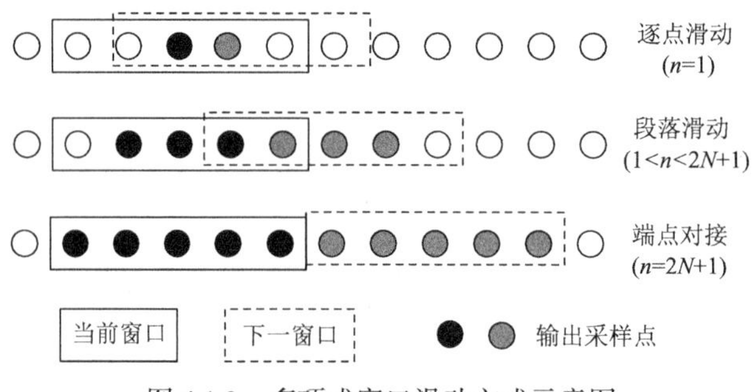

图 4.1.3　多项式窗口滑动方式示意图

6) 融合弹道输出

通常窗口中心时刻精度高于窗口边缘, 因此当允许解算滞后时, 采用逐点滑动方式, 每次解算输出窗口中心时刻弹道, 就得到了基于滑动多项式表示弹道的准实时融合方法. 进一步, 在损失一定精度的情况下, 如果每次解算输出窗口右端点弹道, 则算法可以实时给出弹道估计值.

4.1.2　弹道级融合方案

基于弹道级的融合充分考虑了测量系统设计过程中形成的各种测量组合, 各测量组合单独滤波获得弹道, 然后将各个弹道作为系统的输入, 融合处理获得最终的弹道. 与测元级融合相比, 这种融合模型对系统的通信、计算和存储能力要求有所降低, 可靠性增强, 但测量信息有一定的损失, 平稳段落的精度降低.

根据系统中各子弹道的加权融合方式不同, 弹道级融合有如下几种方案.

1. 弹道优选方案

设 k 时刻接收到各个测量组合获得的弹道为 $\boldsymbol{x}_k^i$, $i=1,\cdots,m$ 为弹道编号(可能包含外测弹道、GPS 弹道、遥测弹道和理论弹道等). 基于弹道优选的弹道级融合方案的具体流程如图 4.1.4 所示.

算法 4.1.3　弹道优选算法

Step1　按设计优先级对各输入弹道数据排序, 选取优先级较高的几条弹道作为备选弹道, 置各通道标记数据为 1;

Step2　对当前时刻来自各个方案的弹道数据进行时间对准;

Step3　若在初始化时间段(如取 21 点), 对当前所获取的弹道进行平均, 实现融合初始化, 否则转下一步;

Step4　缓存 k 时刻前的融合弹道数据 $\hat{\boldsymbol{x}}_j(j<k)$, 预测 k 时刻弹道 $\overline{\boldsymbol{x}}_k$, 计算预测弹道与各输入弹道的偏差;

Step5　若偏差最小的弹道 $\boldsymbol{x}_k^{j_0}$ 在预置门限内, 令 $\hat{\boldsymbol{x}}_k=\boldsymbol{x}_k^{j_0}$, 否则转下一步;

Step6　若连续预测的点数在设定门限以内，令 $\hat{\boldsymbol{x}}_k = \bar{\boldsymbol{x}}_k$，转 Step8，否则转下一步；

Step7　连续预测的点达到门限，弹道可能中断，此时考虑对显示方案进行切换(可以切换修正后的理论弹道或其他应急方案)，然后再判断是否有新的输入弹道加入，若有则转 Step1 并标记融合需重新初始化，否则继续采用应急方案；

Step8　对当前时刻融合后的弹道进行平滑并输出(为提高弹道估计的可靠性，对当前点结果进行合理性判断，设置门限，当前时刻融合弹道前一时刻弹道差分结果小于门限时，进行弹道平滑，否则采用预测弹道代替当前弹道)，然后令 $k = k+1$，转 Step1，计算下一个时刻.

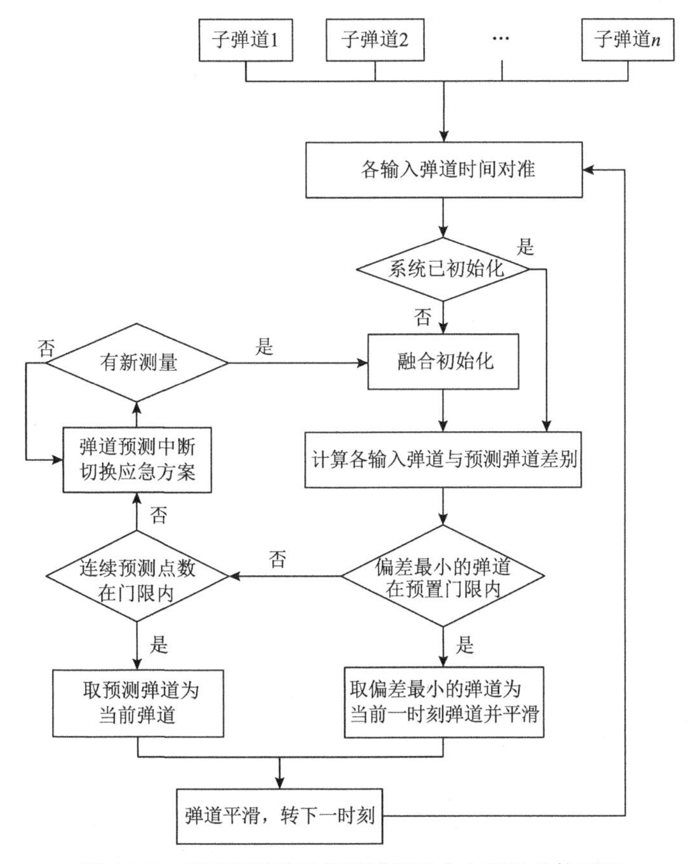

图 4.1.4　基于弹道优选的弹道级融合方案的具体流程

算法 4.1.3 中几个主要步骤的计算公式如下.

1) 弹道预测

在完成融合初始化后，可利用融合后的弹道，可采用 21 点的二次多项式对当前时刻 k 处的弹道进行预报. 记采样间隔为 Δt，当前时刻之前的 $N(N=21)$ 个采样点组成平滑窗口, 其间弹道记为 $\boldsymbol{X}=[\boldsymbol{x}_1,\cdots,\boldsymbol{x}_N]^{\mathrm{T}}$, 令 $\boldsymbol{T}=[-(N+1)\cdot\Delta t,-N\cdot\Delta t,\cdots,\Delta t]^{\mathrm{T}}$, $\boldsymbol{D}=[\boldsymbol{T}^2,\boldsymbol{T},\boldsymbol{1}_{N\times 1}]$, $\boldsymbol{H}=(\boldsymbol{D}^{\mathrm{T}}\boldsymbol{D})^{-1}\boldsymbol{D}^{\mathrm{T}}$, 则预测多项式系数为

$$\boldsymbol{P}=\boldsymbol{H}\cdot\boldsymbol{X} \tag{4.1.16}$$

记 $\boldsymbol{P}$ 的最后一行为 $\boldsymbol{P}_N$, 则当前时刻的弹道预测值为

$$\overline{\boldsymbol{x}}_N=\boldsymbol{P}_N \tag{4.1.17}$$

2) 弹道平滑

按上述流程计算得到当前时刻的弹道后, 可再按下述方法进行 21 点平滑. 平滑公式为二次多项式. 记采样间隔为 Δt, 当前时刻及之前的 N(如 $N=21$)个采样点组成平滑窗口, 其间弹道记为 $\boldsymbol{X}=[\boldsymbol{x}_1,\cdots,\boldsymbol{x}_N]^{\mathrm{T}}$, 估计精度为 $\sigma_{\boldsymbol{X}}=[\sigma_x(1),\cdots,\sigma_x(N)]^{\mathrm{T}}$, 令 $\boldsymbol{T}=[-N\cdot\Delta t,-(N-1)\cdot\Delta t,\cdots,0]^{\mathrm{T}}$, $\boldsymbol{D}=[\boldsymbol{T}^2,\boldsymbol{T},\boldsymbol{1}_{N\times 1}]$, $\boldsymbol{H}=(\boldsymbol{D}^{\mathrm{T}}\boldsymbol{D})^{-1}\boldsymbol{D}^{\mathrm{T}}$, 则平滑多项式系数为

$$\boldsymbol{P}=\boldsymbol{H}\cdot\boldsymbol{X} \tag{4.1.18}$$

记 $\boldsymbol{P}$ 的最后一行为 $\boldsymbol{P}_N$, 则当前时刻弹道平滑值为

$$\hat{\boldsymbol{x}}_N=\boldsymbol{P}_N \tag{4.1.19}$$

又记 $\boldsymbol{H}$ 最后一行为 $\boldsymbol{H}_N$, 则当前时刻弹道平滑精度为

$$\hat{\sigma}_x(N)=|\boldsymbol{H}_N|\cdot\sigma_{\boldsymbol{X}} \tag{4.1.20}$$

2. 统计加权方案

基于弹道统计加权的弹道级融合方案的具体流程如图 4.1.5 所示. 融合权值由各输入弹道数据实时统计获得. 容易看出, 置最小偏差弹道权值为 1, 其他弹道权值为 0, 此即基于弹道优选的弹道级融合方案.

设 k 时刻接收到各个测量组合获得的弹道为 $\boldsymbol{x}_k^i, i=1,\cdots,m$ 为弹道编号(可能包含外测弹道、GPS 弹道、遥测弹道和理论弹道). 统计加权算法步骤如下.

算法 4.1.4　统计加权算法

Step1　按设计优先级对各输入弹道数据排序, 选取优先级较高的几条弹道作为备选弹道, 置各通道标记数据为 1;

Step2　对当前时刻来自各个方案的弹道数据进行时间对准;

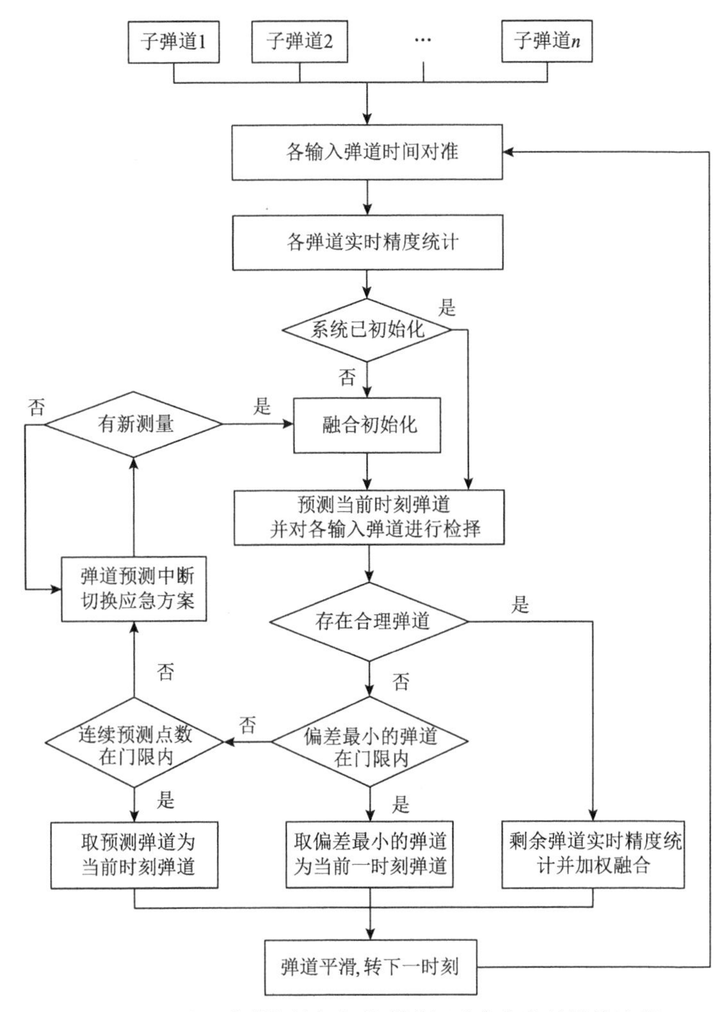

图 4.1.5　基于弹道统计加权的弹道级融合方案的具体流程

Step3　若在初始化时间段(如取 21 点), 对各输入弹道的精度进行统计(当点数不足 21 点时利用当前已获得的点数进行精度统计), 由此对当前输入弹道进行加权融合, 实现融合初始化, 否则转下一步;

Step4　缓存 k 时刻前的融合弹道数据 $\hat{\boldsymbol{x}}_j(j<k)$, 预测 k 时刻弹道 $\bar{\boldsymbol{x}}_k$, 对当前输入弹道进行检择, 超出检择门限的弹道舍弃, 相应的通道标记置 0, 转 Step5, 否则转下一步;

Step5　若存在标记为 1 的弹道, 对它们对应的子弹道分别进行当前点的精度统计, 根据精度统计的结果进行融合, 转 Step9;

Step6　计算输入弹道与预测弹道差别, 若偏差最小的弹道 $\boldsymbol{x}_k^{j_0}$ 在预置门限内,令其标记为 1，$\hat{\boldsymbol{x}}_k = \boldsymbol{x}_k^{j_0}$，转 Step9，否则转下一步；

Step7 若连续预测的点数在设定门限以内，令 $\hat{\boldsymbol{x}}_k = \overline{\boldsymbol{x}}_k$，转 Step9，否则转下一步；

Step8 连续预测的点达到门限，弹道可能中断，此时考虑对显示方案进行切换(可以切换修正后的理论弹道或其他应急方案)，然后再判断是否有新的输入弹道加入，若有则转 Step1 并标记融合需重新初始化，否则继续采用应急方案；

Step9 对当前时刻融合后的弹道进行平滑并输出(为提高弹道估计的可靠性，对当前点结果进行合理性判断，设置门限，当前时刻融合弹道前一时刻弹道差分结果小于门限时，进行弹道平滑，否则采用预测弹道代替当前弹道.)，然后令 $k = k+1$，转 Step1，计算下一个时刻.

统计加权方案中弹道预测和弹道平滑算法与弹道优选方案相同，其他几个主要步骤的计算公式如下.

1) 实时精度统计

各方案弹道数据在 k 时刻的实时精度计算公式为

$$\sigma_k^i = \left(\frac{\sum_{j=k-n}^{k-1} \left(\boldsymbol{x}_j^i - \mathrm{mean}(\boldsymbol{x}_{k-1}^i) \right)^2}{n} \right)^{1/2}, \quad 1 \leqslant i \leqslant m \tag{4.1.21}$$

其中，$\boldsymbol{x}_j^i$ 表示通道 i 在时刻 j 的弹道；$\mathrm{mean}(\boldsymbol{x}_{k-1}^i) = \sum_{j=k-n}^{k-1} \boldsymbol{x}_j^i \Big/ n$ 表示为通道 i 在当前时刻 k 处的弹道平均值；n 表示窗口长度，一般可取 21 点，m 为当前时刻参与融合的通道数量. 在初始化阶段，统计精度时可能不足 21 点，此时采用所有前面已获取的点进行统计.

2) 弹道加权融合

$$\boldsymbol{x}_k = \sum_{i=1}^{m} \lambda_k^i(\sigma_k^i) \boldsymbol{x}_k^i \tag{4.1.22}$$

加权系数定义为 $\lambda_k^i(\sigma_k^i) = (\sigma_k^i)^{-1} \Big/ \sum_{i=1}^{m} (\sigma_k^i)^{-1}$，$m$ 为参与融合的通道个数. 融合后弹道精度

$$\sigma_k = \frac{1}{\sum_{i=1}^{m} \frac{1}{\sigma_k^i}} \tag{4.1.23}$$

3) 弹道异常值检择

在初始化完成后, 根据初始化的融合结果, 对当前所获取的点进行检择, 超出检择门限的弹道舍弃, 相应的通道标记置 0. 检择公式为

$$\begin{cases} |\boldsymbol{x}_k^i - \overline{\boldsymbol{x}}_k| \leqslant M \cdot \sigma_k, & 置\ 1 \\ |\boldsymbol{x}_k^i - \overline{\boldsymbol{x}}_k| > M \cdot \sigma_k, & 置\ 0 \end{cases} \tag{4.1.24}$$

其中, M 是控制检择门限的常数, $\boldsymbol{x}_k^i$ 是第 i 个通道在当前时刻 k 处的弹道参数, $\overline{\boldsymbol{x}}_k$ 由预测公式(4.1.17)得到, σ_k 是融合弹道在当前时刻的精度, 计算方法同(4.1.21), 只是采用的是融合后的弹道进行统计.

4) 当前时刻所有弹道均被判为异常时的处理

对当前时刻所有判为异常的弹道, 分别求各弹道参数到当前时刻 k 处预测值 $\overline{\boldsymbol{x}}_k$ 的距离, 计算公式为

$$R_k^i = \sqrt{\sum_{l=1}^{3}(\boldsymbol{x}_k^i(l) - \overline{\boldsymbol{x}}_k(l))^2}, \quad i = 1, \cdots, m \tag{4.1.25}$$

式中, $l = 1,2,3$ 表示弹道参数的三个方向的位置参数 x, y, z , i 表示第 i 个通道, m 表示当前时刻可以获取的弹道个数. 求 $R_k^i (i = 1, \cdots, m)$ 的最小者, 设为 i^* , 即在当前时刻所获取的所有弹道中取一条与当前时刻 k 处预测值 $\overline{\boldsymbol{x}}_k$ 的距离最小的弹道. 并对弹道 i^* 计算速率预测误差

$$\dot{R}_k^{i^*} = \sqrt{\sum_{l=4}^{6}(\boldsymbol{x}_k^i(l) - \overline{\boldsymbol{x}}_k^{i^*}(l))^2} \tag{4.1.26}$$

式中, $l = 4,5,6$ 表示弹道参数的三个方向的位置速度 $\dot{x}, \dot{y}, \dot{z}$.

设定门限 R_0 和 $\dot{R}_0$, 对弹道 i^* 所对应的 $R_k^{i^*}$ 和 $\dot{R}_k^{i^*}$ 作判断: 若 $R_k^{i^*} \leqslant R_0$ 且 $\dot{R}_k^{i^*} \leqslant \dot{R}_0$, 则 $\hat{x}_k = x_k^{i^*}$; 若 $R_k^{i^*} > R_0$ 或 $\dot{R}_k^{i^*} > \dot{R}_0$, 则 $\hat{x}_k = \overline{x}_k$.

注释 4.1.6　在弹道级融合方案中, 还存在一种基于实时滤波的弹道级融合方案. 该方案与统计加权方案的不同在于, 系统将各输入子弹道作为主滤波器的输入, 结合弹道运动模型实时滤波, 获得最终的融合弹道. 如果把滤波算法看作预测弹道和测量融合弹道的加权融合, 则基于统计加权的融合方案则可看作它的特例. 融合所用运动模型可参见 2.3 节, 而相应的实时滤波算法可参阅 4.3 节.

4.2　数据实时检择

2.2.1 节中, 我们主要讨论了粗大误差检测与剔除的事后处理方法. 这里结合实时融合方案, 讨论数据实时检择问题. 仿真和实测数据处理结果显示, 测量异

常值的出现会影响弹道实时估计性能，使估计的弹道中存在大量散点，甚至使系统发散[4]. 因此，在 4.1 节测量数据实时融合各种方案中，均需要进行数据的实时检择. 本节着重讨论测量数据检择问题. 方法研究针对设备测量数据展开，当然同样适用于不同设备组合提供的弹道数据.

4.2.1 面向测元的数据检择

面向测元的数据检择在各个测元通道上单独展开，通常称单测元数据检择. 具体地，即假设测元服从一定的时间序列或数学函数模型，从而由过去时刻测元预测当前测元可能的精度范围，由此判断当前测元是否为异常值(野值). 常用的单测元数据检择方法有五点线性预报法、α-β-γ 滤波法、基于稳健估计的自适应门限法、基于匹配测元的方法等.

注释 4.2.1　以下方法说明中，假设单测元数据序列为 $\boldsymbol{y}=[y_1,\cdots,y_n]^{\mathrm{T}}$，相应的数据预测值为 $\hat{\boldsymbol{y}}=[\hat{y}_1,\hat{y}_2,\cdots,\hat{y}_n]^{\mathrm{T}}$，预测残差序列为 $\{\Delta y_i=y_i-\hat{y}_i\},i=1,2,\cdots,n$.

1. 五点线性预报法

五点线性预报法分为差分检验、线性预报两部分，先用求一阶差分和四阶差分的方法，对数据进行合理性检验，发现并剔除明显的野值点，再按五点线性预报公式补点.

原理: 利用最小二乘法对数据进行预报，与实际数据做对比，从而实现剔除.

准则: 将测量数据残差与预先确定的野值检测门限做对比进行检测.

算法 4.2.1　五点线性预报算法

Step1　对测元数据进行一阶差分如下:

$$\Delta^1 y_i = y_{i+1} - y_i \tag{4.2.1}$$

用四阶差分检验法进行初始检验，找出一组合理点.

Step2　数据四阶差分值

$$\Delta^4 y_j = y_{j-4} - 4y_{j-3} + 6y_{j-2} - 4y_{j-1} + y_j \tag{4.2.2}$$

式中，$j\geqslant 5$，取门限值 M_1 (经验值为 17σ，σ 为测量数据的精度)，判断 $|\Delta^4 y_j|\leqslant M_1$ 是否成立，若是，则为一组合理点，否则，令 $j=j+1$，继续进行四阶差分检验.

Step3　用五点线性预报公式进行数据检择与修正: 从以上求得的五个合理点 $y_{j-4},y_{j-3},y_{j-2},y_{j-1},y_j$ 为基点，按下列线性预报公式计算 $\hat{y}_{j+1}$:

$$\hat{y}_{j+1} = \sum_{i=1}^{5} P_i y_{j+i-5} \tag{4.2.3}$$

式中，$P_i = (3i-7)/10$，取门限值 M_2(经验值为 3σ，σ 为测量精度). 判断是否满足 $\left|y_{j+1} - \hat{y}_{j+1}\right| \leqslant M_2$，若是，则 y_{j+1} 为合理值，否则为野值.

Step4　令 $y_{j+1} = \hat{y}_{j+1}$，$j = j+1$，继续四阶差分检验，对数据进行初始检验，找出一组新的合理点，再继续利用五点线性预报公式进行性检验与补点.

2. *α-β-γ* 滤波法

α-β-γ 滤波法是利用滤波方法对数据进行实时预报并与测量值进行比较，从而实现野值剔除.

原理：利用 *α-β-γ* 滤波器对数据进行预报，与实际数据做对比，从而实现野值剔除.

准则：将测量数据残差与预先确定的野值检测门限做对比进行检测.

算法 4.2.2　*α-β-γ* 滤波算法

Step1　按照 *α-β-γ* 滤波器进行预测估值，测量信号序列第 1 点、第 2 点不予检测，第 3 点按照

$$\hat{y}_3 = 2y_2 - y_1 \tag{4.2.4}$$

预测. 第 4 点之后，按照 *α-β-γ* 滤波器预测估值. 为此，对第 3 点会进行重新估值，作为滤波的初始值：

$$\begin{cases} \hat{y}_3 = -y_1/6 + y_2/3 + 5y_3/6 \\ u_3 = -y_1/2 + y_3/2 \\ s_3 = (y_1 - 2y_2 + y_3)/2 \end{cases} \tag{4.2.5}$$

其中，u_3 和 s_3 为滤波器的中间变量.

Step2　从第 4 点开始按照公式(4.2.6)和(4.2.7)递推计算，其中 $\hat{y}_{n/n-1}$ 就是用于检测的预测值

$$\begin{cases} \hat{y}_{n/n-1} = \hat{y}_{n-1} + \hat{u}_{n-1} + \hat{s}_{n-1} \\ \hat{u}_{n/n-1} = \hat{u}_{n-1} + 2\hat{s}_{n-1} \\ \hat{s}_{n/n-1} = \hat{s}_{n-1} \end{cases} \tag{4.2.6}$$

$$\begin{cases} \hat{y}_n = \hat{y}_{n/n-1} + \alpha(y_n - \hat{y}_{n/n-1}) \\ \hat{u}_n = \hat{u}_{n/n-1} + \beta(y_n - \hat{y}_{n/n-1}) \\ \hat{s}_n = \hat{s}_{n/n-1} + \gamma(y_n - \hat{y}_{n/n-1}) \end{cases} \tag{4.2.7}$$

α, β, γ 为滤波参数，其中一组经验参数为

$$\alpha = 0.2, \quad \beta = 0.014862535, \quad \gamma = 0.00018416391$$

Step3　对测量数据序列进一步预测，若实测值与预测值之差的绝对值小于某门限值，此数据为合理值，反之为野值.

$$|y_n - \hat{y}_{n/n-1}| < M \tag{4.2.8}$$

式中，M 为门限值，一般为正常训练数据预测残差精度的 3 倍.

3. 基于稳健估计的自适应门限法

由于数据中存在的野值会影响样本标准差的确定，结合稳健估计原理，实时确定野值检测门限，从而实现跟踪数据的野值实时剔除[5].

原理：(1) 均方误差估计.

当 Δy_i 中存在异常值时，弹道跟踪数据估计的精度 $\hat{\sigma}^2$ 将严重偏离真值 σ^2，为了保证在有无野值情况下都能得到比较可靠的方差估计，根据 Huber 的估值理论采用下式来求解均方误差估计值[6]:

$$\sum_{i=1}^{n} \psi^2\left(\Delta y_i / \sigma\right) = (n-1)\beta \tag{4.2.9}$$

其中，$\psi(\cdot)$ 为影响函数，β 为待定参数，适当选择 $\psi(y)$ 和 β 可以对数据中异常值加以抑制.

(2) β 公式的推导.

选择 Huber 的 $\psi_H(y_0)$ 函数作为影响函数[6]

$$\psi_H(y_0) = \begin{cases} y_0, & |y_0| \leqslant C_H \\ C_H \operatorname{Sign}(y_0), & |y_0| > C_H \end{cases} \tag{4.2.10}$$

其中，C_H 是调节系数，令 $y_0 = \Delta y_i / \sigma$，$\Delta y_i$ 是被污染的数据的残差，可表示为 $\Delta y_i = w_i + v_i$，其中 w_i 为正常的随机误差，通常来讲，$w_i \sim N(0, \sigma^2)$. 假设异常值不超过全部数据的 1/4，根据式 (4.2.10)，可以用 $C_H\sigma$ 来代替大的异常值 Δy_i，而小于 $C_H\sigma$ 对估计 $\hat{\sigma}^2$ 影响不大，不作处理.

由 (4.2.9) 可知

$$\beta = \frac{1}{n-1}\left\{\sum_{i=1}^{n} \psi^2\left(\Delta y_i / \sigma\right)\right\} \underset{n\text{较大}}{\Longrightarrow} \frac{1}{n}\left\{\sum_{i=1}^{n} \psi^2\left(\Delta y_i / \sigma\right)\right\} \tag{4.2.11}$$

因为异常值不多且可以用 $C_H\sigma$ 代替，所以有

$$\beta = \frac{1}{n}\left\{\sum_{i=1}^{n}\psi^2\left(w_i / \sigma\right)\right\} \tag{4.2.12}$$

令 $y = w_i / \sigma$，则 $y \sim N(0,1)$，则 $f(y) = (1/\sqrt{2\pi})\mathrm{e}^{-y^2/2}$. 于是

$$\beta = 1 - (2C_H / \sqrt{2\pi})\mathrm{e}^{-C_H^2/2} + 2(C_H^2 - 1)F(-C_H) \tag{4.2.13}$$

其中，$F(-C_H) = (1/\sqrt{2\pi})\int_{-\infty}^{C_H}\mathrm{e}^{-t^2/2}\mathrm{d}t$.

因此，取不同的 C_H 有不同的 β，在实时数据处理过程中，一般常取 $C_H = 1.5$，此时 β=0.7785. 又有

$$\beta = \frac{1}{n-1}\left\{\sum_{i=1}^{n}\psi^2\left(\Delta y_i / \sigma\right)\right\} = \left[\sum\nolimits_1\left(\Delta y_i / \sigma\right)^2 + \sum\nolimits_2\left(C_H \operatorname{sgn}\left(y_0\right)\right)^2\right] / (n-1)$$

于是

$$\hat{\sigma}^2 = \sum \Delta y_i^2 / d \tag{4.2.14}$$

$$d = (n-1)\beta - N_H C_H^2 \tag{4.2.15}$$

这里 $\sum$ 求和表示对满足 $|\Delta y_i| \leqslant C_H\sigma$ 的观测数据求和，N_H 表示观测数据中 $|\Delta y_i| > C_H\sigma$ 的数据个数，由于实测数据是动态的，所以采用滑动数据窗口，n 为数据窗口大小，通常取 $n = 16 \sim 30$.

准则：将测量数据残差与实时更新的野值检测门限做对比，从而我们实现野值剔除.

算法 4.2.3　基于稳健估计的自适应门限算法

Step1　计算测量残差预测残差序列为 $\{\Delta y_i = y_i - \hat{y}_i\}$，$i = 1, 2, \cdots, n$.

Step2　判断是否满足 $|\Delta y_i| \leqslant C_H\sigma$，满足则 y_{j+1} 为合理值，否则，为野值，并用预测值代替.

4. 基于匹配测元法

利用弹道跟踪数据中存在匹配关系的测元，如某一个测元是另一个测元的微分(或积分)，则根据某一测元的正常数据来剔除另一测元测量数据的野值.

原理：记导弹在 t 时刻的位置为 $\{x(t), y(t), z(t)\}$，测站站址为 $\{x_0, y_0, z_0\}$，导弹在 t 时刻至测站距离和距离变化率分别为 $R(t)$ 和 $\dot{R}(t)$，则

$$R(t) = R(t_0) + \int_{t_0}^{t}\dot{R}(t)\mathrm{d}t \tag{4.2.16}$$

上式即为匹配测元之间的关系，可改写为

$$\Delta L(t)=R(t)-R(t_0)-\int_{t_0}^{t}\dot{R}(t)\mathrm{d}t=0 \tag{4.2.17}$$

在实际测量数据中，由于系统误差和随机误差，有

$$\Delta L(t)=\tilde{R}(t)-\tilde{R}(t_0)-\int_{t_0}^{t}\tilde{\dot{R}}(t)\mathrm{d}t\neq 0 \tag{4.2.18}$$

其中，$\tilde{R}(t)$ 和 $\tilde{\dot{R}}(t)$ 分别是 $R(t)$，$\dot{R}(t)$ 的实际测量值. $\Delta L(t)$ 反映了匹配测元的不匹配误差，$\Delta L(t)$ 可以表述如下

$$\begin{aligned}\Delta L(t)&=\tilde{R}(t)-\tilde{R}(t_0)-\int_{t_0}^{t}\tilde{\dot{R}}(\tau)\mathrm{d}\tau\\&=\left[\tilde{R}(t)-R(t)\right]-\left[\tilde{R}(t_0)-R(t_0)\right]-\int_{t_0}^{t}\left[\tilde{\dot{R}}(\tau)-\dot{R}(\tau)\right]\mathrm{d}\tau\\&=\Delta R(t)-\Delta R(t_0)-\int_{t_0}^{t}\Delta\dot{R}(\tau)\mathrm{d}\tau\end{aligned} \tag{4.2.19}$$

这里，$\Delta R(t)$ 为 t 时刻的测距误差，$\Delta R(t_0)$ 为 t_0 时刻的测距误差，$\Delta\dot{R}(\tau)$ 为 t_0 至 t 时刻距离变化率误差，$\Delta L(t)$ 即取决于这三部分误差，$\Delta R(t_0)$ 为固定误差. 不妨假设 $\Delta R(t_0)=0$. 假设 $\Delta\dot{R}(\tau)$ 只含有随机误差，随机误差在 $\Delta L(t)$ 上带来的误差也是随机误差，方差随积分时间的延长而增大，$\Delta L(t)$ 可进行 $R(t)$ 的野值检测，特别对于测距元上的斑点型野值很有效.

准则: 测量数据与匹配数据的残差与设定的野值检测门限相对比，从而实现野值剔除.

算法 4.2.4　基于匹配测元的异常值检择算法

Step1　积累 n 个点的匹配测元的数据，计算 $\Delta L(t)=\tilde{R}(t)-\tilde{R}(t_0)-\int_{t_0}^{t}\tilde{\dot{R}}(t)\mathrm{d}t$，统计

$$\delta=\sqrt{\frac{1}{n}\sum_{i=1}^{n}\left(\Delta L(t)\right)^2} \tag{4.2.20}$$

如果 $|\Delta L(t)|>3\sigma$，其中 σ 为数据精度，则 $R(t)$ 为野值点；记野值点个数为 l，又令

$$u=\frac{1}{n-l}\sum_{t=1,t\neq t_k}^{n}\Delta L(t) \tag{4.2.21}$$

以 $u+\int_{t_0}^{t_k}\dot{R}(\tau)\mathrm{d}\tau$ 取代 $R(t_k)$.

Step2　以 n 点为窗口滑动, 按照 Step1 进行数据检择.

4.2.2 面向弹道的数据检择

测元中的真实信号与弹道之间也存在着物理测量机制上的匹配特性, 基于此, 可以设计基于弹道的数据检择方法. 即以平滑、滤波或外推后的弹道参数 $\boldsymbol{X}=(x,y,z,\dot{x},\dot{y},\dot{z})$ 为真实量, 反算到各测元并与测元的测量值作差, 根据差值的大小进行数据检择. 面向弹道的数据检择方法流程如图 4.2.1 所示.

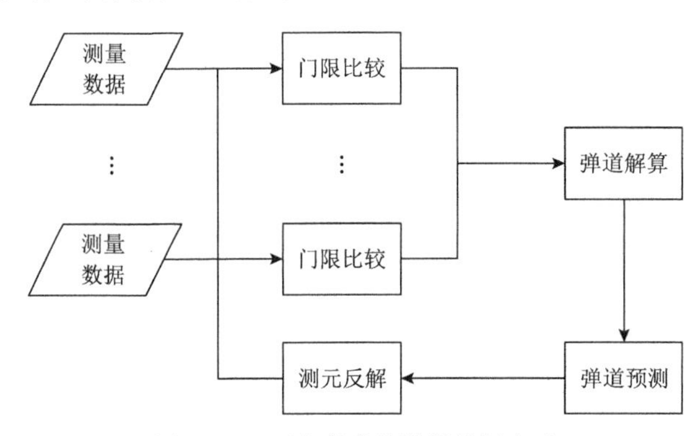

图 4.2.1　面向弹道的数据检择方法

设当前时刻弹道参数估计值为 $\hat{\boldsymbol{x}}(t)$, 算法步骤如下.

算法 4.2.5　面向弹道的异常值检择

Step1　由预测算法得到 $\bar{\boldsymbol{x}}(t+1)$;

Step2　结合测站位置和设备测量机理计算各测元预测值 $\bar{\boldsymbol{y}}(t+1)$, 与实际测量 $\bar{\boldsymbol{y}}(t+1)$ 作差, 得 $\Delta\boldsymbol{y}(t+1)$;

Step3　$\Delta\boldsymbol{y}(t+1)$ 与门限值比较, 进行数据检择, 门限可以取为固定值也可通过统计窗口数据残差特性自适应获得.

基于弹道参数的数据检择方法不仅考虑了测元的时序相关性, 还考虑了信号的真实性, 当弹道预测有很好的模型可以利用时, 这种方法优于单测元数据检择方法.

注释 4.2.2　实际应用于主动段弹道的数据处理时, 有时面向弹道的数据检择方法的效果并不理想. 究其根源, 可能是由于主动段弹道机动特性复杂, 所采用的运动模型的预测能力有限, 从而当测元个数较少时, 弹道误差增到, 异常值检择能力下降, 甚至可能导致检择虚警增多, 滤波器发散.

4.2.3　算例分析

本节针对弹道跟踪测量存在的孤立型野值和斑点型野值, 结合各类数据实时检择与剔除准则和方法, 进行野值检择与剔除的仿真分析. 为了更好地描述每种

方法的性能, 定义野值剔除率如下

$$野值剔除率 = \frac{剔除的野值数}{野值总数} \times 100\% \tag{4.2.22}$$

设定二次多项式单测元跟踪数据

$$y(t) = 0.4 \times t^2 + 5 \times t + 220 \tag{4.2.23}$$

其中, $y(t)$ 为位置数据, t 为采样时间, 共设定 200 个采样点, 采样时间间隔为 0.05s, 仿真 200 个服从于均值为 0, 方差为 2 的剔除趋势后的数据点, 在第 96 个至第 105 个点加入了常值为 10 的野值(斑点型野值), 在第 50, 70, 130, 150 点分别加入了常值为−15, −10, 15, 12 的野值(孤立型野值). 为了更好地体现各个方法的性能, 在第 151 个至第 160 个点加入了 $10\sin(i)$ 的斑点型时变野值, i 代表采样时间. 分别利用 4.2.1 节中的各种方法进行数据实时检择与剔除结果如图 4.2.2 和图 4.2.3 所示.

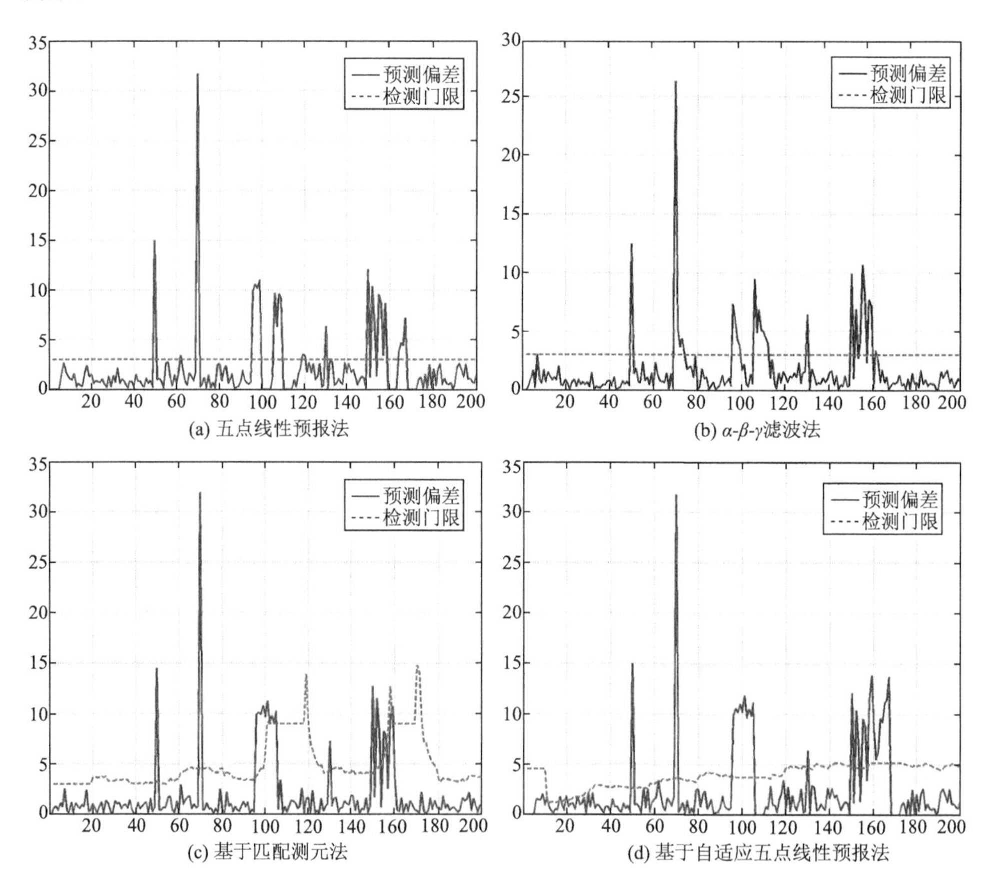

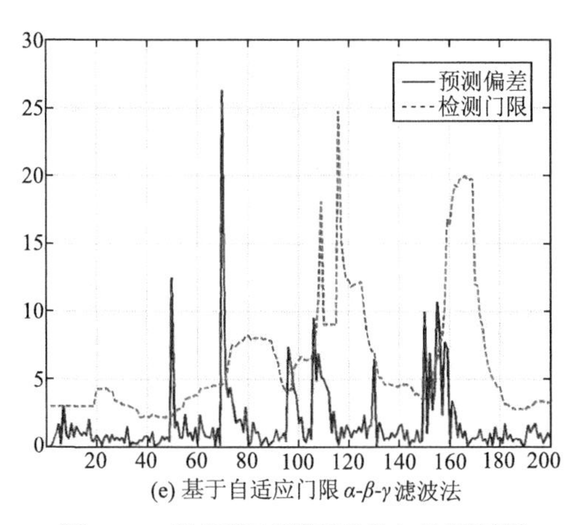

(e) 基于自适应门限 α-β-γ 滤波法

图 4.2.2　数据实时预测偏差与检测门限

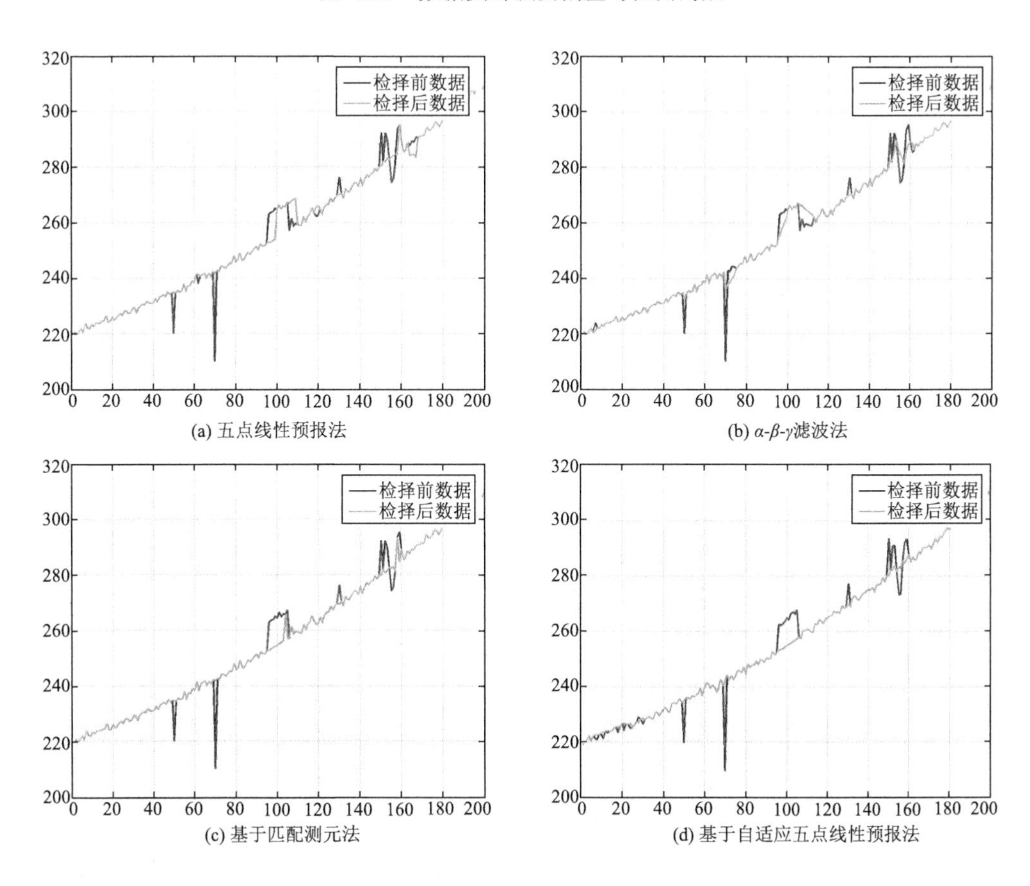

(a) 五点线性预报法

(b) α-β-γ滤波法

(c) 基于匹配测元法

(d) 基于自适应五点线性预报法

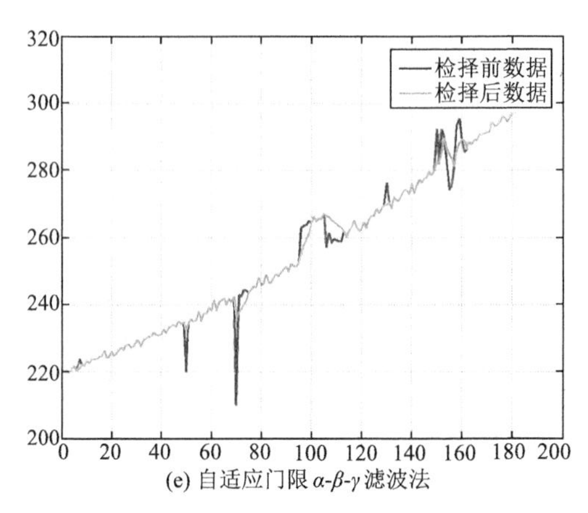

(e) 自适应门限 α-β-γ 滤波法

图 4.2.3　数据实时检择与野值剔除结果

由于数据实时检择对计算效率有较高的要求，因此几种方法的时间复杂度和仿真运算时间如表 4.2.1 所示.

表 4.2.1　数据实时检择与剔除性能分析

	斑点型野值剔除率	孤立型野值剔除率	虚警点	时变型野值剔除率	复杂度	计算时间
五点线性预报法	54%	100%	8	56%	$O(n)$	0.002s
α-β-γ 滤波法	32%	100%	20	73%	$O(n)$	0.003s
基于匹配测元法	87%	100%	1	60%	$O(mn+n)$	0.021s
基于自适应门限的五点线性预报法	94%	100%	3	70%	$O(mn)$	0.006s
基于自适应门限的 α-β-γ 滤波法	35%	100%	5	37%	$O(mn)$	0.005s

注: 复杂度中 m 为自适应窗口长度; n 为数据长度

综合以上几种数据实时检择方法，并结合图 4.2.2、图 4.2.3 及表 4.2.2，可得各种方法对比结果如下.

表 4.2.2　数据实时检择方法对比

方法	性能	适用范围
五点线性预报法	孤立型野值剔除效果较好，斑点型野值剔除效果较差，计算效率较高	孤立型野值较多，实时性要求高
α-β-γ 滤波法	孤立型野值剔除效果较好，斑点型野值剔除效果较差，虚警点较多，计算效率较高	孤立型野值较多，实时性要求高，能够接收虚警情况，存在时变型野值
基于匹配测元法	两种野值剔除效果都比较好，虚警点最少，但是计算效率最低	对实时性要求不高，对虚警要求严格

续表

方法	性能	适用范围
基于自适应门限的五点线性预报法	两种野值剔除效果最好，虚警点较固定门限少，计算效率相对较低	斑点型野值、孤立型野值、时变型野值同时存在
基于自适应门限的 α-β-γ 滤波法	孤立型野值剔除效果较好，斑点型野值剔除效果差，虚警点较固定门限少很多，计算效率相对于非自适应方法较低	孤立型野值较多，时变型野值和斑点型野值较少

注释 4.2.3　数据实时检择与野值剔除中，五点线性预报法较 α-β-γ 滤波法要好，自适应门限方法要比固定门限方法要好，主要体现在虚警点少，剔除效率高，匹配测元法的野值剔除效果仅次于基于自适应门限的五点线性预报法，而且虚警点最少，但是时间复杂度较高，实时性相对较差；当孤立型野值、斑点型野值、时变型野值都存在时，基于自适应门限的五点线性预报法能够较好地实现野值检择与剔除.

注释 4.2.4　各种方法都可以有效剔除孤立型野值，出于实时性要求，最好选择五点线性预报法；基于自适应门限的五点线性预报法对于斑点型野值的剔除效果最好，效率最高；对于时变型野值，α-β-γ 滤波法剔除效果最好；如果三种野值同时存在时，采用基于自适应门限的五点线性预报法最合适.

4.3　弹道实时滤波方法

弹道的实时跟踪是指实时地从测量设备所获取的含有噪声的测量数据中估计导弹的位置、速度等运动参数，属于动态系统的状态估计问题.

动态系统的状态估计问题，是从 20 世纪 30 年代才积极开展起来的. 主要成果为 1940 年美国学者维纳 (N. Wiener) 所提出的在频域中设计统计最优滤波器的方法，称为维纳滤波[7]. 同一时期，苏联学者科尔莫戈罗夫 (A. H. Kolmogorov) 提出并初次解决了离散平稳随机序列的预测和外推问题. 维纳滤波和科尔莫戈罗夫滤波方法，局限于处理平稳随机过程，并只能提供稳态的最优估值. 这一滤波方法在工程实践由于不具有实时性，实际应用受到很大限制[8]. 1960 年，美国学者卡尔曼 (R. E. Kalman) 和布西 (R. S. Bucy) 提出最优递推滤波方法，称为 Kalman 滤波 (KF)[9]. Kalman 滤波既适用于平稳随机过程，又适用于非平稳随机过程，同时适用于在线实时处理. 因此，Kalman 滤波方法得到了广泛的应用.

Kalman 滤波尽管是一种线性、无偏的以估计误差的方差最小作为准则的最优状态估计方法，但其只适用于线性跟踪系统. 由于目标运动的不确定性、测量过程的不确定性以及非线性系统估计的难题，半个多世纪以来，目标，特别是机动目标跟踪一直是研究热点，提出的算法数不胜数. 概括起来，目标跟踪算法的研究主要集中在目标运动轨迹建模和非线性滤波两大方面.

在目标轨迹建模方面，第 2 章我们从动力学建模、运动学建模、机动目标运动学建模等方面对几类目标轨迹建模方法的精度、适合性、有效性等进行了充分讨论. 本节主要讨论在弹道跟踪中广泛应用的滤波理论和方法，包括: Kalman 滤波、扩展 Kalman 滤波(EKF)、Unscented 滤波(UKF)及鲁棒滤波等.

4.3.1　Kalman 滤波及其扩展

Kalman 滤波的主要特点是将现代控制理论中状态空间的概念引入滤波技术. 将所要估计的信号作为状态，用状态方程来描述目标运动，因而能够解决以前难以处理的多维非平稳随机过程的估计问题[9]. 就实现形式而言，Kalman 滤波实质上是一套数字计算机实现的递推算法，每个递推周期中包含对被状态量的时间更新和测量数据更新两个过程. 时间更新由上一步的测量数据更新结果和设计 Kalman 滤波器时的先验信息确定，测量更新则是在时间更新的基础上根据实时获得的测量数据确定. 这种方法不需要了解过去时刻的测量值，只需根据当前时刻的测量值和前一时刻的状态估计值，借助于系统本身的状态方程进行递推，计算出当前时刻的目标状态估计值，因此数据存储量小、实时性强，便于实际的工程应用.

此外，Kalman 滤波具有较好的滤波性能，在线性 Gauss 白噪声假设条件下滤波过程能得到一致线性最小方差无偏的估计，且与最小二乘估计的不同点在于不仅考虑了测量结果，而且采用了系统的理论动态模型，用后者进行外推(预估)，再用前者进行校正. 正是由于 Kalman 滤波的这些优点，所以它很快被应用于各个领域，特别是在目标跟踪和状态估计中[10-11]. 目前，实时目标跟踪的典型滤波算法大多数是基于 Kalman 滤波框架.

1. 离散系统的 Kalman 滤波

考虑离散时间线性系统，其状态方程如下描述:

$$\boldsymbol{x}\left(k+1\right)=\boldsymbol{\Phi}(k+1\,|\,k)\boldsymbol{x}(k)+\boldsymbol{G}(k+1\,|\,k)\boldsymbol{u}(k)+\boldsymbol{\Gamma}(k+1\,|\,k)\boldsymbol{w}(k) \tag{4.3.1}$$

其中，$\boldsymbol{x}(k)\in\mathbf{R}^{n\times1}$ 为状态向量，$\boldsymbol{\Phi}(k+1\,|\,k)\in\mathbf{R}^{n\times n}$ 为系统状态转移矩阵，$\boldsymbol{G}(k+1\,|\,k)\in\mathbf{R}^{n\times r}$ 为系统输入矩阵，$\boldsymbol{u}(k)\in\mathbf{R}^{r\times1}$ 为系统非随机控制向量，$\boldsymbol{\Gamma}(k+1\,|\,k)\in\mathbf{R}^{n\times p}$ 为系统干扰矩阵，$\boldsymbol{w}(k)\in\mathbf{R}^{p\times1}$ 为系统过程 Gauss 噪声.

系统的测量方程为

$$\boldsymbol{z}(k)=\boldsymbol{H}(k)\boldsymbol{x}(k)+\boldsymbol{c}(k)+\boldsymbol{v}(k) \tag{4.3.2}$$

式中，$z(k)\in \mathbf{R}^{m\times 1}$ 为系统状态的观测量，$\boldsymbol{H}(k)\in \mathbf{R}^{m\times n}$ 为观测矩阵，$\boldsymbol{c}(k)\in \mathbf{R}^{m\times 1}$ 是观测系统误差，$\boldsymbol{v}(k)\in \mathbf{R}^{m\times 1}$ 为观测噪声向量. 此外，$\boldsymbol{w}(k),\boldsymbol{v}(k)$ 均为均值是零的白噪声向量，且对所有的 k,j，有

$$\begin{cases} E\{\boldsymbol{w}(k)\boldsymbol{w}^{\mathrm{T}}(j)\}=\boldsymbol{Q}(k)\delta_{k,j} \\ E\{\boldsymbol{v}(k)\boldsymbol{v}^{\mathrm{T}}(j)\}=\boldsymbol{R}(k)\delta_{k,j} \\ E\{\boldsymbol{w}(k)\boldsymbol{v}^{\mathrm{T}}(j)\}=0 \end{cases} \tag{4.3.3}$$

其中，$\delta_{k,j}$ 是狄拉克函数，$\boldsymbol{Q}(k)$ 是对称的非负定矩阵，$\boldsymbol{R}(k)$ 是对称的正定矩阵. 并假定初始状态有下列统计特性:

$$E\{\boldsymbol{x}(0)\}=\hat{\boldsymbol{x}}(0\,|\,0),\ \mathrm{Cov}\{\boldsymbol{x}(0)\}=\boldsymbol{P}(0\,|\,0),\ E\{\boldsymbol{x}(0)\boldsymbol{w}^{\mathrm{T}}(k)\}=0,\ E\{\boldsymbol{x}(0)\boldsymbol{v}^{\mathrm{T}}(k)\}=0$$

所谓最优滤波问题，指的是已知观测序列 $\{z(0),z(1),\cdots,z(k+1)\}$，要求找出 $\boldsymbol{x}(k+1)$ 的线性估计

$$\hat{\boldsymbol{x}}(k+1\,|\,k+1)=\hat{\boldsymbol{x}}(z(0),z(1),\cdots,z(k+1)) \tag{4.3.4}$$

使得估计误差 $\tilde{\boldsymbol{x}}(k+1\,|\,k+1)=\boldsymbol{x}(k+1)-\hat{\boldsymbol{x}}(k+1\,|\,k+1)$ 的方差为最小，即

$$E\{\tilde{\boldsymbol{x}}(k+1\,|\,k+1)^{\mathrm{T}}\tilde{\boldsymbol{x}}(k+1\,|\,k+1)\}=\min \tag{4.3.5}$$

并且估计是无偏的. 下面不加证明，给出利用正交定理推导 Kalman 滤波过程，主要步骤和基本方程如下.

(1) 一步线性预测方程

$$\hat{\boldsymbol{x}}(k+1\,|\,k)=\boldsymbol{\Phi}(k+1\,|\,k)\hat{\boldsymbol{x}}(k\,|\,k)+\boldsymbol{G}(k+1\,|\,k)\boldsymbol{u}(k) \tag{4.3.6}$$

(2) 一步线性预测测量方程

$$\hat{z}(k+1\,|\,k)=\boldsymbol{H}(k+1)\hat{\boldsymbol{x}}(k+1\,|\,k)+\boldsymbol{c}(k+1) \tag{4.3.7}$$

(3) $z(k+1)$ 的新息方程

$$\tilde{z}(k+1\,|\,k)=z(k+1)-\hat{z}(k+1\,|\,k) \tag{4.3.8}$$

(4) $\boldsymbol{x}(k+1)$ 的状态更新方程

$$\hat{\boldsymbol{x}}(k+1\,|\,k+1)=\hat{\boldsymbol{x}}(k+1\,|\,k)+\boldsymbol{K}(k+1)\tilde{z}(k+1\,|\,k) \tag{4.3.9}$$

(5) 滤波增益方程

$$\boldsymbol{K}(k+1)=\boldsymbol{P}(k+1\,|\,k)\boldsymbol{H}^{\mathrm{T}}(k+1)[\boldsymbol{H}(k+1)\boldsymbol{P}(k+1\,|\,k)\boldsymbol{H}^{\mathrm{T}}(k+1)+\boldsymbol{R}(k+1)]^{-1} \tag{4.3.10}$$

(6)一步预测协方差方程

$$\boldsymbol{P}(k+1|k)=\boldsymbol{\Phi}(k+1|k)\boldsymbol{P}(k|k)\boldsymbol{\Phi}^{\mathrm{T}}(k+1|k)+\boldsymbol{\Gamma}(k+1|k)\boldsymbol{Q}(k)\boldsymbol{\Gamma}^{\mathrm{T}}(k+1|k) \quad (4.3.11)$$

(7)协方差更新方程

$$\begin{aligned}\boldsymbol{P}(k+1|k+1)=&\boldsymbol{P}(k+1|k)-\boldsymbol{P}(k+1|k)\boldsymbol{H}^{\mathrm{T}}(k+1)\\&\cdot[\boldsymbol{H}(k+1)\boldsymbol{P}(k+1|k)\boldsymbol{H}^{\mathrm{T}}(k+1)+\boldsymbol{R}(k+1)]^{-1}\cdot\boldsymbol{H}(k+1)\boldsymbol{P}(k+1|k)\end{aligned} \quad (4.3.12)$$

图 4.3.1 给出了离散系统 Kalman 最优滤波框图.

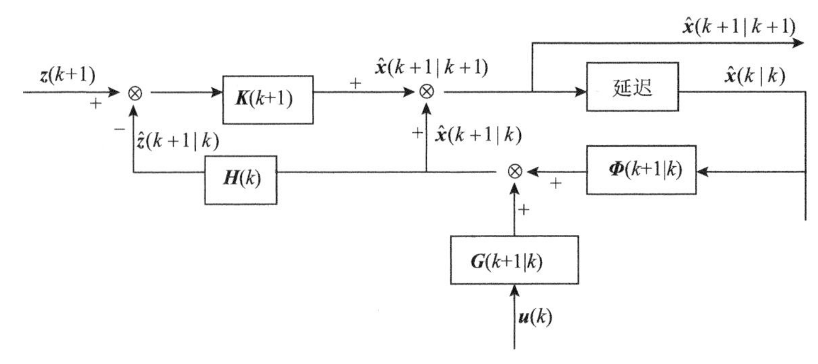

图 4.3.1 离散系统 Kalman 最优滤波框图

注释 4.3.1 在 Kalman 滤波基本方程的推导过程中, 状态滤波值 $\hat{\boldsymbol{x}}(k|k)$ 即是基于测量 $z(1),z(2),\cdots,z(k)$ 对状态 $\boldsymbol{x}(k)$ 所做的线性最小方差估计, 而滤波误差方阵 $\boldsymbol{P}(k|k)$ 是所有线性估计中最小均方误差阵. 若动态系统过程噪声 $\boldsymbol{w}(k)$、测量噪声 $\boldsymbol{v}(k)$ 及初始状态 $\boldsymbol{x}(0)$ 是正态分布的, 则 $\hat{\boldsymbol{x}}(k|k)$ 是所有估计中的最小均方误差估计, $\boldsymbol{P}(k|k)$ 是最小均方误差阵.

注释 4.3.2 对于线性系统(4.3.1)和(4.3.2)中的系统过程噪声 $\boldsymbol{w}(k)$ 和观测噪声 $\boldsymbol{v}(k)$, 若噪声统计特性不满足(4.3.3)式, 如 $\boldsymbol{w}(k)$, $\boldsymbol{v}(k)$ 为有色噪声, 或 $\boldsymbol{w}(k)$ 与 $\boldsymbol{v}(k)$ 相关等情况, 则处理方法可参见相关文献[1, 10].

2. *扩展 Kalman 滤波方程*

Kalman 滤波尽管是一种线性、无偏的以估计误差的方差最小作为准则的最优状态估计方法, 但其只适用于如(4.3.1)和(4.3.2)式所描述的线性系统. 而实际靶场弹道跟踪系统(包括状态方程和测量方程)呈现典型的非线性特性, 传统的 Kalman 滤波算法无法满足要求, 需要引入非线性滤波算法.

扩展 Kalman 滤波(EKF)是一种最常用的非线性滤波算法[12], 它通过 Taylor 级数展开非线性的状态或观测方程, 并取其一阶近似作为线性化后的状态或观测方程, 而线性化带来的误差则可以通过误差补偿的方式吸收到状态或观测噪声中.

考虑如下非线性系统

$$\boldsymbol{x}(k+1)=\boldsymbol{f}(\boldsymbol{x}(k),k)+\boldsymbol{w}(k) \tag{4.3.13}$$

$$\boldsymbol{z}(k)=\boldsymbol{h}(\boldsymbol{x}(k),k)+\boldsymbol{v}(k) \tag{4.3.14}$$

式中, $\boldsymbol{f}\in\mathbf{R}^{n\times1}$ 为系统状态 $\boldsymbol{x}(k)$ 的非线性状态转移函数, $\boldsymbol{h}\in\mathbf{R}^{m\times1}$ 为 $\boldsymbol{x}(k)$ 的非线性观测函数. 此外, 对噪声的统计特性假设满足 (4.3.3) 式.

扩展 Kalman 滤波是把非线性方程线性化的近似 Kalman 滤波, 算法的思想仍是预测和修正. 为了得到预测状态 $\hat{\boldsymbol{x}}(k+1|k)$, 对 (4.3.13) 式中的非线性函数 $\boldsymbol{f}(\boldsymbol{x}(k),k)$ 在 $\hat{\boldsymbol{x}}(k|k)$ 附近进行一阶 Taylor 级数展开, 并取数学期望, 即

$$\hat{\boldsymbol{x}}(k+1|k)=\boldsymbol{f}(\hat{\boldsymbol{x}}(k|k),k) \tag{4.3.15}$$

状态预测误差的协方差阵为

$$\boldsymbol{P}(k+1|k)=\boldsymbol{\Phi}(k+1|k)\boldsymbol{P}(k|k)\boldsymbol{\Phi}^{\mathrm{T}}(k+1|k)+\boldsymbol{Q}(k) \tag{4.3.16}$$

式中

$$\boldsymbol{\Phi}(k+1|k)=\left.\frac{\partial\boldsymbol{f}(\boldsymbol{x}(k),k)}{\partial\boldsymbol{x}(k)}\right|_{\boldsymbol{x}(k)=\hat{\boldsymbol{x}}(k|k)} \tag{4.3.17}$$

是 $\boldsymbol{f}$ 的 Jacobian 矩阵.

类似地, 对 (4.3.14) 式中的非线性观测函数 $\boldsymbol{h}(\boldsymbol{x}(k),k)$ 在预测状态 $\hat{\boldsymbol{x}}(k+1|k)$ 处进行一阶 Taylor 级数展开, 并取数学期望可得预测测量方程

$$\hat{\boldsymbol{z}}(k+1|k)=\boldsymbol{h}(\hat{\boldsymbol{x}}(k+1|k),k+1) \tag{4.3.18}$$

而测量预测误差的协方差阵为

$$\boldsymbol{S}(k+1)=\boldsymbol{H}(k+1)\boldsymbol{P}(k+1|k)\boldsymbol{H}^{\mathrm{T}}(k+1)+\boldsymbol{R}(k+1) \tag{4.3.19}$$

式中

$$\boldsymbol{H}(k+1)=\left.\frac{\partial\boldsymbol{h}(\boldsymbol{x}(k+1),k+1)}{\partial\boldsymbol{x}(k+1)}\right|_{\boldsymbol{x}(k+1)=\hat{\boldsymbol{x}}(k+1|k)} \tag{4.3.20}$$

是 $\boldsymbol{h}$ 的 Jacobian 矩阵.

滤波增益方程

$$\boldsymbol{K}(k+1)=\boldsymbol{P}(k+1|k)\boldsymbol{H}^{\mathrm{T}}(k+1)\boldsymbol{S}^{-1}(k+1) \tag{4.3.21}$$

状态更新方程

$$\hat{\boldsymbol{x}}(k+1|k+1)=\hat{\boldsymbol{x}}(k+1|k)+\boldsymbol{K}(k+1)(\boldsymbol{z}(k+1)-\hat{\boldsymbol{z}}(k+1|k)) \tag{4.3.22}$$

状态协方差更新方程

$$\begin{aligned}\boldsymbol{P}(k+1|k+1)=&\boldsymbol{P}(k+1|k)-\boldsymbol{P}(k+1|k)\boldsymbol{H}^{\mathrm{T}}(k+1)\\&\cdot[\boldsymbol{H}(k+1)\boldsymbol{P}(k+1|k)\boldsymbol{H}^{\mathrm{T}}(k+1)+\boldsymbol{R}(k+1)]^{-1}\cdot\boldsymbol{H}(k+1)\boldsymbol{P}(k+1|k)\end{aligned} \tag{4.3.23}$$

注释 4.3.3 EKF 滤波算法实质上是一种在线线性化的算法, 这种算法已经不再是按某个指标进行优化的最优化算法, 其性能取决于非线性系统的复杂度以及算法的优劣等. 在 Gauss 白噪声且系统非线性强度低的环境下, EKF 滤波算法具有稳定、收敛速度较快及估计精度较高的优点. 然而, 在实际应用中, 还需要注意以下三点[13]:

(1) EKF 滤波需要实时计算 (4.3.17) 和 (4.3.20) 式的 Jacobian 矩阵, 而且在非线性强度大的环境中, 线性化误差容易增大, 估计精度会明显下降, 甚至发散;

(2) 当初始状态相对误差较大时, EKF 滤波很不稳定、收敛速度慢、估计精度较低;

(3) 在复杂的非 Gauss 噪声环境中, EKF 滤波算法就不适用.

3. 滤波基本方程分析

1) 滤波方程的递推性

从 Kalman 及扩展 Kalman 滤波公式

$$\hat{\boldsymbol{x}}(k+1|k+1)=\hat{\boldsymbol{x}}(k+1|k)+\boldsymbol{K}(k+1)(\boldsymbol{z}(k+1)-\hat{\boldsymbol{z}}(k+1|k))$$

可知, 从第 k 步的估计开始, 由系统的状态方程和第 k+1 步的观测方程, 就可以做出第 k+1 步状态 $\boldsymbol{x}(k+1)$ 的最小方差估计 $\hat{\boldsymbol{x}}(k+1|k+1)$. 在有了初始值 $\hat{\boldsymbol{x}}(0|0)$ 的情况下, 就可以依次做出估计 $\hat{\boldsymbol{x}}(1|1),\hat{\boldsymbol{x}}(2|2),\cdots,\hat{\boldsymbol{x}}(k+1|k+1)$, 此即 Kalman 滤波及其扩展形式的递推性质. 正是因为其递推性质, 使算法无须保存过去的测量数据, 只需根据新一时刻的测量数据和前一时刻状态向量的估计值, 即可计算新一时刻状态向量的估计值, 从而一方面可以达到状态的实时估计, 另一方面又可以实时地预报下一时刻的运动状态, 为系统状态控制奠定基础.

2) 滤波方程的反馈校正性

由公式 $\hat{\boldsymbol{x}}(k+1|k+1)=\hat{\boldsymbol{x}}(k+1|k)+\boldsymbol{K}(k+1)(\boldsymbol{z}(k+1)-\hat{\boldsymbol{z}}(k+1|k))$ 可以看出, 第二项是对原有预测值的校正项. 因为在获得第 k+1 次测量 $\boldsymbol{z}(k+1)$ 之前,

$\hat{\boldsymbol{x}}(k+1|k)$ 仅是由 $\hat{\boldsymbol{x}}(k|k)$ 依据状态方程所推断出来的 $\boldsymbol{x}(k+1)$ 的一个初步估计, 在获得 $\boldsymbol{z}(k+1)$ 之后, 就需要对 $\hat{\boldsymbol{x}}(k+1|k)$ 进行校正. 校正项的系数 $\boldsymbol{K}(k+1)$ 称为增益矩阵.

3) $\boldsymbol{K}(k+1)$ 的性质

如果一步预报很准确, 即 $\hat{\boldsymbol{x}}(k+1|k)-\boldsymbol{x}(k+1)$ 的差值很小, 则 $\boldsymbol{P}(k+1|k)$ 很小, 那么测量 $\boldsymbol{z}(k+1)$ 的意义就不大了, 增益 $\boldsymbol{K}(k+1)$ 也不会大, 这从 (4.3.10) 式或 (4.3.21) 直接可见. 特别地, 从极端情况看, 若 $\hat{\boldsymbol{x}}(k+1|k)-\boldsymbol{x}(k+1)$ 的差值为零, 则就无须校正了, 相应的 $\boldsymbol{P}(k+1|k)$, $\boldsymbol{K}(k+1)$ 均为零. 另一方面, 如果测量 $\boldsymbol{z}(k+1)$ 很准确, 则 $\boldsymbol{R}(k+1)$ 很小, 由 (4.3.10) 式的变形公式

$$\boldsymbol{K}(k+1)=[\boldsymbol{P}(k+1|k)^{-1}+\boldsymbol{H}(k+1)^{\mathrm{T}}\boldsymbol{R}(k+1)^{-1}\boldsymbol{H}(k+1)]^{-1}\boldsymbol{H}(k+1)^{\mathrm{T}}\boldsymbol{R}(k+1)^{-1} \quad (4.3.24)$$

易知, 此时 $\boldsymbol{K}(k+1)$ 就大, $\boldsymbol{z}(k+1)$ 起的作用就大了. 特别地, 若 $\boldsymbol{R}(k+1)\to 0$, 以致 $\boldsymbol{P}(k+1|k)^{-1}\ll \boldsymbol{R}(k+1)^{-1}$, 则

$$\boldsymbol{K}(k+1)\to[\boldsymbol{H}(k+1)^{\mathrm{T}}\boldsymbol{R}(k+1)^{-1}\boldsymbol{H}(k+1)]^{-1}\boldsymbol{H}(k+1)^{\mathrm{T}}\boldsymbol{R}(k+1)^{-1} \quad (4.3.25)$$

从而

$$\begin{aligned}\hat{\boldsymbol{x}}(k+1|k+1)&=\hat{\boldsymbol{x}}(k+1|k)+\boldsymbol{K}(k+1)\tilde{\boldsymbol{z}}(k+1|k)\\&\to[\boldsymbol{H}(k+1)^{\mathrm{T}}\boldsymbol{R}(k+1)^{-1}\boldsymbol{H}(k+1)]^{-1}\boldsymbol{H}(k+1)^{\mathrm{T}}\boldsymbol{R}(k+1)^{-1}\boldsymbol{z}(k+1)\end{aligned} \quad (4.3.26)$$

这和加权最小二乘公式完全一致, 其原因在于 $\boldsymbol{R}(k+1)\to 0$ 表明测量 $\boldsymbol{z}(k+1)$ 没有误差, 只要根据测量方程, 求出 $\boldsymbol{x}(k+1)$ 的加权最小二乘估计就行了. 综合上述, $\boldsymbol{K}(k+1)$ 与 $\boldsymbol{P}(k+1|k)$ 成正比而与 $\boldsymbol{R}(k+1)$ 成反比. 又由 (4.3.11) 或 (4.3.16) 式知, $\boldsymbol{P}(k+1|k)$ 随动态过程噪声误差 $\boldsymbol{Q}(k)$ 的大小而增减, 那么就表明输入系统噪声越强, $\boldsymbol{K}(k+1)$ 越大, 就倚重测量; 反之, 测量噪声越强, $\boldsymbol{K}(k+1)$ 就越小, 自然要倚重系统状态方程.

4. 算例分析

考虑靶场目标常速度运动模型 (2.3.3 节中的 CV 模型), 满足如下线性随机系统

$$\begin{cases}\boldsymbol{X}(k+1)=\begin{pmatrix}x_1(k+1)\\x_2(k+1)\end{pmatrix}=\boldsymbol{\Phi}(k+1|k)\begin{pmatrix}x_1(k)\\x_2(k)\end{pmatrix}+\boldsymbol{w}(k)\\ z(k)=\boldsymbol{H}(k)\begin{pmatrix}x_1(k)\\x_2(k)\end{pmatrix}+c(k)+v(k)\end{cases} \quad (4.3.27)$$

其中, $\boldsymbol{\Phi}(k+1|k)=\begin{bmatrix}1 & \Delta T\\0 & 1\end{bmatrix}$, $\boldsymbol{H}(k)=[1,0]$, $c(k)=5$; 对噪声及初始状态的统计

特性要求同 4.3.1 节，且 $\boldsymbol{Q}(k)=\begin{bmatrix}1 & 0\\ 0 & 1\end{bmatrix}$， $R(k)=1$；取初始值 $\hat{\boldsymbol{X}}(0\mid 0)=[30,5]^{\mathrm{T}}$，$\boldsymbol{P}(0\mid 0)=\begin{bmatrix}10 & 0\\ 0 & 10\end{bmatrix}$. 模拟产生 10s 跟踪数据，每秒 10 个采样点，即 $\Delta T=0.1$. 根据 Kalman 滤波公式(4.3.6)~(4.3.12)，在只考虑被估计状态 $x_1(k)$ 的滤波结果情况，如图 4.3.2 所示.

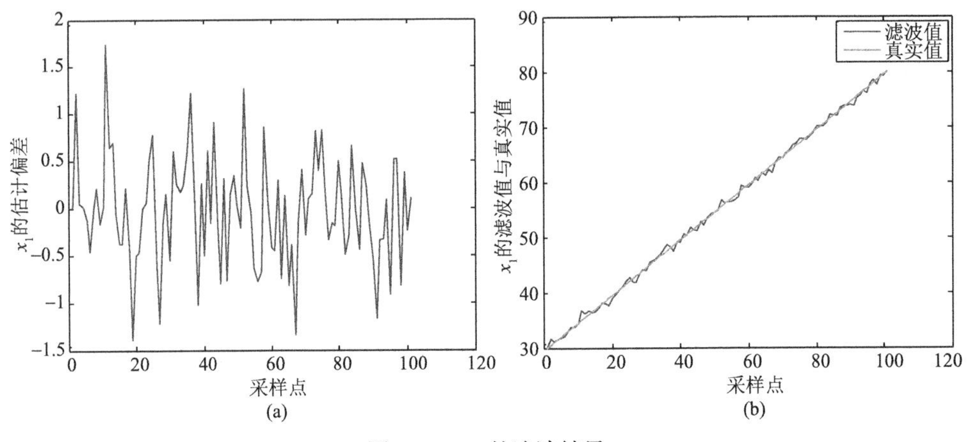

图 4.3.2 x_1 的滤波结果

此外，分析系统状态方程、测量方程及误差统计性质对 Kalman 滤波的估计性能的影响，考虑以下三种情况：

算例(1)：系统状态方程准确与否对滤波的影响：假定利用目标静止不动时的状态方程来估计目标常速度运动状态，即滤波过程中取 $\boldsymbol{\Phi}(k+1\mid k)=\begin{bmatrix}1 & 0\\ 0 & 1\end{bmatrix}$，则滤波计算结果见图 4.3.3.

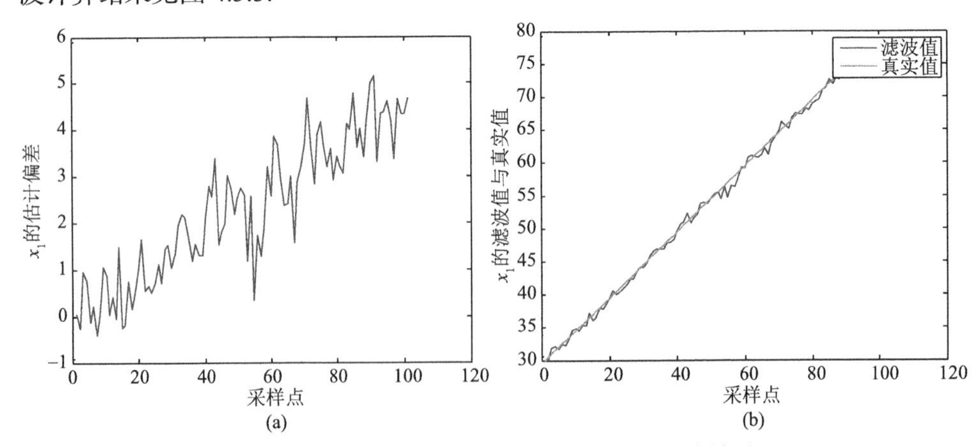

图 4.3.3 状态方程准确与否对滤波性能的影响关系

算例(2)：测量方程准确与否对滤波的影响：假定利用无测量系统误差的观测方程来代替真实观测方程，即滤波过程中取 $c(k)=0$，则滤波计算结果见图 4.3.4.

算例(3)：过程噪声及观测噪声对滤波的影响. 表 4.3.1 给出了不同过程噪声及观测噪声取值下的滤波计算结果，其中 $K_{11}(k)$ 表示增益矩阵的第 1 个元素.

从图 4.3.3 可以看出，由于利用静止不动的状态方程来估计 CV 模型，滤波结果呈发散趋势，影响滤波精度.

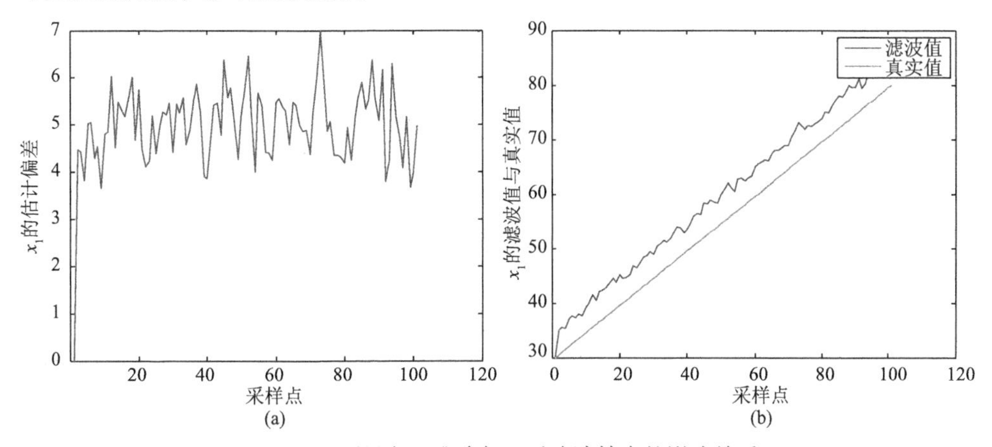

图 4.3.4　测量方程准确与否对滤波精度的影响关系

从图 4.3.4 可以看出，由于观测系统误差的存在，滤波结果存在明显的系统偏差，影响滤波精度.

表 4.3.1　Kalman 滤波计算结果

$\boldsymbol{Q}=\boldsymbol{I}_{2\times2}, R=1^2$				$\boldsymbol{Q}=5^2\boldsymbol{I}_{2\times2}, R=1^2$				$\boldsymbol{Q}=\boldsymbol{I}_{2\times2}, R=5^2$			
$z(k)$	$K_{11}(k)$	$\hat{x}_1(k\|k)$	$x_1(k)$	$z(k)$	$K_{11}(k)$	$\hat{x}_1(k\|k)$	$x_1(k)$	$z(k)$	$K_{11}(k)$	$\hat{x}_1(k\|k)$	$x_1(k)$
35.87	0.90	30.00	30.00	35.02	0.97	30.00	30.00	36.65	0.31	30.00	30.00
34.62	0.67	29.69	30.50	35.60	0.96	30.73	30.50	37.87	0.26	31.23	30.50
34.78	0.65	29.91	31.00	36.88	0.97	32.09	31.00	25.54	0.24	28.79	31.00
34.88	0.65	30.06	31.50	37.20	0.97	31.77	31.50	35.62	0.24	29.57	31.50
38.38	0.65	32.68	32.00	37.15	0.97	32.05	32.00	37.09	0.24	30.51	32.00

从表 4.3.1 计算结果可知，当 R 增大时，$K(k)$ 减少，即测量噪声增大，则增益应该减少，以减弱测量噪声的影响；而当 $\boldsymbol{Q}$ 增大时，$K(k)$ 增大，即当系统状态噪声增大时，增益阵应取得大一些，从而加强测量信息的作用.

5. Kalman 滤波应用注意问题

从理论上看，随着观测数据的不断增多，通过 Kalman 滤波可以得到更为精确的状态估计. 有时, 虽然按滤波基本方程计算的方差可能逐渐趋于稳定, 但由滤波所得到的状态值与实际状态之间的误差远远超出公式计算的方差所确定的范围, 甚至实际估计误差的方差可能趋于无穷大, 从而使得滤波器失去作用, 这种现象就是滤波器的发散.

滤波发散的主要原因为: 对物理系统了解不精确, 系统状态方程、测量方程与实际的物理系统不相吻合(如 4.3.1 节中的算例分析); 由物理系统建立的状态方程和测量方程较复杂, 在简化时(如非线性系统线性化)处理不当, 带来了明显的误差; 对实际系统初始状态的统计特性建模不准; 实际系统的参数发生变动等诸多因素的影响, 使得系统模型往往存在一定的不确定性; 这些都将引起所假设的噪声统计特性偏离实际情况[14-15]. 由于, Kalman 滤波的基本思想就是仅依靠当前的观测值和状态预测值及前时刻的状态估计值, 来更新当前的状态估计值, 而过去的观测值是通过过去的状态估计值隐含体现. 因此, 可采取如下方法来纠正滤波的发散问题[16-18]:

①使增益系数过了一段时间后, 不下降, 这种方法称为固定增益滤波; ②在观测系统可靠(精度较高)时, 设法加大新观测数据的作用, 减少过去观测数据的影响, 这种方法称为渐消记忆滤波; ③当系统状态方程或观测方程是经某一复杂的模型简化而来时, 直观上可想到这种近似只在较短的时间内成立. 限定记忆滤波的思想是降低预测值的作用, 而加大更新的作用; ④尽可能得到正确的模型, 利用观测数据在递推滤波过程中不断对未知或不确切的系统模型参数和噪声统计特性进行估计和修正, 以改进滤波器的设计, 减少滤波误差, 这种方法称为自适应滤波; ⑤对于非线性系统, 则宜采用非线性滤波.

4.3.2　UKF 滤波

解决非线性系统滤波问题的最优方案需要得到其条件后验概率的完整描述, 然而这种精确的描述需要无尽的参数而无法实际应用[19], 为此人们提出了大量次优的近似途径. 其中之一就是 4.3.1 节讨论的 EKF 滤波. 然而, 当系统的非线性变得相对严重的时候, EKF 可能就很难与系统实际状态保持一致, 经常给出不可靠的状态估计量.

无迹滤波(Unscented Filter, UF), 又称为 UKF(Unscented Kalman Filter), 是 20 世纪 90 年代 Julier 等提出的一种用采样方法近似非线性分布的非线性滤波方法[19]. UKF 滤波并不对非线性状态方程和观测方程在估计点处线性近似, 而是利用无迹变换(Unscented Transform, UT)在估计点附近确定采样, 用这些样本点的分布来近似表示非线性函数的分布. 相对于 EKF 滤波, UKF 不仅提高了滤波精度, 而且不必计算状态方程和测量方程的 Jacobian 矩阵. 对于非线性程度高, 模型复杂系统的估计问题, UKF 滤波比 EKF 滤波能获得更精确的估计结果. 目前, 该滤波方法已经在高机动目标跟踪中取得了应用[20-21].

1. UT 变换

假设随机变量 $\boldsymbol{x}$ 为 n 维向量, 均值为 $\bar{\boldsymbol{x}}$, 协方差为 $\boldsymbol{P}_{xx}$, 要估计 m 维随机变量 $\boldsymbol{y}$ 的均值 $\bar{\boldsymbol{y}}$ 和协方差 $\boldsymbol{P}_{yy}$, $\boldsymbol{y}$ 与 $\boldsymbol{x}$ 的关系由如下非线性变换定义

$$\boldsymbol{y}=f(\boldsymbol{x}) \tag{4.3.28}$$

如果可以精确得到 $f(\cdot)$ 的各阶偏导, 则利用 Taylor 展开可以得到 $\bar{\boldsymbol{y}}$ 和 $\boldsymbol{P}_{yy}$ 的真实统计量, 但在实际系统中, 一方面很难精确到 f 的各阶偏导数, 另一方面, 由于多元函数的高阶展开计算相当复杂(展开到二阶就涉及立体矩阵的运算), 不可能满足实时计算的要求. 对于 EKF 滤波而言, 是将其在 $\bar{\boldsymbol{x}}$ 处进行低阶 Taylor 展开, 如取一阶展开

$$\bar{\boldsymbol{y}}=f(\bar{\boldsymbol{x}}),\quad \boldsymbol{P}_{yy}=E\{(f^{(1)}\boldsymbol{e})\cdot(f^{(1)}\boldsymbol{e})^{\mathrm{T}}\}=f^{(1)}\cdot\boldsymbol{P}_{xx}\cdot(f^{(1)})^{\mathrm{T}} \tag{4.3.29}$$

其中, $f^{(1)}$ 为 $\boldsymbol{x}$ 在 $\bar{\boldsymbol{x}}$ 点的一阶偏导数, $\boldsymbol{e}$ 为 $\boldsymbol{x}$ 在 $\bar{\boldsymbol{x}}$ 的邻域值.

因此, EKF 滤波只能获取 $\bar{\boldsymbol{y}}$ 和 $\boldsymbol{P}_{yy}$ 的近似值. UT 变换采用确定性采样策略, 用多个采样点逼近 $f(\cdot)$ 的概率密度分布, 从而可以得到比 EKF 滤波更高阶的 $\bar{\boldsymbol{y}}$ 和 $\boldsymbol{P}_{yy}$ 近似.

UT 变换思想可用图 4.3.5 解释, 在确保采样均值和协方差 $\bar{\boldsymbol{x}}$ 和 $\boldsymbol{P}_{xx}$ 的前提下, 选择一组采样点集(Sigma 点集), 将非线性变换应用于采样的每个 Sigma 点, 得到非线性转换后的点集, 而 $\bar{\boldsymbol{y}}$ 和 $\boldsymbol{P}_{yy}$ 是变换后 Sigma 点集的统计量.

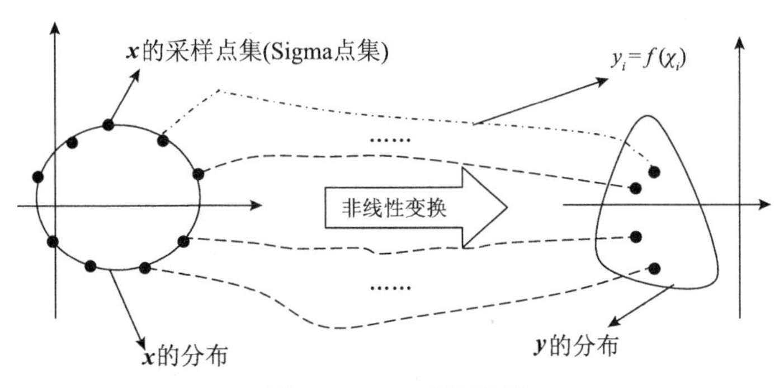

图 4.3.5　UT 变换思想

为了说明问题, 下面给出一般意义下的 UT 变换算法(可应用任何 Sigma 采样策略). 一般意义下 UT 变换算法框架的步骤如下.

算法 4.3.1　UT 变换算法

Step1　根据输入变量$\boldsymbol{x}$的统计量$\overline{\boldsymbol{x}}$和$\boldsymbol{P}_{xx}$，选择一种 Sigma 点采样策略，得到满足输入变量$\boldsymbol{x}$统计特性的Sigma点集$\{\chi_i\}$，$i=1,\cdots,L$，以及对应的权值W_i^m和W_i^c. 其中: L 为所采用的采样策略的采样 Sigma 点个数，W_i^m为均值加权所用权值，W_i^c为协方差加权所用权值.

Step2　对所采样的输入变量Sigma点集$\{\chi_i\}$中的每个Sigma点进行$f(\cdot)$非线性变换，得到变换后的 Sigma 点集$\{\boldsymbol{y}_i\}$.

$$\boldsymbol{y}_i=f(\boldsymbol{\chi}_i),\quad i=1,\cdots,L \tag{4.3.30}$$

Step3　对变换后的变 Sigma 点集$\{\boldsymbol{y}_i\}$进行加权处理，从而得到输出变量$\boldsymbol{y}$的统计量$\overline{\boldsymbol{y}}$和$\boldsymbol{P}_{yy}$. 具体的权值仍然依据对输入变量$\boldsymbol{x}$进行采样的各个Sigma点的对应权值.

$$\begin{aligned}\overline{\boldsymbol{y}}&=\sum_{i=1}^{L}W_i^m\boldsymbol{y}_i\\ \boldsymbol{P}_{yy}&=\sum_{i=1}^{L}W_i^c(\boldsymbol{y}_i-\overline{\boldsymbol{y}})(\boldsymbol{y}_i-\overline{\boldsymbol{y}})^{\mathrm{T}}\end{aligned} \tag{4.3.31}$$

由于 UT 变换采用对非线性函数的概率密度分布进行近似，而不是对非线性函数进行近似，因此不需要计算状态方程和测量方程的 Jacobian 矩阵.

2. UKF 采样策略

在 UT 变换算法中，最重要的是确定 Sigma 点采样策略，也就是确定使用Sigma点的个数、位置以及相应权值. Sigma点的选择应确保其抓住输入变量$\boldsymbol{x}$的最重要的特征. 假设$\boldsymbol{p}_x(\boldsymbol{x})$是$\boldsymbol{x}$的密度函数，Sigma 点选择遵循如下条件函数来确保其抓住$\boldsymbol{x}$的必要特征[22]:

$$g[\{\boldsymbol{\chi}_i\},\boldsymbol{p}_x(\boldsymbol{x})]=0 \tag{4.3.32}$$

在满足如上条件的前提下，Sigma 点的选择可能仍有一定自由度. 代价函数$c[\{\boldsymbol{\chi}_i\},\boldsymbol{p}_x(\boldsymbol{x})]$可用来进一步优化 Sigma 点的选取[22]. 代价函数的具体形式可参见文献[22]，其目的是进一步引入所需要的特征，但并不要求完全满足所引入特征. 随着代价函数值的增大，采用策略的精度将降低. 将条件函数和代价函数结合起来，就可以得到 Sigma 点采样策略的一般性选择依据: 在$g[\{\boldsymbol{\chi}_i\},\boldsymbol{p}_x(\boldsymbol{x})]=0$的条件下，最小化$c[\{\boldsymbol{\chi}_i\},\boldsymbol{p}_x(\boldsymbol{x})]$.

UT 变换中, Sigma 点采样策略是值得研究的问题, 目前最普遍使用的是对称采样、单形采样以及应用比例修正框架的比例对称采样[19, 23-24].

1) 对称采样

在仅考虑 $\boldsymbol{x}$ 的均值 $\bar{\boldsymbol{x}}$, 协方差为 $\boldsymbol{P}_{xx}$, 将 $\bar{\boldsymbol{x}}$ 和 $\boldsymbol{P}_{xx}$ 由 $L=2n+1$ 个对称 Sigma 点近似, 得到条件函数[19]

$$g\left[\{\boldsymbol{\chi}_i\},\boldsymbol{p}_x(\boldsymbol{x})\right]=\begin{bmatrix}\sum\limits_{i=0}^{2n}W_i-1\\ \sum\limits_{i=0}^{2n}W_i\boldsymbol{\chi}_i-\bar{\boldsymbol{x}}\\ \sum\limits_{i=0}^{2n}W_i(\boldsymbol{\chi}_i-\bar{\boldsymbol{x}})(\boldsymbol{\chi}_i-\bar{\boldsymbol{x}})^{\mathrm{T}}-\boldsymbol{P}_{xx}\end{bmatrix} \tag{4.3.33}$$

求解得到 Sigma 点为

$$\begin{aligned}&\boldsymbol{\chi}_0=\bar{\boldsymbol{x}}\\&\boldsymbol{\chi}_i=\bar{\boldsymbol{x}}+(\sqrt{(n+\kappa)\boldsymbol{P}_{xx}})_i,\quad i=1,\cdots,n\\&\boldsymbol{\chi}_i=\bar{\boldsymbol{x}}-(\sqrt{(n+\kappa)\boldsymbol{P}_{xx}})_i,\quad i=n+1,\cdots,2n\end{aligned} \tag{4.3.34}$$

对应的权值为

$$W_i^m=W_i^c=W_i=\begin{cases}\kappa/(n+\kappa), & i=n\\ 1/2(n+\kappa), & i\neq n\end{cases} \tag{4.3.35}$$

其中, κ 为比例参数, 可用于调节 Sigma 点和 $\bar{\boldsymbol{x}}$ 的距离, 仅影响二阶之后的高阶矩带来的偏差; $(\sqrt{(n+\kappa)\boldsymbol{P}_{xx}})_i$ 为 $(n+\kappa)\boldsymbol{P}_{xx}$ 的平方根矩阵的第 i 行(或列); W_i 为第 i 个 Sigma 点的权值, 且有

$$\sum_{i=0}^{2n}W_i=1 \tag{4.3.36}$$

对称采样中, Sigma 点除中心点外, 其他 Sigma 点的权值相同, 且到中心点的距离也相同. 这说明在对称性采样中, 除中心点外的所有 Sigma 点具有相同的重要性, 而且从 Sigma 点的分布可以看到, Sigma 点是空间中心对称和轴对称的. 对称采样确保任意分布的近似精度达到 Taylor 展开式二阶截断. 而对于比例参数 κ 值的选取, 应进一步考虑 x 分布的高阶矩, 也就是考虑代价函数 $c[\{\boldsymbol{\chi}_i\},\boldsymbol{p}_x(\boldsymbol{x})]$[22]. 对于 Gauss 分布, 考虑四阶矩的统计量, 求解 $c[\{\boldsymbol{\chi}_i\},\boldsymbol{p}_x(\boldsymbol{x})]=0$ 得到 κ 的有效选取

为 $n+\kappa=3$.

2) 单形采样

UT 变换的计算量是随 Sigma 点个数的增多而增大的, 对称采样中 $L=2n+1$, 在某些对实时性要求较高的系统中, 降低计算量是必须考虑的问题, 基于这个需求, 产生了所谓的单形采样策略, 其 Sigma 点的个数为 $L=n+2$ (含中心点), 而解决 n 维问题至少需要 $n+1$ 个采样点. 单形采样策略中最常用的是最小偏度单形采样. 最小偏度单形采样在满足匹配前二阶矩的前提下, 使得三阶矩(偏度)最小[24]. 根据这一要求, 代入前面所给出的 Sigma 点采样策略的选择依据: 在 $g[\{\boldsymbol{\chi}_i\},\boldsymbol{p}_x(\boldsymbol{x})]=0$ 的条件下, 最小化 $c[\{\boldsymbol{\chi}_i\},\boldsymbol{p}_x(\boldsymbol{x})]$[24], 求解得到 Sigma 点集如下.

选择 $0\leqslant W_0\leqslant 1$, Sigma 点权值为

$$W_i=\begin{cases}\dfrac{1-W_0}{2^n}, & i=1,2\\ 2^{i-2}W_1, & i=3,\cdots,n+1\end{cases}\tag{4.3.37}$$

迭代初始向量(对应于状态为一维的情况)

$$\chi_0^1=[0],\quad \chi_1^1=\left[-\frac{1}{\sqrt{2W_1}}\right],\ \chi_2^1=\left[\frac{1}{\sqrt{2W_1}}\right]\tag{4.3.38}$$

而对于输入维数 $j=2,3,\cdots,n$ 时, Sigma 点迭代公式为

$$\boldsymbol{\chi}_i^j=\begin{cases}\begin{bmatrix}\chi_0^{j-1}\\ 0\end{bmatrix}, & i=0\\ \begin{bmatrix}\chi_i^{j-1}\\ -\dfrac{1}{\sqrt{2W_{j+1}}}\end{bmatrix}, & i=1,\cdots,j\\ \begin{bmatrix}0\\ \dfrac{1}{\sqrt{2W_{j+1}}}\end{bmatrix}, & i=j+1\end{cases}\tag{4.3.39}$$

对上述 Sigma 点加入均值和协方差信息

$$\boldsymbol{\chi}_i=\overline{\boldsymbol{x}}+(\sqrt{\boldsymbol{P}_{xx}})\boldsymbol{\chi}_i^j\tag{4.3.40}$$

由上述采样点公式, 最小偏度单形采样中, 所选择的 Sigma 点的权值和距离

都是不同的，也就是说各个 Sigma 点的重要性是不同的. 低维扩维形成的 Sigma 点的权重较高维直接形成的 Sigma 点权重大，而且距中心点更近. 随着维数的增大，有些Sigma的权值会变得很小，距中心点的距离也会很远. 最小偏度单形采样的Sigma点分布不是中心对称的，但服从轴对称. 公式推导是依照三阶矩为0进行推导的，也就是分布的三阶矩为 0，确保了对于任意分布达到二阶截断精度，对于 Gauss 分布达到三阶截断精度.

3) 比例修正

上述采样中，Sigma 点到中心 $\bar{x}$ 的距离随 x 维数的增加而越来越远，会产生采样的非局部效应，对于许多非线性函数(如指数函数和三角函数等)会产生一些问题，如 κ 为负，则导致协方差阵的半正定性不满足. 尽管有修正算法，但该方法要用到高阶矩信息，而且仅验证了对于对称采样策略修正的有效性，对其他采样策略(如单形采样)则无法保证. 比例采样策略可有效地解决采样非局部效应问题，并可适用于修正多种采样策略. 比例采样修正算法如下[25]:

$$
\begin{aligned}
&\chi_i' = \chi_0 + \alpha(\chi_i - \chi_0) \\
&W_i^m = \begin{cases} W_0 / \alpha^2 + (1/\alpha^2 - 1), & i = 0 \\ W_i / \alpha^2, & i \neq 0 \end{cases} \\
&W_i^c = \begin{cases} W_0^m + (W_0 + 1 + \beta - \alpha^2), & i = 0 \\ W_i^m, & i \neq 0 \end{cases}
\end{aligned} \tag{4.3.41}
$$

式中，α 为正值的比例缩放因子，可通过调整 α 的取值来调节 Sigma 点与 $\bar{\boldsymbol{x}}$ 的距离；β 为引入 $f(\cdot)$ 高阶项信息的参数，当不使用 $f(\cdot)$ 高阶项信息时，$\beta = 2$.

3. UKF 滤波方程

针对式(4.3.13)和(4.3.14)所定义的系统方程，若对于一步预测方程，使用 UT 变换来处理均值和协方差的非线性传递，就称为UKF 滤波，其滤波方程如下描述:

(1) 采用某种采样策略，得到 k 时刻状态估计的 Sigma 点集 $\left\{\boldsymbol{\chi}_i(k|k)\right\}, i = 1, \cdots, L$，其中 L 为所采用的采样策略的采样 Sigma 点个数.

(2) 预测方程

$$
\boldsymbol{\chi}_i(k+1|k)^* = f\left[\boldsymbol{\chi}_i(k|k), k\right] \tag{4.3.42}
$$

$$
\hat{\boldsymbol{x}}(k+1|k) = \sum_{i=0}^{L-1} W_i^m \boldsymbol{\chi}_i(k+1|k)^* \tag{4.3.43}
$$

$$
\boldsymbol{P}(k+1|k) = \sum_{i=0}^{L-1} W_i^c (\boldsymbol{\chi}_i(k+1|k)^* - \hat{\boldsymbol{x}}(k+1|k))(\boldsymbol{\chi}_i(k+1|k)^* - \hat{\boldsymbol{x}}(k+1|k))^{\mathrm{T}} \tag{4.3.44}
$$

$$z_i(k+1|k) = h\left[\chi_i(k+1|k), k\right] \tag{4.3.45}$$

$$\hat{z}(k+1|k) = \sum_{i=0}^{L-1} W_i^m z_i(k+1|k) \tag{4.3.46}$$

$$\boldsymbol{P}_{vv}(k+1|k) = \sum_{i=0}^{L-1} W_i^c (z_i(k+1|k) - \hat{z}(k+1|k))(z_i(k+1|k) - \hat{z}(k+1|k))^{\mathrm{T}} \tag{4.3.47}$$

$$\boldsymbol{P}_{xv}(k+1|k) = \sum_{i=0}^{L-1} W_i^c (\chi_i(k+1|k) - \hat{x}(k+1|k))(z_i(k+1|k) - \hat{z}(k+1|k))^{\mathrm{T}} \tag{4.3.48}$$

(3) 更新方程

$$\boldsymbol{W}(k+1) = \boldsymbol{P}_{xv}(k+1|k)\boldsymbol{P}_{vv}^{-1}(k+1|k) \tag{4.3.49}$$

$$\hat{x}(k+1|k+1) = \hat{x}(k+1|k) + \boldsymbol{W}(k+1)(z(k+1) - \hat{z}(k+1|k)) \tag{4.3.50}$$

$$\boldsymbol{P}(k+1|k+1) = \boldsymbol{P}(k+1|k) - \boldsymbol{W}(k+1)\boldsymbol{P}_{vv}(k+1|k)\boldsymbol{W}^{\mathrm{T}}(k+1) \tag{4.3.51}$$

UKF算法公式中，对于对称采样, Sigma点个数为 $L = 2n+1$，而对于单形采样 $L = n+2$. 因此，随着维数的增大，计算量上升得比较快.

注释 4.3.4　在上述 UKF 滤波方程中，应用不同采样策略的区别仅在于算法的第一步和后续计算的 Sigma 点个数 L.

4. 算例分析

取两种常用的空间目标运动模型: CV 模型和 CA 模型. 对于 CV 模型，即目标以常速度运行，状态 $\boldsymbol{X}$ 对时间 t 的二阶导数为 0，就是说状态 $\boldsymbol{X}$ 满足方程

$$\ddot{\boldsymbol{X}}(t) = 0 \tag{4.3.52}$$

在实际中，把目标的加速度作为随机噪声处理，即

$$\ddot{\boldsymbol{X}}(t) = \tilde{w}(t) \tag{4.3.53}$$

其离散系统状态方程为

$$\boldsymbol{X}(k+1) = \begin{bmatrix} x(k+1) \\ \dot{x}(k+1) \end{bmatrix} = \begin{bmatrix} 1 & T \\ 0 & 1 \end{bmatrix}\begin{bmatrix} x(k) \\ \dot{x}(k) \end{bmatrix} + \begin{bmatrix} T^2/2 \\ T \end{bmatrix} w(k) \tag{4.3.54}$$

其中, T 为采样周期，$w(k)$ 满足

$$E\{w(k)\}=0,\quad E\{w(k)w(j)\}=\sigma_w^2\delta_{kj} \tag{4.3.55}$$

与 CV 模型类似，另一种模型为常加速度模型，即

$$\dddot{X}(t)=0 \tag{4.3.56}$$

仍假定其 $\ddot{X}(t)$ 作为随机噪声处理，其离散系统的状态方程为

$$\boldsymbol{X}(k+1)=\begin{bmatrix} x(k+1) \\ \dot{x}(k+1) \\ \ddot{x}(k+1) \end{bmatrix}=\begin{bmatrix} 1 & T & T^2/2 \\ 0 & 1 & T \\ 0 & 0 & 1 \end{bmatrix}\begin{bmatrix} x(k) \\ \dot{x}(k) \\ \ddot{x}(k) \end{bmatrix}+\begin{bmatrix} T^2/2 \\ T \\ 1 \end{bmatrix}w(k) \tag{4.3.57}$$

过程噪声的协方差阵 $\boldsymbol{Q}(k)$ 为

$$\boldsymbol{Q}(k)=\begin{bmatrix} T^4/4 & T^3/2 & T^2/2 \\ T^3/2 & T^2 & T \\ T^2/2 & T & 1 \end{bmatrix}\sigma_w^2 \tag{4.3.58}$$

目标跟踪的测量模型选取极坐标系下测量方程，目标测量值 z 由距离 r 、方位角 a 、俯仰角 e 组成，极坐标形式的离散化测量模型为

$$\boldsymbol{z}_k=\begin{bmatrix} r_k \\ a_k \\ e_k \end{bmatrix}=h(\boldsymbol{X}_k,k)+v_k=\begin{bmatrix} (x_k^2+y_k^2+z_k^2)^{1/2} \\ \arctan(y_k/x_k) \\ \arctan[z_k/(x_k^2+y_k^2)^{1/2}] \end{bmatrix}+\begin{bmatrix} v_r \\ v_a \\ v_e \end{bmatrix} \tag{4.3.59}$$

并假定 v_r,v_a,v_e 为互不相关的 Gauss 白噪声，方差分别为 $\sigma_r^2,\sigma_a^2,\sigma_e^2$ ，测量噪声方差为 $\boldsymbol{R}_k=\mathrm{diag}\{\sigma_r^2,\sigma_a^2,\sigma_e^2\}$ ，取测量误差为 $\sigma_r=5\mathrm{m}$ ， $\sigma_a=\sigma_e=3''$ ，采样周期为 $T=0.00625\mathrm{s}$.

对于如上的非线性系统，分别采用 EKF 滤波、对称采样策略下的 UKF 滤波进行跟踪目标的状态估计，计算结果如表 4.3.2 和表 4.3.3 所示. 其中表 4.3.2 和表 4.3.3 分别为 CV 模型和 CA 模型下各种滤波算法的均方根误差统计数据.

从表 4.3.2 格数据中可以看出：在两种目标运动模型下，UKF 滤波性能明显优于 EKF，但是其良好的性能是以适当加大运算量作为代价的.

表 4.3.2　CV 模型下各种滤波算法估计性能比较

算法	测距误差 r/km	方位角误差 a/(″)	俯仰角误差 e/(″)	计算时间/s
EKF	0.034	2.308	0.151	2.47
UKF	0.029	1.668	0.127	3.54

表 4.3.3　CA 模型下各种滤波算法估计性能比较

算法	测距误差 r/km	方位角误差 a/(″)	俯仰角误差 e/(″)	计算时间/s
EKF	0.038	1.661	0.128	3.28
UKF	0.026	1.394	0.114	5.04

总的来说，对于概率密度近似Gauss的非线性滤波而言，UKF是个综合性能较优的方法；但当密度函数和Gauss函数差别较大(如倾斜、双峰现象)，或在系统建模过程中，由于模型简化、噪声统计特性不准确、对实际系统初始状态的统计特性建模不准、实际系统的参数发生变动等诸多因素的影响，使得系统模型存在不确定性和模型误差时，UKF 滤波对于模型不确定性的鲁棒性较差，导致状态估计不准，甚至出现发散，此时可采用相应的鲁棒滤波来处理系统不确定性问题[25].

4.3.3　鲁棒滤波

在系统模型准确，噪声为Gauss噪声的情况下，利用EKF和UKF可以得到较好的状态估计，但上述方法均要求能够准确建立系统模型. 当系统模型具有不确定性时，基于最小方差估计准则的Kalman滤波及其改进形式(EKF、UKF)的估计性能将会下降. 这就使得人们去探索新的滤波思路和方法. 由于鲁棒控制的发展，产生了鲁棒滤波理论. 鲁棒滤波和传统EKF、UKF的主要区别在于对不确定项的描述方法不同. EKF、UKF将不确定参数假定为随机噪声向量，其统计特性服从某一已知概率分布，而鲁棒滤波中将不确定参数假设成随意变化的参数，只能知道参数变化的上界[26-27].

由于对任何基于模型设计的滤波器，建模误差是导致其性能降低的一个内在因素，因此在滤波中考虑系统参数不确定性所带来的影响受到了广泛关注.

1. 不确定性鲁棒滤波方法

一般将带有模型不确定性的系统称为不确定系统(Uncertain System). 在不确定系统中，如何设计状态估计器，使其估计结果满足一定的设计指标要求，这属于鲁棒滤波的研究范畴. 与KF等最优滤波算法不同，鲁棒滤波在设计阶段就考虑了模型不确定性的影响，能够将有关模型不确定性的先验知识用于优化滤波增益阵的设计，使包含在系统模型和观测量中的信息得到合理的运用，从而抑制模型不确定性对估计精度的不利影响.

针对如下具有不确定性误差的目标跟踪系统

$$\boldsymbol{x}_k = f(\boldsymbol{x}_{k-1}) + \Delta\boldsymbol{F}(\boldsymbol{x}_{k-1})\boldsymbol{\eta}_{k-1} + \boldsymbol{L}_{k-1}\boldsymbol{w}_{k-1} \tag{4.3.60}$$

$$z_k = h(\boldsymbol{x}_k) + \Delta \boldsymbol{H}(\boldsymbol{x}_k)\xi_k + \boldsymbol{M}_k \boldsymbol{v}_k \tag{4.3.61}$$

其中，$\boldsymbol{x}_k \in \mathbf{R}^{n\times 1}$ 和 $z_k \in \mathbf{R}^{m\times 1}$ 分别是 k 时刻的状态向量和观测向量，$\boldsymbol{f}(\cdot)$ 和 $\boldsymbol{h}(\cdot)$ 是连续可微的函数，$\boldsymbol{w}_k \in \mathbf{R}^{n\times 1}$ 和 $\boldsymbol{v}_k \in \mathbf{R}^{m\times 1}$ 是不相关的协方差为 $\boldsymbol{Q}_k, \boldsymbol{R}_k$ 零均值白噪声过程. 矩阵 $\Delta \boldsymbol{F}(\cdot)$ 和 $\Delta \boldsymbol{H}(\cdot)$ 是已知的时变矩阵函数，满足

$$E\{\Delta \boldsymbol{F}(\boldsymbol{x}_k)\Delta \boldsymbol{F}^{\mathrm{T}}(\boldsymbol{x}_k)\} \leqslant \Delta \bar{\boldsymbol{F}}_k \Delta \bar{\boldsymbol{F}}_k^{\mathrm{T}}, \quad E\{\Delta \boldsymbol{H}(\boldsymbol{x}_k)\Delta \boldsymbol{H}^{\mathrm{T}}(\boldsymbol{x}_k)\} \leqslant \Delta \bar{\boldsymbol{H}}_k \Delta \bar{\boldsymbol{H}}_k^{\mathrm{T}} \tag{4.3.62}$$

而 $\boldsymbol{\eta}_k \in \mathbf{R}^{n\times 1}$ 和 $\xi_k \in \mathbf{R}^{n\times 1}$ 表示状态模型与测量模型的不确定性未知变量(例如，初始估计误差影响、乘性误差影响、周期误差影响等)，满足如下条件:

$$\boldsymbol{\eta}_k \boldsymbol{\eta}_k^{\mathrm{T}} \leqslant n_k \boldsymbol{I}, \quad \xi_k \xi_k^{\mathrm{T}} \leqslant m_k \boldsymbol{I} \tag{4.3.63}$$

并假定这些描述模型不确定性的上界值 $\Delta \bar{\boldsymbol{F}}_k$，$\Delta \bar{\boldsymbol{H}}_k$，$n_k$，$m_k$ 是已知的.

针对上述系统，采用 Kalman 滤波器预测更新的框架，目的是要设计一个如下形式的状态估计器: $\hat{\boldsymbol{x}}_k = f(\hat{\boldsymbol{x}}_{k-1}) + \boldsymbol{K}_k(z_k - h(f(\hat{\boldsymbol{x}}_{k-1})))$ 使之具有如下性质:

(1) 设计增益矩阵 $\boldsymbol{K}_k$，使得估计误差的协方差矩阵不大于一个与 $\boldsymbol{K}_k$ 有关的正定矩阵序列，从而保证了估计误差有界，即滤波稳定性;

(2) 设计的增益矩阵 $\boldsymbol{K}_k$ 使得估计误差协方差矩阵的上界最小，从而在存在系统模型不确定性的情况下，优化了滤波器的估计精度.

为此，首先推导估计误差协方差矩阵的形式. 为方便，作如下简记:

$\hat{\boldsymbol{x}}_{k|k-1} = f(\hat{\boldsymbol{x}}_{k-1})$ 为状态变量预测值，$\hat{z}_k = h(\hat{\boldsymbol{x}}_{k|k-1})$ 为观测量的预测值，从而目标估计器的形式变为

$$\hat{\boldsymbol{x}}_k = \hat{\boldsymbol{x}}_{k|k-1} + \boldsymbol{K}_k(z_k - \hat{z}_k) \tag{4.3.64}$$

其中，$\boldsymbol{K}_k$ 为待定的滤波增益矩阵.

记估计误差及其相应的协方差矩阵为

$$\tilde{\boldsymbol{x}}_k = \boldsymbol{x}_k - \hat{\boldsymbol{x}}_k, \quad \boldsymbol{P}_k = E(\tilde{\boldsymbol{x}}_k \tilde{\boldsymbol{x}}_k^{\mathrm{T}}) \tag{4.3.65}$$

预测误差及其相应的协方差矩阵为

$$\tilde{\boldsymbol{x}}_{k|k-1} = \boldsymbol{x}_k - \hat{\boldsymbol{x}}_{k|k-1}, \quad \boldsymbol{P}_{k|k-1} = E(\tilde{\boldsymbol{x}}_{k|k-1} \tilde{\boldsymbol{x}}_{k|k-1}^{\mathrm{T}}) \tag{4.3.66}$$

因此，为了得到估计误差协方差的形式，先要推导 $\tilde{\boldsymbol{x}}_k$ 的形式. 根据 $\tilde{\boldsymbol{x}}_k$ 的定义及(4.3.64)可知，$\tilde{\boldsymbol{x}}_k = \tilde{\boldsymbol{x}}_{k|k-1} - \boldsymbol{K}_k(z_k - \hat{z}_k)$. 下面推导 $\tilde{\boldsymbol{x}}_{k|k-1}$ 的形式.

将不确定系统的状态模型(4.3.60)代入 $\tilde{\boldsymbol{x}}_{k|k-1}$ 的定义式，则有

$$\tilde{\boldsymbol{x}}_{k|k-1} = f(\boldsymbol{x}_{k-1}) + \Delta F(\boldsymbol{x}_{k-1})\boldsymbol{\eta}_{k-1} + L_{k-1}\boldsymbol{w}_{k-1} - f(\hat{\boldsymbol{x}}_{k-1}) \tag{4.3.67}$$

将 $f(\boldsymbol{x}_{k-1})$ 在 $\hat{\boldsymbol{x}}_{k-1}$ 处线性展开

$$f(\boldsymbol{x}_{k-1}) = f(\hat{\boldsymbol{x}}_{k-1}) + \boldsymbol{F}_k\tilde{\boldsymbol{x}}_{k-1} + \Delta_f(\tilde{\boldsymbol{x}}_{k-1}^2) \tag{4.3.68}$$

其中，$\boldsymbol{F}_k = \left.\dfrac{\partial f}{\partial \boldsymbol{x}}\right|_{\boldsymbol{x}=\hat{\boldsymbol{x}}_{k-1}}$，$\Delta_f(\tilde{\boldsymbol{x}}_{k-1}^2)$ 是 Taylor 展开的高阶项，即线性化展开之后省略的线性化误差. 线性化误差的存在会对滤波产生影响. 因此，在滤波器设计中需考虑线性化误差对模型的影响，将其归入影响模型不确定性项 $\Delta F(\boldsymbol{x}_{k-1})\boldsymbol{\eta}_{k-1}$ 中.

将式(4.3.68)代入(4.3.67)，可得

$$\tilde{\boldsymbol{x}}_{k|k-1} = F_k\tilde{\boldsymbol{x}}_{k-1} + \Delta F(\boldsymbol{x}_{k-1})\boldsymbol{\eta}_{k-1} + L_{k-1}\boldsymbol{w}_{k-1} \tag{4.3.69}$$

从而

$$\begin{aligned}\boldsymbol{P}_{k|k-1} &= E\{[\boldsymbol{F}_k\tilde{\boldsymbol{x}}_{k-1} + \Delta\boldsymbol{F}(\boldsymbol{x}_{k-1})\boldsymbol{\eta}_{k-1} + L_{k-1}\boldsymbol{w}_{k-1}][\boldsymbol{F}_k\tilde{\boldsymbol{x}}_{k-1} + \Delta\boldsymbol{F}(\boldsymbol{x}_{k-1})\boldsymbol{\eta}_{k-1} + L_{k-1}\boldsymbol{w}_{k-1}]^{\mathrm{T}}\} \\ &= \boldsymbol{F}_k\boldsymbol{P}_{k-1}\boldsymbol{F}_k^{\mathrm{T}} + E[\Delta\boldsymbol{F}(\boldsymbol{x}_{k-1})\boldsymbol{\eta}_{k-1}\boldsymbol{\eta}_{k-1}^{\mathrm{T}}\Delta F^{\mathrm{T}}(\boldsymbol{x}_{k-1})] + L_{k-1}\boldsymbol{Q}_{k-1}L_{k-1}^{\mathrm{T}} \\ &= \boldsymbol{F}_k\boldsymbol{P}_{k-1}\boldsymbol{F}_k^{\mathrm{T}} + E[\Delta\boldsymbol{F}(\boldsymbol{x}_{k-1})\boldsymbol{\eta}_{k-1}\boldsymbol{\eta}_{k-1}^{\mathrm{T}}\Delta F^{\mathrm{T}}(\boldsymbol{x}_{k-1})] + \tilde{\boldsymbol{Q}}_{k-1}\end{aligned} \tag{4.3.70}$$

定义测量新息为：$\tilde{z}_k = z_k - \hat{z}_k$，于是(4.3.64)改写为：$\tilde{\boldsymbol{x}}_k = \tilde{\boldsymbol{x}}_{k|k-1} - \boldsymbol{K}_k\tilde{z}_k$.

$\tilde{z}_k$ 的形式可以类似地利用线性展开获得

$$\begin{aligned}\tilde{z}_k &= h(\boldsymbol{x}_k) + \Delta\boldsymbol{H}(\boldsymbol{x}_k)\xi_k + \boldsymbol{M}_k\boldsymbol{v}_k - h(\hat{\boldsymbol{x}}_{k|k-1}) \\ &= h(\hat{\boldsymbol{x}}_{k|k-1}) + \boldsymbol{H}_k\tilde{\boldsymbol{x}}_{k|k-1} + \Delta\boldsymbol{H}(\boldsymbol{x}_k)\xi_k + \boldsymbol{M}_k\boldsymbol{v}_k - h(\hat{\boldsymbol{x}}_{k|k-1}) \\ &= \boldsymbol{H}_k\tilde{\boldsymbol{x}}_{k|k-1} + \Delta\boldsymbol{H}(\boldsymbol{x}_k)\xi_k + \boldsymbol{M}_k\boldsymbol{v}_k\end{aligned} \tag{4.3.71}$$

其中，$\boldsymbol{H}_k = \left.\dfrac{\partial h}{\partial \boldsymbol{x}}\right|_{\boldsymbol{x}=\hat{\boldsymbol{x}}_{k|k-1}}$，线性化误差项同样归入 $\Delta H(\boldsymbol{x}_k)\xi_k$ 中. 从而，结合(4.3.64)，(4.3.69)及(4.3.71)式，估计误差的形式可以写为

$$\tilde{\boldsymbol{x}}_k = \tilde{\boldsymbol{x}}_{k|k-1} - \boldsymbol{K}_k\tilde{z}_k = (\boldsymbol{I} - \boldsymbol{K}_k\boldsymbol{H}_k)\tilde{\boldsymbol{x}}_{k|k-1} - \boldsymbol{K}_k[\Delta H(\boldsymbol{x}_k)\xi_k + \boldsymbol{M}_k\boldsymbol{v}_k] \tag{4.3.72}$$

因此，估计误差的协方差阵可以推导为

$$\begin{aligned}\boldsymbol{P}_k &= E\{[(\boldsymbol{I} - \boldsymbol{K}_k\boldsymbol{H}_k)\tilde{\boldsymbol{x}}_{k|k-1} - \boldsymbol{K}_k(\Delta\boldsymbol{H}(\boldsymbol{x}_k)\xi_k + \boldsymbol{M}_k\boldsymbol{v}_k)] \\ &\quad\cdot[(\boldsymbol{I} - \boldsymbol{K}_k\boldsymbol{H}_k)\tilde{\boldsymbol{x}}_{k|k-1} - \boldsymbol{K}_k(\Delta\boldsymbol{H}(\boldsymbol{x}_k)\xi_k + \boldsymbol{M}_k\boldsymbol{v}_k)]^{\mathrm{T}}\} \\ &= (\boldsymbol{I} - \boldsymbol{K}_k\boldsymbol{H}_k)\boldsymbol{P}_{k|k-1}(\boldsymbol{I} - \boldsymbol{K}_k\boldsymbol{H}_k)^{\mathrm{T}} + \boldsymbol{K}_kE[\Delta\boldsymbol{H}(\boldsymbol{x}_k)\xi_k\xi_k^{\mathrm{T}}\Delta\boldsymbol{H}^{\mathrm{T}}(\boldsymbol{x}_k)]K_k^{\mathrm{T}} + \boldsymbol{K}_k\boldsymbol{M}_k\boldsymbol{R}_k\boldsymbol{M}_k^{\mathrm{T}}\boldsymbol{K}_k^{\mathrm{T}} \\ &= (\boldsymbol{I} - \boldsymbol{K}_k\boldsymbol{H}_k)\boldsymbol{P}_{k|k-1}(\boldsymbol{I} - \boldsymbol{K}_k\boldsymbol{H}_k)^{\mathrm{T}} + \boldsymbol{K}_k(E[\Delta\boldsymbol{H}(\boldsymbol{x}_k)\xi_k\xi_k^{\mathrm{T}}\Delta\boldsymbol{H}^{\mathrm{T}}(\boldsymbol{x}_k)] + \boldsymbol{M}_k\boldsymbol{R}_k\boldsymbol{M}_k^{\mathrm{T}})\boldsymbol{K}_k^{\mathrm{T}}\end{aligned} \tag{4.3.73}$$

由式(4.3.73)可见，估计误差协方差矩阵中含有未知项$\boldsymbol{\eta}_k$，ξ_k，并且测量模型中的不确定项ξ_k主要影响测量噪声协方差矩阵的性质，而状态模型中的不确定项$\boldsymbol{\eta}_k$则主要影响过程协方差矩阵. 这一点符合直观理解，因为模型不确定性因素的影响，可以归结为引入了一种新的噪声，等价于改变了原始模型噪声的特性. 如果对于特殊的应用情况，已知模型的不确定性因素，那么可以利用上述关于协方差的公式进行最优化解算增益矩阵. 但是，如果对于一般的情况，不确定性因素是未知的，则不能直接利用公式计算$\boldsymbol{P}_k$，也无法根据$\boldsymbol{P}_k$来设计增益矩阵. 为此，寻找估计误差协方差矩阵的上界，并设计增益矩阵$\boldsymbol{K}_k$最小化估计误差协方差矩阵的上界.

2. 增益矩阵设计及鲁棒滤波算法

下面利用如下定理给出鲁棒滤波增益的设计方法. 在给出定理之前，先引入支持该定理的两个引理[28].

引理 4.3.1　给定矩阵$\boldsymbol{A}, \boldsymbol{B}, \boldsymbol{C}$和$\boldsymbol{D}$，如果$\boldsymbol{C}\boldsymbol{C}^{\mathrm{T}} \leqslant \boldsymbol{I}$，并且对于对称正定矩阵$\boldsymbol{U}$和任意正常数$\mu$，满足条件

$$\mu^{-1}\boldsymbol{I} - \boldsymbol{D}\boldsymbol{U}\boldsymbol{D}^{\mathrm{T}} > 0 \tag{4.3.74}$$

那么下面的矩阵不等式成立

$$(\boldsymbol{A}+\boldsymbol{B}\boldsymbol{C}\boldsymbol{D})\boldsymbol{U}(\boldsymbol{A}+\boldsymbol{B}\boldsymbol{C}\boldsymbol{D})^{\mathrm{T}} \leqslant \boldsymbol{A}(\boldsymbol{U}^{-1}-\mu\boldsymbol{D}^{\mathrm{T}}\boldsymbol{D})^{-1}\boldsymbol{A}^{\mathrm{T}} + \mu^{-1}\boldsymbol{B}\boldsymbol{B}^{\mathrm{T}} \tag{4.3.75}$$

引理 4.3.2　假定对于矩阵$\boldsymbol{U}=\boldsymbol{U}^{\mathrm{T}}>0$，存在矩阵函数$e_k(\boldsymbol{U})\in\mathbf{R}^{n\times n}$和$g_k(\boldsymbol{U})\in\mathbf{R}^{n\times n}$，满足$e_k(\boldsymbol{U})=e_k^{\mathrm{T}}(\boldsymbol{U})$以及$g_k(\boldsymbol{U})=g_k^{\mathrm{T}}(\boldsymbol{U})$，其中，$0\leqslant k\leqslant l$，$l$为正整数. 如果存在矩阵$\boldsymbol{V}=\boldsymbol{V}^{\mathrm{T}}>\boldsymbol{U}$，使得以下不等式成立

$$\begin{aligned} e_k(\boldsymbol{V}) &\geqslant e_k(\boldsymbol{U}) \\ g_k(\boldsymbol{V}) &\geqslant e_k(\boldsymbol{V}) \end{aligned} \tag{4.3.76}$$

那么，下列差分方程:

$$\boldsymbol{X}_k = e_k(\boldsymbol{X}_{k-1}),\quad \boldsymbol{Y}_k = g_k(\boldsymbol{Y}_{k-1})$$

的解$\boldsymbol{X}_k$和$\boldsymbol{Y}_k$满足$\boldsymbol{X}_k \leqslant \boldsymbol{Y}_k$.

定理 4.3.1[29]　对于由式(4.3.70)和(4.3.73)所描述的估计误差方差阵$\boldsymbol{P}_k$，如果存在矩阵$\boldsymbol{L}_k$和正常数γ，使得如下所示的矩阵差分方程具有正定解

$$\boldsymbol{\Sigma}_{k|k-1} = \boldsymbol{F}_k\boldsymbol{\Sigma}_{k-1}\boldsymbol{F}_k^{\mathrm{T}} + \hat{\boldsymbol{Q}}_{k-1} \tag{4.3.77}$$

$$\boldsymbol{\Sigma}_k = (\boldsymbol{I}-\boldsymbol{K}_k\boldsymbol{H}_k)(\boldsymbol{\Sigma}_{k|k-1}^{-1} - \gamma^{-2}\boldsymbol{L}_k^{\mathrm{T}}\boldsymbol{L}_k)^{-1}(\boldsymbol{I}-\boldsymbol{K}_k\boldsymbol{H}_k)^{\mathrm{T}} + \boldsymbol{K}_k\hat{\boldsymbol{R}}_k\boldsymbol{K}_k^{\mathrm{T}} \tag{4.3.78}$$

其中

$$\boldsymbol{K}_k = (\boldsymbol{\Sigma}_{k|k-1}^{-1} - \gamma^{-2}\boldsymbol{L}_k^{\mathrm{T}}\boldsymbol{L}_k)^{-1}\boldsymbol{H}_k^{\mathrm{T}}[\boldsymbol{H}_k(\boldsymbol{\Sigma}_{k|k-1}^{-1} - \gamma^{-2}\boldsymbol{L}_k^{\mathrm{T}}\boldsymbol{L}_k)^{-1}\boldsymbol{H}_k^{\mathrm{T}} + \hat{\boldsymbol{R}}_k]^{-1} \quad (4.3.79)$$

$$\hat{\boldsymbol{Q}}_{k-1} = \boldsymbol{F}_k[(\boldsymbol{\Sigma}_{k-1}^{-1} - \gamma^{-2}\boldsymbol{L}_k^{\mathrm{T}}\boldsymbol{L}_k)^{-1} - \boldsymbol{\Sigma}_{k-1}]\boldsymbol{F}_k^{\mathrm{T}} + n_k\Delta\bar{F}_k\Delta\bar{F}_k^{\mathrm{T}} + \tilde{\boldsymbol{Q}}_{k-1} \quad (4.3.80)$$

$$\hat{\boldsymbol{R}}_k = m_k\Delta\bar{H}_k\Delta\bar{H}_k^{\mathrm{T}} + \boldsymbol{R}_k \quad (4.3.81)$$

并且满足条件

$$\boldsymbol{\Sigma}_k^{-1} - \gamma^{-2}\boldsymbol{L}_k^{\mathrm{T}}\boldsymbol{L}_k > 0,\ \boldsymbol{\Sigma}_{k|k-1}^{-1} - \gamma^{-2}\boldsymbol{L}_k^{\mathrm{T}}\boldsymbol{L}_k > 0,\ \det(\boldsymbol{L}_k) \neq 0 \quad (4.3.82)$$

那么，$\boldsymbol{\Sigma}_k$ 是估计误差方差阵 $\boldsymbol{P}_k$ 的上界，即

$$\boldsymbol{P}_k \leqslant \boldsymbol{\Sigma}_k,\ \forall 0 \leqslant k \leqslant l \quad (4.3.83)$$

注释 4.3.5 进一步验证式(4.3.79)所示的 $\boldsymbol{K}_k$ 是否能够是估计误差方差的上界 $\boldsymbol{\Sigma}_k$ 最小化. 对如式(4.3.78)所示的 $\boldsymbol{\Sigma}_k$ 求偏导，结果如下

$$\frac{\partial \boldsymbol{\Sigma}_k}{\partial \boldsymbol{K}_k} = 2(\boldsymbol{I} - \boldsymbol{K}_k\boldsymbol{H}_k)(\boldsymbol{\Sigma}_{k|k-1}^{-1} - \gamma^{-2}\boldsymbol{L}_k^{\mathrm{T}}\boldsymbol{L}_k)^{-1}(-\boldsymbol{H}_k^{\mathrm{T}}) + 2\boldsymbol{K}_k\hat{\boldsymbol{R}}_k \quad (4.3.84)$$

令 $\dfrac{\partial \boldsymbol{\Sigma}_k}{\partial \boldsymbol{K}_k} = 0$，通过代数运算可以得到如(4.3.79)所示的滤波增益.

注释 4.3.6 通过以上推导不难看出，对于所研究的非线性不确定系统而言，如果能够找到适当的参数 γ，使得 $\boldsymbol{\Sigma}_k^{-1} - \gamma^{-2}\boldsymbol{L}_k^{\mathrm{T}}\boldsymbol{L}_k > 0$，$\boldsymbol{\Sigma}_{k|k-1}^{-1} - \gamma^{-2}\boldsymbol{L}_k^{\mathrm{T}}\boldsymbol{L}_k > 0$，那么就能得到如(4.3.78)所示的滤波器估计误差方差的上界 $\boldsymbol{\Sigma}_k$，并根据该上界的表达式得到增益阵 $\boldsymbol{K}_k$. 由式(4.3.82)可知，在设计滤波器时，可以设置 γ 的值较大.

注释 4.3.7 鲁棒滤波基本方程如下.

状态滤波方程:

$$\hat{\boldsymbol{x}}_k = f(\hat{\boldsymbol{x}}_{k-1}) + \boldsymbol{K}_k(z_k - h(f(\hat{\boldsymbol{x}}_{k-1}))) \quad (4.3.85)$$

估计误差方差上界:

$$\boldsymbol{\Sigma}_k = (\boldsymbol{I} - \boldsymbol{K}_k\boldsymbol{H}_k)[(\boldsymbol{F}_k\boldsymbol{\Sigma}_{k-1}\boldsymbol{F}_k^{\mathrm{T}} + \hat{\boldsymbol{Q}}_k)^{-1} - \gamma^{-2}\boldsymbol{L}_k^{\mathrm{T}}\boldsymbol{L}_k]^{-1}(\boldsymbol{I} - \boldsymbol{K}_k\boldsymbol{H}_k)^{\mathrm{T}} + \boldsymbol{K}_k\hat{\boldsymbol{R}}_k\boldsymbol{K}_k^{\mathrm{T}} \quad (4.3.86)$$

滤波增益方程:

$$\begin{aligned}\boldsymbol{K}_k = &((\boldsymbol{F}_k\boldsymbol{\Sigma}_{k-1}\boldsymbol{F}_k^{\mathrm{T}} + \hat{\boldsymbol{Q}}_k)^{-1} - \gamma^{-2}\boldsymbol{L}_k^{\mathrm{T}}\boldsymbol{L}_k)^{-1}\boldsymbol{H}_k^{\mathrm{T}} \\ &\cdot[\boldsymbol{H}_k((\boldsymbol{F}_k\boldsymbol{\Sigma}_{k-1}\boldsymbol{F}_k^{\mathrm{T}} + \hat{\boldsymbol{Q}}_k)^{-1} - \gamma^{-2}\boldsymbol{L}_k^{\mathrm{T}}\boldsymbol{L}_k)^{-1}\boldsymbol{H}_k^{\mathrm{T}} + \hat{\boldsymbol{R}}_k]^{-1}\end{aligned} \quad (4.3.87)$$

其中，$\hat{\boldsymbol{Q}}_k$ 和 $\hat{\boldsymbol{R}}_k$ 分别根据(4.3.80)式和(4.3.81)式计算. 该算法通过对 $\hat{\boldsymbol{x}}_k$ 和 $\boldsymbol{\Sigma}_k$ 进行迭代运算，实现在非线性不确定系统中的状态估计.

3. 算例分析

针对下列线性离散系统

$$\begin{aligned} \boldsymbol{X}_{k+1} &= \begin{bmatrix} x_1(k+1) \\ x_2(k+1) \end{bmatrix} = \boldsymbol{A}\boldsymbol{X}_k + \boldsymbol{B}\boldsymbol{w}_k \\ \boldsymbol{z}_k &= \boldsymbol{C}\boldsymbol{X}_k + \boldsymbol{v}_k \end{aligned} \tag{4.3.88}$$

其中，$\boldsymbol{A}=\boldsymbol{A}_0+\Delta\boldsymbol{A}$，并且，$\boldsymbol{A}=\begin{bmatrix} 1 & 0.04 \\ 0 & 1 \end{bmatrix}$，$\Delta\boldsymbol{A}=\boldsymbol{H}\boldsymbol{F}$，$\boldsymbol{H}=\boldsymbol{I}_{2\times 2}$，$\boldsymbol{F}=0.06\boldsymbol{I}_{2\times 2}\sin(0.1t)$，$t=0,1,\cdots,1000$，$\boldsymbol{B}=\begin{bmatrix} 1 \\ 1 \end{bmatrix}$，$\boldsymbol{C}=\begin{bmatrix} 1 & 0 \end{bmatrix}$. 现比较鲁棒滤波与 Kalman 滤波对于模型误差的鲁棒性.

根据鲁棒滤波公式(4.3.85)～(4.3.87)及 Kalman 滤波公式(4.3.6)～(4.3.12)，在只考虑被估计状态 x_1 的滤波结果情况，对以下两种情况 x_1 的真实值和估计值滤波结果进行比较.

算例(1)：系统无不确定项的情况下，即 $\Delta\boldsymbol{A}=0$ 时的估计值和真实值比较.

算例(2)：系统存在不确定项的情况下，估计值和真实值比较.

仿真结果如图 4.3.6~图 4.3.9 所示. 比较图 4.3.6 和图 4.3.7 可得出，当系统不含有不确定项时，标准 Kalman 滤波在初始值和系统噪声统计特性服从 Gauss 分布的情况下，它是最优的，其滤波效果比鲁棒滤波效果好. 经计算，在标准 Kalman 滤波情况下，状态 x_1 估计均方差为 0.17. 鲁棒滤波情况下状态 x_1 估计均方差为 0.413；当系统存在不确定项时，从图 4.3.8 和图 4.3.9 可以看出，标准 Kalman 滤波器性能下降很快，x_1 估计均方差为 1.12，而鲁棒滤波器性能稍微下降，x_1 估计均方差为 0.54. 因此在系统中存在不确定项时，鲁棒滤波比标准的 Kalman 滤波具有更好的鲁棒性.

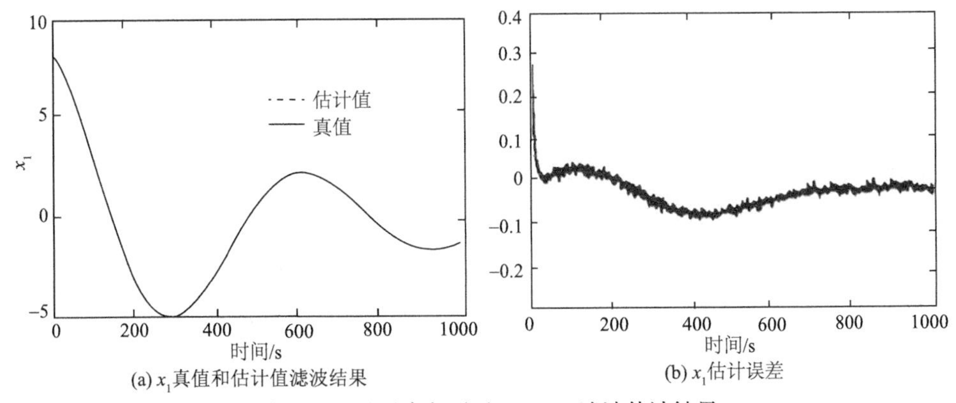

(a) x_1 真值和估计值滤波结果　(b) x_1 估计误差

图 4.3.6　无不确定项下 Kalman 滤波估计结果

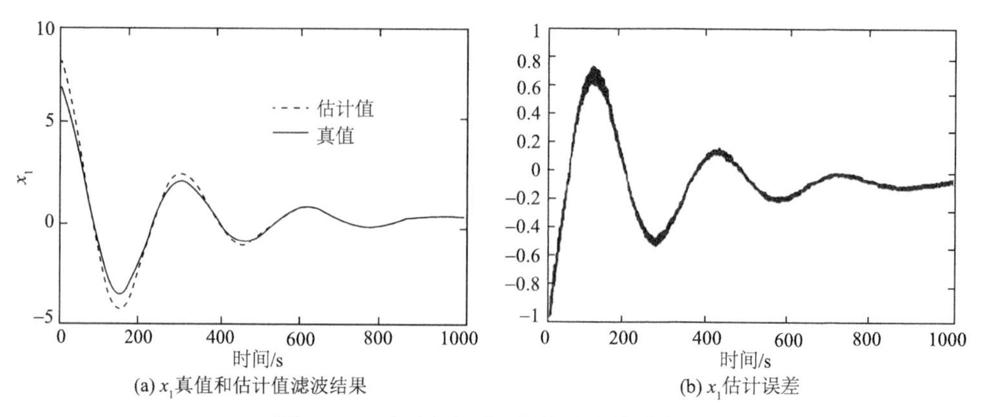

(a) x_1真值和估计值滤波结果　　(b) x_1估计误差

图 4.3.7　无不确定项下鲁棒滤波估计结果

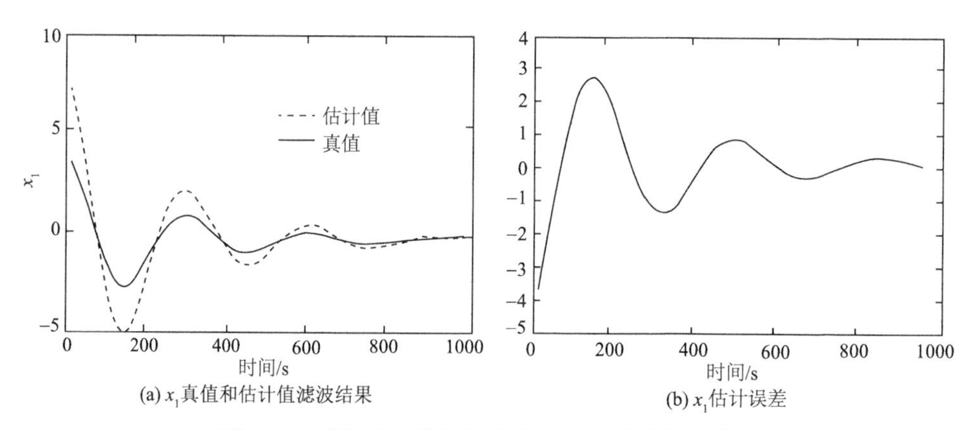

(a) x_1真值和估计值滤波结果　　(b) x_1估计误差

图 4.3.8　系统含有不确定项下 Kalman 滤波估计结果

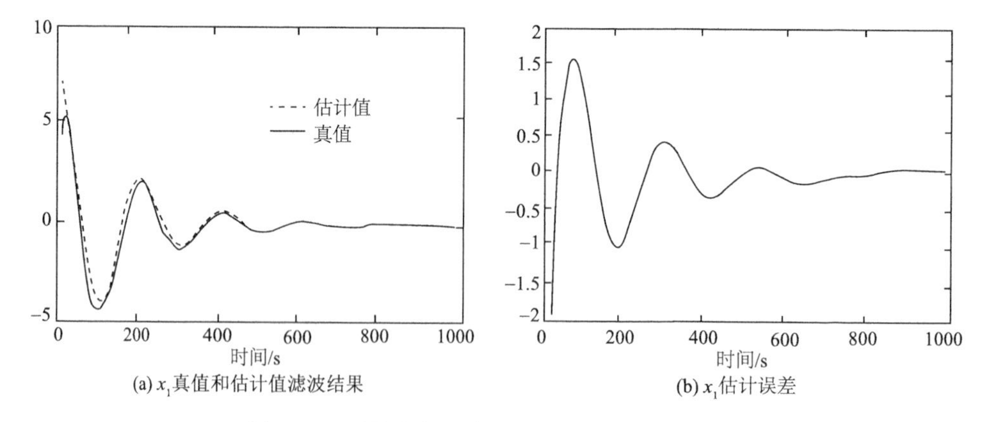

(a) x_1真值和估计值滤波结果　　(b) x_1估计误差

图 4.3.9　系统含有不确定项下鲁棒滤波估计结果

4.4　弹道实时预报方法

弹道的实时预报是引导弹道跟踪设备有效、连续跟踪的重要基础, 也是弹道落点及有效打击的保证. 按计算方法区分, 弹道预报分为解析方法和数值方法.

解析方法, 是利用已知的弹道动力学/运动学模型, 建立弹道动力学/运动学微分方程, 然后推导其运动的显式表达式. 例如, 如果导弹仅受地球二体引力作用, 它将按椭圆轨道运动, 解析方法就是通过万有引力微分方程, 求解这个椭圆的显式表达. 然而, 当弹道动力学/运动学特性比较复杂时, 对应微分方程的求解变得困难. 通常做法是对模型做简化近似求解, 求解主要因素, 如重力作用下的预报轨迹, 然后将其他摄动力作为修正项, 不断迭代细化预报方程, 改善弹道预报精度. 解析方法计算量小, 在计算条件较差的条件下应用较多.

数值方法的思路则相对简单, 只需要给定预报初始点, 然后采用数值积分方法逐步求解微分方程即可. 与解析方法相比, 数值方法求解过程中, 所作近似较少, 且容易实现. 随着靶场测量数据处理系统计算能力的提高, 数值方法应该是预报弹道的首选.

弹道预报可采用关键点预报、关键段预报和全程预报, 目前常用的做法是在关键点附近, 利用一定的观测弧段测量数据实时求出最优的积分初值, 然后利用弹道微分方程, 选择合适的数值积分方法获得最优落点和轨道预报数据[30]. 因此, 弹道数值预报方法的关键在于建立弹道动力学/运动学方程及采用合适的数值积分方法. 弹道运动学方程的构建可针对弹道不同的飞行特性, 从动力学建模、运动学建模等方面入手考虑, 详见 2.3 节目标轨迹建模, 本节重点对弹道预报的数值积分方法加以讨论.

4.3.1 数值积分法分类

数值积分法种类广泛, 主要有单步法、定步长线性多步法、变步长线性多步法等. 不同的方法各有其适用的范围, 其中弹道轨迹的性质对各种积分方法的精度和效率有重要的影响. 在确保积分精度的前提下, 选择合适的方法, 提高积分效率, 对弹道高精度实时预报有着重要的意义. 按照不同的分类标准, 弹道运动方程的数值积分法可以有不同的分类.

1. 第 I 类方法和第 II 类方法

弹道动力学/运动学方程一般是一个二阶微分方程, 求解轨道动力学/运动学的第I类方法是指先将二阶方程将为一阶方程, 然后进行积分的方法. 而第II类方法是指对二阶方程直接进行积分的方法. 一般来说, 第II类积分方法比第I类积分方法更有效[31-32].

2. 单步法和多步法

单步法仅需一个自变量上的函数值就可以得到其他自变量所对应的变量的值，包括 Taylor 级数法、Runge-Kutta 方法、外推法等. 多步法需要已知多个自变量上的函数值才能求解，包括 Adams-Cowell 方法、KSG 方法等.

使用高阶单步方法每一步都需要多次计算微分方程的右函数，计算效率较低，故通常使用多步法. 但多步法每计算一步需要多个自变量上的函数值，故不是自起步的，通常需要使用单步积分方法进行起步[33].

3. 定步长方法和变步长方法

定步长方法计算公式相对简单. 而变步长方法每前进一步，通常运算量较大的. 因此，对于平稳阶段的弹道预报，采用定步长积分方法比变阶变步长积分方法在所需计算量上更为有利. 然而对于高机动、特征点处的轨道预报，为确保精度，需把步长相对放小，故此时采用变步长方法更为有利[34].

4. 一般型和求和型

k 阶一般型方法是使用前 k 步的结果求得下一步数值解，而求和型方法要使用前面所有节点上的函数值. 一般来说，求和型方法比一般型方法精确性更高[35].

5. 显式方法和隐式方法

显式方法在计算某节点的值时，其计算公式右端不显含该值，故可对其直接计算. 而隐式方法计算公式右端含有所计算的值，一般情况下，这是一个非线性方程，要使用迭代的方法进行求解.

隐式方法比显式方法高一阶，精确度较高，且有较好的数值稳定性，但是计算较为复杂，常常需要使用显式方法提供预测值. 求解航天器运动方程最通用的算法是 PECE 算法. 这里 P 表示将解从 t_n 点预报到 t_{n+1} 点，第一个 E 表示用 t_{n+1} 点的预报解计算右函数值，C 表示用计算出的右函数值去修正预报解，第二个 E 表示用修正后的 t_{n+1} 点的解再去计算右函数.

综上所述，各种数值积分方法分类如图 4.4.1 所示.

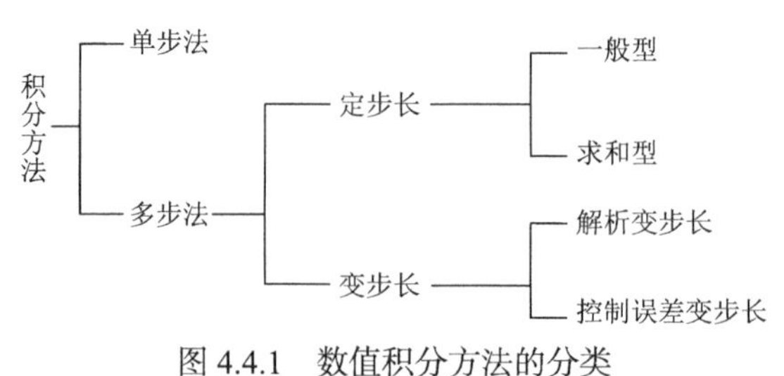

图 4.4.1 数值积分方法的分类

现将一些常用的数值积分方法列为表 4.4.1[36].

表 4.4.1　一些常用的积分方法

方法	单步/多步	定步长/变步长	一般型/求和型	第 I 类/第 II 类
Runge-Kutta	单步	定步长		第 I 类
Runge-Kutta-Fehlberg	单步	变步长		第 I 类
Runge-Kutta-Nystrom	单步	变步长		第 II 类
Adams	多步	定步长	一般型	第 I 类
Summed-Adams	多步	定步长	求和型	第 I 类
Shampine-Gordon	多步	变步长	一般型	第 I 类
KSG	多步	定步长	一般型	第 II 类
Stormer-Cowell	多步	定步长	一般型	第 II 类
Gauss-Jackson	多步	定步长	求和型	第 II 类
s-积分		变步长		
变步长 Cowell	多步	变步长	一般型	第 II 类

4.3.2　单步积分法

1. Taylor 级数法

Taylor 级数法是基于 Taylor 展开的一种高阶单步方法, 其思想比较简单. 对于如下微分方程

$$\begin{cases} \dfrac{\mathrm{d}y}{\mathrm{d}t} = f(y,t), & a \leqslant t \leqslant b \\ y(t_0) = y_0, \end{cases} \tag{4.4.1}$$

利用 Taylor 公式有

$$y(t_{m+1}) = \sum_{j=0}^{p} \frac{h^j}{h!} y^{(j)}(t_m) + \frac{h^{p+1}}{(p+1)!} y^{(p+1)}(\xi_m), \quad \xi_m \in (t_m, t_{m+1}) \tag{4.4.2}$$

记

$$\varphi(t, y(t), h) = \sum_{j=1}^{p} \frac{h^{j-1}}{h!} \frac{\mathrm{d}^{j-1}}{\mathrm{d}y^{j-1}} f(t, y(t)) \tag{4.4.3}$$

则

$$y(t_{m+1}) = y(t_m) + h\varphi(t_m, y(t_m), h) + \frac{h^{p+1}}{(p+1)!} y^{(p+1)}(\xi_m) \tag{4.4.4}$$

舍去上式中的最后一项，得到计算公式

$$y(t_{m+1}) = y(t_m) + h\varphi(t_m, y(t_m), h), \quad m = 0,1,\cdots \tag{4.4.5}$$

由于

$$\frac{\mathrm{d}}{\mathrm{d}y} f(t, y(t)) = f_t + ff_y \tag{4.4.6}$$

$$\frac{\mathrm{d}^2}{\mathrm{d}y^2} f(t, y(t)) = f_{tt} + 2ff_{ty} + f^2 f_{yy} + (f_t + ff_y) f_y \tag{4.4.7}$$

于是二阶 Taylor 级数法为

$$y_{m+1} = y_m + hf_m + \frac{h^2}{2}(f_t + ff_y)_m \tag{4.4.8}$$

三阶 Taylor 级数法为

$$\begin{aligned} y_{m+1} = y_m + hf_m &+ \frac{h^2}{2}(f_t + ff_y)_m \\ &+ \frac{h^3}{6}(f_{tt} + 2ff_{ty} + f^2 f_{yy} + (f_t + ff_y) f_y)_m \end{aligned} \tag{4.4.9}$$

理论上，只要函数足够光滑，用 Taylor 级数法可以构造出任意阶的方法. 实际上，由于(4.4.4)式中导数的计算比较复杂，它很少被直接用来求数值预报问题.

2. Runge-Kutta 方法

使用 Taylor 级数法可以构造高阶单步法，但是需要用到 f 的各阶导数，通常不易计算. 由于函数在一点的导数值可以用改点附近若干点的函数值近似表示，这是 Runge-Kutta 方法的基本思想，N 级 Runge-Kutta 方法的一般公式为

$$y_{m+1} = y_m + h\sum_{i=1}^{N} c_i K_i \tag{4.4.10}$$

$$K_1 = f(t_m, y_m) \tag{4.4.11}$$

$$K_i = f\left(t_m + a_i h, y_m + h\sum_{j=1}^{i-1} b_{ij} K_j\right), \quad i = 2,\cdots,N \tag{4.4.12}$$

式中，c_i, a_i, b_{ij} 是待定常数. 将 K_i 在 (t_m, y_m) 处作 Taylor 展开，并使局部阶段误差的阶尽量高，从而就确定出这些待定常数的方程.

现列举几个常用的 Runge-Kutta 方法如下.

四阶 Runge-Kutta 方法:

$$
\begin{cases}
y_{m+1} = y_m + \dfrac{h}{6}(K_1 + 2K_2 + 2K_3 + K_4) \\
K_1 = f(t_m, y_m) \\
K_2 = f\left(t_m + \dfrac{h}{2}, y_m + \dfrac{h}{2}K_1\right) \\
K_3 = f\left(t_m + h, y_m + \dfrac{h}{2}K_2\right) \\
K_4 = f(t_m + h, y_m + hK_3)
\end{cases} \tag{4.4.13}
$$

Gill 方法(有减小舍入误差的优点):

$$
\begin{cases}
y_{m+1} = y_m + \dfrac{h}{6}(K_1 + (2-\sqrt{2})K_2 + (2+\sqrt{2})K_3 + K_4) \\
K_1 = f(t_m, y_m) \\
K_2 = f\left(t_m + \dfrac{h}{2}, y_m + \dfrac{h}{2}K_1\right) \\
K_3 = f\left(t_m + h, y_m + \dfrac{\sqrt{2}-1}{2}hK_1 + \dfrac{2-\sqrt{2}}{2}hK_2\right) \\
K_4 = f\left(t_m + h, y_m - \dfrac{\sqrt{2}}{2}hK_2 + \dfrac{2+\sqrt{2}}{2}hK_3\right)
\end{cases} \tag{4.4.14}
$$

五阶 Runge-Kutta-Nystrom 方法:

$$
\begin{cases}
y_{m+1} = y_m + \dfrac{h}{192}(23K_1 + 125K_3 - 81K_5 + 125K_6) \\
K_1 = f(t_m, y_m) \\
K_2 = f\left(t_m + \dfrac{h}{3}, y_m + \dfrac{h}{3}K_1\right) \\
K_3 = f\left(t_m + \dfrac{2}{5}h, y_m + \dfrac{h}{25}(4K_1 + 6K_2)\right) \\
K_4 = f\left(t_m + h, y_m + \dfrac{h}{4}(K_1 - 12K_2 + K_3)\right) \\
K_5 = f\left(t_m + \dfrac{2}{3}h, y_m + \dfrac{h}{81}(6K_1 + 90K_2 - 50K_3 + 8K_4)\right) \\
K_6 = f\left(t_m + \dfrac{4}{5}h, y_m + \dfrac{h}{75}(6K_1 + 36K_2 + 10K_3 + 8K_4)\right)
\end{cases} \tag{4.4.15}
$$

这是一个六级的方法.

对 N 级 Runge-Kutta 方法，每计算一步，函数 f 需要计算 N 次. 因此，对给定的 N，希望构造阶数最高的方法，记 $p^*(N)$ 是 N 级 Runge-Kutta 方法所能达到的最高的阶数，可以得到下面的结果:

$$p^*(N)=\begin{cases}N, & N=1,2,3,4\\ N-1, & N=5,6,7\\ N-2, & N=8,9\end{cases} \tag{4.4.16}$$

3. Runge-Kutta-Fehlberg *方法*

Runge-Kutta 方法本身估计局部截断误差比较麻烦，为此，Fehlberg 提出了一种使用嵌套技术 Runge-Kutta 方法，利用差分格式中右函数系数可有不同选择的特点，同时给出 m 阶和 $m+1$ 阶的两组 Runge-Kutta 公式，用两组公式算出的差给出局部截断误差，由此可确定下一步的步长，这就起到了自动选择步长的作用，此方法称为Runge-Kutta-Fehlberg方法，简称RKF方法. 由于利用了自由选择系数的特点，实现了两组公式的嵌套，m 阶公式与 $m+1$ 阶公式相差甚少，只不过多计算了很少的几次右函数值，即可给出局部截断误差. 正由于RKF方法具备这种优点，因此它已成为目前被广泛采用的单步法.

以 RK7(8) 方法为例，这个方法同时给出 7 阶和 8 阶两组公式. 利用两组公式的阶的差来估计局部截断误差，以便达到控制步长的目的. 在一步积分中，7 阶公式需计算 11 次右函数，8 阶公式需计算 13 次右函数，但是 8 阶公式所需的 13 次右函数中有 11 个就是 7 阶公式中所用的. 所以，这是一种将 7 阶和 8 阶公式嵌套在一起的方法.

7 阶公式为

$$\hat{y}_{m+1}=y_m+\sum_{i=1}^{11}c_iK_i \tag{4.4.17}$$

8 阶公式为

$$y_{m+1}=y_m+\sum_{i=1}^{13}c_iK_i \tag{4.4.18}$$

其中，各字母所代表的含义与上节相同. 常数 c_i 的值参见文献 [37].

这时局部截断误差的估计式为

$$T_{m+1}=\hat{y}_{m+1}-y_{m+1} \tag{4.4.19}$$

经计算得

$$T_{m+1} = \frac{41}{840}(K_1 + K_{11} - K_{12} - K_{13}) \tag{4.4.20}$$

4.3.3　多步积分方法

单步方法可以实现自起步，这是它的优点. 但是，单步方法计算复杂，以 Runge-Kutta 方法为例，四阶以下的 Runge-Kutta 方法每前进一步至少计算和阶数相同次右函数，更高阶的 Runge-Kutta 方法前进一步需计算右函数的次数比阶数还要高[37]. 在弹道动力学模型中，右端函数包含复杂的摄动项，计算较为复杂. 因此使用单步方法计算效率较低.

而使用多步方法则可以较有效的解决上述问题，在使用预测-校正格式时，方法每前进一步只需计算两次右函数. 但是，多步方法起步时需要已知微分方程在多个点上的解，因此不是自起步的. 通常，使用单步方法进行起步，而后使用多步方法对微分方程进行数值计算[36].

1. Adams 方法

在定步长线性多步方法中，各节点是等间隔的.

Adams 方法为第 I 类方法，即针对一阶微分方程的数值积分方法.

将微分方程

$$\dot{y} = f(t, y) \tag{4.4.21}$$

从 t_n 到 t_{n+1} 积分，得

$$y_{n+1} - y_n = \int_{t_n}^{t_{n+1}} f(t, y)\mathrm{d}t \tag{4.4.22}$$

将 $f(t,y)$ 用 k 阶 Newton 插值多项式代替，得

$$f(t,y) \approx f_n + \frac{t-t_n}{h}\nabla f_n + \frac{(t-t_n)(t-t_{n-1})}{2h^2}\nabla^2 f_n + \cdots + \frac{(t-t_n)\cdots(t-t_{n-k+2})}{(k-1)!h^{i-1}}\nabla^{k-1} f_n \tag{4.4.23}$$

将其代入(4.4.22)，经计算，得

$$y_{n+1} = y_n + h\sum_{i=1}^{k} \gamma_{i-1}\nabla^{i-1} f_n \tag{4.4.24}$$

其中，γ_i 为常数，其值如表 4.4.2 所示.

表 4.4.2 Adams 显式公式中的有关系数

i	0	1	2	3	4	5	6	7	8
γ_i	1	$-\frac{1}{2}$	$-\frac{1}{12}$	$-\frac{1}{24}$	$-\frac{19}{720}$	$-\frac{3}{160}$	$-\frac{863}{60480}$	$-\frac{275}{24192}$	$-\frac{33953}{3628800}$

(4.4.24) 即 Adams 显式公式, 即预测-校正格式中的预测公式.

显式公式的特点是公式右端不存在要计算的数值解 y_{n+1} 本身, 其值可通过计算直接得到. 而隐式公式右端仍含有 y_{n+1}, 构成了关于 y_{n+1} 的一组方程.

隐式公式可以通过将插值节点改为 t_{n-k+2} 至 t_{n+1} 这 k 个节点得到. 将这 k 个节点的 Newton 插值多项式

$$f(t,y) \approx f_{n+1} + \frac{t-t_{n+1}}{h}\nabla f_{n+1} + \frac{(t-t_{n+1})(t-t_n)}{2h^2}\nabla^2 f_{n+1} + \cdots + \frac{(t-t_{n+1})\cdots(t-t_{n-k+3})}{(k-1)!h^{i-1}}\nabla^{k-1} f_{n+1} \tag{4.4.25}$$

代入(4.4.22), 得

$$y_{n+1} = y_n + h\sum_{i=1}^{k}\gamma_{i-1}^{*}\nabla^{i-1} f_{n+1} \tag{4.4.26}$$

其中, γ_i^* 同样为常数, 其值见表 4.4.3.

表 4.4.3 Adams 隐式公式中的有关系数

i	0	1	2	3	4	5	6	7	8
γ_i^*	1	$\frac{1}{2}$	$\frac{5}{12}$	$\frac{3}{8}$	$\frac{251}{720}$	$\frac{95}{288}$	$\frac{19087}{60480}$	$\frac{5257}{17280}$	$\frac{1070017}{3628800}$

和同阶显式公式相比, 隐式公式在精度和绝对稳定区域方面都较好, 但是隐式公式右端包含要求的值, 构成了一组方程, 此方程往往不易直接求解, 通常使用迭代的方法逼近此方程的解. 经常使用显式公式作为预测公式, 为隐式公式提供初值, 使用隐式公式作为校正公式, 在初值的基础上通过迭代提供校正值, 构成预测-校正格式.

2. KSG 方法

KSG 积分器是第 II 类方法, 用于直接计算二阶微分方程的数值解, 而不需要将二阶微分方程转化为一阶方程组再进行计算.

将二阶方程

$$\ddot{y} = f(t, \dot{y}, y) \tag{4.4.27}$$

连续积分两次，可得

$$y_{n+1} = y_n + h\dot{y}_n + \int_{t_n}^{t_{n+1}} \mathrm{d}s \int_{t_n}^{s} f(t, \dot{y}, y)\mathrm{d}t \tag{4.4.28}$$

将插值多项式(4.4.23)代入(4.4.28)，得

$$y_{n+1} = y_n + h\dot{y}_n + h^2 \sum_{i=1}^{k} c_{i-1} \nabla^{i-1} f_n \tag{4.4.29}$$

其中

$$c_i = \frac{1}{h^2} \int_{t_n}^{t_{n+1}} \mathrm{d}s \int_{t_n}^{s} \frac{(t - t_n) \cdots (t - t_{n-i+1})}{(i-1)!\, h^j} \mathrm{d}t \tag{4.4.30}$$

为常数，这就是 KSG 积分器的 i 阶预测公式.

同理，将高一阶的插值公式代入(4.4.28)，可得比预测公式高一阶的校正公式:

$$y_{n+1} = y_n + h\dot{y}_n + h^2 \sum_{i=1}^{k} c_{i-1} \nabla^{i-1} f_n + h^2 c_k \nabla^k f_{n+1} \tag{4.4.31}$$

或

$$y_{n+1} = y_n^P + h^2 c_k \nabla^k f_{n+1} \tag{4.4.32}$$

3. Cowell *方法*

由于 KSG 积分器中含有速度项 $\dot{y}$，因此计算速度时产生的误差可以积累. 使用 Cowell 积分器则可由 $f(t, \dot{y}, y)$ 直接积分得到 y，公式中不含有速度项.

将(4.4.27)从积分到 t_{n-1}，得

$$r_{n-1} = r_n - h\dot{r}_n + \int_{t_n}^{t_{n-1}} \mathrm{d}s \int_{t_n}^{s} f(t, \dot{r}, r)\mathrm{d}t \tag{4.4.33}$$

结合(4.4.29)及(4.4.33)，即可消掉 $\dot{y}$，得到

$$y_{n+1} = 2y_n - y_{n-1} + \int_{t_n}^{t_{n-1}} \mathrm{d}s \int_{t_n}^{s} f(t, \dot{y}, y)\mathrm{d}t + \int_{t_n}^{t_{n+1}} \mathrm{d}s \int_{t_n}^{s} f(t, \dot{y}, y)\mathrm{d}t \tag{4.4.34}$$

将插值多项式(4.4.23)代入(4.4.34)，得

$$y_{n+1} = 2y_n - y_{n-1} + h^2 \sum_{i=1}^{k} \lambda_{i-1} \nabla^{i-1} f_n \tag{4.4.35}$$

经计算，常数 λ_i 的值见表 4.4.4.

表 4.4.4　Cowell 显式公式中的有关系数

i	0	1	2	3	4	5	6	7	8
λ_i	1	0	$\frac{1}{12}$	$\frac{1}{12}$	$\frac{19}{240}$	$\frac{3}{40}$	$\frac{863}{12096}$	$\frac{275}{4032}$	$\frac{33953}{518400}$

同样，隐式公式可以通过将插值节点改为 t_{n-k+2} 至 t_{n+1} 这 k 个节点得到. 将(4.4.25)代入(4.4.34)，得到隐式 Cowell 公式:

$$y_{n+1} = 2y_n - y_{n-1} + h^2 \sum_{i=1}^{k} \lambda_{i-1}^{*} \nabla^{i-1} f_{n+1} \tag{4.4.36}$$

常数 λ_i^* 的值见表 4.4.5.

表 4.4.5　Cowell 隐式公式中的有关系数

i	0	1	2	3	4	5	6	7	8
λ_i^*	1	-1	$\frac{1}{12}$	0	$-\frac{1}{240}$	$-\frac{1}{240}$	$-\frac{221}{60480}$	$-\frac{19}{6048}$	$-\frac{9829}{3628800}$

在求解弹道动力学方程时，需要将 Adams 方法和 Cowell 方法配合使用，使用 Adams 方法计算弹道速度，使用 Cowell 方法计算弹道位置. 这种方法称为 Adams-Cowell 方法[38].

注释 4.4.1　弹道预测精度的主要取决于微分函数 $f(\cdot)$ 与真实物理模型的符合程度和预测积分初值 y_0 的准确程度. 通常选择弹道动力学/运动学模型建立微分函数，为降低积分初值的不确定性，可以通过对多个初值预测结果的平滑获得最终的预测结果. 此外，预测弹道的精度可以通过和标准弹道比较或与弹道落点数据比较获得.

参考文献

[1] 韩崇昭, 朱洪艳, 段战胜, 等. 多源信息融合. 北京: 清华大学出版社, 2006.

[2] 何友, 王国宏, 陆大, 等. 多传感器信息融合及其应用. 北京: 电子工业出版社, 2000.

[3] 王炯琦. 信息融合估计理论及其在卫星状态估计中的应用. 国防科技大学博士学位论文, 2008.

[4] 徐利娜, 陈俊彪, 穆高超. 靶场外弹道数据处理中的实时野值剔除算法. 应用光学, 2012, 33(1): 90-95.

[5] 梅玉航. 一种自适应线性预报的数据检择方法. 电子测量技术, 2016, 39(5): 159-162.

[6] He R, Zheng W S, Hu B G. Maximum correntropy criterion for robust face recognition. IEEE Transactions on Pattern Analysis & Machine Intelligence, 2011, 33: 1561-1576.

[7] 邓自立. 最优滤波理论及其应用. 哈尔滨: 哈尔滨工业大学出版社, 2000.

[8] 付梦印, 邓志红, 张继伟. Kalman 滤波理论及其在组合导航系统中的应用. 北京: 科学出版社, 2003.

[9] Kalman R E, Bucy R S. New results in linear filtering and prediction theory. Transactions of ASME, Series D, Journal of Basic Engineering, 1961, 83: 95-108.

[10] Morariu V I, Camps O I. Modeling correspondences for multi camera tracking using nonlinear manifold learning and target dynamics. IEEE Computer Society Conference on Computer Vision and Pattern Recognition, 2006, 4(4): 545-552.

[11] 王正明, 易东云. 测量数据建模与参数估计. 长沙: 国防科技大学出版社, 1996.

[12] Sorensor W. Kalman Filtering: Theory and Application. Piscataway : IEEE Press, 1985.

[13] Lerro D, Bar-Shalom Y K. Tracking with debiased consistent converted measurement versus EKF. IEEE Transaction on Aerospace and Electronics Systems, 1993, 29(3): 1015-1022.

[14] Julier S J. A skewed approach to filtering. Proceedings of the SPIE, 1998, 3373: 271-282.

[15] 周海银. 空间目标跟踪数据的融合理论和模型研究及应用. 国防科技大学博士学位论文, 2004.

[16] Hall D L. Mathematical Techniques in Multisensor Data Fusion. Norwood: Artech House, 1992.

[17] Doucet A, Freitas J F, Gordon N J. An Introduction to Sequential Monte Carlo Methods, in Sequential Monte Carlo Methods in Practice. New York: Springer Verlag, 2001.

[18] Calafiore G. Reliable localization using set-valued nonlinear filters. IEEE Transactions on Systems, Man, and Cybernetics, 2005, 35(2): 189-197.

[19] Julier S J, Uhlmann J K, Durrant-Whyten H F. A New Approach for Filtering Nonlinear System. Proceeding of the American Control Conference. Washington: American Control Conference 1995: 1628-1632.

[20] Julier S J. The spherical simplex unscented transformation. American Control Conference, 2003, 3: 2430-2434.

[21] 潘晓刚. 空间目标定轨的模型与参数估计方法研究及应用. 国防科技大学博士学位论文, 2009.

[22] 潘泉, 杨峰, 叶亮, 等. 一类非线性滤波器——UKF 综述. 控制与决策, 2005, 20(5): 481-494.

[23] Julier S J, Uhlmann J K. A New Extension of the Kalman Filter to Nonlinear Systems. Orlando: Simulation and Controls, 1997: 54-65.

[24] Julier S J. The scaled unscented transformation. American Control Conference, 2002, 6: 4555-4559.

[25] Crassidis J L, Markley F L. Predictive filtering for nonlinear system. Journal of Guidance, Control and Dynamics, 1997, 20(3): 566-572.

[26] Seo J, Yu M, Park C G, et al. An extended robust H∞ filter for nonlinear constrained uncertain

systems. IEEE Transactions on Signal Processing, 2006, 54(11): 4471-4475
[27] Wang J Q, Zhou H Y, Jiao Y Y. A Regularized Robust Filter for Nonlinear Satellite Navigation System with Uncertainty Factors of System Model. International Global Navigation Satellite Systems Society, IGNSS Symposium 2011, Sydney: University of New South Wales, 2011.
[28] 张勇. 不确定系统鲁棒滤波研究. 西北工业大学博士学位论文, 2000.
[29] Seo S J, Park J H. Robust adaptive fuzzy controller for nonlinear system using estimation of bounds for approximation errors. Fuzzy Sets and System, 2003, 133: 19-36.
[30] 王威, 于志坚. 航天器轨道确定-模型与算法. 北京: 国防工业出版社, 2007.
[31] Herrick S. Astrodynamics: Orbit Correction, Perturbation Theory, Integration, vol. 2. New York: Van Nostrand Reinhold Company, 1972.
[32] Henrici P. Discrete Variable Methods in Ordinary Differential Equations. New York: John Wiley and Sons, 1962.
[33] 胡建伟, 汤怀民. 微分方程数值方法. 2 版. 北京: 科学出版社, 2007.
[34] Krogh F T. Algorithms for changing the step size. SIAM Journal on Numerical Analysis, 1973, 10(5): 949-965.
[35] Gear C W. Numerical initial value problems in ordinary differential equations. Prentice-Hall, 1971, 6(1): 207-224.
[36] Berry M M. A variable-step double-integration multi-Step integrator. Dissertation Abstracts International, 2004, 6: 16.
[37] Gooding R H. A procedure for the solution of lambert's orbital boundary-value problem. Celestial Mechanics, 1990, 16(9): 145-165.
[38] Fehlberg E. Classical fifth-, sixth-, seventh-and eighth-order Runge-Kutta formulas with step size control. Computing, 1968, 6(9): 1156 -1158.

第 5 章　数据融合处理的精度评估

靶场测量数据融合的目的在于提高数据处理的精度. 第 3 章表明, 数据处理的精度与测量数据的独立样本大小、精度, 数据处理方法有关外, 还与测站和目标的几何关系有关. 而后者又涉及测量误差的传递关系. 对于高精度数据用户, 除了需要获得高精度的数据外, 还需要认可数据融合处理的精度. 因此, 如何客观地评价数据融合处理的精度, 是数据融合处理的重要环节[1-2]. 显然, 这与靶场测量数据源、数据建模方法、误差传递关系以及数据融合估计算法均有关系. 工程应用中, 只有能够说明精度的弹道参数估计结果才是有意义的. 因此首先要给出融合处理弹道参数的精度评估方法. 此外, 数据融合处理的精度评估还需要分析融合模型估计能力与参数估计效率, 研究各类误差对弹道参数估计精度的影响, 以及科学合理地评估数据处理结果.

5.1　弹道参数的精度评估

弹道参数的精度评估是数据融合处理评估的重要领域, 其含义就是对于得到的弹道参数估计值, 如 1.2.3 节所述, 给出其在给定置信度(置信概率)下的置信区间.

典型的弹道参数的精度评估通常分为硬方法和软方法两类[3-4]. 硬方法是采用"更高精度"的弹道参数估计结果(包括"真值弹道")与其进行硬比对, 通常称为外符合精度评估; 软件方法是基于误差假设与误差传递关系对不同测量数据组合下解算的弹道参数结果进行分析, 通常称为内符合精度评估.

对于硬方法, 由于"真值弹道"是不可能得到的, 而且作为标准的更高精度的弹道估计结果也是难以得到的, 从逻辑上讲"更高精度的弹道估计结果"又是如何判定其"高精度"呢?

对于软方法, 由于以下原因, 其评估也是非常困难的: 测量数据的不同类型和组合, 测量设备误差不可避免, 既有稳定待估的和补偿、校准不完全的系统误差, 也有统计特性不一定稳定、准确的随机误差; 测量过程特性复杂的误差(如大气中传播误差); 测元与弹道参数的时、空间非线性复杂传递关系(尤其是时间、空间的融合处理).

因此弹道参数的精度评估只能是近似的, 是在一定的假设条件下, 通过对实测数据的拟合程度, 通过多种弹道估计结果的相互比对, 给出一种综合评估结果.

靶场实际工作中，弹道参数的精度评估方法常用理论分析和仿真分析两大类方法. 理论分析的基本思路是根据弹道估计解算过程中的 Jacobian 矩阵和测量数据的协方差矩阵，得到弹道参数的协方差矩阵，再取其对角线元素作为估计的方差或者通过误差传播关系分析弹道估计精度[5]. 仿真分析就是事先给定“真实弹道”，利用其产生仿真测元，再解算弹道并与“真实弹道”作差得到误差，由此进行弹道参数的精度评估[6]，此方法主要在于验证算法的合理性和准确性.

5.1.1　弹道参数的事后精度评估

实际高精度事后融合弹道数据处理中，目前常采用理论精度评估的方法. 经测量数据预处理后，引起弹道误差的测量数据误差可分为系统误差、模型表示误差和随机误差. 在完全理想状态下，系统误差可通过 EMBET(Error Model Best Estimation of Trajectory)方法精确估计得到[7]，模型表示误差可通过适当的模型优化(如最优节点样条)得到充分的抑制[8-9]. 因此影响弹道精度的测量数据误差只剩下随机误差，再乘以样条表示的测量误差传播关系，即可得到弹道参数的理论精度.

注释 5.1.1　实测任务中，由于靶场数据特性复杂，很难实现上述的“完全理想的状态”，因此需要同时考虑系统误差、模型表示误差以及相关噪声等对弹道参数估计精度的影响. 这将在 5.2 节和 5.3 节进一步讨论.

1. 理论精度分析

理论精度分析是通过误差传播分析，给出弹道参数(位置、速度等)误差的理论计算公式. 误差传播分析，也可称为灵敏度分析，其基本方法是对观测方程进行一阶 Taylor 展开. 下面以靶场雷达测速数据为例[10]，从理论上推导弹道参数的估计精度. 设观测方程为

$$\dot{R}_k(t)=\frac{x(t)-x_k}{R_k(t)}\dot{x}(t)+\frac{y(t)-y_k}{R_k(t)}\dot{y}(t)+\frac{z(t)-z_k}{R_k(t)}\dot{z}(t),\quad k=1,2,\cdots,N \tag{5.1.1}$$

其中，(x_k, y_k, z_k) 为第 k 个测站的坐标，$\boldsymbol{X}(t)=(x(t),y(t),z(t),\dot{x}(t),\dot{y}(t),\dot{z}(t))^{\mathrm{T}}$ 为目标在 t 时刻的状态量(位置和速度)，$R_k(t)=\sqrt{(x(t)-x_k)^2+(y(t)-y_k)^2+(z(t)-z_k)^2}$ 为 t 时刻目标至第 k 个测站的距离，$\dot{R}_k(t)$ 为 t 时刻目标至第 k 个测站的距离变化率.

1) 逐点表示下的误差传播分析

略去时间变量 t，记

$$\cos(\alpha_k)=\frac{x-x_k}{R_k(\boldsymbol{X})},\quad \cos(\beta_k)=\frac{y-y_k}{R_k(\boldsymbol{X})},\quad \cos(\gamma_k)=\frac{z-z_k}{R_k(\boldsymbol{X})} \tag{5.1.2}$$

$$
\begin{aligned}
a_{k1} &= \frac{1}{R_k(\boldsymbol{X})}[\sin^2(\alpha_k)\dot{x} - \cos(\alpha_k)\cos(\beta_k)\dot{y} - \cos(\alpha_k)\cos(\gamma_k)\dot{z}] \\
a_{k2} &= \frac{1}{R_k(\boldsymbol{X})}[-\cos(\alpha_k)\cos(\beta_k)\dot{x} + \sin^2(\beta_k)\dot{y} - \cos(\beta_k)\cos(\gamma_k)\dot{z}] \\
a_{k3} &= \frac{1}{R_k(\boldsymbol{X})}[-\cos(\alpha_k)\cos(\gamma_k)\dot{x} - \cos(\beta_k)\cos(\gamma_k)\dot{y} + \sin^2(\gamma_k)\dot{z}] \\
a_{k4} &= \cos(\alpha_k), \quad a_{k5} = \cos(\beta_k), \quad a_{k6} = \cos(\gamma_k)
\end{aligned}
\tag{5.1.3}
$$

再记

$$
\begin{aligned}
\dot{\boldsymbol{R}} &= (\dot{R}_1, \cdots, \dot{R}_N)^{\mathrm{T}} \\
\boldsymbol{X} &= (x, y, z, \dot{x}, \dot{y}, \dot{z})^{\mathrm{T}} \\
\boldsymbol{A} &= (a_{ij})_{N\times 6}
\end{aligned}
\tag{5.1.4}
$$

对(5.1.1)式关于 $\boldsymbol{X}$ 的各分量求偏导，忽略二次及以上各项，并代入以上记号，则有

$$
\dot{\boldsymbol{R}} = \boldsymbol{A}\boldsymbol{X} \tag{5.1.5}
$$

当 $\boldsymbol{A}$ 为满秩矩阵时，$\boldsymbol{X}$ 的估计值为

$$
\boldsymbol{X} = (\boldsymbol{A}^{\mathrm{T}}\boldsymbol{A})^{-1}\boldsymbol{A}^{\mathrm{T}}\dot{\boldsymbol{R}} \tag{5.1.6}
$$

记 $\boldsymbol{H} = (\boldsymbol{A}^{\mathrm{T}}\boldsymbol{A})^{-1}\boldsymbol{A}^{\mathrm{T}}$，若测量数据 $\dot{\boldsymbol{R}}$ 的测量误差协方差矩阵为 $\boldsymbol{C}_{\boldsymbol{M}}$，则该测量噪声传播到弹道参数 $\boldsymbol{X}$ 上的误差协方差矩阵为

$$
\boldsymbol{C}_{\boldsymbol{X}} = \boldsymbol{H}\boldsymbol{C}_{\boldsymbol{M}}\boldsymbol{H}^{\mathrm{T}} \tag{5.1.7}
$$

若忽略状态量之间的互相关，取 $\boldsymbol{C}_{\boldsymbol{X}}$ 矩阵的对角线元素

$$
\sigma_{\boldsymbol{X}}^2 = \mathrm{diag}(\boldsymbol{C}_{\boldsymbol{X}}) \tag{5.1.8}
$$

即可得到弹道参数(状态量) $\boldsymbol{X}(t) = (x(t), y(t), z(t), \dot{x}(t), \dot{y}(t), \dot{z}(t))^{\mathrm{T}}$ 各分量误差的方差.

注释 5.1.2　上面给出的仅是雷达测速体制下的弹道参数的理论精度分析，其观测数据为距离(和)变化率；对于靶场其他测量数据，如角度、距离、伪距或载波相位等，误差传播分析也可类似推导.

注释 5.1.3　对于弹道参数的逐点误差传播而言，弹道参数的精度仅与观测方程、测站布站几何、测量设备精度有关，与数据融合处理过程无关，因此弹道参数估计精度与实际提供的精度结果会产生差异.

2) 弹道参数模型表示下的误差传播分析

逐点误差传播公式给出的弹道参数精度与数据融合处理过程无关，而在数据融合处理过程中[11]，正如第 2 章提出的，建立既能够适合数学处理，又能够体现物理过程、工程特征的融合处理模型是数据融合处理的关键. 因此，需要给出弹道参数模型表示下的误差传播关系.

以弹道轨迹建模为例，假设弹道参数 $\boldsymbol{X}(t)=(x(t),y(t),z(t),\dot{x}(t),\dot{y}(t),\dot{z}(t))^{\mathrm{T}}$ 具有一定的参数表示模型

$$\boldsymbol{X}=\boldsymbol{\Phi}\cdot\boldsymbol{B} \tag{5.1.9}$$

其中，$\boldsymbol{\Phi}$ 为表示基函数，$\boldsymbol{B}$ 为表示系数.

将(5.1.9)代入(5.1.5)，则有

$$\dot{\boldsymbol{R}}=\boldsymbol{A\Phi B} \tag{5.1.10}$$

记 $\boldsymbol{H}^{*}=[(\boldsymbol{A\Phi})^{\mathrm{T}}(\boldsymbol{A\Phi})]^{-1}(\boldsymbol{A\Phi})^{\mathrm{T}}$，则表示系数 $\boldsymbol{B}$ 的协方差矩阵为

$$\boldsymbol{C}_{\boldsymbol{B}}=\boldsymbol{H}^{*}\boldsymbol{C}_{\boldsymbol{M}}\boldsymbol{H}^{*\mathrm{T}} \tag{5.1.11}$$

从而由(5.1.9)可知状态量 $\boldsymbol{X}(t)=(x(t),y(t),z(t),\dot{x}(t),\dot{y}(t),\dot{z}(t))^{\mathrm{T}}$ 的误差协方差矩阵为

$$\boldsymbol{C}_{\boldsymbol{X}}=\boldsymbol{\Phi}\boldsymbol{C}_{\boldsymbol{B}}\boldsymbol{\Phi}^{\mathrm{T}} \tag{5.1.12}$$

同理，可得到弹道参数（状态量）$\boldsymbol{X}(t)=(x(t),y(t),z(t),\dot{x}(t),\dot{y}(t),\dot{z}(t))^{\mathrm{T}}$ 各分量误差的方差 $\sigma_{X}^{2}=\mathrm{diag}(\boldsymbol{C}_{\boldsymbol{X}})$.

以上即为弹道参数模型表示下的误差传播分析公式. 下面以弹道样条表示模型为例，给出具体的精度分析公式，弹道的样条表示理论详见 2.1.1 节.

根据弹道方程可知，弹道参数的四阶导数都是绝对值很小的数，由函数逼近论的有关结论，弹道参数可用分段的三次多项式表示，相当于用分段线性函数表示导弹运动的加速度. 在平稳飞行段，此直线段的持续时间长，在非平稳飞行段，此直线段的持续时间短. 因此，应该用自由节点的样条函数来表示弹道参数. 在级间段甚至可能在极短的时间内加速度由最大值变为零，因此还应考虑在某些段落采用四次样条函数来表示弹道参数，才能使得函数表示的参数较少[12].

采用三次多项式样条函数表示 $t_1,t_2,\cdots,t_m$ 时刻的弹道参数，设

$$\begin{aligned}T_{-3}&<T_{-2}<T_{-1}<T_0=t_1<T_1<T_2<\cdots<T_{N_1}<t_m=T_{N_1+1}<T_{N_1+2}<T_{N_1+3}<T_{N_1+4}\\&<T_{N_1+5}<\cdots<T_{N_1+8}=t_1<T_{N_1+9}<T_{N_1+10}<\cdots<T_{N_1+N_2+8}<t_m=T_{N_1+N_2+9}<\cdots\\&<T_{N_1+N_2+12}<T_{N_1+N_2+13}<\cdots<T_{N_1+N_2+16}=t_1<T_{N_1+N_2+17}<\cdots<T_{N_1+N_2+N_3+16}\\&<t_m=T_{N_1+N_2+N_3+17}<\cdots<T_{N_1+N_2+N_3+20}\end{aligned}$$

分别为用样条函数表示弹道位置参数 $(x(t),y(t),z(t))$ 的节点，则弹道参数 $(x(t),y(t),z(t))$ 可以表示为

$$\begin{cases} x(t)=\sum_{j=1}^{M_1} b_j\varphi_j(t), \\ y(t)=\sum_{j=1}^{M_2} b_{j+M_1}\varphi_{j+M_1}(t), \qquad t_1\leqslant t\leqslant t_m \\ z(t)=\sum_{j=1}^{M_3} b_{j+M_1+M_2}\varphi_{j+M_1+M_2}(t), \end{cases} \tag{5.1.13}$$

其中，$\varphi_j(t),\varphi_{j+M_1}(t),\varphi_{j+M_1+M_2}(t)$ 分别为三个方向的规范 B 样条基函数，由各方向样条节点序列确定，如 $\varphi_j(t)$ 由节点序列 $\{T_{j-4},T_{j-3},T_{j-2},T_{j-1},T_j\}$ 确定，b_j,b_{j+M_1}，$b_{j+M_1+M_2}$ 分别为三个方向弹道参数的样条系数，$[t_1,t_m]$ 为数据处理时间段. 以弹道 x 方向为例，x 方向需要用 N_1+4 个三次 B 样条基函数确定，因此 $M_1=N_1+4$，$M_2=N_2+4$，$M_3=N_3+4$.

记

$$\boldsymbol{\varphi}_x(t)=(\varphi_1(t),\varphi_2(t),\cdots,\varphi_{M_1}(t)),\quad \boldsymbol{\varphi}_y(t)=(\varphi_{M_1+1}(t),\varphi_{M_1+2}(t),\cdots,\varphi_{M_1+M_2}(t))$$

$$\boldsymbol{\varphi}_z(t)=(\varphi_{M_1+M_2+1}(t),\varphi_{M_1+M_2+2}(t),\cdots,\varphi_{M_1+M_2+M_3}(t)),\quad \boldsymbol{B}_x=(b_1,b_2,\cdots,b_{M_1})^{\mathrm{T}}$$

$$\boldsymbol{B}_y=(b_{M_1+1},b_{M_1+2},\cdots,b_{M_1+M_2})^{\mathrm{T}},\quad \boldsymbol{B}_z=(b_{M_1+M_2+1},b_{M_1+M_2+2},\cdots,b_{M_1+M_2+M_3})^{\mathrm{T}}$$

则对于 $t_1\leqslant t\leqslant t_m$，上式也可表示为

$$\begin{cases} x(t)=\boldsymbol{\varphi}_x(t)\boldsymbol{B}_x \\ y(t)=\boldsymbol{\varphi}_y(t)\boldsymbol{B}_y \\ z(t)=\boldsymbol{\varphi}_z(t)\boldsymbol{B}_z \end{cases} \tag{5.1.14}$$

由此，弹道参数由样条节点 $\boldsymbol{T}^x=(T_{-3},T_{-2},\cdots,T_{N_1+4})$，$\boldsymbol{T}^y=(T_{N_1+5},T_{N_1+6},\cdots,T_{N_1+N_2+12})$，$\boldsymbol{T}^z=(T_{N_1+N_2+13},T_{N_1+N_2+14},\cdots,T_{N_1+N_2+N_3+20})$ 和系数 $\boldsymbol{B}=(\boldsymbol{B}_x^{\mathrm{T}},\boldsymbol{B}_y^{\mathrm{T}},\boldsymbol{B}_z^{\mathrm{T}})^{\mathrm{T}}$ 确定.

同样地，$\dot{\boldsymbol{X}}=(\dot{x}(t),\dot{y}(t),\dot{z}(t))$ 和 $\ddot{\boldsymbol{X}}=(\ddot{x}(t),\ddot{y}(t),\ddot{z}(t))$ 可表示为

$$\begin{cases} \dot{x}(t)=\sum_{j=1}^{M_1} \boldsymbol{B}_j\dot{\varphi}_j(t), \\ \dot{y}(t)=\sum_{j=1}^{M_2} \boldsymbol{B}_{j+M_1}\dot{\varphi}_{j+M_1}(t), \qquad t_1\leqslant t\leqslant t_m \\ \dot{z}(t)=\sum_{j=1}^{M_3} \boldsymbol{B}_{j+M_1+M_2}\dot{\varphi}_{j+M_1+M_2}(t), \end{cases} \tag{5.1.15}$$

和

$$
\begin{cases}
\ddot{x}(t)=\sum_{j=1}^{M_1}\boldsymbol{B}_j\ddot{\varphi}_j(t), \\
\ddot{y}(t)=\sum_{j=1}^{M_2}\boldsymbol{B}_{j+M_1}\ddot{\varphi}_{j+M_1}(t), \qquad t_1\leqslant t\leqslant t_m \\
\ddot{z}(t)=\sum_{j=1}^{M_3}\boldsymbol{B}_{j+M_1+M_2}\ddot{\varphi}_{j+M_1+M_2}(t),
\end{cases}
\tag{5.1.16}
$$

由以上公式可以看出，影响理论精度的关键因素为观测方程、测站布站几何、测量设备精度和目标飞行轨迹的模型表示等，因此利用理论精度分析可进行数据融合处理方法精度评价、布站几何优化、实测弹道的精度预估等.

注释 5.1.4 现有事后弹道融合数据处理系统中，逐点解算下的理论精度分析公式理论成熟、结果可信，但由于逐点解算对随机误差抑制的性能较差，实际解算中较少使用. 基于样条函数表示的弹道解算方法能有效抑制随机误差，但是现有的样条解算精度理论分析公式得到的精度过高，达到了 10^{-3}m 的位置精度和 10^{-5}m/s 的速度精度. 究其原因，主要是只考虑了随机误差的影响，由于样条函数联立多个时刻的测量数据，随机误差抑制的能力很强，所以估算的精度很高. 事实上，在使用样条函数逼近弹道时，不可避免地存在模型表示误差，因此在精度理论分析时，需要将模型表示误差也纳入考虑范围.

2. 内、外符合精度检验

弹道参数内、外符合精度评估是两种比较客观的精度检验方法，也称硬评估方法和软评估方法. 弹道参数精度的内符合检验，其基本思想就是在没有更高精度的参照标准的情况下，根据由测量数据的不同组合得到弹道解算结果间的一致性来评价数据融合处理方法的精度[13]. 显然，若数据融合处理方法稳健且精度高，则不同测量数据组合得到处理结果的一致性应较好.

在测量设备较多，且测量时段较长的条件下，根据测元组合的选取方式，可分为时间组合的内符合检验和空间组合的内符合检验.

1) 时间组合的内符合检验

设有测量数据 $h_k(t_i)$ $k=1,\cdots,N,i=1,\cdots,M$，其中 k 为站址索引，i 为各测站的测量时刻索引.

时间组合的内符合检验是指将 M 个测量时刻分为前后有一定重叠的 L 段，不失一般性，这里以 $L=2$ 为例，即将 t_i 分为 $i=1,\cdots,P$ 和 $i=Q,\cdots,M$ 两段，其中 $P>Q$ 分别利用 $h_k(t_i),k=1,\cdots,N$，$i=1,\cdots,P$ 和 $h_k(t_i),k=1,\cdots,N$，$i=Q,\cdots,M$ 这两

段数据进行弹道参数解算，得到弹道参数 $\boldsymbol{X}_1$ 和 $\boldsymbol{X}_2$，统计它们之间的差别并比较一致性.

2) 空间组合的内符合检验

空间组合的内符合检验是指将 N 个测站的数据分为前后有一定交叉的 L 段（在不会引入歧义的情况下，这里仍使用记号 L）. 同样，这里以 $L=2$ 为例，即取指标集 $I,J\subset\{1,\cdots,N\}$，$I\cap J\neq\varnothing$，然后分别利用 $h_k(t_i),k\in I$，$i=1,\cdots,M$ 和 $h_k(t_i)$，$k\in J$，$i=1,\cdots,M$ 这两段数据进行解算，得到弹道参数 $\boldsymbol{X}_1$ 和 $\boldsymbol{X}_2$，统计它们之间的差别并比较一致性.

3) 精度评估的外符合检验

弹道解算精度的外符合评估是指利用某种更高精度的参照量，将弹道参数换算到该参照量，并进行对比，从而评价弹道解算的精度[13]. 显然，一方面，标准更高精度的弹道估计结果难以得到，且如何来评价“更高精度的弹道估计结果”也是需要研究的问题，通常可根据靶场测控设备特性及靶场历史试验结果，对各测控方案获得的弹道参数分精度进行排序.

$$\text{外符合精度=弹道参数估计结果}-(\text{其他方法获得的弹道参数估计结果}\pm\Delta)$$

其中，Δ 为其他方法获得的弹道参数估计误差.

注释 5.1.5　一般来说，使用其他方法获得的弹道参数估计结果比被鉴定的弹道参数估计结果的精度高或相当，才能得出比较符合实际情况的评估精度. 实际工程中可供选择的高精度参照量有 GPS 解算弹道、光学跟踪数据解算弹道等[14]. 此外，还可利用弹道参数推算落点坐标、利用弹道推算测站坐标，利用弹道反算测元，再与真实落点、真实测站坐标以及实际测元对比，也是外符合精度检验的一种有效手段.

5.1.2　弹道参数的实时精度评估

为衡量实时融合模型各个环节内各种方法的精度，需要给出弹道参数实时估计精度的评估标准. 可采用两种方案评估弹道参数的实时估计精度. 一是类似于弹道参数的事后精度评估中的理论精度分析；二是与高精度事后融合弹道进行外符合精度比对.

理论精度分析也可以通过计算其误差传播关系实现，如非线性回归估计中的 Taylor 近似，实时滤波算法中的误差协方差估计等（具体公式参见 4.3 节，即 Kalman 滤波算法中的(4.3.12)、扩展 Kalman 滤波算法中的(4.3.23)、UKF 滤波算法中的(4.3.51)，以及鲁棒滤波算法中的(4.3.73)). 记 t_k 时刻实时估计弹道参数及相应的估计精度分别为 $\hat{\boldsymbol{X}}(t_k)$，$\sigma(t_k)$，则理论精度可以记作如下统一公式

$$\sigma(t_k) = f(\sigma(t_{k-1}), \hat{\boldsymbol{X}}(t_k)) \tag{5.1.17}$$

其中，$f(\cdot)$ 为系统状态 $\boldsymbol{X}(t_k)$ 的非线性状态转移函数，如式(4.3.13)，该方法不但给出了弹道参数实时估计的近似精度，而且其在线更新特性还可以作为算法收敛性判断和参数调节的参考.

此外，通常我们认为事后融合数据处理可以获得高精度弹道估计，以此作为标准，可以全面地评估实时弹道的估计精度. 设实时和事后处理弹道分别为 $\hat{\boldsymbol{X}}_1(t_k), \hat{\boldsymbol{X}}_0(t_k)$，两者的差别

$$\tilde{\boldsymbol{X}}(t) = \hat{\boldsymbol{X}}_1(t) - \hat{\boldsymbol{X}}_0(t) \tag{5.1.18}$$

一方面，$\tilde{\boldsymbol{X}}(t)$ 和 $\sigma(t)$ 是随时间变化的函数，与弹道或测元各时刻对应比较，其变化趋势全面刻画了实时算法估计性能随导弹运动的变化；另一方面，实时滤波算法可能是一个渐近收敛的过程，还需要给出算法整体的性能评价标准，如滤波收敛速度、平均精度、稳定性等，因此需要统计 $\tilde{\boldsymbol{X}}(t)$ 或 $\sigma(t)$ 获得一些总体参数.

1. 滤波收敛速度计算

根据任务需求，设定弹道参数估计精度，如位置精度不小于 20m，速度精度不小于 0.2m/s. 给定评价窗口宽度 T，当连续的 T 时刻内弹道参数估值满足上述精度要求，则认为算法已收敛. 设任务精度标准为 M，收敛时刻计算如下

$$t_0 = \min_t \{|\alpha(\tau)| < M,\ t \leqslant \tau \leqslant t+T\},\quad \alpha = \tilde{\boldsymbol{X}} \text{ 或者 } \sigma \tag{5.1.19}$$

2. 平均精度

设 t_0 时刻算法开始收敛，统计此估计误差均方差可以作为融合系统跟踪精度的整体评价标准. 计算如下

$$\sigma = \frac{1}{N}\cdot\sqrt{\sum_{t>t_0}[\alpha(t)]^2},\quad \alpha = \tilde{\boldsymbol{X}} \text{ 或者 } \sigma \tag{5.1.20}$$

N 为 t_0 时刻以后总的采样点个数. 不考虑跟踪异常点的影响，上式也可以只统计满足精度要求的采样点.

3. 稳定性

设备测量失锁或异常造成对应测元频繁进出融合系统，甚至某时段内无法为解算系统提供足够的测量信息，使得弹道参数估计结果中出现散点，这种情况在弹道特征点附近尤其容易发生，它一定程度地反映了融合系统的跟踪稳定性. 设

系统设计的精度标准为 M，收敛时刻为 t_0，统计散点如下

$$N_L = \sum \{\mathrm{num}(|\alpha(t)| > M,\ t \geqslant t_0)\},\quad \alpha = \tilde{X} \text{ 或者 } \sigma \tag{5.1.21}$$

$\mathrm{num}(\cdot)$ 代表计数函数

$$\mathrm{num}(x) = \begin{cases} 1, & x > 0 \\ 0, & \text{其他} \end{cases} \tag{5.1.22}$$

5.2　模型误差分析及对弹道参数估计精度评估

利用传统的多站逐点解弹道参数的数据处理方法，对于系统误差的估计能力是有限的. 数据融合处理方法可应用弹道参数、系统误差和随机误差的节省参数模型，充分利用各测站的测量信息，建立联合模型[7]

$$\boldsymbol{Y} = \boldsymbol{F}(\boldsymbol{b}) + \boldsymbol{U}\boldsymbol{a} + \boldsymbol{\varepsilon} \tag{5.2.1}$$

其中，$\boldsymbol{b}$ 为弹道表示的节省参数，$\boldsymbol{a}$ 为系统误差参数，$\boldsymbol{\varepsilon}$ 为随机误差. 通过联合模型的求解，可以给出弹道参数的估计，并显著提高估计精度. 当测元较多、有较多的冗余信息时，还能给出系统误差和随机误差统计特性参数的高精度估计.

从(5.2.1)可知，影响弹道精度的主要因素是测量数据中的系统误差、随机误差以及数据处理技术，包括弹道模型的表示方法及相应的参数估计方法等. 系统误差影响真实信号的正确度，而随机误差影响真实信号的精密度，其共同决定了测量数据的准确度. 由于弹道轨迹及系统误差的复杂性，数据融合处理过程中所采用的弹道表示模型以及系统误差模型与实际的弹道及测量数据总存在一定程度的模型误差，对于能估计出来的误差，用上述方案时，应不予以考虑，而应考虑不可建模的误差对真实信号估计的影响，也即模型误差对弹道参数估计精度的影响.

5.2.1　模型误差分析

测量数据一般由真实信号、系统误差和随机误差三部分组成. 随机误差一般可用低阶时间序列模型进行描述；而系统误差则由于误差源的复杂性，表现形式多种多样. 从模型方面考虑，分为可模型化的系统误差及不可模型化的系统误差[15-17]. 可模型化的系统误差有比较明确的工程背景和相应的数学模型，较为典型有：常值、大气折射残差等，可用 2.2.2 节的方法进行建模与辨识；不可模型化的系统误差是指难以用明确的实际模型，或者虽然有明确的模型但难以用少参数进行表示或数据建模处理时，难以进行估计的系统误差，如波动误差、混合误差和不确定性误差等.

为便于估计和处理，实际用的数据融合处理模型是一种紧凑模型. 该模型刻画了数据处理模型的主要部分，因此与实际物理模型存在一定的差异，这种差异

我们称为模型误差，其主要来源是不可模型化的系统误差.

在多通道测量数据联解弹道的模型中，对于可模型化的误差，应在联合模型中加入相应的误差模型，利用多通道测量数据的冗余信息，对该误差进行估计和修正，从而提高弹道的估计精度；对于不可模型化的系统误差，可有三种考虑：第一种情况是不可模型化的系统误差仍较大，这时，就必须应用数学技术对其进行仔细的研究，建立相应的数学模型对其进行估计和修正，这里必须注意的是，对不可模型化的系统误差建立数学模型，一般需要较多的参数，而参数的增加会影响弹道联解的精度；第二种是采用半参数建模方法，结合参数建模和非参数建模等手段，建立不可模型化的系统误差的半参数模型，结合半参数估计方法进行补偿[18-19]；第三种情况是不可模型化的系统误差较小，此时可在处理中不加考虑.

注释 5.2.1 实际情况中，若要考虑所有的系统误差源，系统误差参数太多，建立全模型的系统误差模型既无必要也是不可能的，在实际处理中，往往只需考虑其中的主要部分，其余的可归到模型误差中去. 但模型误差的存在会影响数据处理的精度，因此必须要解决这样一个问题，即对于不同精度要求的数据客户，何种程度的模型误差在数据处理中可以忽略不计. 因此，必须提出针对客户精度要求的模型误差的处理方案，研究模型误差对于弹道参数估计精度的影响，并给出相应的精度计算和评估方法，从而设计模型误差处理方案的选择原理.

5.2.2 模型误差对弹道参数估计精度的影响

本节讨论模型误差对弹道参数估计精度的影响. 为叙述方便，针对某一跟踪测量系统的测量情况进行研究，所有讨论及结果均可推广到一般情况.

假设靶场外弹道跟踪系统由三套光学、一套 TCK 组成. 光学测量设备提供各测量坐标系下方位角和高低角 $A_k^c(t), E_k^c(t),\ k=1,2,3$ 的测量数据；TCK 系统提供距离 $R(t)$ 、距离变化率 $\dot{R}(t)$ 、方位角和高低角 $A^c(t), E^c(t)$ 的测量数据，其中

$$
A_k^c(t) = \arctan\frac{z_k^c(t)}{x_k^c(t)}, \quad E_k^c(t) = \arctan\frac{y_k^c(t)}{\sqrt{x_k^{c2}(t)+z_k^{c2}(t)}}, \quad k=1,2,3
$$

$$
R(t) = \sqrt{(x(t)-x_0)^2+(y(t)-y_0)^2+(z(t)-z_0)^2}
$$

$$
\dot{R}(t) = \frac{x(t)-x_0}{R(t)}\dot{x}(t) + \frac{y(t)-y_0}{R(t)}\dot{y}(t) + \frac{z(t)-z_0}{R(t)}\dot{z}(t)
$$

$$
A^c(t) = \arctan\frac{z_0^c(t)}{x_0^c(t)}
$$

$$
E^c(t) = \arctan\frac{y_0^c(t)}{\sqrt{x_0^{c2}(t)+z_0^{c2}(t)}}
$$

(x_0, y_0, z_0), $(x_k, y_k, z_k)(k=1,2,3)$ 为发射坐标系下测站站址, $(x(t), y(t), z(t), \dot{x}(t), \dot{y}(t), \dot{z}(t))^{\mathrm{T}}$ 为发射坐标系下弹道参数, $(x_k^c(t), y_k^c(t), z_k^c(t))^{\mathrm{T}}$ 为各测站坐标系下弹道位置参数, 由靶场各坐标系的转换关系, 可知各坐标系下弹道参数满足如下转换关系:

$$\begin{pmatrix} x_k^c(t) \\ y_k^c(t) \\ z_k^c(t) \end{pmatrix} = \boldsymbol{M}_k \begin{pmatrix} x(t) \\ y(t) \\ z(t) \end{pmatrix} + \boldsymbol{U}_k, \quad \begin{pmatrix} \dot{x}_k^c(t) \\ \dot{y}_k^c(t) \\ \dot{z}_k^c(t) \end{pmatrix} = \boldsymbol{M}_k \begin{pmatrix} \dot{x}(t) \\ \dot{y}(t) \\ \dot{z}(t) \end{pmatrix} \tag{5.2.2}$$

其中, $\boldsymbol{M}_k, \boldsymbol{U}_k$ 分别为常值坐标变换矩阵与向量, 只与测站、发射坐标系有关.

注释 5.2.2　距离及其变化率与坐标系的旋转与平移无关, 因此, TCK 提供的测量坐标系下的距离及其变化率的数据, 与在发射坐标系意义下是相同的.

设采样时刻为 $t_i, i=1,2,\cdots,n$, 则可获得 m 个时刻各测量坐标系下测量数据模型如下:

$$\begin{cases} y_A(t_i) = A^c(t_i) + a_1 + c_1(t) + \varepsilon_A(t_i) \\ y_E(t_i) = E^c(t_i) + a_2 + c_2(t) + \varepsilon_E(t_i) \\ y_R(t_i) = R(t_i) + a_3 + c_3(t) + \varepsilon_R(t_i) \\ y_{\dot{R}}(t_i) = \dot{R}(t_i) + c_4(t) + \varepsilon_{\dot{R}}(t_i) \end{cases} \tag{5.2.3}$$

$$\begin{cases} y_A(t_i) = A^c(t_i) + a_1 + \varepsilon_A(t_i) \\ y_E(t_i) = E^c(t_i) + a_2 + \varepsilon_E(t_i) \\ y_R(t_i) = R(t_i) + a_3 + \varepsilon_R(t_i) \\ y_{\dot{R}}(t_i) = \dot{R}(t_i) + \varepsilon_{\dot{R}}(t_i) \end{cases} \tag{5.2.4}$$

$$\begin{cases} y_{A_k}(t_i) = A_k^c(t_i) + a_{4+2(k-1)} + a_{5+2(k-1)}t_i + \varepsilon_{A_k}(t_i), \\ y_{E_k}(t_i) = E_k^c(t_i) + a_{10+2(k-1)} + a_{11+2(k-1)}t_i + \varepsilon_{E_k}(t_i), \end{cases} \quad k=1,2,3 \tag{5.2.5}$$

(5.2.3) 和 (5.2.5) 式联合为 t_i 时刻的测量数据模型, 其中假设了 TCK 测元 R, A^c, E^c 有常值系统误差 a_1, a_2, a_3 和测元 $R, \dot{R}, A^c, E^c$ 模型误差 $c_1(t), c_2(t), c_3(t), c_4(t)$, 光学测量数据有常值系统误差 $a_4, a_6, a_8, a_{10}, a_{12}, a_{14}$ 和线性误差 $a_5 t, a_7 t, a_9 t, a_{11} t, a_{13} t, a_{15} t$.

(5.2.4) 和 (5.2.5) 式联合为 t_i 时刻的弹道联解模型, 与 (5.2.3) 和 (5.2.5) 组成的联合模型的区别在于 (5.2.4) 中没有考虑模型误差 $c_1(t), c_2(t), c_3(t), c_4(t)$.

现在的问题是用 (5.2.4) 和 (5.2.5) 联解弹道时, 实际数据中存在的模型误差 $c_1(t), c_2(t), c_3(t), c_4(t)$ 对弹道及系统误差估计精度的影响有多大?

利用弹道参数的样条函数表示方法，以弹道 x 方向位置为例，x 方向需要用 N_1+4 个三次 B 样条函基确定，具体记法见 5.1.1 节，则对于 $t_1 \leqslant t \leqslant t_m$，有弹道的样条函数表示:

$$
\begin{aligned}
x(t) &= B_x(t)b_x, \quad \dot{x}(t) = \dot{B}_x(t)b_x \\
y(t) &= B_y(t)b_y, \quad \dot{y}(t) = \dot{B}_y(t)b_y \\
z(t) &= B_z(t)b_z, \quad \dot{z}(t) = \dot{B}_z(t)b_z
\end{aligned}
\tag{5.2.6}
$$

由此，$t_1 \leqslant t \leqslant t_m$ 时间段的弹道由样条系数 $\boldsymbol{b}=(b_x^{\mathrm{T}},b_y^{\mathrm{T}},b_z^{\mathrm{T}})^{\mathrm{T}}$ 确定. 引进下面记号:

$$
\boldsymbol{y}(t)=(y_A(t),y_E(t),y_R(t),y_{\dot{R}}(t),y_{A_1}(t),y_{E_1}(t),\cdots,y_{A_3}(t),y_{E_3}(t))^{\mathrm{T}}
$$

$$
\boldsymbol{G}(\boldsymbol{b},t)=\boldsymbol{G}(\boldsymbol{X}(t))=(A^c(t),E^c(t),R(t),\dot{R}(t),A_1^c(t),E_1^c(t),\cdots,A_3^c(t),E_3^c(t))^{\mathrm{T}}
$$

$$
\boldsymbol{\varepsilon}(t)=(\varepsilon_A(t),\varepsilon_E(t),\varepsilon_R(t),\varepsilon_{\dot{R}}(t),\varepsilon_{A_1}(t),\varepsilon_{E_1}(t),\cdots,\varepsilon_{A_3}(t),\varepsilon_{E_3}(t))^{\mathrm{T}}
$$

$$
\boldsymbol{U}(t)=\begin{bmatrix} \boldsymbol{I}_{3\times3} & \mathbf{0}_{3\times12} \\ \mathbf{0}_{1\times3} & \mathbf{0}_{1\times12} \\ \mathbf{0}_{6\times3} & \boldsymbol{V}_{6\times12} \end{bmatrix},\quad
\boldsymbol{V}(t)=\begin{bmatrix} 1 & t & 0 & 0 & \cdots & 0 & 0 \\ 0 & 0 & 1 & t & \cdots & 0 & 0 \\ \vdots & \vdots & \vdots & \vdots & & \vdots & \vdots \\ 0 & 0 & 0 & 0 & \cdots & 1 & t \end{bmatrix},\quad
\boldsymbol{C}(t)=\begin{bmatrix} c_1(t) \\ \vdots \\ c_4(t) \\ 0 \\ \vdots \\ 0 \end{bmatrix}
$$

$\boldsymbol{I}_{3\times3}$ 为单位阵，$\mathbf{0}_{k\times l}$ 为零值阵，

$$
\boldsymbol{Y}=(\boldsymbol{y}(t_1)^{\mathrm{T}},\boldsymbol{y}(t_2)^{\mathrm{T}},\cdots,\boldsymbol{y}(t_m)^{\mathrm{T}})^{\mathrm{T}}
$$

$$
\boldsymbol{F}(\boldsymbol{b})=(\boldsymbol{G}(\boldsymbol{b},t_1)^{\mathrm{T}},\ \boldsymbol{G}(\boldsymbol{b},t_2)^{\mathrm{T}},\cdots,\boldsymbol{G}(\boldsymbol{b},t_m)^{\mathrm{T}})^{\mathrm{T}},\qquad \boldsymbol{\varepsilon}=(\varepsilon(t_1)^{\mathrm{T}},\varepsilon(t_2)^{\mathrm{T}},\cdots,\varepsilon(t_m)^{\mathrm{T}})^{\mathrm{T}}
$$

$$
\boldsymbol{U}=(U(t_1)^{\mathrm{T}},U(t_2)^{\mathrm{T}},\cdots,U(t_m)^{\mathrm{T}})^{\mathrm{T}}
$$

$$
\boldsymbol{C}=(\boldsymbol{C}(t_1)^{\mathrm{T}},\boldsymbol{C}(t_2)^{\mathrm{T}},\cdots,\boldsymbol{C}(t_m)^{\mathrm{T}})^{\mathrm{T}},\quad \boldsymbol{a}=(a_1,a_2,\cdots,a_{15})^{\mathrm{T}}
$$

由此，实际数据模型(5.2.3)和(5.2.5)的向量形式为

$$
\boldsymbol{Y}=\boldsymbol{F}(\boldsymbol{b})+\boldsymbol{Ua}+\boldsymbol{C}+\boldsymbol{\varepsilon} \tag{5.2.7}
$$

而弹道联解模型(5.2.4)和(5.2.5)的向量形式为

$$
\boldsymbol{Y}=\boldsymbol{F}(\boldsymbol{b})+\boldsymbol{Ua}+\boldsymbol{\varepsilon} \tag{5.2.8}
$$

(5.2.8)是关于样条系数及系统误差参数 $\boldsymbol{\beta}=(\boldsymbol{b}^{\mathrm{T}},\boldsymbol{a}^{\mathrm{T}})^{\mathrm{T}}$ 的非线性回归模型，利用 3.3 节的非线性模型参数估计方法，可得到 $\boldsymbol{\beta}$ 的估计 $\hat{\boldsymbol{\beta}}=(\hat{\boldsymbol{b}}^{\mathrm{T}},\hat{\boldsymbol{a}}^{\mathrm{T}})^{\mathrm{T}}$，进而由(5.2.6)，得到 $t_i\ (i=1,2,\cdots,m)$ 时刻弹道参数的估计.

下面讨论弹道参数估计精度. 考虑到实际数据模型(5.2.7), 记$\boldsymbol{Z}(\boldsymbol{\beta})=\boldsymbol{F}(\boldsymbol{b})+\boldsymbol{U}\boldsymbol{a}$, 则近似地有

$$\boldsymbol{Y}=\boldsymbol{Z}(\boldsymbol{\beta})+\boldsymbol{C}+\boldsymbol{\varepsilon}=\boldsymbol{Z}(\hat{\boldsymbol{\beta}})+\nabla\boldsymbol{Z}(\hat{\boldsymbol{\beta}})(\boldsymbol{\beta}-\hat{\boldsymbol{\beta}})+\boldsymbol{C}+\boldsymbol{\varepsilon} \tag{5.2.9}$$

其中, $\nabla\boldsymbol{Z}(\hat{\boldsymbol{\beta}})=\left(\dfrac{\partial\boldsymbol{Z}_i}{\partial\boldsymbol{\beta}_j}(\hat{\boldsymbol{\beta}})\right)$为梯度矩阵, 并记为$\boldsymbol{X}_1$, 则有

$$\hat{\boldsymbol{\beta}}-\boldsymbol{\beta}=(\boldsymbol{X}_1^{\mathrm{T}}\boldsymbol{X}_1)^{-1}\boldsymbol{X}_1^{\mathrm{T}}(Z(\hat{\boldsymbol{\beta}})-\boldsymbol{Y}+\boldsymbol{C}+\boldsymbol{\varepsilon})\approx(\boldsymbol{X}_1^{\mathrm{T}}\boldsymbol{X}_1)^{-1}\boldsymbol{X}_1^{\mathrm{T}}(\boldsymbol{C}+\boldsymbol{\varepsilon}) \tag{5.2.10}$$

由此得到如下结论.

定理 5.2.1[1]　设$\boldsymbol{X}(t)$为t时刻弹道真值, $\boldsymbol{H}(t)=(\boldsymbol{B}_x(t)^{\mathrm{T}},\dot{\boldsymbol{B}}_x(t)^{\mathrm{T}},\boldsymbol{B}_y(t)^{\mathrm{T}},\dot{\boldsymbol{B}}_y(t)^{\mathrm{T}},\boldsymbol{B}_z(t)^{\mathrm{T}},\dot{\boldsymbol{B}}_z(t)^{\mathrm{T}})^{\mathrm{T}}$, 则有

$$\begin{aligned}&E(\hat{\boldsymbol{\beta}}-\boldsymbol{\beta})=(\boldsymbol{X}_1^{\mathrm{T}}\boldsymbol{X}_1)^{-1}\boldsymbol{X}_1^{\mathrm{T}}\boldsymbol{C}\\&\mathrm{Cov}(\hat{\boldsymbol{\beta}}-\boldsymbol{\beta})=\left(\boldsymbol{X}_1^{\mathrm{T}}\boldsymbol{\Sigma}_\varepsilon^{-1}\boldsymbol{X}_1\right)^{-1}\end{aligned} \tag{5.2.11}$$

$$\begin{aligned}&\hat{\boldsymbol{X}}(t)-\boldsymbol{X}(t)=\boldsymbol{H}(t)\boldsymbol{X}_2(\boldsymbol{C}+\varepsilon)\\&E(\hat{\boldsymbol{X}}(t)-\boldsymbol{X}(t))=\boldsymbol{H}(t)\boldsymbol{X}_2\boldsymbol{C}\\&\mathrm{Cov}(\hat{\boldsymbol{X}}(t)-\boldsymbol{X}(t))=(\boldsymbol{X}_2^{\mathrm{T}}\boldsymbol{H}(t)^{\mathrm{T}}\boldsymbol{\Sigma}_\varepsilon^{-1}\boldsymbol{X}_2\boldsymbol{H}(t))^{-1}\end{aligned} \tag{5.2.12}$$

其中

$$\boldsymbol{W}=\nabla\boldsymbol{F}(\boldsymbol{b}),\ \boldsymbol{W}_{11}=\boldsymbol{W}^{\mathrm{T}}\boldsymbol{W},\quad \boldsymbol{W}_{12}=\boldsymbol{W}^{\mathrm{T}}\boldsymbol{U}=\boldsymbol{W}_{21},\boldsymbol{W}_{22}=\boldsymbol{U}^{\mathrm{T}}\boldsymbol{U},\tilde{\boldsymbol{W}}_{22}=\boldsymbol{W}_{22}-\boldsymbol{W}_{21}\boldsymbol{W}_{11}^{-1}\boldsymbol{W}_{12}$$
$$\boldsymbol{X}_2=(\boldsymbol{W}_{11}^{-1}+\boldsymbol{W}_{11}^{-1}\boldsymbol{W}_{12}\tilde{\boldsymbol{W}}_{22}^{-1}\boldsymbol{W}_{21}\boldsymbol{W}_{11}^{-1})\boldsymbol{W}^{\mathrm{T}}-\boldsymbol{W}_{11}^{-1}\boldsymbol{W}_{12}\tilde{\boldsymbol{W}}_{22}^{-1}\boldsymbol{U}^{\mathrm{T}},\quad \boldsymbol{\Sigma}_\varepsilon=\mathrm{Cov}(\boldsymbol{\varepsilon})$$

注释 5.2.3　由(5.2.11)的第一式和(5.2.12)的第二式可知, 由于模型误差的存在, 弹道参数及系统误差参数估计均为有偏估计.

注释 5.2.4　由(5.2.11)的第二式和(5.2.12)的第三式可知, 模型误差不影响弹道及系统误差参数估计的协方差阵.

5.2.3　弹道参数的估计效率分析

假设数据客户提出的弹道参数估计精度为$\sigma_0^x,\sigma_0^y,\sigma_0^z,\sigma_0^{\dot{x}},\sigma_0^{\dot{y}},\sigma_0^{\dot{z}}$, 那么, 对于数据融合处理而言, 首先需要回答的第一个问题是: 客户提出的精度是否能够达到? 也就是说, 在数据模型中只有模型化系统误差和随机误差的情况下, 弹道参数估计的精度是多少? 这一精度是数据融合处理所能达到的最高精度. 如果回答是肯定的, 就必须考虑第二个问题, 即在该精度条件下, 容许多大的模型误差; 因

为实际测量情况的复杂性，不可能建立包括所有误差项的数据模型.

第一个问题可由下面的推论回答.

推论 5.2.1 设 $\boldsymbol{X}(t)$ 为 t 时刻弹道真值，则在没有模型误差的情况下，有

$$\begin{aligned}&E(\hat{\boldsymbol{\beta}}-\boldsymbol{\beta})=0\\&\mathrm{Cov}(\hat{\boldsymbol{\beta}}-\boldsymbol{\beta})=(\boldsymbol{X}_1^{\mathrm{T}}\boldsymbol{\Sigma}_{\varepsilon}^{-1}\boldsymbol{X}_1)^{-1}\\&\hat{\boldsymbol{X}}(t)-\boldsymbol{X}(t)=\boldsymbol{H}(t)\boldsymbol{X}_2\boldsymbol{\varepsilon}\\&E(\hat{\boldsymbol{X}}(t)-\boldsymbol{X}(t))=0\\&\mathrm{Cov}(\hat{\boldsymbol{X}}(t)-\boldsymbol{X}(t))=(\boldsymbol{X}_2^{\mathrm{T}}\boldsymbol{H}(t)^{\mathrm{T}}\boldsymbol{\Sigma}_{\varepsilon}^{-1}\boldsymbol{X}_2\boldsymbol{H}(t))^{-1}\end{aligned}\tag{5.2.13}$$

显然，在定理 5.2.1 中取 $\boldsymbol{C}=0$ 即可.

定义 5.2.1[1] 设弹道 x 方向位置参数 $x(t_i)$ 为 $t_i(i=1,2,\cdots,m)$ 时刻的弹道真值.

(I) 设数据模型中只有模型化系统误差 $\boldsymbol{Ua}$ 和随机误差 $\boldsymbol{\varepsilon}$，t_i 时刻的弹道参数估计为 $\hat{x}_{\varepsilon}(t_i)$，此时弹道参数 x 的估计误差的标准差为 $\sigma_e^x=E\left(\dfrac{1}{m}\sum\limits_{i=1}^{m}(\hat{x}_{\varepsilon}(t_i)-x(t_i))^2\right)^{\frac{1}{2}}$.

(II) 设除 (I) 中的模型化系统误差 $\boldsymbol{Ua}$ 和随机误差 $\boldsymbol{\varepsilon}$ 外，数据模型中还有模型误差 $\boldsymbol{C}$，在这种情况下，仍采用 (I) 中模型对弹道及模型化系统误差进行估计，得 t_i 时刻的弹道估计为 $\hat{x}_c(t_i)$，此时，弹道参数 x 的估计误差的标准差为 $\sigma_c^x=E\left(\dfrac{1}{m}\sum\limits_{i=1}^{m}(\hat{x}_c(t_i)-x(t_i))^2\right)^{\frac{1}{2}}$.

(1) 定义弹道参数 x 的估计效率参数为 $\mathrm{eff}(x)=\dfrac{\sigma_{\varepsilon}^x}{\sigma_c^x}$.

类似地定义：$\mathrm{eff}(y)=\dfrac{\sigma_{\varepsilon}^y}{\sigma_c^y},\mathrm{eff}(z)=\dfrac{\sigma_{\varepsilon}^z}{\sigma_c^z},\mathrm{eff}(\dot{x})=\dfrac{\sigma_{\varepsilon}^{\dot{x}}}{\sigma_c^{\dot{x}}},\mathrm{eff}(\dot{y})=\dfrac{\sigma_{\varepsilon}^{\dot{y}}}{\sigma_c^{\dot{y}}},\mathrm{eff}(\dot{z})=\dfrac{\sigma_{\varepsilon}^{\dot{z}}}{\sigma_c^{\dot{z}}}$.

(2) 定义弹道参数 x 的客户效率参数为 $\mathrm{eff}_0(x)=\dfrac{\sigma_{\varepsilon}^x}{\sigma_0^x}$.

类似地可定义

$$\mathrm{eff}_0(y)=\frac{\sigma_{\varepsilon}^y}{\sigma_0^y},\quad \mathrm{eff}_0(z)=\frac{\sigma_{\varepsilon}^z}{\sigma_0^z},\quad \mathrm{eff}_0(\dot{x})=\frac{\sigma_{\varepsilon}^{\dot{x}}}{\sigma_0^{\dot{x}}},\quad \mathrm{eff}_0(\dot{y})=\frac{\sigma_{\varepsilon}^{\dot{y}}}{\sigma_0^{\dot{y}}},\quad \mathrm{eff}_0(\dot{z})=\frac{\sigma_{\varepsilon}^{\dot{z}}}{\sigma_0^{\dot{z}}}$$

注释 5.2.5 对于弹道参数的估计效率参数，有 $0\leqslant\mathrm{eff}(\cdot)\leqslant1$.

注释 5.2.6 假设实际数据模型满足 (5.2.8)，这时可获得弹道参数估计的最高精度，估计的标准差为 σ_{ε}^x；假设实际数据模型满足 (5.2.7)，而仍然采用模型 (5.2.8) 对实际数据进行处理，由定理 5.2.1，由于模型误差的存在，弹道参数估计

精度将受到影响，此时，弹道参数估计的标准差为 $\sigma_c^x > \sigma_\varepsilon^x$，因此有 $0 \leqslant \mathrm{eff}(x) \leqslant 1$. 显然，$\mathrm{eff}(x)$ 越小，模型误差对弹道参数估计的精度影响越大；$\mathrm{eff}(x)$ 越大，越接近于 1，则模型误差对弹道参数估计的精度影响越小.

注释 5.2.7　对于弹道参数的客户效率参数 $\mathrm{eff}_0(\cdot)$，它描述的是数据客户所要求的精度与数据处理所能提供的最高精度之间的比较. 以弹道参数 x 为例，如果 $\mathrm{eff}_0(x) > 1$，则数据客户所要求的精度无法满足；而若 $\mathrm{eff}_0(x) < 1$，则数据客户所要求的精度小于数据处理所能提供的最高精度.

在 $\mathrm{eff}_0(x) < 1$ 的情况下，实际数据处理一般并不能达到最高精度，能否满足数据客户所要求的精度，可参考如下模型误差处理原则. 也即：如果 $\mathrm{eff}(\cdot) \geqslant \mathrm{eff}_0(\cdot)$，即估计效率高于客户效率，则模型误差可在弹道参数估计模型中忽略不计；否则，必须在弹道参数估计模型中加以考虑.

5.2.4　残差分析与评估

设弹道参数解算后的测元残差向量为 RSS，将其进一步分解为

$$\mathrm{RSS} = \mathrm{RSS}^c + \mathrm{RSS}^\varepsilon \tag{5.2.14}$$

其中，RSS^c 为模型误差带来的测元残差部分，RSS^ε 为由随机误差带来的测元残差部分.

令弹道样条模型解算中，观测数据对待估参数 $\boldsymbol{\beta}$（样条系数）的 Jacobian 矩阵为 $\boldsymbol{\Phi}$，其广义逆为 $\boldsymbol{H}$；样条基函数矩阵为 $\boldsymbol{B}$.

由于 RSS^c 为由模型误差带来的误差，故其造成的弹道参数估计精度为

$$\boldsymbol{\delta X} = \boldsymbol{B} \cdot \boldsymbol{H} \cdot \mathrm{RSS}^c \tag{5.2.15}$$

另一方面，随机误差造成的待估参数（样条系数）的协方差矩阵为

$$\mathrm{Cov}(\boldsymbol{\beta}) = \boldsymbol{H} \cdot \mathrm{Cov}(\mathrm{RSS}^\varepsilon) \cdot \boldsymbol{H}^\mathrm{T} \tag{5.2.16}$$

再取对角线元素并开根号，乘以样条基函数矩阵，就可以得到相应的弹道参数的估计精度

$$\sigma_X = \boldsymbol{B} \cdot \sqrt{\mathrm{diag}(\mathrm{Cov}(\boldsymbol{\beta}))} \tag{5.2.17}$$

最后，总的弹道参数的估计精度为

$$\Delta X = \sqrt{(\delta \boldsymbol{X})^2 + (\sigma \boldsymbol{X})^2} \tag{5.2.18}$$

注释 5.2.8　在实际解算中，测元残差容易得到，但是将其分为模型表示误差和随机误差却是不容易的. 常采用的方法是将测元进行样条拟合（节点优化），将拟合后的残差认为是随机误差；测元残差减去随机误差即为模型表示误差.

5.3　误差分析与评估方法

我们知道测量数据由真实信号和误差两部分组成. 其中误差又可由可建模的系统误差、不可建模的系统误差（模型误差）、随机误差和粗大误差组成. 2.2 节给出了测量误差的建模及处理方法，5.2 节给出了模型误差对弹道参数估计精度的影响. 本节结合测量数据的实际工程应用，给出各类误差的分析与评估的方案及思路.

5.3.1　粗大误差分析

对于粗大误差分析主要是以下两种情况:

(1) 对于一般的离散点（孤立点）异常值和成片型（斑点型）异常值，可以结合数据处理的事后或实时要求，采用 2.2.1 节或 4.2.1 节的检测与剔除方法进行处理.

(2) 第二种粗大误差主要是级间段的数据，这个区间段的数据，因为弹道参数本身的特性比较复杂，不便建模处理. 可以考虑采用全弹道数据融合的方法，由于大的数据量及几何关系的改善，此时，可以将粗大误差的影响降到最低程度.

通过 (1) 和 (2) 的分析，可认为对于粗大误差可进行较好的处理，这里主要分析随机误差和系统误差的评估方案及思路.

5.3.2　随机误差分析与评估流程

随机误差分析与评估方案如图 5.3.1 所示. 通过对测量设备工作原理分析、测量环境的影响分析，明确测量随机误差源，利用弹道融合估计模型，求解弹道参数得到测元残差，通过对测元残差数据的相关性分析，利用 2.2.3 节的测量随机误差建模方法，构建测量随机误差模型，得到测量随机误差统计特性估计.

随机误差分析分为如下三个方面:

1) 测量随机误差源的分析

随机误差的来源主要是测量设备和测量环境中的高频噪声影响，包括测量的量化误差；大气温度、湿度、气压等的变化，海面反射，设备振动等引起的误差；设备的热噪声等.

2) 测量随机误差模型的分析

测量数据随机误差一般在一段不长的时间内（一般可取 10s），可以用均值平稳时间序列模型描述，用这种模型评价一段不长的时间内的随机误差是合适的.

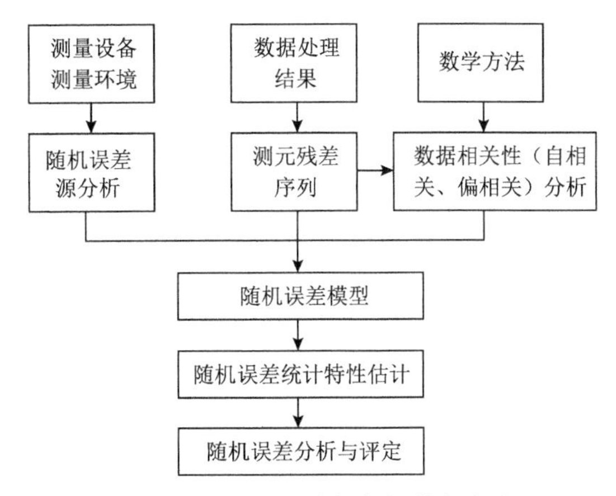

图 5.3.1　随机误差分析与评估方案流程

图 5.3.2 和图 5.3.3 分别给出了某模型弹道的实测数据(3 个光测站, 6 个测元)的测元残差的自相关函数和偏相关函数图.

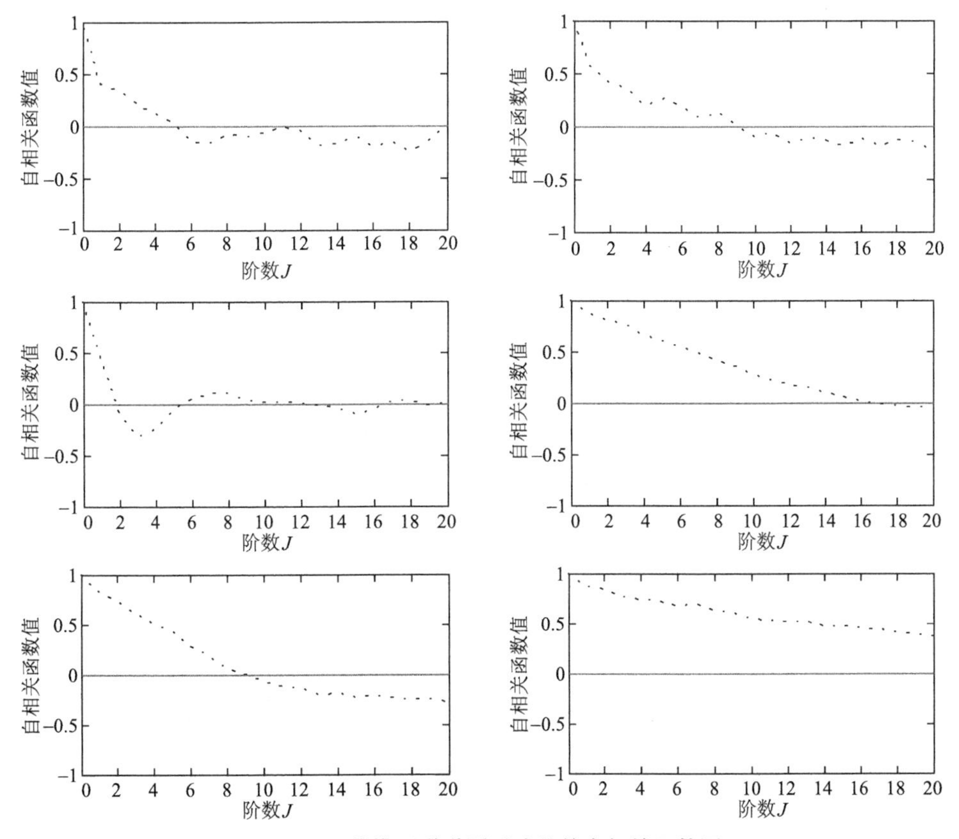

图 5.3.2　某模型弹道测元残差的自相关函数图

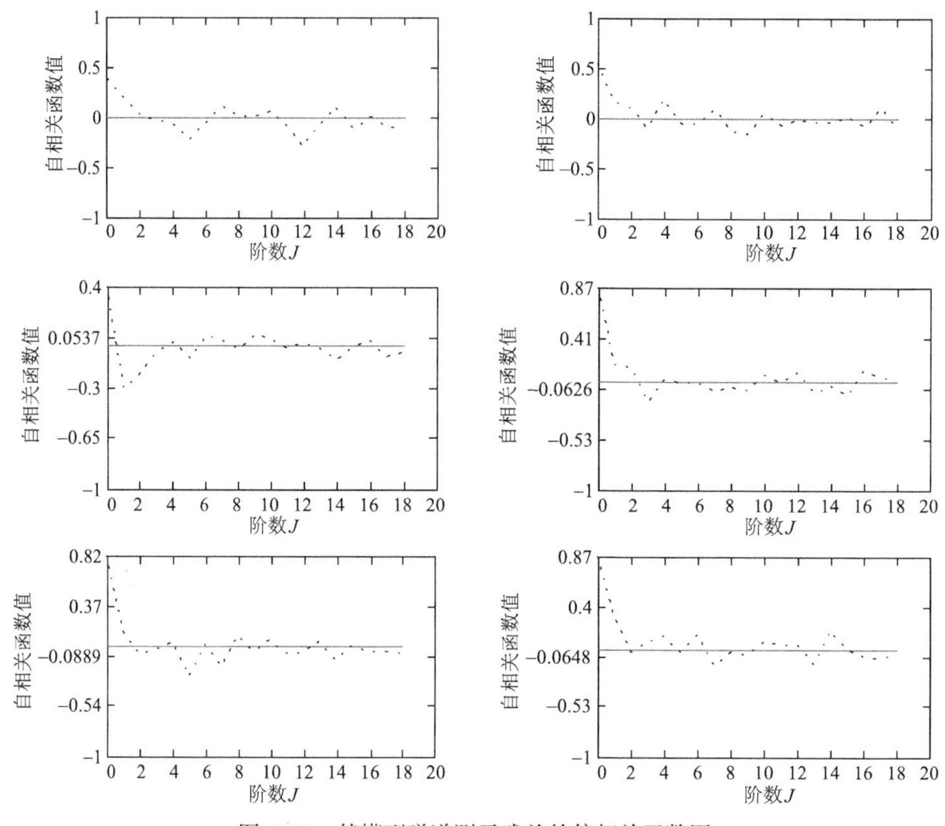

图 5.3.3　某模型弹道测元残差的偏相关函数图

由图 5.3.3 及 2.2.3 节中的时序建模方法，可以认为，测元残差序列的三阶偏相关函数均接近于零，由此可以认为随机误差可用 AR(2)序列描述.

3)测量随机误差的方差评价

从工程测量技术看，随机误差应该大于测量的量化误差. 从测量时间段看，各个时间区域方差大小是有变化的，初始跟踪段方差不稳定，级间段变化剧烈，而中间段则平稳.

5.3.3　系统误差的分析

系统误差分析与评估流程如图 5.3.4 所示.

对于系统误差的分析，应该分以下三个方面.

1. 系统误差项的选择

该建模的系统误差项是否都建了模型，并进行了分析，即先考虑全模型，再进行分析和筛选. 从变量选择的原理看，淘汰次要的系统误差项比要发现新的误差项要容易.

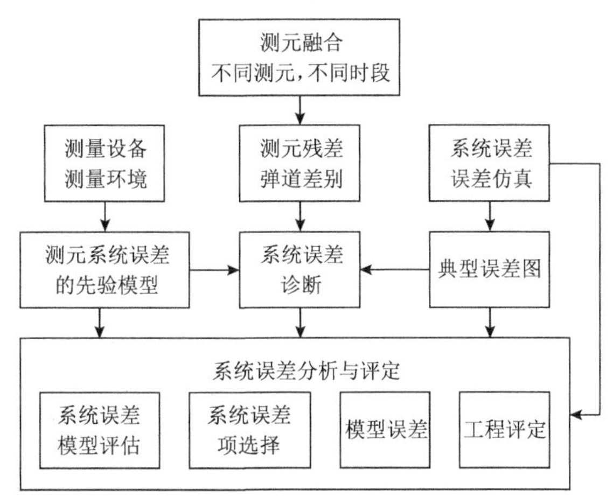

图 5.3.4　系统误差分析与评估流程

从工程角度发现系统误差项的难易程度是不一样的，应该说认识到有某方面的系统误差可能并不困难，而困难的是如何建立恰当的(对模型的描述比较精确、所用的参数少，并且事先对该项误差的大小量级有所了解、便于分离与估计等)模型.

设备误差模型中常值系统误差就是比较清楚的一例，从设备上可以解释，校飞方面有比对的结果，而多测站的飞行试验数据也证实了其存在性. 又如通常假设大气结构为水平均匀的，因此，忽略大气折射对光测方位角数据的影响，只对高低角和距离测量进行光波折射修正. 大气折射残差项的选择，在跟踪仰角较低的情况下，是不能忽视的；而在跟踪仰角较高的情况下，可以不考虑；但这仅仅是一个定性的结论，在实际使用时，必须结合实际数据做仔细的分析，进行光波折射残差修正.

2. 系统误差的模型评估

模型是否正确，模型误差的大小怎样，是系统误差分析与评估必须考虑的问题. 在实际处理中，并不是所有的系统误差都能建立十分精细的模型，即使是常值系统误差的模型，传统观念一般认为是很精确的，但常值系统误差是否是严格的“常值”却不一定. 应该说，假如建立的估计常值系统误差的线性或非线性模型，其病态不严重时，则常值系统误差不完全取常值时对估计结果影响不大；当模型病态严重，则我们认定的常值系统误差若非严格的“常值”，会有模型误差，使估计结果受到较大的影响.

同样，大气折射残差模型等也有类似的问题，要建立非常精确的大气折射残差模型通常是困难的，是否可以采用简化的近似模型，就是一个必须研究和考虑的问题.

3. 系统误差的仿真评估

一般情况下，在系统误差的模型确定以后，仿真计算结果很说明问题. 所有的实际计算模型都要以正确的仿真计算结果为前提，只有通过仿真计算的模型其处理结果才有应用的价值[20].

仿真必须能够较真实地模拟和再现实际的测量环境，否则仿真的结果也是没有意义的. 在仿真过程中，要注意以下几个问题:

(1) 模型应与真实的模型一致或很接近，否则相当于是对与实际问题不一样的模型进行仿真，没有实用价值.

(2) 仿真用弹道参数要比较接近真实的弹道参数，以保证观测几何的真实性.

(3) 模型误差的表现形式、量级大小及统计特性要与实际的吻合.

(4) 随机误差的统计特性：均值、方差、时序相关性等要与实际的吻合.

(5) 测元的数量，每个测元正常跟踪的时间段要与客观的一致.

(6) 特别要重视模型误差和随机误差时变特性的仿真.

应该指出，对于线性模型的研究，目前的理论和方法较多，也比较成熟，而对于非线性模型的研究，理论结果要少得多，许多理论结果也是近似的. 仿真方法是研究非线性问题的重要手段.

5.4 数据处理结果评价

数据处理评价的目的是回答数据处理模型和处理结果是否合理以及测量数据质量问题，数据处理结果评价是从多个数据源评价数据处理采用的模型、数据处理过程以及数据处理结果. 如果评价的结果是肯定的，将给出测量数据的质量评估，包括随机误差特性、混合误差特性以及系统误差的状态特性，即给出测量数据的精度评估，为下一步弹道参数估计的精度计算奠定基础；否则需要继续对数据处理模型和数据处理过程进行修改直至数据处理结果合理为止.

目前在数据处理中，测量数据的质量评估问题以及如何看待数据处理的结果，尚缺乏一个评判体系. 为使数据处理结果具有较高的可信度，数据处理的评价和测量数据的精度评估是必须研究的问题. 如何评价数据处理的结果，是一个很困难的问题，这是因为在实际处理问题中，有可能处理的方法在理论上是没有问题的，但由于处理的模型(包括弹道参数模型、误差模型等)不完全符合实际背景而导致处理的结果并不符合真实情况；另一种可能的情况是这种方法处理的结果与另一种方法处理的结果有时不一致，这时，哪一个处理结果具有更高的合理性并不是一个很容易判定的问题.

数据处理的评价包括数据处理的定性评价和定量评价. 定性评价包括落点评价、校飞与验前信息评价、测量工程背景评价等主要内容. 这些评价是比较客观的, 但只能够从一些大的方面对数据处理结果进行定性分析. 数据处理的定量评价目前主要依靠实际使用人员的数据处理经验, 存在主观性和任意性, 没有系统性的原理[21].

5.4.1 数据处理结果的定性评价

数据处理结果的定性评价, 简而言之, 是通过一些已知的旁证材料考核数据处理结果.

1. 落点评价

在进行飞行试验时, 实际的弹落点是一个重要的旁证材料, 是评价飞行器性能的重要依据. 经过处理以后的飞行试验数据, 如果的确达到了较高的精度的话, 那么, 由这些数据处理结果推算的落点应与实际的落点应比较吻合.

需要指出两点: 一是由于折算落点偏差, 主要是根据弹道方程及落点偏差计算公式, 还有一些因素(如再入段的一些随机因素)没有考虑, 可能影响几十米至数百米, 因而, 不能把与实际落点越接近越好作为唯一的评价标准, 而只要求接近到一定的范围. 重要的是根据一段时间数据推算出的而落点其偏差是稳定的, 进一步的评价可依靠其他的旁证材料. 二是这种方法可以验证推算落点的偏差与实际落点的偏差超出一定范围时, 表明数据质量没有达到要求.

2. 与校飞、阵地测试等试验信息的分析比较

从工程上讲, 评价一种测量设备精度的高低, 一个最直接、最简单, 也最令人信服的办法就是硬设备的比对. 即采用更高精度的测量设备与该设备同时测量, 然后比对精度. 技术阵地的校飞试验就是这种工作. 除了校飞试验外, 技术阵地的测试也是一个重要的指标. 例如, 将技术阵地对制导工具系统误差系数的测试结果与实际的制导工具系统误差的估计结果比较, 则不仅可得知制导工具误差系数的基本情况, 还能从一个侧面看到数据处理的全面情况.

3. 由设备的状况评价数据结果

测量数据的精度, 不仅与设备有关, 而且与设备当时的工作状况密切有关. 总之, 评价数据处理结果要紧密结合设备的要求, 要通过残差分析, 出现这种误差是大了、小了, 还是合情合理, 要作细致的分析.

4. 如何看待传统的数据处理方法

在研究新的数据处理方法时, 总是要有意无意地与传统方法比较, 正确的态度应该是既有继承, 又有发展, 如果没有发展, 就不能进步, 更不能突破. 无论是

传统的方法，还是现代的方法，首先应当看它与我们要处理问题的实际是否吻合，其次看在传统方法上是否有所进步，这种进步包括

(1) 更贴近实际问题；

(2) 更好地开发、利用了更多的有用的工程信息；

(3) 在数学方法和理论上有所创新，能解决一些(关键的)传统方法不能解决的问题.

任何方法都是在一定的条件下适应的，如在估计随机误差的方差时，若随机误差是白噪声，变量差分法是很好的；若不是白噪声，则是不行的.

使用参数估计方法处理问题在如何把真实信号、系统误差转变为参数化的问题上，各类方法有些差别.

需要指出的是：传统方法多采用逐点方法、线性方法，而我们这里更多地采用成段处理的方法和非线性方法，这主要是依赖于数学理论、计算技术的进步，的确这样处理问题模型更精确，更符合实际，也能更多地开发、利用工程背景所能提供的先验信息，例如，弹道参数的连续性、匹配性等原理. 这些方法都更好地利用了工程方面可能提供的有用信息，同时也能较好地采用近代数学的方法和技术.

5.4.2 数据处理结果的自评价

关于测量数据处理的定性评价，前面已经作了一些讨论，以下主要讨论数据处理结果的定量评价问题.

1. 单测元数据的自评价

对于单测元的自评价，主要是可以分析过失误差和随机误差，可以应用 PAR, RAR 等模型估计随机误差的方差，时序特性. 同时，可以识别和剔除异常数据.

首先可以用一个等距(一级段可取 2~3s，二级段可取 4~5s)的 B 样条函数对其进行拟合，从残差数据可以分析该数据的一些特性(变化数据窗口). 这些特性也可以通过分析残差数据的根方差数据图得到，可以建立残差数据的时变 PAR 模型或分段 PAR 模型，揭示其统计相关特性，也同时为仿真提供需要的噪声模型.

2. 距离与相应的距离变化率的匹配评价

测距、测速的真实信号是求导匹配的，即

$$\dot{R}(t)=\frac{\mathrm{d}R(t)}{\mathrm{d}t} \tag{5.4.1}$$

根据(5.4.1)，可以对测量元 $\tilde{R},\tilde{\dot{R}}$ 进行互评价. 如建立匹配的模型:

$$\begin{cases}\sigma_R^{-1}\tilde{R}(t_i)=\sigma_R^{-1}\sum_{j=1}^{N}c_j\psi_j(t_i)+\sigma_R^{-1}\varepsilon_R(t_i)\\ \sigma_{\dot{R}}^{-1}\tilde{\dot{R}}(t_i)=\sigma_{\dot{R}}^{-1}\sum_{j=1}^{N}c_j\dot{\psi}_j(t_i)+\sigma_{\dot{R}}^{-1}\varepsilon_{\dot{R}}(t_i)\end{cases}\tag{5.4.2}$$

据此线性模型，适当构造基函数，利用最小二乘估计，可以保证存在一组系数 $\boldsymbol{C}=(c_1,c_2,\cdots,c_N)^{\mathrm{T}}$ 使得

$$\max\left\{\left|\sum c_i\psi_i(t)-R(t)\right|+\left|\sum c_i\dot{\psi}_i(t)-\dot{R}(t)\right|\right\}<J\tag{5.4.3}$$

J 为充分小的正数. 对模型(5.4.2)使用 LS 估计，记残差

$$\begin{aligned}L_R(t_i)&=\sigma_R^{-1}\tilde{R}(t_i)-\sigma_R^{-1}\sum_{j=1}^{N}\hat{c}_j\psi_j(t_i)\\ L_{\dot{R}}(t_i)&=\sigma_{\dot{R}}^{-1}\tilde{\dot{R}}(t_i)-\sigma_{\dot{R}}^{-1}\sum_{j=1}^{N}\hat{c}_i\dot{\psi}_j(t_i)\end{aligned}\tag{5.4.4}$$

若 $\tilde{R}(t_i),\tilde{\dot{R}}(t_i)$ 的数据质量较高，则 $L_R(t_i)$ 与 $L_{\dot{R}}(t_i)$ 都是均值为零的时间序列，而且方差接近于 1. 图 5.4.1 和图 5.4.2 可以看到用匹配的方法评价测量数据的情况，其中图 5.4.1 表明该次测量中测距通道上没有不匹配的系统误差，而图 5.4.2 表明该次测量中测距通道上存在明显的不匹配的系统误差，并且该系统误差是线性系统误差.

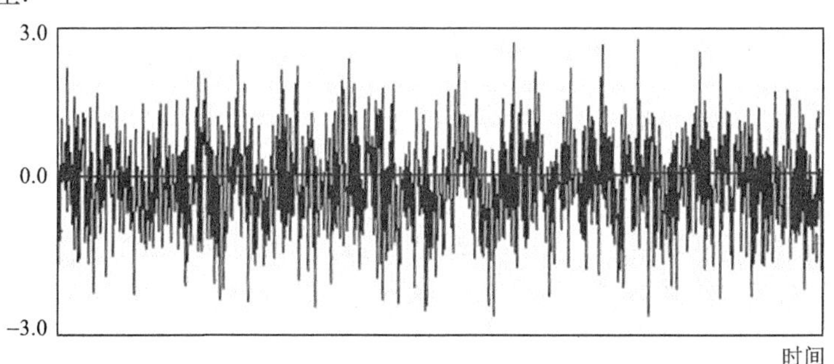

图 5.4.1　用匹配的方法未发现明显系统误差

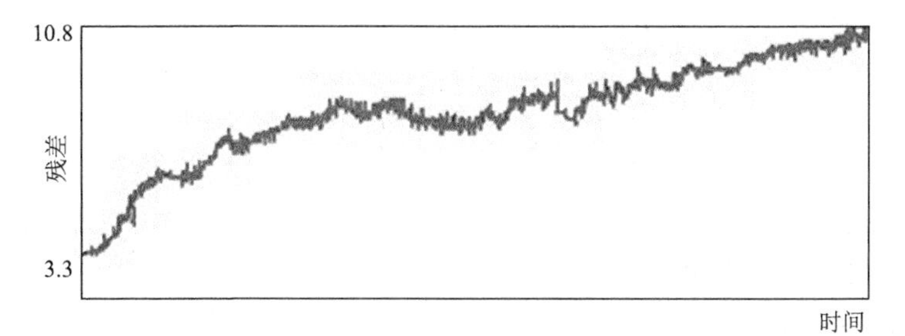

图 5.4.2　用匹配的方法发现明显存在系统误差

3. 观测系统的自评价

弹道参数的真实位置 (x,y,z) 和速度 $(\dot{x},\dot{y},\dot{z})$ 信号是求导匹配的，即

$$\dot{x}(t)=\frac{\mathrm{d}}{\mathrm{d}t}x(t),\quad \dot{y}(t)=\frac{\mathrm{d}}{\mathrm{d}t}y(t),\quad \dot{z}(t)=\frac{\mathrm{d}}{\mathrm{d}t}z(t) \tag{5.4.5}$$

主要是用弹道参数的求导或方程等匹配关系.

如果求导匹配，可以用以下的基函数表示法:

$$\begin{cases} x(t)=\sum c_j\phi_j(t), & \dot{x}(t)=\sum c_j\dot{\phi}_j(t) \\ y(t)=\sum c_{j+N}\phi_j(t), & \dot{y}(t)=\sum c_{j+N}\dot{\phi}_j(t) \\ z(t)=\sum c_{j+2N}\phi_j(t), & \dot{z}(t)=\sum c_{j+2N}\dot{\phi}_j(t) \end{cases} \tag{5.4.6}$$

代入模型

$$\begin{cases} \sigma_R^{-1}\tilde{R}(t)=\sigma_R^{-1}R(\boldsymbol{X}(t,\boldsymbol{C}))+\sigma_R^{-1}\varepsilon_R(t) \\ \cdots\cdots \\ \sigma_E^{-1}\tilde{E}(t)=\sigma_E^{-1}E(\boldsymbol{X}(t,\boldsymbol{C}))+\sigma_E^{-1}\varepsilon_E(t) \end{cases} \tag{5.4.7}$$

对不同时刻的 t，联立起来求 $\boldsymbol{C}$，得到最小二乘的残差，如果测量系统是正常的或者常值系统误差已扣除，那么残差都应该是均值为零的随机误差. 需要注意的是，即使残差均为均值为零的随机误差，由于复共线性性，这并不能说明没有系统误差. 所以，这个条件是必要的而不是充分的.

5.4.3　数据处理结果的互评价

测量数据的互评价主要依据是：无论多少个测元，弹道参数是唯一的.

测量数据的互评价主要原理是：正确的融合模型应具有如下三个特征：融合求解弹道的稳定性、系统误差估计值的稳定性和残差数据的随机性.

实际测量中，所有跟踪设备均是对同一弹道进行测量，因此，所有测量数据中，都含有弹道这一共同的真实信号，这就为建立融合模型奠定了基础. 又由于跟踪设备数量较多及跟踪设备种类的多样性，这又为建立多种形式的组合模型，并进而给出多种组合模型下的融合求解弹道和系统误差值提供了实现条件. 一个事实是：如果模型正确，则各种组合模型下的弹道和系统误差的联解值是一致的. 因此，多种组合模型下的联解结果是否保持稳定和具有一致性可以成为误差诊断和数据质量评价的重要准则.

以下我们将按如下几个方面来展开叙述. 它们分别是：不同测量体系测元的

相互比对和不同测量分段测元的相互比对.

1. 不同测量体系测元的相互比对

在靶场弹道测量过程中, 除了考虑一套 TCK 的数据外, 还要考虑多套光学设备联用, 乃至光学-TCK 联用等.

多测元的相互比对有一个好处, 如假设共 19 个测量元(含测角、测距、测速等), 如果用其中的 17 个测元确立弹道参数(弹道参数用基函数参数化)而残差较小, 那么这17个测元中没有发现明显的系统误差. 如果再加入第18个测元残差较大, 则说明第 18 个测元有系统误差. 用这种残差分析法, 可以诊断测元的系统误差, 且当有效测元较多时, 不仅能诊断系统误差, 也对估计系统误差有利. 两套测量系统的相互比对流程见图 5.4.3.

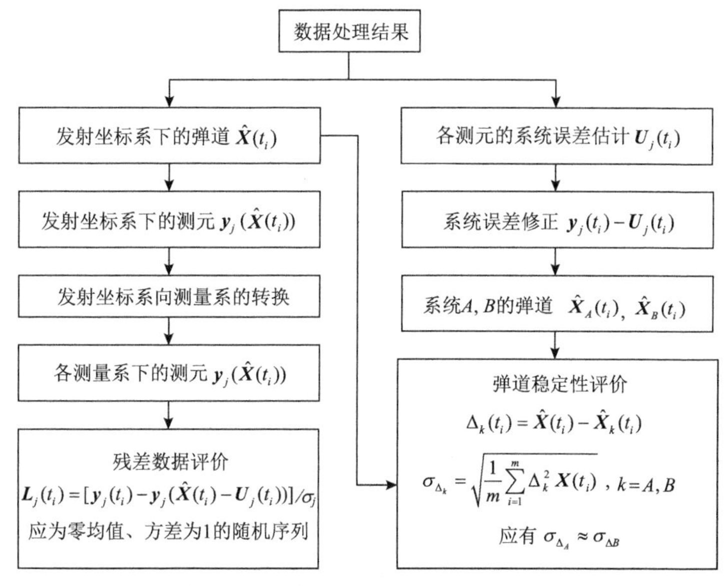

图 5.4.3　两套测量系统的相互比对流程

2. 不同测量分段测元的相互比对

跟踪测量系统中各测量系统及各测元的跟踪时间并非完全相同, 如不同的观测站、不同的测元其观测时间是不同的, 这样在客观上造成分段处理, 另一方面考虑到计算量的问题, 有时也需要采取分段处理的方式. 分段处理所带来的一个问题是各段处理结果的衔接. 以常值系统误差为例, 常值的概念是相对的, 在一小段时间可认为是常值系统误差, 但是在全跟踪段可能并不是常值系统误差. 全跟踪段处理则可以把从整个时间段对误差的特性看得更清楚、更全面.

分段处理与全跟踪段处理的原则是: 若处理结果正确, 则一方面分段处理的结果应与全跟踪段处理结果一致; 另一方面, 对数据进行误差修正后, 二者处理的弹道参数应有一致性.

分段处理与全跟踪段处理的评价流程见图 5.4.4.

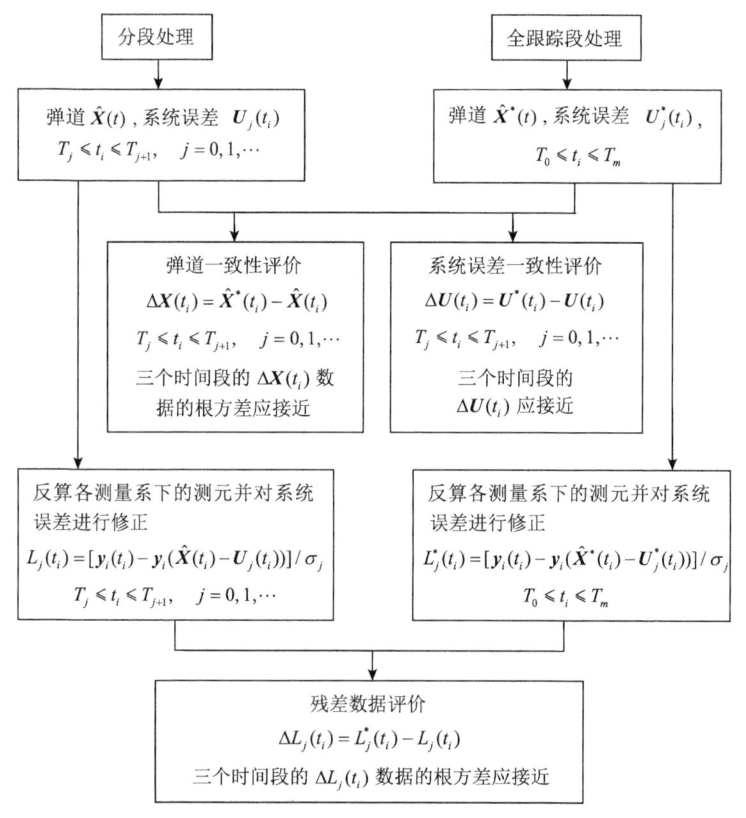

图 5.4.4　分段处理与全跟踪段处理的评价流程

注释 5.4.1　通过不同体系、不同分段、测元的互比对, 可以得到各种融合模型的联解结果具有如下三个特征: 联解弹道的稳定性、系统误差估计值的稳定性和残差数据的随机性. 由此, 说明所建立的模型和得到的估计值的正确性.

参 考 文 献

[1] 王正明, 易东云, 周海银, 朱炬波. 弹道跟踪数据的校准与评估. 长沙: 国防科技大学出版社, 1999.

[2] 周海银. 空间目标跟踪数据的融合理论和模型研究及应用. 国防科技大学博士学位论文, 2004.

[3] 李济生, 王家松. 航天器轨道确定. 北京: 国防工业出版社, 2003.

[4] Nabaa N, Bishop R H. Solution to a multisensor tracking problem with sensor registration errors.

IEEE Transactions on Aerospace and Electronic Systems, 1999, 35(1): 354-363.
[5] Kalman R E, Bucy R S. New Results in Linear Filtering and Prediction Theory. Transactions of ASME, Series D, Journal of Basic Engineering, 1961, 83: 95-108.
[6] Bar-Shalom Y, Chen H, Mallick M. One-step Solution for the Multi-step Out-of-Sequence-Measurement Problem in Tracking. IEEE Transactions on Aerospace and Electronics Systems, 2004, 40(1): 27-37.
[7] 王正明, 朱炬波. 弹道跟踪数据的节省参数模型及应用. 中国科学(E 辑), 1999, 29(2): 146-154.
[8] 刘利生, 郭军海, 刘元, 等. 空间轨迹测量融合处理与精度分析. 北京: 清华大学出版社, 2014.
[9] Zhou Z H, Li D F. Bootstrap estimation from simulation outputs. Journal of Sys. Sci. and Sys. Eng., 1998, 17(1): 11-17.
[10] 朱炬波, 王正明, 易东云, 等. 测速定轨的实时算法. 宇航学报, 2001, 22(6): 119-124.
[11] Aster R C, Borchers B, Thurber C H. Parameter Estimation and Inverse Problems. 2nd ed. New York: Academic Press, 2012.
[12] 朱炬波. 不完全测量的数据融合技术. 科学通报, 2000, 45(20): 2236-2240.
[13] Liu Y. Estimation, decision and applications to target tracking. Ph.D Thesis. University of New Orleans, 2013.
[14] 闫章更, 魏振军. 试验数据的统计分析. 北京: 国防工业出版社, 2001.
[15] 易东云, 吴翊, 朱炬波, 王正明. 模型误差与轨道精度. 系统工程与电子技术, 1999, 21(1): 15-20.
[16] 易东云. 动态测量误差的复杂调整研究与数据处理结果的精度评估. 国防科技大学博士学位论文, 2003.
[17] 朱炬波. 弹道测量误差的分形研究. 中国空间科学技术, 2000, (3): 12-15.
[18] 丁士俊. 测量数据建模与半参数估计. 武汉大学博士学位论文, 2005.
[19] 赵德勇. 卫星联合定轨的参数化信息融合技术及应用. 国防科技大学博士学位论文, 2007.
[20] De Stefano G, Denaro F M, Riccardi G. High-order filtering for control volume flow simulation. International Journal for Numerical Methods in Fluids, 2001, 37(7): 797-835.
[21] 刘利生, 吴斌, 吴正容, 等. 外弹道测量精度分析与评定. 北京: 国防工业出版社, 2010.